Vulkanologie

Jacques-Marie Bardintzeff

Vulkanologie

übersetzt von
Sven Lewerenz

Ferdinand Enke Verlag Stuttgart 1999

Autor:
Prof. Dr. Jacques-Marie Bardintzeff
Université de Paris Sud XI
Laboratoire de Pétrographie-Volcanologie
Bâtiment 504
F-91405 Orsay Cédex

Originaltitel und Verlag:
„Bardintzeff: Volcanologie, 2ème édition, © Dunod, Paris, 1998"

Übersetzer:
Sven Lewerenz, Dipl.-Min.
Hufelandstr. 21
10407 Berlin

Die Deutsche Bibliothek – CIP-Einheitsaufnahme

Bardintzeff, Jacques-Marie:
Vulkanologie / Jacques-Marie Bardintzeff.
Übers. von Sven Lewerenz.
Stuttgart : Enke, 1999
Einheitssacht.: Volcanologie <dt.>
ISBN 3-432-30281-9

Umschlaggestaltung: Marcus Böggemann, D-73734 Esslingen

Umschlagfoto: Lavasee im Krater des Nyiragongo, Marlis Kuhlmann

Satz und Druck: C. Maurer, Druck und Verlag, 73312 Geislingen

Schrift: 10/11 Times, System Mac

Inhalt

Danksagungen

Der Autor dankt I. Bardintzeff, P. Barois, G. Boudon, R. Hoblitt, C. Jehanno, P. Masson, M. Monzier, B. Platevoet, P. Rocher, H. Traineau, J. Weisz, der NASA, dem CNES und SPOT-Image, die Photos zur Verfügung gestellt haben.

Bildnachweis

Copyright der unveränderten oder geänderten Abbildungen (Autoren und Jahr bei jeder Abbildung angegeben, vollständige Angaben im Literaturverzeichnis).

American Geophysical Union, Washington (Abb. 8.19, 14.5 und 14.14, Tabelle 8.2)
American Journal of Science, New Haven, Connecticut (Abb. 10.2)
Annual Reviews Inc., *Annual Review of Earth and Planetary Sciences,* Palo Alto, California (Abb. 1.3)
Blackwell Science Ltd, Oxford (Abb. 9.8)
BRGM, Orléans (Abb. 2.2)
Cesky geologicky ustav, Praha (Abb. 8.12)
Chapman & Hall, London (Abb. 12.2)
CNES, distribution SPOT-Image, Toulouse (Abb. 14.10)
Elsevier Science Publishers, Amsterdam (Abb. 1.2, 2.5a, 3.6, 7.7, 7.10, 7.14, 7.20, 9.6, 12.7, 12.8, 14.6a u. b, 14.8, 14.12 und 14.13, Tabellen 11.1 und 13.2)
Geological Society of America, Boulder (Abb. 8.17, 10.8a und 11.1)
Giardini editori e stampatori in Pisa (Abb. 11.7)
Global Volcanism Network, Smithonian Institution, Washington (Abb. 14.2 und 14.15)
International Association of Volcanology and Chemistry of the Earth's Interior (Tabelle 14.1)
Jones & Bartlett Publishers Inc., Boston (Abb. 2.1 und 2.5b)
NASA (Abb. 12.12, 12.13 und 12.14)
National Academy Press, Washington (Abb. 10.7)
Nature, Macmillan Magazines Ltd., London (Abb. 8.13a, 8.21, 13.4)
Ocean Drilling Program, College Station, Texas (Abb. 10.9, Tabelle 10.1)
Ophrys, Gap (Abb. 10.11)
Science, AAAS, Washington (Abb. 14.11)
Springer Verlag, Heidelberg (Abb. 7.6, 7.9, 7.16, 7.17, 7.19, 8.2a, 8.10, 8.15, 8.16, 8.18, 9.1, 10.1a, 10.8b, 11.8 und 13.5)
US Geological Survey, Menlo Park (Abb. 7.15 und 8.6)

Verlag und Autor danken den genannten Institutionen und Autoren für die Genehmigung zur Reproduktion.

Das Forschen ist der Sport des Wissenschaftlers.
Auguste Picard

VORBEMERKUNG

Die Herausforderungen der Vulkanologie

Keinen Menschen lassen die Vulkane gleichgültig: Ihre Schönheit und ihre Gefahren faszinieren ihn. Was noch heute zutrifft, gilt zweifellos um so mehr für die Zeiten der Frühgeschichte oder der Antike. Schon die ersten Menschen, die in einer vulkanischen Umgebung (dem ostafrikanischen Rift) lebten, müssen Vulkanausbrüche wahrgenommen haben. Ebenso wurden die Vorfahren Frankreichs Zeugen des wichtigsten explosiven Ausbruchs der Chaîne des Puys vor ungefähr 8 000 Jahren. Die Griechen sahen in den Vulkanen die Lebensstätte des Hephaistos, die Römer die des Volcanus. Dieser Gott des Feuers und des Metalls war von seiner Mutter Hera (Iuno) von den Höhen des Olymps hinabgestürzt worden. Als unheimlich häßliches hinkendes Wesen arbeitete er daraufhin in jenen riesigen Naturschmieden mit Hilfe der Zyklopen. Der Legende zufolge bekam er wahnsinnige (eruptive!) Wutanfälle, als er entdeckte, daß Aphrodite (Venus), seine rechtmäßige Frau, ihn betrog. Schon die Mythologie kennt die Verbindung von Vulkan und Schönheit.

Mehr und mehr interessierten sich die Geistesschaffenden für den Vulkan. Auf einen Ausbruch des Ätna im Jahre 475 v. u. Z. machte der lyrische Dichter PINDAR aufmerksam. EMPEDOKLES aus Akragas, Philosoph im 5. Jahrhundert v.u.Z., zog sich auf den Ätna zurück. Er erklärte die Produktion von Laven und den Austritt thermaler Wässer mit dem Vorhandensein eines „inneren Feuers". Die Legende erzählt, daß er sich den Tod gab, indem er sich in den Krater des Vulkans stürzte. Nur eine seiner Sandalen spie der Vulkan wieder aus. Der heutige Torre del Filosofo in der Nähe des Vulkangipfels bewahrt die Erinnerung an ihn. Als PLATON im 4. Jahrhundert v. u. Z. die Tragödie von Atlantis beschrieb, erzählte er eigentlich ausführlich eine abgewandelte Version der mit einer ungeheueren Überschwemmung verbundenen Eruption auf der Insel Santorin im 17. Jahrhundert v. u. Z.

Der Ausbruch des Vesuv im Jahre 79 u. Z. markiert zweifelsohne die Geburtsstunde der Vulkanologie. PLINIUS DER ÄLTERE, Naturforscher und Autor einer umfassenden *Geschichte der Natur*, stellte als erster wissenschaftliche Beobachtungen an, kam aber bei dem Ausbruch ums Leben. Sein Neffe, PLINIUS DER JÜNGERE, berichtet von den Ereignissen erstaunlich präzise in seiner Korrespondenz mit TACITUS. Onkel und Neffe verdienen es, die ersten Vulkanologen genannt zu werden.

Die vulkanologische Wissenschaft machte nur langsam Fortschritte. Es verstrichen die Jahre, bevor GUETTARD 1752 feststellte, daß die Berge der Auvergne vulkanischen Ursprungs sind. 1778 veröffentlichte BARTHÉLEMY FAUJAS DE SAINT-FOND, erster Professor für Geologie in Frankreich, seine *Forschungen über die erloschenen Vulkane des Vivarais und des Velay*. Der Streit zwischen Neptunisten (WERNER und jene, für die alle Gebiete aus Ablagerungen mariner Herkunft stammen) und Plutonisten (HUTTON und die

Verfechter eines „zentralen Feuers“ und einer internen Herkunft der Gesteine) erschwerte die Debatte im ganzen 18. Jahrhundert. Bis zum letzten Weltkrieg wurde der Vulkan nur als anekdotisch angesehen und der Vulkanismus in ein mageres Kapitel der geologischen Abhandlungen verbannt.

Die Auffassung von der globalen Dynamik des Planeten Erde seit etwa dreißig Jahren hat die erstrangige Rolle des Vulkanismus deutlich gemacht. Die Wechselbeziehungen zwischen Mensch und Vulkan sind vielfältig. Zu häufig richtet der Vulkan Schaden an, ist verantwortlich für verheerende Katastrophen. Die 25 000 Toten in Kolumbien im November 1985 beim Ausbruch des Nevado del Ruiz und die 1 746 Toten im August 1986 in Kamerun in der Nähe des Vulkansees Lake Nyos rufen es schmerzlich in Erinnerung. Ohne die zuvor erfolgte Evakuierung hätte der Pinatubo auf den Philippinen im Juni 1991 noch mehr Menschen getötet. Und der Ausbruch der Soufrière auf Montserrat in den Antillen, der im Juli 1995 begann, scheint auch mehr als drei Jahre später noch nicht aufhören zu wollen. Ganze Städte leben unter der Bedrohung eines Vulkans. Er verändert mitunter das Klima im Erdmaßstab. Aber der Vulkan kann sich auch als sehr nützlich erweisen, denn er ist Quelle nutzbarer Rohstoffe (Metalle, Baustoffe) und von Energie (Geothermie).

Das letzte Jahrzehnt unseres Jahrtausends wurde zum Jahrzehnt der Verminderung der natürlichen Risiken im Rahmen des Möglichen erklärt. Die Voraussage und Vorbeugung von Vulkanausbrüchen ordnen sich in diesen Rahmen ein.

Abb. 1 Der Gipfel des Vesuv im Jahre 1774 (in Fuchs, 1878)

Die Kenntnis der Vulkane und der Magmen hat im Laufe der letzten Jahre immense Fortschritte gemacht. Das vorliegende Buch hat sich zum Ziel gesetzt, diese widerzuspiegeln: Heutzutage sind zum Beispiel die Magmenkammern gut bekannt, ja sogar modellhaft dargestellt; die Material- und Energiemengen, die bei aktuellen oder früheren Ausbrüchen zum Zuge gekommen sind, wurden vollständig quantifiziert. Die Vulkanologie als typische interdisziplinäre Wissenschaft stützt sich auf mehrere Gebiete: Petrographie und Mineralogie (Untersuchung der Gesteine und ihrer Bestandteile), Sedimentologie (Anordnung der Ablagerungen), Geochemie (Analyse der festen und fluiden Phasen), Tektonik (Lage der Vulkane im jeweiligen geologischen Kontext) und

Geophysik (Messung der physikalischen Parameter). Es ist offenkundig, daß das Ganze nicht in einem Lehrbuch von knapp 250 Seiten abgehandelt werden kann! Der an dem einen oder anderen Teilaspekt interessierte Leser wird sich der spezielleren Literatur zuwenden. Insbesondere die Plattentektonik wird als bekannt vorausgesetzt, die Geochemie der Spurenelemente und der Isotope oder auch die mineralogische Thermodynamik können nur angeschnitten werden. Das Magma wird uns, von seiner Entstehung bis zu seinem Austritt, als Leitfaden dienen. Der dynamische Aspekt der Erscheinungen sowohl in der Tiefe als auch an der Oberfläche wird betont werden: eine Reise von 100 km durch den Mantel und die Kruste der Erde!

Als ich mich in einem schönen Frühling dazu verpflichtete, dem Verleger mein Manuskript Anfang Mai des darauffolgenden Jahres, genauergesagt zum Tag des Heiligen Jakob, abzuliefern, ahnte ich nicht so recht den Weg, den es zu durchschreiten galt.

Jedenfalls hoffe ich, mehr Probleme geklärt als bereitet zu haben!

JACQUES-MARIE BARDINTZEFF

1. Teil

Vom Mantel zur Magmenkammer

Felix qui potuit rerum cognoscere causas.
Vergil

1 Die partielle Aufschmelzung des Mantels

1.1 Der Ursprung der Magmen im Mantel

Magmen – silikatische Flüssigkeiten, die sich auf die Oberfläche des Planeten ergießen – stammen offensichtlich aus dem Inneren der Erde. Lange glaubte man, und auch heute noch ist diese Idee in der Öffentlichkeit sehr verbreitet, daß das Planeteninnere der Sitz eines „zentralen Feuers“ sei und sich aus geschmolzener Materie zusammensetze, die bei vulkanischen Ausbrüchen aufsteige. Richtig ist, daß die Temperaturen, die im Zentrum der Erde herrschen, sehr hoch sind. Sie wurden auf ungefähr 5 000 °C geschätzt, ein Wert, der weit über der Schmelztemperatur der Gesteine an der Oberfläche (800 – 1 200 °C) liegt. Aber man bedenkt nicht, daß mit zunehmender Tiefe und bei folglich sehr hohen Drücken (4×10^6 atm = 4×10^5 MPa = 4000 kbar im Mittelpunkt der Erde) die Schmelztemperaturen beträchtlich ansteigen. Die Aufzeichnungen seismischer Wellen zeigen, daß der Großteil der Erde – die Oberflächenkruste; der darunterliegende Erdmantel, der von der Gutenberg-Diskontinuität begrenzt bis in eine Tiefe von 2 900 km reicht; und der innere Erdkern, von 5 100 km bis zum Mittelpunkt der Erde in 6 370 km Tiefe – fest bleibt (Abb. 1.1) (zur Übersicht siehe auch Poirier, 1996). Lediglich der äußere Erdkern zwischen 2 900 und 5 100 km ist in einem Zustand, der dem einer Flüssigkeit ähnelt, denn er läßt die seismischen Scherwellen nicht hindurch. Allerdings besteht keine direkte Verbindung mit der Oberfläche. Die Entstehung eines Magmas setzt demnach einen Schmelzvorgang in einem bestimmten Tiefenbereich voraus.

Eine besondere, nur einige Kilometer mächtige Zone, die im Oberen Erdmantel in einer mittleren Tiefe von 100 bis 250 km unter den Kontinenten und von 70 km unter den Ozeanen (und in einer Größenordnung von nur einigen zehn Kilometern unter den Mittelozeanischen Rücken und in besonderen Regionen) ermittelt wurde, verringert merklich die Geschwindigkeit der seismischen Wellen, daher auch ihr Name **Zone geringerer Geschwindigkeit** oder **„low velocity zone“** (LVZ). Diese Zone trennt die **Lithosphäre**, die aus der kontinentalen oder ozeanischen Kruste und einem Teil des Oberen Erdmantels besteht, von der darunterliegenden **Asthenosphäre,** die aus dem übrigen Oberen Erdmantel besteht. Andererseits produziert die Erde Wärme ($4{,}2 \times 10^{13}$ W): Ein ursprünglicher Anteil davon ($^1/_4$) stammt aus der Zeit, als der Planet noch wuchs, und breitet sich seitdem aus, wohingegen der andere Teil der Wärme ($^3/_4$) aus dem Zerfall der in der Erde vorhandenen radioaktiven Isotope (K, Th, U) herrührt. Diese Wärme kann nicht durch einfache thermische Konduktion abgeführt werden. Sie verursacht bei ihrer Ausbreitung Konvektionsbewegungen der Asthenosphäre, die trotz ihres festen Zustands ein plastisches Verhalten zeigt.

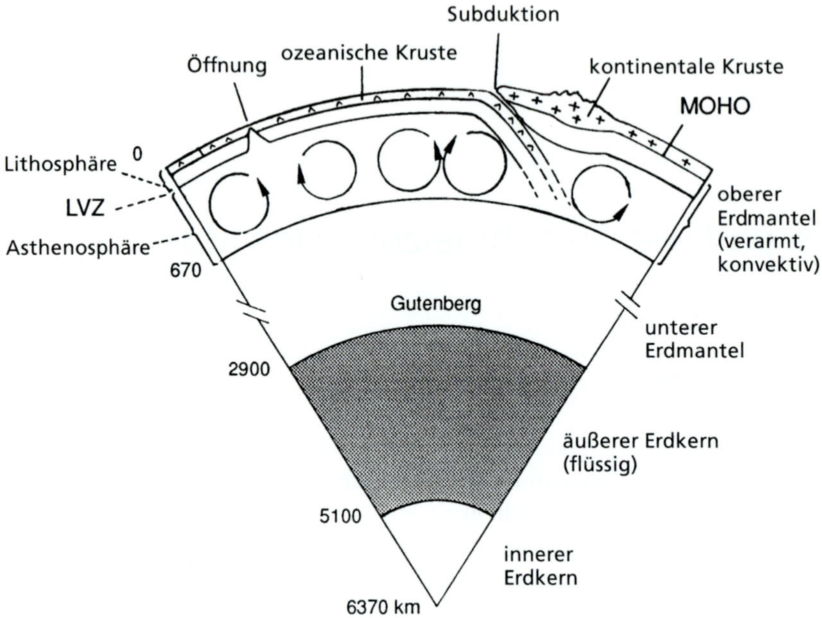

Abb. 1.1 Schematisches Profil der Erde. Die Maßstäbe wurden nicht berücksichtigt. Die Mächtigkeiten der ozeanischen und kontinentalen Kruste, der Lithosphäre und der Asthenosphäre sind übertrieben.

Die LVZ zeugt von einem sehr begrenzten Anteil an Schmelze im Erdmantel von etwa 1% (das bedeutet 10 g Magma auf 1 kg festen Mantel!). Die gegensätzlichen Wirkungen von Druck und Temperatur auf den Schmelzvorgang gleichen sich nahezu aus. Die Temperatur nähert sich mit rund 1300 °C dem Schmelzpunkt des Olivin, dem mineralischen Hauptbestandteil des Mantels. Eine geringe örtliche Veränderung der thermodynamischen Parameter kann den Aufschmelzungsgrad des Mantels spürbar erhöhen. Die LVZ und die darüberliegende Zone scheinen die bevorzugten Bereiche für die Bildung der Magmen zu sein. In der Tat haben seismische Untersuchungen des vulkanologischen Observatoriums auf Hawaii gezeigt, daß den Eruptionen vorausgehende Erschütterungen (Seismen) sich in etwa 60 km Tiefe unter dem Kilauea abspielen, was einen Ursprung des Magmas in diesem Bereich vermuten läßt (Eaton & Murata, 1960). Faktisch entsteht der überwiegende Teil der Magmen in einer Tiefe zwischen 50 und 250 km. Bestimmte Magmen bilden sich jedoch in einer noch größeren Tiefe des Erdmantels (bestimmte Vulkane fördern Fragmente – Knollen – aus 400 km Tiefe), ja sogar im Übergangsbereich Kern/Mantel (siehe dazu Albarède, 1992). Andere Magmen entstehen in größerer Nähe zur Oberfläche auf Kosten der Erdkruste (20 – 30 km Tiefe), aber sie stellen eine Minderheit dar (Kap. 12). Für die Magmen mit Mantelursprung ergeben sich zwei prinzipielle Fragen: Wie ist der Erdmantel zusammengesetzt? Welche Schmelzvorgänge kommen zum Tragen?

1.2 Die Zusammensetzung des Erdmantels

Das Gestein, aus dem der Obere Erdmantel besteht, ist lange Zeit ein Rätsel gewesen. Es wurde **Pyrolit** getauft, eine Bezeichnung, die „Stein (*lithos*) aus **Pyr**oxenen und **Oli-**

	1	2	3	4	5	6	7
Analyse der Oxide in Gewichtsprozenten							
SiO_2	48,00	45,16	44,59	48,28	45,70	42,00	49,78
TiO_2	0,13	0,71	0,06	0,22	0,05	4,23	0,68
Al_2O_3	3,00	3,54	2,98	4,91	1,60	12,50	15,69
Cr_2O_3	0,55	0,43	0,26	0,25	0,41		
Fe_2O_3	0	0,46	1,68	0	0,77	*14,33	2,73
FeO	*13,00	8,04	6,83	*9,95	5,21	0	9,20
MnO	0,40	0,14	0,17	0,14	0,09	0,19	0,35
MgO	31,00	37,47	41,10	32,53	42,80	9,59	7,79
CaO	2,30	3,08	2,22	2,99	0,70	11,13	11,93
Na_2O	1,10	0,57	0,22	0,66	0,09	2,47	1,21
K_2O	0,13	0,13	0,05	0,07	0,04	0,93	0,29
NiO		0,20			0,26		
P_2O_5	0,34	0,06	0,01		0,01	0,66	0,07
H_2O^+			0,09		1,28	1,11	
H_2O^-			0,00		0,28		
Gesamt	99,95	99,99	100,26	100,00	99,29	99,14	99,72
CIPW-Norm							
Quarz	0	0	0	0	0	0	2,12
Orthoklas	0,77	0,77	0,30	0,41	0,24	5,50	1,71
Albit	9,31	4,82	1,86	5,58	0,76	10,94	10,24
Anorthit	2,86	6,72	7,00	10,23	3,41	20,27	36,52
Nephelin	0	0	0	0	0	5,40	0
Klinopyroxen							
*Ca	2,73	3,43	1,65	1,92	0	12,97	9,29
*Mg	1,99	2,72	1,31	1,47	0	8,16	4,92
*Fe	0,49	0,32	0,15	0.25	0	4,00	4,09
Orthopyroxen							
*Mg	20,01	16,32	16,64	31,92	30,61	0	14,48
*Fe	7,15	1,94	1,97	5,54	2,44	0	12,03
Olivin							
*Mg	32,38	52,06	59,15	33,38	53,25	11,02	0
*Fe	8,79	6,83	7,70	6,38	4,67	5,96	0
Magnetit	3,14	2,04	2,02	2,41	1,43	3,12	2,82
Ilmenit	0,25	1,35	0,11	0,42	0,09	8,03	1,29
Apatit	0,74	0,13	0,02	0	0,02	1,44	0,15
Korund	0	0	0	0	0,16	0	0

1. Errechnete chemische Zusammensetzung des Erdmantels. Diese erhält man ausgehend von der Analyse eines durchschnittlichen chondritischen Meteoriten (Äquivalent für die Urzusammensetzung der Erde), wobei rechnerisch 32% einer dem Erdkern (reich an Fe, Ni, FeS) entsprechenden Masse substrahiert werden müssen (in McBirney, 1983).
2. Berechneter Pyrolit ($^3/_4$ Peridotit + $^1/_4$ Basalt) (Ringwood, 1966).
3. In Basalt eingschlossener Periodit, Itinome-gata, Japan (Kuschiro & Kuno, 1963).
4. In den Tuffen des Salt Lake Crater eingeschlossener Peridotit (Spinellherzolith), Hawaii, den Kushiro (1973) für seine experimentellen Arbeiten benutzte.
5. Peridotit (Granatherzolith) von Wesselton Mine, Südafrika, den Mysen & Boettcher (1975) für ihre Arbeiten benutzten.
6. Alkalibasalt, der primären Charakter aufweist, Mururoa, Französisch-Polynesien (Bardintzeff et al., 1986)
7. Tholeiitbasalt (Mittelwert aus drei Proben) mit primärem Charakter, Japan (Kuno, 1960).

Tabelle 1.1 Repräsentative chemische Analysen und CIPW-Normen von Chondrit, Pyrolit, Mantelperiodit und „primären" Basalten. (*) bedeutet, daß das gesamte Eisen entweder als FeO oder als Fe_2O_3 analysiert wurde. Für die Berechnung aller CIPW-Normen wurde ein Verhältnis $Fe^{3+}/(Fe^{2+} + Fe^{3+})$ von 0,15 vorausgesetzt. Man achte auf die hohen Anteile an normativen Olivinen und Pyroxenen in den Gesteinen 1 bis 5, die dem Erdmantel sehr nahe kommen.

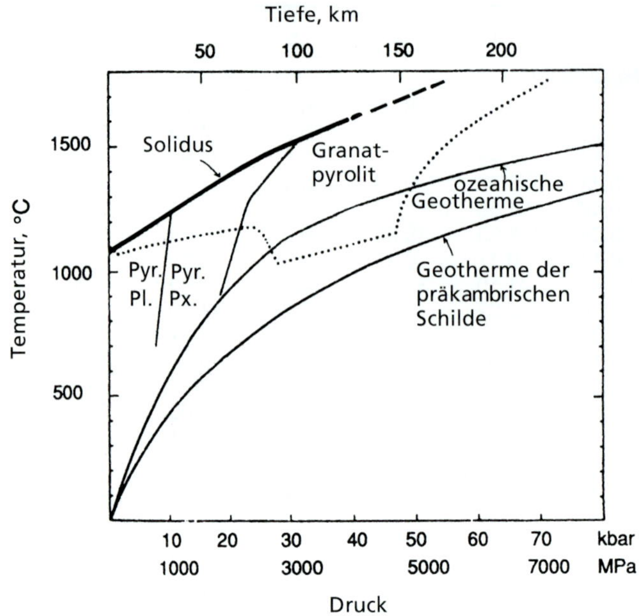

Abb. 1.2 Aufschmelzung des Pyrolits (nach GREEN & RINGWOOD, 1967a). Jeweilige Felder des Plagioklaspyrolits (Pyr.Pl.), des Pyroxenpyrolits (Pyr.Px.) und des Granatpyrolits. Der geothermische Gradient der Ozeane und der geothermische Gradient der präkambrischen Schilde sind eingezeichnet, der mittlere Gradient liegt dazwischen. Während sich der Solidus des trockenen Pyrolits (dicke durchgezogene Linie) oberhalb der beiden Gradienten befindet, schneidet der Solidus des wasserhaltigen Pyrolits (gepunktete Linie) den geothermischen Gradienten in einer Tiefe zwischen 100 und 150 km und läßt somit eine Aufschmelzung möglich werden.

vinen, mit Tiefenursprung (*pyros* = Feuer)" bedeutet. Drei prinzipiell verschiedene Herangehensweisen erlaubten seine Bestimmung. Zuallererst der Tatbestand, daß vulkanische Bomben bei besonders gewaltigen Explosionen Knollen von grünem, olivinreichem Peridotit („Olivinknollen") aus der Tiefe heraufbringen. Aber auch an bestimmten größeren tektonischen Störungen (Lherz in den Pyrenäen, Lanzo in Italien, Béni Boussera in Marokko), die bis in den Erdmantel reichen, werden Peridotitmassive zu Tage gefördert. Bestimmte Meteoriten schließlich, **Chondrite** genannt, die aus dem Asteroidengürtel zwischen Mars und Jupiter stammen und auf die Erde stürzen, haben eine Zusammensetzung, die der vermuteten ursprünglichen Zusammensetzung der Erde nahe kommt. Berechnungen gestatten es nun, die Beschaffenheit des Erdmantels zu ermitteln (Tab. 1.1). Diese drei getrennten Beobachtungen zeigen, daß die Beschaffenheit des Erdmantels mit der eines Peridotits vom Typ Lherzolith (überwiegend Olivin mit Klinopyroxenen und Orthopyroxenen) sehr gut vergleichbar ist. RINGWOOD (1966) berechnete hierfür die chemische Zusammensetzung, wobei er ein Gemisch von $^3/_4$ Peridotit und $^1/_4$ Basalt voraussetzte (Tab. 1.1).

GREEN & RINGWOOD (1967a) bildeten, ausgehend von experimentellen Arbeiten, Gemische von Mineralen nach, die im Mantel im Gleichgewicht vorliegen (Abb. 1.2).

Man kann folglich nacheinander beobachten:

- bis 10 kbar (etwa 30 km) einen Plagioklaspyrolit (zusammengesetzt aus Olivin, Ortho- und Klinopyroxen und Plagioklas)
- von 10 bis 20 – 30 kbar (60 – 100 km) einen Pyroxenpyrolit (Olivin, Ortho- und Al-haltiger Klinopyroxen, Spinell). In der Tat reagieren die Plagioklase (Endglieder Albit und Anorthit) mit dem Olivin entsprechend den Typusreaktionen:

$$\underset{\text{Albit}}{NaAlSi_3O_8} + \underset{\text{Forsterit}}{Mg_2SiO_4} \rightarrow \underset{\text{Jadeit}}{NaAlSi_2O_6} + \underset{\text{Enstatit}}{2\,MgSiO_3} \quad (1)$$

$CaAl_2Si_2O_8$	+	Mg_2SiO_4	→	$CaAl_2SiO_6$	+	$2\ MgSiO_3$	(2)
Anorthit		Forsterit		Tschermak-Molekül		Enstatit	

- bei einem Druck oberhalb 20–30 kbar (über 100 km) einen Granatpyrolit (Olivin, Ortho- und Klinopyroxen und Granat). Das Auftreten des Granats (Pyrop) folgt aus zwei möglichen Reaktionstypen:

$MgAl_2O_4$	+	$4\ MgSiO_3$	→	$Mg_3Al_2Si_3O_{12}$	+	Mg_2SiO_4	(3)
Spinell		Enstatit		Pyrop		Forsterit	

$m\ MgSiO_3 \cdot n\ MgAl_2SiO_6$	→	$Mg_3Al_2Si_3O_{12}$	+	$(m\text{-}2)\ MgSiO_3 \cdot (n\text{-}1)\ MgAl_2SiO_6$	(4)
Al-haltiger Enstatit		Pyrop		Al-haltiger Enstatit	

Die Reaktion (3) der Granatbildung auf Kosten des Spinells findet zwischen 21 kbar (bei 1 100 °C) und 24 kbar (bei 1 300 °C), die Reaktion (4) zwischen 24 kbar (bei 1 300 °C) und 31 kbar (bei 1 500 °C) statt.

Das beschriebene Modell geht von einem theoretischen, wasserfreien Erdmantel aus. Tatsächlich aber ermöglicht eine sehr geringe Hydratation die Existenz wasserhaltiger Phasen, d. h. von Amphibolen und Phlogopit. Amphibol bleibt bis 30 kbar stabil, bei höheren Drücken wandelt er sich in Pyroxen, Granat und Wasser um. Das CO_2, das in geringen Mengen ebenfalls vorhanden ist (Berg, 1986), verschwindet ab einer Tiefe von 100 km. Aus Dolomit ($CaMg(CO_3)_2$) bildet sich dann Magnesit ($MgCO_3$), Diamant (C) ersetzt Graphit und auch Methan (CH_4). Im tieferen Mantel konnte man einen Zusammenhang feststellen zwischen den mineralogischen Phasenübergängen und den seismischen Diskontinuitäten. So nimmt der Olivin in 400 km Tiefe (der Basis des Oberen Mantels) eine Spinell-Struktur ein. In 670 km Tiefe (Basis des Unteren Mantels) zerfällt der Spinell, und bei Drücken über 240 kbar steht die Paragenese Magnesio-Wüstit (Mg,Fe)O – Perowskit $(Mg,Fe)SiO_3$ – Al-Ca-Minerale im Gleichgewicht.

Das Modell eines gleichförmigen und homogenen Erdmantels im Gegensatz zur komplexen und mannigfaltigen Kruste ist jedoch zu sehr vereinfacht. Erkenntnisse aus Petrologie (verschiedene Typen von Einschlüssen, Berger, 1985) und Geochemie (Spurenelemente, Joron & Treuil, 1977; Isotope, Manhès et al., 1977; Vidal et al., 1984) belegen die horizontale Heterogenität des Erdmantels. Zudem wird er lokal durch die Wirkung von Fluiden mehr oder weniger verändert (Metasomatose; Menzies & Hawkesworth, 1987).

In der Tat scheinen bestimmte Teile des Mantels in unterschiedlichem Maße an Alkalien (K, Rb, Cs) und leichten Seltenen Erden (Lanthanide einschließlich Europium) **angereichert**, andere hingegen **verarmt** zu sein. Im Gegensatz zum ursprünglichen, **primitiven** Mantel chondritischen Typs brachte der verarmte Mantel durch partielle Aufschmelzung basaltische Schmelzen hervor. Im Oberen Erdmantel erfolgt somit der Übergang von einer lherzolithischen (Peridotit mit Olivin, Klino- und Orthopyroxen) in eine harzburgitische (Peridotit mit Olivin und Orthopyroxen, aber ohne Klinopyroxen) Zusammensetzung. Diese Heterogenität wird durch die vergleichende geochemische Untersuchung verschiedener Peridotite bestätigt. Sie zeigt sich sowohl im großen wie auch im kleinen Maßstab (ozeanweit z.B. > 1 000 km oder im 10-m-Bereich bis hinunter auf Mineralgröße). Eine weitere, sehr ausgedehnte Heterogenität des Mantels, gekennzeichnet durch anomale Gehalte an Sr, Nd und Pb (Dupal-Anomalie), ist in einem großen Teil der südlichen Hemisphäre zwischen dem Äquator und dem 60. Grad südlicher Breite auszumachen (DUPRÉ & ALLÈGRE, 1983; HART, 1984).

Die Heterogenitäten können durch verschiedene Prozesse entstehen: Bildung der ozeanischen Lithosphäre, Anwachsen der Kontinentalkruste auf Kosten des Mantels, Zuführung von Sedimenten in die Subduktionszonen; gelegentlich sind sie seit der frühen Differentiation in Kern, Mantel und Kruste bestehen geblieben. Bestimmte Heterogenitäten resultieren aus der unvollständigen Assimilation von Fragmenten der ozeanischen Kruste bei einer Subduktion. Diese werden gedehnt und damit dünner. Der Erdmantel sollte somit das Aussehen von Marmorkuchen annehmen („marble cake"; ALLÈGRE & TURCOTTE, 1986). Die Bildung solcher Heterogenitäten verlangt allerdings einen Zeitraum von mindestens einer Milliarde Jahren (ALLÈGRE et al., 1980; ALLÈGRE, 1987a). Umgekehrt besteht die Tendenz, Heterogenitäten durch Mantelkonvektion und in geringerem Maße durch Diffusion wieder auszugleichen, dies ebenfalls in Zeiträumen von einer Milliarde Jahren. Es läuft eine Art Wettbewerb zwischen den beiden Vorgängen von Entstehen und Verschwinden einer Heterogenität ab.

Die Frage, ob die Heterogenität ursprünglich ist und bis heute Bestand hatte, oder ob sie durch einen geologischen Prozeß in einem Erdmantel entstanden ist, der im Präkambrium homogen war, muß offen bleiben. Die Schwankungen des Verhältnisses $^{129}Xe/^{130}Xe$ im Mantelinnern wie auch der Beweis einer Pb-Migration vom Mantel zum Kern scheinen die erste Hypothese zu bekräftigen. Die Isotopenanalysen der Chondrite, deren Alter auf mehr als einer Milliarde Jahren bestimmt worden ist, sprechen allerdings eher für das Gegenteil.

Ein erstes einfaches, zweipoliges Modell wurde von SCHILLING (1973) vorgeschlagen. Der Erdmantel ist geschichtet. Ein Oberer Mantel, in dem Konvektionsbewegungen ablaufen (Abb. 1.1), ist verarmt an inkompatiblen Elementen und entgast; dagegen ist der untere Mantel unverändert oder sogar an inkompatiblen Elementen angereichert. Eine seismische Diskontinuität in 670 km Tiefe grenzt die beiden Einheiten voneinander ab. In diesem Bereich entwickelt sich aufgrund der Übertragung von Wärme aus darunterliegenden Zonen eine thermische Grenze.

Das komplexere Modell von ZINDLER & HART (1986; Abb. 1.3), das auf der Isotopenanalyse ozeanischer Basalte beruht, zeigt vier Mantelpole:

- einen verarmten Pol (**DMM** für *depleted mantle*), gemischt (**DMMA** und **DMMB**), Quelle der Basalte des Mittelozeanischen Rückens (**MORB** = *Mid Ocean Ridge Basalt*);
- einen ersten angereicherten Pol (**EM1** für *enriched mantle 1*), der möglicherweise ein Zeugnis des Urmantels ist;
- einen zweiten angereicherten Pol (**EM2**), der möglicherweise aus wiederversenkten Sedimenten resultiert;
- schließlich einen Pol mit einem erhöhten Verhältnis $\mu = {}^{238}U/{}^{204}Pb$ (**HIMU**), der noch rätselhafter ist und nur durch einige Inseln, speziell in Polynesien, repräsentiert wird. Hierbei könnte es sich um Fragmente der subduzierten Lithosphäre handeln, von der bestimmte mobile Elemente abgezogen wurden (VIDAL et al., 1989).

Der am meisten verbreitete Manteltyp (**PREMA** = *prevalent mantle*) entspricht einem Gemisch dieser vier Pole. Aber wie die großen Schwankungen des Chemismus der ozeanischen Basalte zeigen, können zahlreiche Magmen auch aus der Verschmelzung jeweils bestimmter Pole, in veränderlichen Proportionen, herrühren. Ebenso findet man Zeugnisse des Urmantels (**PUM** = *primitive upper mantle*), der in Folge einer raschen Konvektion aufgrund des damals herrschenden geothermalen Flusses homogenisiert wurde und Analogien mit den Chondriten aufweist.

1.3 Ablauf der partiellen Aufschmelzung

Die Magmen sind chemisch sehr vielfältig, und sie unterscheiden sich alle merklich vom Erdmantel. Man kann also eine vollständige Aufschmelzung des Erdmantels vernünftigerweise nicht geltend machen, denn das ergäbe lediglich einige wenige Magmentypen mit dem Chemismus eines Peridotits. In der Tat ist der Entstehungsmechanismus nur mit einer partiellen Aufschmelzung zu erklären. Nur ein Teil des Mantels schmilzt, in ihn gelangen vorzugsweise die **hygromagmatophilen** Elemente, die von den hydratisierten oder magmatischen Fluidphasen angezogen werden. Es sind dies die Alkalien (K, Rb, Cs), Lanthan, die Lanthanide, Zr, Hf, Nb, Ta, U, Th und in geringerem Maße die Erdalkalien Sr und Ba. Sie konzentrieren sich in der fluiden Phase, wohingegen alle anderen Elemente sich hierin in relativ geringen und veränderlichen Proportionen aufhalten (Abb. 1.4). Die hygromagmatophilen Elemente, die umgekehrt nur eine geringe Affinität zu den Mineralen besitzen, nennt man auch **inkompatibel.** Der **Aufschmelzungsgrad** (Verhältnis Menge der flüssigen Phase des Endmagmas zur Menge der festen Phase des Ausgangsmantelgesteins) bestimmt die chemische Zusammensetzung des Magmas. Ein geringer Aufschmelzungsgrad ergibt ein an hygromagmatophilen Elementen sehr reiches Magma mit Alkalichemismus. Im Gegensatz dazu werden dieselben Elemente in um so

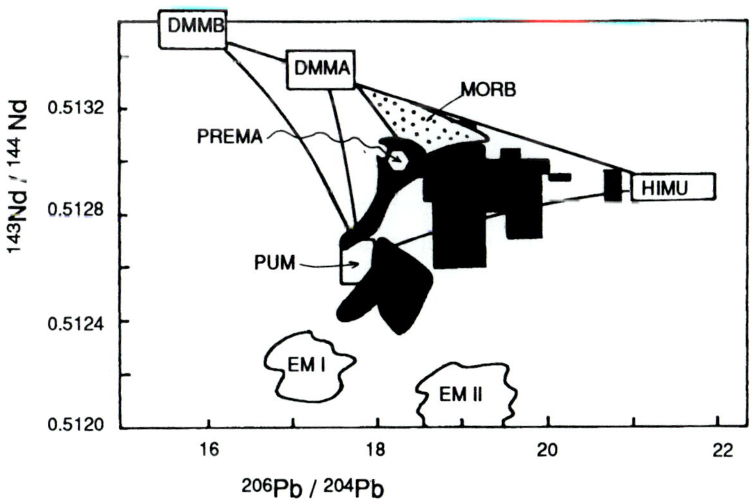

Abb. 1.3 Mantelmodell mit mehreren Polen von ZINDLER & HART (1986). Die Isotopenanalysen (im gewählten Beispiel von Neodym und Blei) von Basalten verschiedener Ozeaninseln (Azoren, Hawaii, Kerguelen, Tahiti, ...) – im Schema schwarz – und vom MORB – im Schema gepunktet – weisen eine breite Streuung auf. Sie könnten das Ergebnis einer partiellen Aufschmelzung mehrerer Mantelpole (DMMA, DMMB, EM1, EM2, HIMU) in veränderlichen Proportionen sein. Die Linien möglicher Mischungen sind eingezeichnet. Der am meisten verbreitete Manteltyp (PREMA) und der Urmantel (PUM) sind ebenfalls eingetragen (siehe Text).

höherem Maße verdünnt sein, wenn es sich um ein Magma mit hohem Aufschmelzungsgrad handelt. So ist zu verstehen, warum der Erdmantel eine große Anzahl verschiedener Magmen hervorbringen kann. Anhand des Anteils an hygromagmatophilen Elementen in einem aus dem Mantel stammenden Peridotit und in einer von einem Magma stammenden Lava kann man den Aufschmelzungsgrad berechnen. Er erreicht für heutige vulkanische Serien maximal 20 – 30%. Die Komatiite, ehemalige, sehr magnesiumreiche Laven (MgO > 20%), die im wesentlichen aus präkambrischen Schilden bekannt sind, entsprechen zweifellos einem Aufschmelzungsgrad von 40% oder mehr. Allerdings waren zu jener Zeit die thermodynamischen Bedingungen im Innern des Planeten ganz andere, und auch die allgemeine Geodynamik war mit der späterer Erdzeitalter nicht vergleichbar.

Warum kommt es an gewissen Stellen zur partiellen Aufschmelzung des festen Mantels? Dies kann an einer Erhöhung der Temperatur in einem bestimmten Bereich von mitunter geringer Ausdehnung liegen. (So z. B. im Bereich der sogenannten **Hot Spots**: Zonen positiver Wärmeanomalie mit einem Durchmesser von ungefähr hundert Kilometern, die noch wenig erforscht sind. Abschn. 12.5) Eine Abnahme des Druckes (Ozeanbodenspreizung und Aufwölbung des Mantels) kann zum gleichen Ergebnis führen. In der Tat hat der Mantel während einer schnellen Aufwölbung, bei einer Geschwindigkeit von einigen cm/Jahr im Bereich der Ozeanbodenspreizung, nicht die Zeit zur Abkühlung durch Wärmeleitung. Nach dem Modell von White & McKenzie (1989) beginnt ein aufsteigender Mantel mit einer mittleren Temperatur von 1 340 °C in einer Tiefe von 50 km zu schmelzen. Bei Erreichen der Oberfläche dürften 25% des Gesteins in flüssigem Zustand sein.

Andererseits spielen die Fluide eine entscheidende Rolle, indem sie den Schmelzpunkt herabsetzen. Die Abb. 1.2 zeigt, daß der Solidus[1] des trockenen Pyrolits ständig oberhalb der geothermischen Gradienten[2] bleibt. Eine Aufschmelzung bleibt also unmöglich. Bei einem hydratisierten Peridotit sinkt der Solidus beträchtlich herab. Er schneidet so den geothermischen Gradienten zwischen 100 und 150 km. Eine partielle Aufschmelzung wird möglich.

1.4 Die primären Magmen

Eine durch partielle Aufschmelzung entstandene Schmelze, die direkt aus dem Oberen Mantel stammt und noch keine Veränderung erfahren hat, weder durch Mineralkristallisation noch durch Kontamination, nennt man **primäres Magma** (O'Hara, 1965). Im allgemeinen verändern die petrogenetischen Prozesse die primären Magmen allerdings sehr schnell, wodurch es schwierig wird, diese direkt zu beobachten. Es handelt sich um basische Schmelzen, die reich an Mg (8–12% Mg), Ca und Fe sind sowie an Al, Cr und Ni. Ein Verhältnis $100 \times Mg/(Mg + Fe^{2+})$ von fast 70 zeugt vom primären Charakter eines Magmas. Green et al. (1974) berechneten dieses theoretische Verhältnis für ein Magma, das aus der partiellen Aufschmelzung eines olivinhaltigen (Fo_{88} - Fo_{90}) Peridotits stammt.

Ausgehend vom Mantel bilden sich mehrere Magmentypen, je nach den vorherrschenden thermodynamischen Bedingungen (Temperatur, Druck, d. h. Tiefe der Gene-

1 Solidus = Grenztemperatur, oberhalb derer das Material teilweise schmilzt.

2 Geothermischer Gradient = Zunahme der Temperatur mit der Tiefe

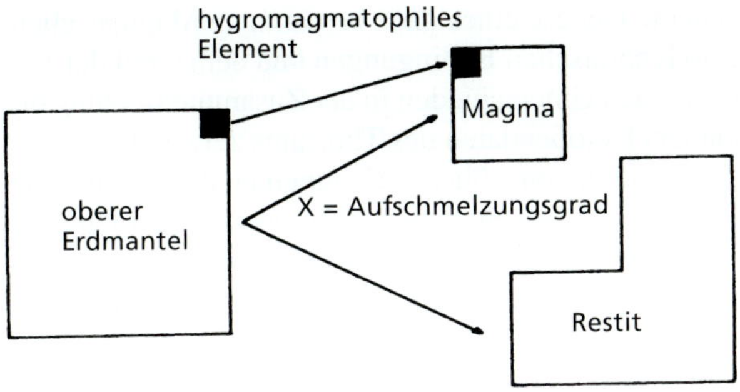

Abb. 1.4 Schema der partiellen Aufschmelzung des Oberen Mantels und des daraus entstehenden primären Magmas. X = Aufschmelzungsgrad = Menge an Endmagma/Menge an Ausgangsmantelgestein. Ein theoretisch vollkommen hygromagmatophiles Element (schwarzes Feld) geht vollständig in die fluide Phase und hat dabei eine Konzentration von 1/X.

se), die den Grad der partiellen Aufschmelzung bestimmen. Auf diesen Aspekt stützen sich die Arbeiten von Kuno (1960), von Kushiro & Kuno (1963) und insbesondere von Green & Ringwood (1967 b). Kushiro (1972, 1973) unterstrich die Bedeutung der Fluide, danach zeigten Mysen & Boettcher (1975 a u. b) den jeweiligen Einfluß von H_2O und CO_2 auf. Cl und F spielen ebenfalls eine Rolle.

Die experimentellen Ergebnisse zeigen, daß sich in Abhängigkeit von diesen Parametern drei Haupttypen primärer Magmen, alle mit basischem Chemismus, herausbilden können:

- Beim Magmatismus der Mittelozeanischen Rücken steigt die LVZ bis unter den Mittelozeanischen Rücken auf, der Druck erreicht einen mittleren bis niedrigen Wert (< 20 kbar, oft geringer). Der adiabatische Aufstieg[1] des Mantels reicht aus, um sein partielles Schmelzen zu erklären. Die MORB (*Mid Ocean Ridge Basalt* = tholeiitischer Basalt) entstehen auf Kosten eines Mantels, der an inkompatiblen Elementen infolge eines hohen Grades der partiellen Aufschmelzung (20 – 30 %) verarmt ist. Das Verhältnis $xH_2O = H_2O/CO_2$ bleibt mit 0,4 – 0,6 intermediär, d. h. 40 – 60 % H_2O und folglich 60 – 40 % CO_2.

- Beim Intraplattenmagmatismus (ozeanisch oder kontinental) entstehen Basalte in großer Tiefe und unter hohem Druck (> 20 kbar) aufgrund lokaler thermischer Anomalien (Hot Spots), die oft durch eine zugehörige lokale Krustenextension begünstigt werden. Der je nach Fall variable Aufschmelzgrad führt zu den Alkalibasalten und den Basaniten (geringer Grad von etwa 5 %), seltener zu den Tholeiiten (höherer Grad bis zu 20 – 30 %). So unterscheidet man bei den ozeanischen Inseln die **OIB** (*Ocean Island Basalt* = Alkalibasalt) und die **OIT** (*Ocean Island Tholeiite* = tholeiitischer Basalt). Gelegentlich ist der Übergang vom einen zum anderen Typ zu beobachten (Hawaii, Macdonald & Katsura, 1964, Clague, 1987; Fangataufa, Guillou et al., 1990; siehe dazu die Betrachtungen in Bardintzeff et al., 1994). Das Verhältnis xH_2O ist relativ gering, es beträgt 0,2 – 0,4 bei den Alkalibasalten und 0,5 bei den Basaniten.

- Die basaltischen Andesite (Andesite i. w. S.) schließlich charakterisieren den Subduktionszonen-Vulkanismus. Die petrogenetischen Prozesse hierbei sind sehr komplex, zuweilen kommt die Kruste mit ins Spiel. Die Fluide sind in wesentlichem Maße beteiligt. Das Verhältnis H_2O/CO_2 bleibt hoch ($xH_2O = 0,6 – 0,75$).

1 adiabatisch = ohne Austausch von Wärme, Energie oder Stoff.

Aber es wird immer deutlicher, daß die Genese eines ganz bestimmten Magmas ebensosehr von den verschiedenen thermodynamischen Bedingungen und dem Grad der partiellen Aufschmelzung abhängt wie von den Unterschieden in der Zusammensetzung des Ausgangsgesteins im Mantel. Besonders Isotopendaten des Thoriums zeigen das (ALLÈGRE & CONDOMINES, 1982). Die OIB könnten von früheren Fragmenten der ozeanischen Lithosphäre herrühren, die an der thermischen Grenze zwischen Oberem und Unterem Erdmantel (gewissen Autoren zufolge sogar an der Grenze Mantel/Kern) gelagert wurden, dann ein bis zwei Milliarden Jahre später diapirartig aufstiegen und schließlich in einem der Oberfläche näheren Stockwerk des Oberen Mantels partiell aufgeschmolzen wurden (RINGWOOD, 1982). Einer anderen Hypothese zufolge bleiben diese Fragmente in verschiedenen Tiefen innerhalb des Oberen Mantels verstreut, ehe sie aufsteigen und schmelzen. Wie dem auch sei, die Lage dieser Heterogenitäten entspreche stets den Hot Spots.

In selteneren Fällen können auch intermediäre bis differenzierte „primäre" Magmen (Hawaiit, Mugearit, Benmoreit, Abschn. 3.3) durch partielle Aufschmelzung des Mantels entstehen (GREEN et al., 1974). Ein äußerst geringer Aufschmelzgrad von ungefähr 1 % bei gleichzeitigem Auftreten von CO_2 wird in Ausnahmefällen in Rechnung gestellt, um die Genese spezieller Magmen (wie z. B. der Karbonatite = karbonatische Laven) zu erklären (Abschn. 5.6; zur Übersicht siehe BELL, 1989, und Spezialausgabe J. Af. Earth Sc., 1998).

Keine Begierde ist natürlicher
als die Wißbegierde. Wir erproben
alle Mittel, die uns Erkenntnis
verheißen. Wenn wir mit dem
Denken nicht weiterkommen, behelfen
wir uns mit der Erfahrung.
Montaigne, *Les Essais*

Was einfach ist, ist immer falsch,
Was dies nicht ist, ist unbrauchbar.
Paul Valéry

2 Die Magmenkammer: Realität und Modellierung

2.1 Der Aufstieg des primären Magmas

Ein Magma (Analyse s. Tabelle 1.1) ist eine silikatische Schmelze, die etwa zehn Hauptelemente (Si, Al, Ti, Fe, Mg, Mn, Ca, Na, K, P) und eine Anzahl von Spurenelementen (Gehalt unter 0,1 %, oft viel geringer) enthält. Weiterhin enthält sie gelöste Fluide, vor allem Wasser. Drei Parameter beeinflussen die Eigenschaften der Schmelze: ihre Temperatur, ihr Druck und ihre chemische Zusammensetzung. Hieraus ergeben sich Viskosität und Dichte der Schmelze, die ihr Verhalten bestimmen.

Das primäre Magma mit einer i.w.S. basaltischen Zusammensetzung hat eine geringere Dichte (ungefähr 2,9 g/cm^3) als der Mantel (mittlere Dichte von 3,3 g/cm^3), von dem es umgeben ist. Das Magma steigt folglich wie eine leichte Blase auf, vergleichbar einem Salzdiapir. Der restliche Mantel wird, hauptsächlich aufgrund der Aufschmelzung des Granats, ebenfalls leichter. Er steigt somit teilweise mit dem Magma auf, bevor sich beide weiter oben trennen (McBirney, 1993). Die Fluide, die sich in gelöstem Zustand im Magma befinden, haben in diesem Stadium noch keinerlei Einfluß auf den Aufstieg.

In einem höheren strukturellen Stockwerk, welches nun starr und spröde ist, herrschen andere mechanische Bedingungen. In einem Bereich, wo es lokal zu Ausdehnung und Bruchbildung kommt, kann das Magma seinen Aufstieg in Richtung Oberfläche fortsetzen. In der Mehrheit der Fälle bricht der Aufstieg jedoch aus vielfältigen Gründen unterwegs ab (lokale tektonische oder thermische Veränderungen; Schwankung der Magmenproduktionsrate; Zunahme der relativen Dichte Magma/Nebengestein, die die Auftriebskraft bestimmt). Meist geschieht dies an der Grenze zwischen Erdmantel und Erdkruste (in rund 30 km Tiefe) oder in der Kruste selbst (in Tiefen von 30 bis 10 km). Das Magma bleibt in einem Bruchsystem stecken. Nach einem Zeitraum von einigen Jahrhunderten oder Jahrtausenden kommen die Brüche miteinander in Verbindung. Es bildet sich eine mit Magma gefüllte Tasche, die sich im weiteren durch Einstürze vergrößert. Unterhalb der wichtigsten Vulkane, die ein Alter von mehreren hunderttausend Jahren besitzen, existieren wahre Magmen-Kammern mit einem Volumen von jeweils mehreren Zehnern oder Hunderten km^3.

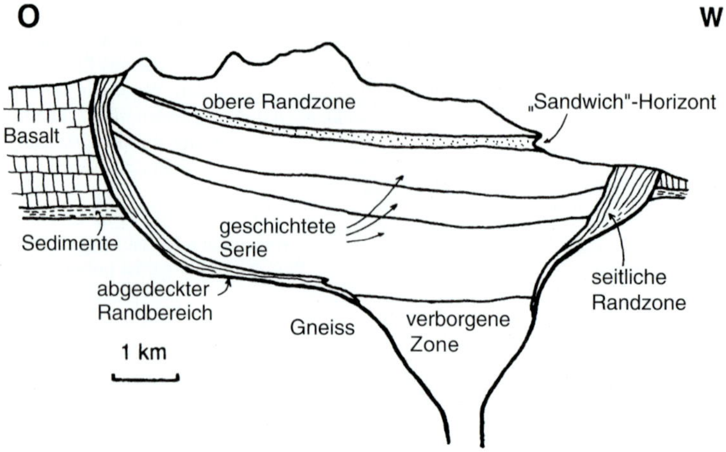

Abb. 2.1 Das Plutonitmassiv des Skaergaard (Grönland), eine fossile Magmenkammer: schematisches O-W-Profil (nach Süden geschaut), nach McBirney (1993).

In einer solchen Kammer verbringt das Magma manchmal mehrere Jahrhunderte oder Jahrtausende. Es erfährt hier wichtige Umwandlungen, bevor es bei einer Eruption wieder aufsteigt. Oft kann das Magma nicht unmittelbar herausströmen, z. B. aufgrund einer Vulkanverstopfung. Es steckt in nur geringer Tiefe (höchstens einige Kilometer) unter dem Vulkan in einem kleinen Reservoir, das aus einem Netz miteinander verbundener Brüche besteht. Es ist dies die letzte Phase vor der Eruption (Kap. 6).

In einigen ziemlich seltenen Fällen von Spaltenvulkanismus scheint sich dem direkten Aufstieg des Magmas vom Mantel bis an die Oberfläche überhaupt kein Hindernis in den Weg zu stellen, es scheint die Oberfläche zu erreichen, ohne irgendeine entscheidende Umwandlung zu erfahren. Magmen, die nacheinander von demselben Vulkan ausgestoßen werden, haben alle einen ähnlichen Chemismus. Bestimmte Vulkane (Devès, Ätna) sind für diese Gleichartigkeit ihrer Laven bekannt. Der Spaltenvulkanismus des Devès scheint die Abwesenheit einer tiefer gelegenen Magmenkammer zu belegen. Im komplexeren Fall des Ätna wird das Vorhandensein einer solchen Kammer nicht ausgeschlossen, allerdings dürfte das Magma hier nur einen sehr geringen Zeitraum verbringen.

Tief gelegene Magmenkammern sind mittels seismischer Methoden nachgewiesen worden. Die neueren Methoden der seismischen Tomographie, die dreidimensionale Bilder ermöglicht, könnten in Zukunft eine gelungene Vorstellung von der Gestalt aktueller Magmenkammern und vom Anteil an in ihnen enthaltener geschmolzener Materie liefern. Andere, ehemalige Magmenkammern kristallisierten in der Tiefe als grobkörnige, mehr oder weniger geschichtete Plutonitmassive – im wesentlichen Gabbros – aus (*layered intrusions*; Cawthorn, 1996). Durch die spätere Erosion kamen sie zum Vorschein. Solche fossilen, ans Tageslicht tretenden Magmenkammern sind jedoch selten. Man kennt zwei davon, die aus dem Tertiär stammen: die eine in Grönland (Skaergaard-Komplex), die andere in Schottland (Rhum-Komplex). Es gibt weitere, speziell aus früheren Zeiten, aber die Mehrheit hat nachträgliche Umwandlungen erfahren.

2.2 Das Skaergaard-Massiv (Grönland)

Das Skaergaard-Massiv befindet sich auf der gleichnamigen Halbinsel an der Ostküste Grönlands. Seine Berühmtheit reicht mehr als ein halbes Jahrhundert zurück, als Wager

& DEER (1939) davon detaillierte Untersuchungen anstellten. Es handelt sich hierbei um einen elliptischen Plutonitkomplex (11 km x 7 km, das bedeutet eine Oberfläche von ca. 50 km² und ein geschätztes Volumen von 500 km³, also eine relativ bescheidene Größe). Das Massiv hat sich im Paläozän (vor ungefähr 55 Mio. Jahren) während jener magmatischen Phase, die mit der Öffnung des nördlichen Atlantiks verbunden war, installiert. Das Magma des Skaergaard erreichte die Oberfläche womöglich über einen Krater oder eine Caldera, die inzwischen erodiert sind. Der Magmatitkörper, der sich intrusiv in einem Nebengestein aus Metamorphiten (präkambrischen Gneisen und Amphiboliten), einigen Sedimenten des Senons, beträchtlichen Lavaströmen und basaltischen Schlacken befindet, ist durchzogen von Intrusivgängen (Sills und Dikes, s. Abschn. 7.4). Ein **abgeschreckter Randbereich** (*chilled margin*) von etwa 1 m Breite, der sich aus Gesteinen mit Mikrogefüge zusammensetzt, umgibt das Massiv am Kontakt mit dem Nebengestein. Seine Zusammensetzung spiegelt die der gesamten Intrusion wieder, nämlich gabbroid bis tholeiitisch.

Das glazial überprägte, hügelige Relief legt den Pluton nur zum Teil frei, erlaubt aber nichtsdestoweniger Untersuchungen über eine Mächtigkeit von 3,5 km. Vier Teile werden unterschieden (Abb. 2.1): 1) eine geschichtete Serie, die von unten her kristallisierte, 2) eine obere Randzone, die von oben her kristallisierte, 3) eine seitliche Randzone, die von den Seiten aus kristallisierte und schließlich 4) eine verborgene Zone, die nicht aufgeschlossen ist, von der man sich aber dank geophysikalischer Daten ein Bild machen konnte. Zwischen der geschichteten Serie und der oberen Randzone liegt ein „Sandwich"-Horizont, in dem sich das letzte Magma verfestigte. Das Massiv hat die Form eines asymmetrischen Trichters und weist eine deutliche Schichtung auf. Es läßt sich von oben nach unten folgendermaßen gliedern (WAGER & BROWN, 1967):

- die obere Randzone, 1 000 m mächtig, mit Gabbros und Ferrodioriten, von Gängen (Dikes und Sills) aus Granophyr durchzogen und mit zahlreichen, aus dem Nebengestein stammenden Gneiseinschlüssen (Xenolithen);
- die geschichtete Serie:
  - Obere Zone (920 m mächtig) mit Fe-Olivin-haltigen Ferrogabbros und einigen Granophyrgängen;
  - Mittlere Zone (780 m) mit olivinfreien Gabbros;
  - Untere Zone (800 m) mit Mg-Olivin haltigen Gabbros;
- die verborgene Zone, die wahrscheinlich aus basischen bis ultrabasischen Gesteinen besteht.

Parallel dazu zeigen die Minerale eine chemische Evolution. Die bemerkenswertesten Veränderungen erfährt der Olivin mit einem $Forsterit_{67}$ an der Basis der geschichteten Serie bis zum reinen Fayalit auf Höhe des „Sandwich"-Horizonts. Ebenso reichern sich die Klinopyroxene mit Eisen an (und besitzen einen Gehalt an Ferrosilit von etwa Fs_{20} bis hin zum reinen Pol Hedenbergit, wobei der Gehalt an Wollastonit zwischen Wo_{35} und Wo_{40} etwa gleich bleibt) wie auch die Orthopyroxene vom Typ Pigeonit (Fs_{18} bis Fs_{45}), wohingegen die Plagioklase sich mit Natrium (An_{66} bis An_{30}) anreichern. Modaler Quarz taucht schließlich im oberen Teil auf. Die Rolle der Eisen- und/oder Siliziumanreicherung ist noch umstritten (MCBIRNEY, 1984, 1989; HUNTER & SPARKS, 1987, 1990). Diese chemische Evolution der Minerale vollzog sich im Verlauf der Zehntausende von Jahren, die die Abkühlung und die Verfestigung des Magmas dauerten.

Die Schichtung läßt sich in allen Plutonen dieses Typs beobachten. Bei unterschiedlichen Maßstäben ist es üblich, eine **rhythmische Schichtung,** die an ihrem Wechsel von

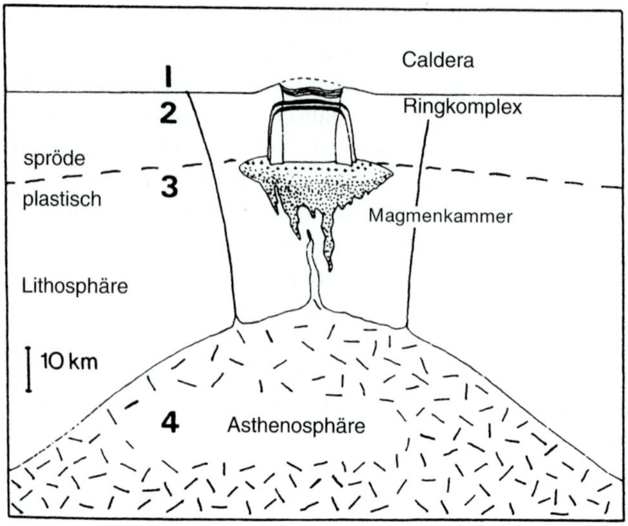

Abb. 2.2 Beziehungen zwischen Magmenkammer, Ringkomplex und Caldera. Maßstab in vertikaler und horizontaler Richtung gleich (BONIN, 1986).

helleren und dunkleren (melanokraten) Lagen gut zu erkennen ist, und eine **kryptische Zonierung,** die nicht sichtbar ist, die aber die zunehmenden chemischen und mineralogischen Veränderungen von der Basis der Intrusion bis nach oben hin widerspiegelt, zu unterscheiden. Außerdem überlagert sich der vertikalen eine laterale, ebenso chemische wie mineralogische, Zonierung. Die Gesteine der äußeren Randzone sind mit FeO, TiO_2, K_2O und P_2O_5 angereichert, wobei die Plagioklase albitreicher und stark zoniert und die mafischen Minerale eisenreicher sind (MCBIRNEY, 1989).

Die Platznahme eines derartigen Plutons ist über lange Zeit diskutiert worden. Man ist sich heute einig, daß ein basaltisches Magma in einer einzigen Phase aufsteigt und dabei einen Teil des Hangenden nach oben hin verschiebt. Der periphere abgeschreckte Randbereich gibt ein Bild vom Gesamtchemismus. Die Analogie mit einer Magmenkammer wird deutlich.

Um so mehr bleiben die Prozesse der Kristallisation und Sedimentation umstritten. Die Deutung des Phänomens als Kumulation galt lange Zeit als gesichert: Im Laufe der Kristallisation sammeln sich die Minerale auf verschiedenen Niveaus entsprechend ihrer jeweiligen Dichte an. Die Dichte der Gesteine nimmt von der Basis (3,36 g/cm^3) nach oben hin (3,05 g/cm^3) ab. Die rhythmischen Lagen deuten in der Tat auf eine magmatische Sedimentation hin, bei der neben anderen der Faktor Gravitation ein wichtige Rolle spielt. Die kryptische Zonierung zeugt von einer Entwicklung der Restschmelze, die sich mit 20 % an der Zusammensetzung der Gesteine beteiligt.

Dieser einfache Mechanismus ist von MCBIRNEY & NOYES (1979) kritisch betrachtet worden. Tatsächlich ergibt sich die Frage, wie das Vorhandensein zahlreicher, relativ leichter Plagioklase an der Basis des Komplexes sowie schwerer Mafite in seinem oberen Teil zu erklären ist. Es ist daher eher eine Kristallisation *in situ* für den gesamten Körper in Betracht zu ziehen. Die Kristallisationsfront dringt von den Rändern, vom Grund oder von oben aus schneller voran, als die gebildeten Kristalle fallen bzw. aufsteigen können. Andererseits verursacht die Kristallbildung eine rheologische Veränderung des Magmas, das von einem Newtonschen Zustand niedriger Viskosität in den Zustand einer nichtnewtonschen Flüssigkeit und letztlich in den eines elastischen Festkörpers mit einem

hohen Anteil an Kristallen übergeht. Der Lagenbau spricht also für eine relative Geschwindigkeit der chemischen und thermischen Diffusion im Verlaufe der Abkühlung. Nichtsdestoweniger spielt die Gravitation eine Rolle bei der Bildung zahlreicher sekundärer Lagen (rhythmischer Wechsel). Eine spätere Neuverteilung bestimmter Komponenten durch die Zirkulation interstitieller magmatischer Schmelzen und von Fluiden führt schließlich zu der beobachteten lateralen Zonierung. Letztlich hängt der Lagenbau des Massivs sowohl von dynamischen (Magmenzirkulation) als auch von nicht-dynamischen (Kompaktion, Keimbildung und Wachstum von Kristallen) Prozessen ab (McBirney, 1995; McBirney & Nicolas, 1997).
Das Skaergaard-Massiv kann somit als eine erstarrte Magmenkammer betrachtet werden. Sein Raummaß, seine Gestalt, seine chemische Zusammensetzung geben uns Informationen über die Vorgänge, die in der Tiefe ablaufen. Es wird deutlich, daß die Magmenkammern beträchtliche Schwankungen in Volumen und Form aufweisen, zuweilen abgeflacht (diskenförmig, mehr breit als hoch), ja sogar im unteren Teil konkav sein können (Abb. 2.2).

2.3 Die Ringkomplexe

Eine mit einer Schmelze gefüllte Magmenkammer innerhalb der festen Lithosphäre stellt eine Schwächezone dar. Die darüberliegende spröde Lithosphäre kann daher entlang von Bruchsystemen in „Glocken“-Form einstürzen. Das Magma, das diese Räume ausfüllt, kristallisiert zu grobkörnigen Gesteinen und bildet ringförmige Gänge (*ring-dikes*) mit einer Mächtigkeit von etwa 100 m. Dieser Vorgang wiederholt sich mehrere Male, bis schließlich ein wahrer **Ringkomplex** entstanden ist (Übersicht in Bonin, 1986). Die chemische Zusammensetzung der Gänge (Gabbro, Granit) spiegelt die Zusammensetzung der Schmelzen in den verschiedenen Etagen der Magmenkammer wider.

Die Einstürze können sich bis an die Oberfläche auswirken, wo eine typische kreisförmige Struktur auftritt: die **Caldera** (Abschn. 8.8). Der Durchmesser der Caldera wie auch der des Ringkomplexes betragen etwa zehn Kilometer (Abb. 2.2). Eine Erosion über mehrere Kilometer kann später den Komplex freilegen. Zahlreiche Fälle sind aus der ganzen Welt beschrieben worden (Korsika, Afrika, ...).

Das Beispiel Tahiti macht die Beziehungen zwischen Plutonismus/Vulkanismus einerseits und Ringkomplex/Laven und Tephra andererseits gut deutlich (Abb. 2.3 a und b; Bardintzeff et al., 1988; Bonin & Bardintzeff, 1989).

Tahiti besteht aus zwei großen zwillingsartigen Vulkanen, Tahiti-Nui und Taiarapu, zu denen man für gewöhnlich einen dritten, den auf Höhe der Landenge zwischen den beiden Inselhälften gelegenen Taravao, hinzurechnet (Léotot & Brousse, 1987; Léotot et al., 1990). Vor ungefähr einer Million Jahren kam es zu einer Reihe von Calderabildungen, die vulkanische Aktivität scheint vor ungefähr 200 000 Jahren geendet zu haben (Brousse & Léotot, 1988).

Das ellipsenförmige Plutonmassiv von Ahititera, das eine Fläche von 2,1 km^2 einnimmt, liegt inmitten der zentralen Caldera (8 km Durchmesser) der Halbinsel Tahiti-Nui. Seine Höhe (759 m) bleibt unterhalb des höchsten Punktes der Insel, des Orohenas (2241 m) am Rande der Caldera.

Zwei Abfolgen grobkörniger Gesteine lassen sich hierbei unterscheiden. Die stark SiO_2-untersättigte Serie reicht von den Theralithen (43 %) bis zu den Essexiten (4,8 %) und

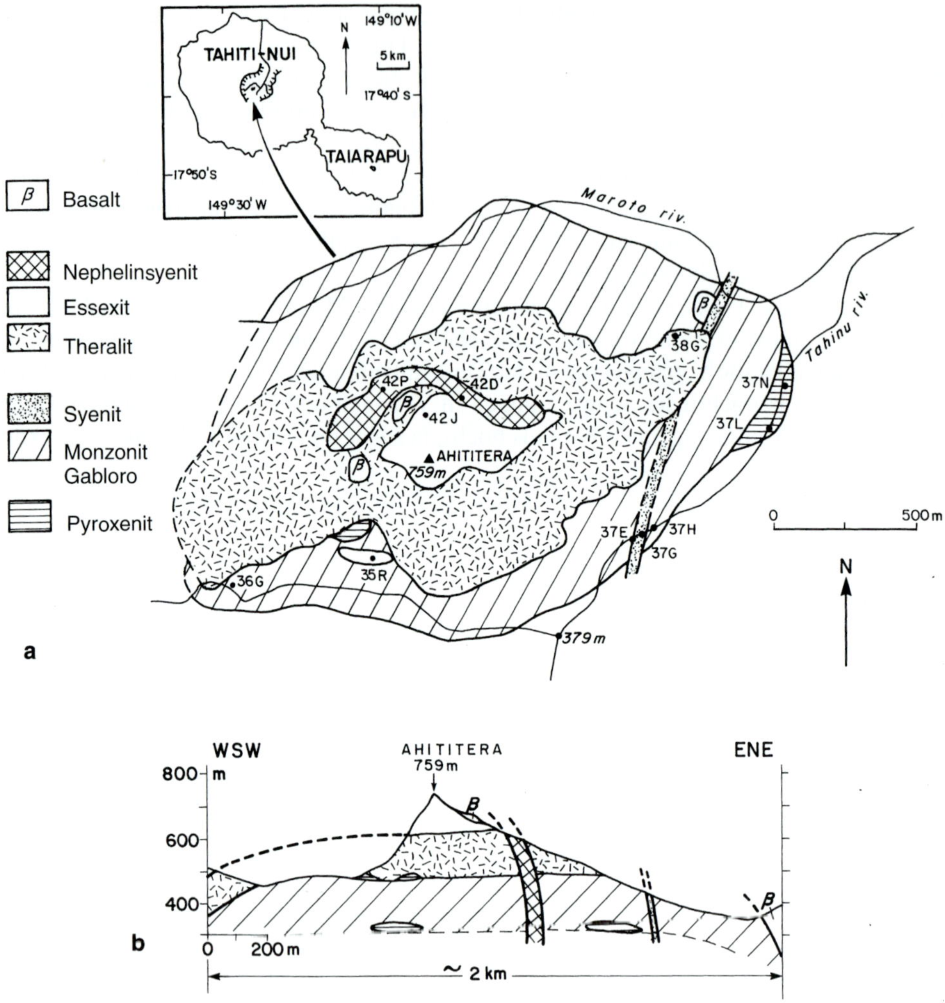

Abb. 2.3 Das Plutonitmassiv der Caldera des Tahiti-Nui (Bardintzeff et al., 1988). **a)** Geologische Karte. **b)** Erklärendes schematisches Profil. Maßstab in vertikaler und horizontaler Richtung gleich und identisch mit der Karte a.

Nephelinsyeniten (3,1 %) und enthält eine foidführende Paragenese. Die schwach SiO_2-untersättigte Serie besteht aus Gabbros (35 %), Monzoniten (11,6 %) und Syeniten (1,3 %). Außerdem findet man in geringer Menge Kumulate von Pyroxeniten (1,2 %), die zu den schwersten Kumulatgesteinen zählen.

Ein Gesamtprofil (Abb. 2.3b) läßt erkennen, daß dieses Massiv dem Dach zweier Ringeinheiten entspricht. Die schwach SiO_2-untersättigte gabbroide Serie, stratigraphisch in unterer Lage, hat sich als erste installiert und danach, während der Platznahme der stark SiO_2-untersättigten theralitischen Serie, eine retrograde Metamorphose erfahren (Anwesenheit einer Epidot-Paragenese). Die Syenite und Nephelinsyenite treten als nachfolgende Gänge auf, die den gesamten Komplex durchqueren. Die Pyroxenitkumulate sind an der Basis einer jeden Einheit zu finden.

Die mittlere chemische Zusammensetzung des plutonischen Massivs (45 % SiO_2 und 7 % normativer Nephelin) entspricht genau derjenigen der basaltischen Laven auf der Insel. Die überwiegende Mehrheit der Laven auf Tahiti entwickelte sich zu einem SiO_2-untersättigten Pol hin (Tephrit und Phonolith, vulkanische Äquivalente der Essexite und Syenitnephelinite). Diese verkürzte SiO_2-gesättigte Serie endet mit den Mugeariten (Äquivalente der Monzonite), wohingegen die Rhyolithe (Äquivalente der Syenite) fehlen.

Mit diesen Angaben aus dem Gelände lassen sich Modelle aufstellen.

2.4 Die Magmenkammer: ein offenes oder geschlossenes System?

Das Magma wird, wenn es genügend lange in der Magmenkammer verbleibt, entscheidende Umwandlungen erfahren: Alle thermodynamischen Parameter werden sich verändern.

Die Atome beginnen unter dem Einfluß der Gravitation zu wandern. Es kann sich eine echte magmatische Schichtung einstellen, mit einer von der Basis nach oben hin abnehmenden Dichte. Ausgezeichnet ist dieser Vorgang beim Plutonmassiv von Skaergaard veranschaulicht. Andererseits sinkt die Temperatur der Magmenkammer durch Wärmeleitung beim Kontakt mit dem Nebengestein. Der Liquidus bestimmter Minerale wird erreicht, und erste Kristalle werden sich in der Schmelze bilden. Entsprechend ihrer Dichte sammeln sie sich entweder am Grund der Kammer an (**Kumulation**), oder sie steigen in den oberen Teil auf (**Flotation**). Zur ersten Kategorie zählen die dunklen (**melanokraten**), basischen (reich an Mg, Ca, Fe), dichten Minerale. Ihr Verhalten unterscheidet sich deutlich von dem der hellen (**leukokraten**), alkalischen (reich an Na, K), leichteren Minerale. Durch die bevorzugte Einlagerung ganz bestimmter Elemente in die feste Mineralphase verändert sich gleichzeitig die chemische Zusammensetzung der flüssigen Ausgangsphase.

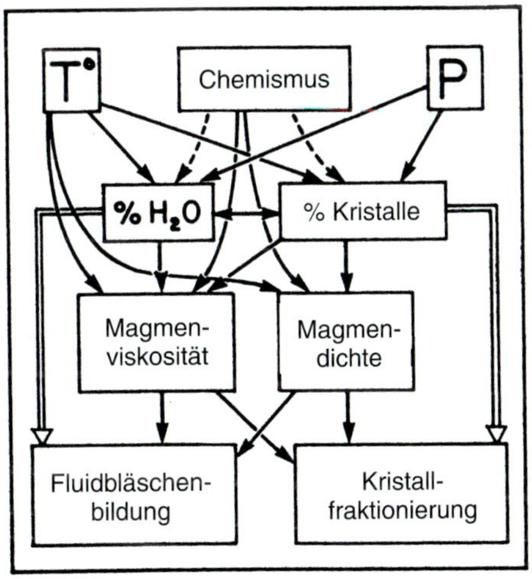

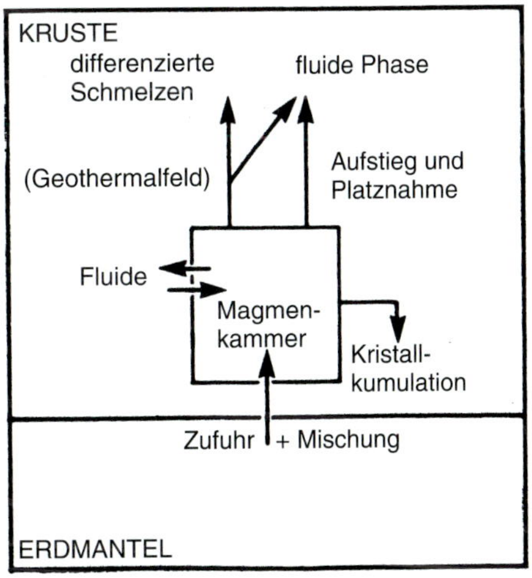

Abb. 2.4 Die thermodynamischen Wechselwirkungen im Innern einer Magmenkammer (BARDINTZEFF, 1988). **a)** Magmenkammer als geschlossenes System (T = Temperatur; P = Druck). **b)** Magmenkammer als offenes System zwischen Mantel und Kruste.

Die Fluide sind im Magma gelöst, können aber in diesem Zustand nicht bleiben, wenn sich die Löslichkeitsgrenze durch die Veränderung der verschiedenen Parameter verschiebt. Es kommt zur Bläschenbildung: Kleine Bläschen entstehen, die durch Koaleszenz größer werden und schließlich im oberen Teil der Magmenkammer zusammentreffen. Dieser Vorgang weist gewisse Ähnlichkeiten mit der Kristallisation auf, denn auch hier werden bestimmte Phasen dem Gesamtsystem entzogen.

Die Dichten und Viskositäten verändern sich, vertikale Gradienten treten in der Kammer auf. Abb. 2.4a zeigt die vielfältigen Wechselwirkungen zwischen all diesen thermodynamischen Parametern.

Die Magmenkammer kann in erster Näherung als ein geschlossenes System betrachtet werden, solange der Vulkan untätig bleibt. Denn in der Tat kommt es zu keinem Stoffaustausch, auch wenn ein Wärmeaustausch bereits stattfindet.

Während einer jeden Schwächung, ob in der Tiefe oder oberflächennah, öffnet sich das System (Abb. 2.4b). Bei einer Eruption entleert sich die Magmenkammer nur zum Teil, höchstens bis auf $^{1}/_{10}$ ihres Volumens. Andererseits kompensiert die Zufuhr neuen „primären" Magmas teilweise diesen Verlust. Ein Teil der Schmelze kristallisiert unter Bildung plutonitischer Gesteine. Es findet ein Austausch von Fluiden statt, der unter Umständen im Oberflächenbereich mit einem Geothermalfeld verbunden sein kann. Dies äußert sich gleichfalls in einem konvektiven Transport von Wärme, der zum gewöhnlichen Vorgang der Wärmeleitung hinzukommt. So verhält sich die Magmenkammer periodisch wie ein offenes System zwischen Kruste und Mantel.

2.5 Auf der Suche nach einem immer genaueren Modell

Ausgehend von Beobachtungen im Gelände hat man versucht, eine Magmenkammer im Experiment und mittels Berechnungen zu modellieren. Wie für jedes Experiment dieser Art stellt sich das Problem der Reduktion der einzelnen Faktoren (Temperaturdifferenz, Viskosität) im Verhältnis zu Größe und Form des Modells. Ebenso muß man, um die Beobachtung zu erleichtern, farbige Flüssigkeiten nehmen oder solche mit sehr unterschiedlichen Brechungsindizes.

Die Arbeiten von A. R. McBirney (1980, 1984) an der Universität Oregon gelten als beispielhaft. Er benutzt durchsichtige Reservoire (Abb. 2.5) mit einer Größe von einigen Dezimetern und variablen Formen, die an jene der Skaergaard-Intrusion erinnern. Ein Kreislaufsystem mit kaltem Wasser ermöglicht die Abkühlung des oberen Teils und schafft so einen vertikalen, von der Basis aus abnehmenden Temperaturgradienten. Die gewählte Flüssigkeit ist eine wäßrige Natriumkarbonat-Lösung (Na_2CO_3) nahe ihrem Sättigungspunkt. Dieses Salz bildet mit dem Wasser ein einfaches binäres System mit einem Eutektikum bei -2,1 °C für 6 Gew.-% Salz im Wasser. In einer Ausgangslösung, die Na_2CO_3-reicher als das Eutektikum ist, wird bei der Kristallisation von Natriumkarbonatsalz eine leichtere Flüssigkeit übrigbleiben. Umgekehrt wird in einer verdünnteren Lösung die Flüssigkeit nach der Ausscheidung von Eiskristallen dichter werden. Der erste Fall dient als Annäherung an einen kalkalkalinen, der zweite an einen tholeiitischen Magmenkammerchemismus vom Typ Skaergaard.

Da das System durchsichtig ist, kann man jegliche Ausscheidung von Kristallen sowie Veränderungen des Brechungsindex der Flüssigkeit, die von Dichtegegensätzen zeugen, feststellen und aufzeichnen und eventuelle Schichtungen sowie Konvektionsbewegungen,

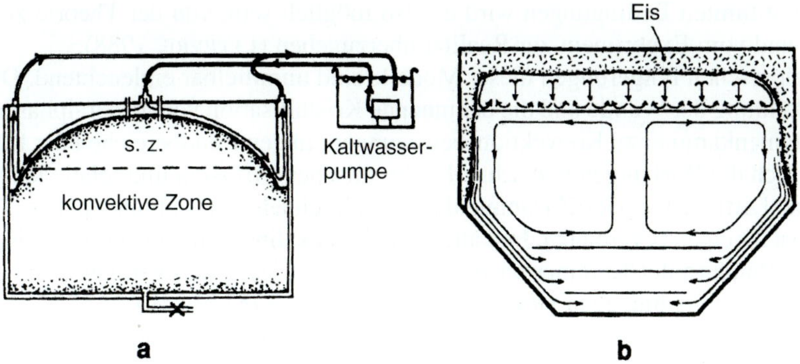

Abb. 2.5 Experiment zur Modellierung von Magmenkammern. **a)** Durchsichtiges Reservoir in den Maßen 60 x 40 x 10 cm, das eine Magmenkammer kalkalkalischen Typs nachbildet. Es enthält eine an Natriumkarbonat gesättigte Lösung. Ein Kühlsystem ermöglicht die Abkühlung des oberen Teils. Eine stabile Zone (s. z.) von 8 cm Dicke überlagert sehr bald eine konvektive Zone (siehe Text) (nach McBirney, 1980). **b)** Modell (55 x 45 x 10 cm), das den Skaergaard-Komplex (tholeiitischer Typ) in seiner Gestalt simuliert, im Ost-West-Profil (siehe Abb. 2.1). Eine Eisschicht, mit der die oberen und seitlichen Wände verkleidet sind, stellt das gneissische Nebengestein dar. Drei Zonen differenzieren sich im Laufe des Experimentes: eine obere, flüssige, relativ instabile Zone, eine mittlere, stark konvektive Zone und eine untere Akkumulationszone (nach McBirney, 1993).

die hierin stattfinden könnten, beobachten. Durch die Entnahme von Proben können bestimmte Parameter (Temperatur, Dichte) auf unterschiedlichen Niveaus gemessen werden.

Das Beispiel in Abb. 2.5a zeigt einen kalkalkalinen Magmenkammerchemismus. Zwischen 20 °C, der Umgebungstemperatur zu Anfang des Experiments, und 8 °C, der geringsten beim Experiment erreichten lokalen Temperatur, nimmt die Löslichkeit von ungefähr 17 auf 10 Gew.-% ab (d.h., es scheiden sich Salzkristalle aus), und die Dichte sinkt von 1,20 auf 1,10 g/cm^3. Kurz nach Beginn des Experiments scheiden sich Kristalle an den oberen kalten Wänden aus. Einige fallen auf den Grund des Reservoirs, doch die meisten bleiben an den Wänden haften und bilden eine immer dicker werdende Schicht. Parallel dazu sammelt sich im oberen Teil eine Flüssigkeit an, die eine relativ geringe Dichte hat und aus jener Kristallzone herrührt. Nach Ablauf von drei Stunden existiert ein gut sichtbares Niveau, das zwei Zonen voneinander trennt. Die obere Zone, 8 cm dick, leicht und stabil, ist durch einen regelmäßigen Temperatur- und Dichtegradienten gekennzeichnet, der von oben nach unten hin zunimmt. Die untere Zone, in der Konvektionsbewegungen stattfanden, besitzt eine konstante Temperatur und Dichte.

Huppert & Turner (1981) stellten ein Modell auf, das das Nachfüllen der Magmenkammer und die daraus abzuleitenden Wirkungen veranschaulicht. Sie benutzen, bei höherer Temperatur, eine KNO_3-Lösung, die mit einer $NaNO_3$- oder K_2CO_3-Lösung überschichtet ist. Bei ihrer Abkühlung wird die KNO_3-Lösung durch Ausfällung von KNO_3 leichter und vermischt sich mit den darübergelagerten Flüssigkeiten, was starke Konvektionsbewegungen hervorruft. Auf die gleiche Weise kann ein dichtes, basisches Magma, das in eine mit einer leichteren Schmelze gefüllte Magmenkammer injiziert wird, unter gewissen Bedingungen ein starkes Konvektionsgemisch zur Folge haben. Andererseits können sich Schichten bilden, die an der Basis der Konvektionskammer stagnieren und sich im weiteren jeglicher Mischung entziehen (Jaupart et al., 1984).

Unter bestimmten Bedingungen wird es also möglich sein, von der Theorie zum Experiment und vom Experiment zur Realität überzugehen (LEFÈVRE, 1988).

Die geologischen Folgerungen dieser Modelle sind unmittelbar einleuchtend. Die einfache Abkühlung der Wände und die beginnende Kristallisation von Mineralphasen führt in der Magmenkammer zu Konvektionsbewegungen. In den Randbereichen der Kammer ergänzen sich die Wirkungen von schneller thermischer Diffusion und relativ langsamer chemischer Diffusion je nach Zusammenhang in verschiedenen Richtungen. Die „Grenzschicht" hat ihr eigenes Verhalten. Im Falle eines kalkalkalinen Chemismus neigt das Magma an den Rändern der Kammer dazu aufzusteigen, im gegenteiligen Fall eines tholeiitischen Chemismus hingegen sinkt es auf den Grund ab (MCBIRNEY et al., 1985). Andererseits kann es zur Trennung von mindestens zwei Schmelzen kommen: Eine leichte (an SiO_2 reiche) Schmelze überlagert eine relativ schwere, basische Schmelze. Schätzungen zu Massenverlagerungen zeigen, daß eine Magmenkammer nach Ablauf einiger Tausend Jahre eine Schichtung aufweisen kann (TAIT et al., 1989b). Manchmal können zwei Magmenkammern in unterschiedlichen Tiefen nachgewiesen werden, was eine Modellierung noch weiter erschwert (Abb. 5.3).

Wie dem auch sei, die Schmelzen, die sich mitunter lange Zeit in der Magmenkammer aufhalten, sind Ort komplexer Prozesse, die Gegenstand ausführlicher Betrachtungen in den folgenden Kapiteln sein sollen.

Der Vulkan erlosch,
und das sterbende Feuer versuchte vergebens,
einen ohnmächtigen Kampf zu führen;
dem siegreichen Element übergab es den Krater,
und rauchend verließ es die Adern der Erde.
Alfred de Vigny, *Le Déluge*

Niemals triumphiert die Wahrheit,
aber immer enden ihre Feinde mit dem Tod.

3 Die fraktionierte Kristallisation und die Differentiation

3.1 Kristallisationsfolge und Differentiationsindex

Eine magmatische Schmelze verhält sich bei der Abkühlung nicht wie ein reiner Stoff, der bei einer gegebenen Temperatur fest wird. Das Magma erstarrt vielmehr in einem bestimmten Temperaturintervall. Bei einer Temperatur t_1 wird der Liquidus erreicht und die ersten Kristalle erscheinen in der Schmelze. Ihr Anteil wächst bis zu einer Temperatur t_2 ($t_2 < t_1$), der Stelle des Solidus, an der sich das gesamte Material im festen Zustand befindet.

Liquidus und Solidus können in einem binären Diagramm durch zwei Kurven dargestellt werden, die von der chemischen Zusammensetzung des Magmas und den thermodynamischen Bedingungen abhängen (Beispiel für Solidus siehe Abb. 1.2). In dem durch diese beiden Kurven begrenzten Bereich koexistieren flüssiges Magma und feste Kristalle. Die Zusammensetzungen beider ändern sich kontinuierlich.

In einem vulkanischen Gestein unterscheidet man traditionell die **Phänokristalle**, die mit bloßem Auge sichtbar sind und eine Größe von über 0,1 mm bis zu einigen Zentimetern haben, von den **Mikrolithen**, die deutlich kleiner sind (s. Abschnitt 11.1). Erstere kristallisieren in der Tiefe aus, oft in der Magmenkammer, bei Drücken von mehreren kbar. Ihre geometrische Gestalt (idiomorphe Kristalle) zeugt von einem regelmäßigen Wachstum in einem spannungsfreien Milieu. Die Mikrolithe, die meist stäbchenförmig anzutreffen sind, treten viel später, erst bei der durch den Aufstieg des Magmas an die Oberfläche bewirkten Abkühlung auf. Der Rest der Lava erstarrt zu einem **interstitiellen** Glas, das unter Röntgenstrahlung oft eine kryptokristalline Struktur aufweist, die primär oder sekundär (Rekristallisation) sein kann. Mikrolithe und Glas machen die **Matrix** einer Lava aus.

Die ersten Kristalle, die im Magma erscheinen, haben eine andere chemische Zusammensetzung als es selbst. Im allgemeinen handelt es sich um basische, **mafische** (an Magnesium und Eisen reiche) Minerale wie Olivin und Pyroxen. Diese neue feste Phase enthält bestimmte Elemente in größeren Anteilen als das Magma. Es ist also leicht zu und WASHINGTON; die **Norm** ist eine virtuelle mineralogische Zusammensetzung, der **Modus** dagegen ist die reelle mineralogische Zusammensetzung). Laut Definition ist der DI die Summe der normativen hellen Minerale mit Ausnahme des Anorthits.

DI = (Quarz + Orthoklas + Albit + Nephelin + Leucit) normativ

Offensichtlich gibt es immer einen oder mehrere der Summanden, die Null werden, denn z. B. können Quarz und normative Foide nicht miteinander koexistieren. Theoretisch kann der DI Werte zwischen 0 und 100 annehmen, praktisch liegt er aber zwischen 20 und 90.

Chemisch drückt sich die fraktionierte Kristallisation in einer Abnahme der Konzentration an basischen Elementen und einer Zunahme der Konzentration an alkalischen Elementen in den vulkanischen Förderprodukten im Laufe der Differentiation aus.

3.2 Quantitative Modelle der fraktionierten Kristallisation

Mit dem Modell von WRIGHT & DOHERTY (1970) kann man rechnerisch ein oder mehrere Minerale (in Prozenten) von einer Mutterschmelze abziehen und so eine Tochterschmelze erhalten. Diese Rechnung wird üblicherweise nur für die Hauptelemente aufgestellt. Zwei einfache Rechenbeispiele sind in Tabelle 3.1 dargestellt.

Computerprogramme gestatten die Hinzunahme einer größeren Anzahl von Unbekannten, aber gewisse Parameter müssen ebenfalls festgelegt werden. Z. B. kann man die Ausgangs- und die Endschmelze als bekannt voraussetzen (chemische Analysen der entsprechenden Laven), ebenso die Zusammensetzung der kristallisierenden Minerale (angenommene Übereinstimmung mit den in der ersten Lava enthaltenen Phänokristallen). Ein Iterationsverfahren liefert den prozentualen Anteil einer jeden entstehenden Phase und die endgültige Schmelze, die so weit wie möglich der vorausgesetzten Endschmelze entsprechen sollte. Eine Summe der quadrierten Reste, die kleiner als 1 ist, spricht für die Gültigkeit eines solchen Modells, ist diese Summe größer, gilt es nicht mehr. Man muß sich stets vergegenwärtigen, daß der erste Fall zwar für die Möglichkeit des Modells spricht, aber keinesfalls für seine Garantie. Im weiteren fährt man Schritt für Schritt fort in der Betrachtung der immer differenzierter werdenden Laven und versucht so, ein allgemeines Modell aufzustellen.

Auch mit Hilfe der Spurenelemente ist eine quantitative Untersuchung dieser Art petrographischer Vorgänge möglich. Die hygromagmatophilen Elemente sind durch einen sehr geringen Verteilungskoeffizienten von Feststoff zu Schmelze ($D < 1$, sogar $\ll 1$) charakterisiert. In dieser Eigenschaft kommt ihre starke Affinität zur magmatischen Schmelze zum Ausdruck, die Verteilung kann sich aber im Verlauf der Differentiation

▸ **Tabelle 3.2** Chemische Analyse von sechs repräsentativen Laven der Chaîne des Puys (Hauptelemente in Gew.-%: MAURY et al., 1980; Spurenelemente und Seltene Erden in ppm: VILLEMANT et al., 1980). (*) besagt, daß das Eisen auf Fe_2O_3 zurückgerechnet wurde. Hieraus erklärt sich der mitunter negative Glühverlust (GV = H_2O^+ + H_2O^-). Die CIPW-Normen wurden mit 15 % Eisen als Fe_2O_3 und 85 % als FeO berechnet.

CP1 = Alkalibasalt der Cheire d'Aydat; CP2 = Hawaiit aus der Vallée de la Tiretaine; CP3 = Mugearit vom Puy de Louchadière; CP4 = Mugearit vom Pariou; CP5 = Benmoreit vom Puy de la Nugère (Lavastrom von Volvic); CP6 = Benmoreit vom Clierzou-Dom; CP7 = Trachyt vom Puy de Dôme.

	1	2	3	4	5	6	7
Analyse der Oxide in Gewichtsprozenten							
	CP 1	CP 2	CP 3	CP 4	CP 5	CP 6	CP 7
SiO_2	47,25	48,50	52,20	53,21	57,10	60,20	69,35
TiO_2	2,25	2,16	1,81	1,49	1,12	0,83	0,39
Al_2O_3	15,85	16,56	16,90	17,60	17,89	17,90	15,55
Fe_2O_3	*12,08	*11,86	*9,84	*11,75	*6,83	*4,69	*2.38
MnO	0,17	0,18	0,20	0,20	0,19	0,22	0,18
MgO	6,62	5,28	3,89	2,48	1,94	1,07	0,36
CaO	9,86	9,21	7,55	5,89	4,35	3,10	1,25
Na_2O	3,70	3,92	4,45	5,00	5,42	5,58	5,60
K_2O	1,68	1,80	2,47	2,71	3,40	3,82	4,88
P_2O_5	0,61	0,72	0,73	0,31	0,55	0,31	0,09
Glühverlust	– 0,44	– 0,33	– 0,42	– 0,45	– 0,05	0,77	0,08
Gesamt	99,66	99,92	99,68	100,29	99,79	98,79	100,10
CIPW-Norm							
Quarz						3,77	14,53
Orthoklas	10,02	10,72	14,71	16,07	20,42	23,19	28,88
Albit	20,01	25,71	35,95	38,66	46,60	48,49	47,44
Anorthit	21,89	22,46	19,00	17,65	14,69	12,87	2,90
Nephelin	6,28	4,18	1,08	2,05			
Klinopyroxen							
* Ca	9,80	7,87	5,82	4,03	1,88	0,36	1,14
* Mg	5,44	4,02	2,82	1,34	0,76	0,13	0,30
* Fe	3,98	3,66	2,90	2,81	1,14	0,24	0,90
Orthopyroxen							
* Mg					2,88	2,61	0,60
* Fe					4,32	4,95	1,84
Olivin							
* Mg	7,85	6,47	4,86	3,40	0,89		
* Fe	6,34	6,48	5,52	7,88	1,47		
Magnetit	2,65	2,60	2,16	2,56	1,50	1,04	0,52
Ilmenit	4,31	4,14	3,47	2,84	2,16	1,62	0,74
Apatit	1,46	1,72	1,74	0,74	1,33	0,76	0,21
D.I.	36,31	40,61	51,74	56,78	67,01	75,45	90,86
U	1,35	1,69	2,30	3,10	3,62	4,0	5,8
Th	5,19	6,86	9,04	11,49	13,46	16,69	22,60
Zr	228	288	351	422	470	521	441
Hf	5,1	5,8	7,7	8,9	10,2	11,3	11,2
Ta	4,35	5,41	6,74	7,69	8,34	9,91	12,27
Ba	488	619	791	933	1042	1092	932
Sr	782	734	772	838	735	569	185
Cs	0,59	0,58	0,34	0,34	0,62	0,89	1,66
Rb	37,5	51	57	76	93	110	152
Sb	0,14	0,15	0,17	0,16	0,18	0,30	0,28
Cr	207	128	73	76	63	85	76
Co	37,1	34,0	17,7	14,9	6,50	3,91	0,76
Ni	68	30	3	4	< 1	4	< 1
Sc	28,2	20,4	11,95	9,96	6,14	4,08	2,63
La	43,2	52,8	72	83	89	118	104
Ce	83	98	131	149	155	207	177
Nd	39,7	44,4	52,7	60	57	75	58
Sm	7,67	8,98	9,27	10,3	9,6	12,9	8,64
Eu	2,5	2,5	3	3,2	2,9	3,3	1,9
Tb	0,91	1	1,06	1,15	1,09	1,46	0,83
Yb	2,32	2,56	3,64	3,41	3,5	5	2,91
Lu	0,39	0,41	0,53	0,56	0,56	0,88	0,47

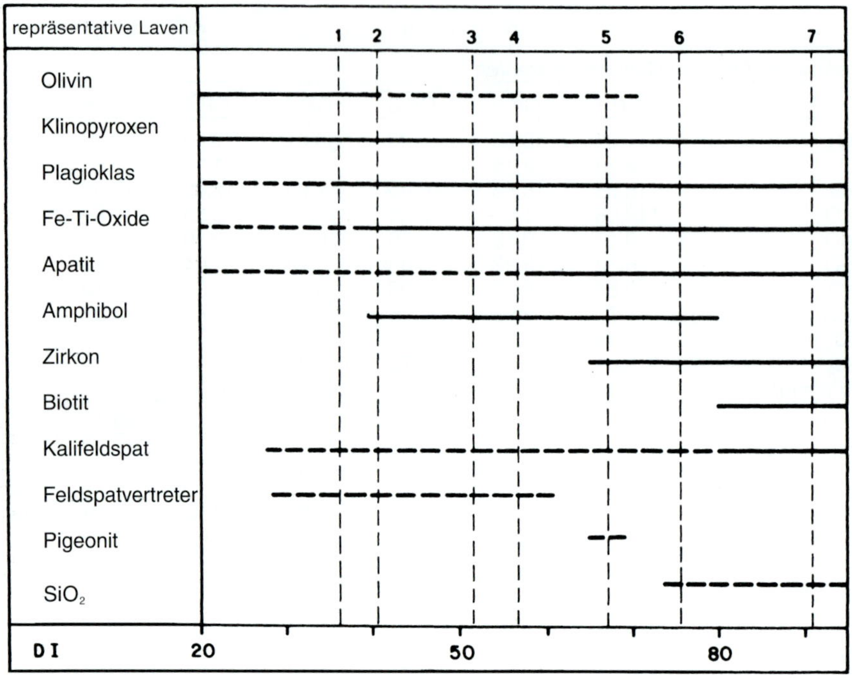

Abb. 3.2 Auftreten und Reihenfolge des Erscheinens der Minerale (durchgezogener Strich = Phänokristall; gestrichelt = Mikrolith) in den Laven der Chaîne des Puys (Die Nummern 1 bis 7 entsprechen den Bezugsproben CP1 bis CP7 aus Tabelle 3.2) (Maury et al., 1980).

ändern. Zu den hierbei betrachteten Elementen zählen zum einen die **„LILE“** (= *large ionic lithophile elements*: wie K, Rb, Sr, Cs, Ba, Th und die leichten Seltenen Erden), die einen großen Ionenradius und eine geringe elektrische Ladung haben, zum anderen die **„HFSE“** (= *high field strength elements*: wie Zr, Nb, Hf, Ta, U und die mittleren bis schweren Seltenen Erden), die einen kleineren Ionenradius, aber eine besonders hohe Elektronegativität besitzen.

Die fraktionierte Kristallisation kann mit einer „Destillation“ verglichen werden, für die das Rayleighsche Gesetz gilt:

$$C = C_i \cdot f^{D-1},$$

wobei C = Konzentration des betrachteten Elements,
C_i = Ausgangskonzentration,
f = Relativmenge an Restschmelze ($f < 1$),
D = Verteilungskoeffizient Feststoff/Schmelze.

Im Falle eines sehr stark hygromagmatophilen Elements (Th, U, Rb), bei dem D deutlich kleiner als 1 ist, erhält man in erster Näherung:

$$C = C_i \cdot 1/f$$

Geochemische Bestimmungen der Gewichtsanteile und die Anwendung dieser Formeln ermöglichen eine Quantifizierung der fraktionierten Kristallisation (s. nächster Abschnitt).

3.3 Die Differentiationsserie der Chaîne des Puys

Die Gesamtheit des vulkanischen Materials (Laven, Aschen, ...), das zu ein und derselben Sippe gehört, d. h., das die Einheit von Zeit (Emission innerhalb eines bestimmten Zeitintervalls, im geologisch geringen Zeitraum von einigen Zehntausend Jahren), Ort (eine Region mit einem Radius von einigen zehn Kilometern) und Charakter (kogenetisches Material mit kompatiblem Chemismus und Mineralogie) umfaßt, wird **vulkanische Serie** genannt.

Die Chaîne des Puys (französisches Zentralmassiv) veranschaulicht die Vorstellung einer solchen vulkanischen Serie in unvergleichlicher Weise (Brousse et al., 1969; Brousse, 1971; Camus et al., 1975). Es handelt sich hierbei um eine Aneinanderreihung von rund 100 Vulkanen, die auf einer Fläche von 40 km Länge und 3 bis 4 km Breite in Nord-Süd-Richtung parallel zum Limagne-Graben angeordnet sind. Die Vulkantätigkeit setzte vor ungefähr 95 000 Jahren ein (Guérin, 1983), hatte ihren Höhepunkt zwischen 10 000 und 8 000 Jahren vor heute und dauert bis in die Gegenwart an (die letzten Eruptionen vor etwa 6 000 Jahren; s. Abschn. 12.5). Bei der geoelektrischen Prospektion des Untergrunds wurde ein Magmenreservoir nachgewiesen (Aubert & Camus, 1974). Eine ausführliche Untersuchung, sowohl unter petrologischen (Maury et al., 1980) als auch geochemischen (Villemant et al., 1980) Aspekten, ist angestellt worden, die in großen Zügen hier dargestellt werden soll.

Die Serie der Chaîne des Puys geht von den Basalten über die Trachy-Andesite (Hawaiite mit einem DI zwischen 35 und 50, Mugearite zwischen 50 und 65, Benmoreite zwischen 65 und 80) bis zu den Trachyten (vom Typ Domit, DI größer als 80). In Tabelle 3.2 werden sieben chemische Analysen vorgestellt. Der Differentiationsindex steigt von 36,31 auf 90,86. Das Auftreten der Minerale, ob als Phänokristalle oder als Mikrolithe, in den verschiedenen Laven (Abb. 3.2) zeugt von einer Reihenfolge der Kristallisation, die sich der Bowenschen Referenzfolge annähert. Der Gehalt an den Hauptelementen (Abb. 3.3) zeigt die regelmäßigen Veränderungen in Abhängigkeit vom DI, bestimmte Gehalte steigen an, andere nehmen ab. Durch Vergleich der mineralogischen Daten (Beobachtungen in Dünnschliffen in Verbindung mit Mineralanalysen durch die Mi-

Ausgangsmagma	CP1	CP2	CP3	CP4	CP5	CP6
Folgemagma	CP2	CP3	CP4	CP5	CP6	CP7
F1	74,72	64,26	79,73	67,95	74,99	59,99
Olivin	4,09	0,87				
Pyroxen	10,03	15,40	9,99	2,92	2,09	0,84
Magnetit	1,69	3,84		6,62	2,91	3,03
Amphibol		6,60	4,59	9,47	5,69	1,60
Plagioklas	9,06	9,55	6,23	15,03	14,72	32,64
ΣR^2	0,54	1,50	1,18	3,72	1,70	1,25
F2	74,72	48,02	38,29	26,02	19,51	11,70

Tabelle 3.3 Modell der fraktionierten Kristallisation der Serie der Chaîne des Puys anhand der Methode von Wright & Doherty (1970) (Maury et al., 1980). Dieses Programm berechnet (auf 2 % genau) für jede Etappe (CP1-CP2; CP2-CP3, ...) den Anteil einer jeden aus dem Ausgangsmagma (= 100 %) kristallisierenden Phase und den Anteil des neuerhaltenen Folgemagmas (F1). F2 = Anteil der Restschmelze im Verhältnis zum Ausgangsmagma CP1. ΣR^2 = Summe der quadrierten Reste. (Siehe auch Abb. 3.4)

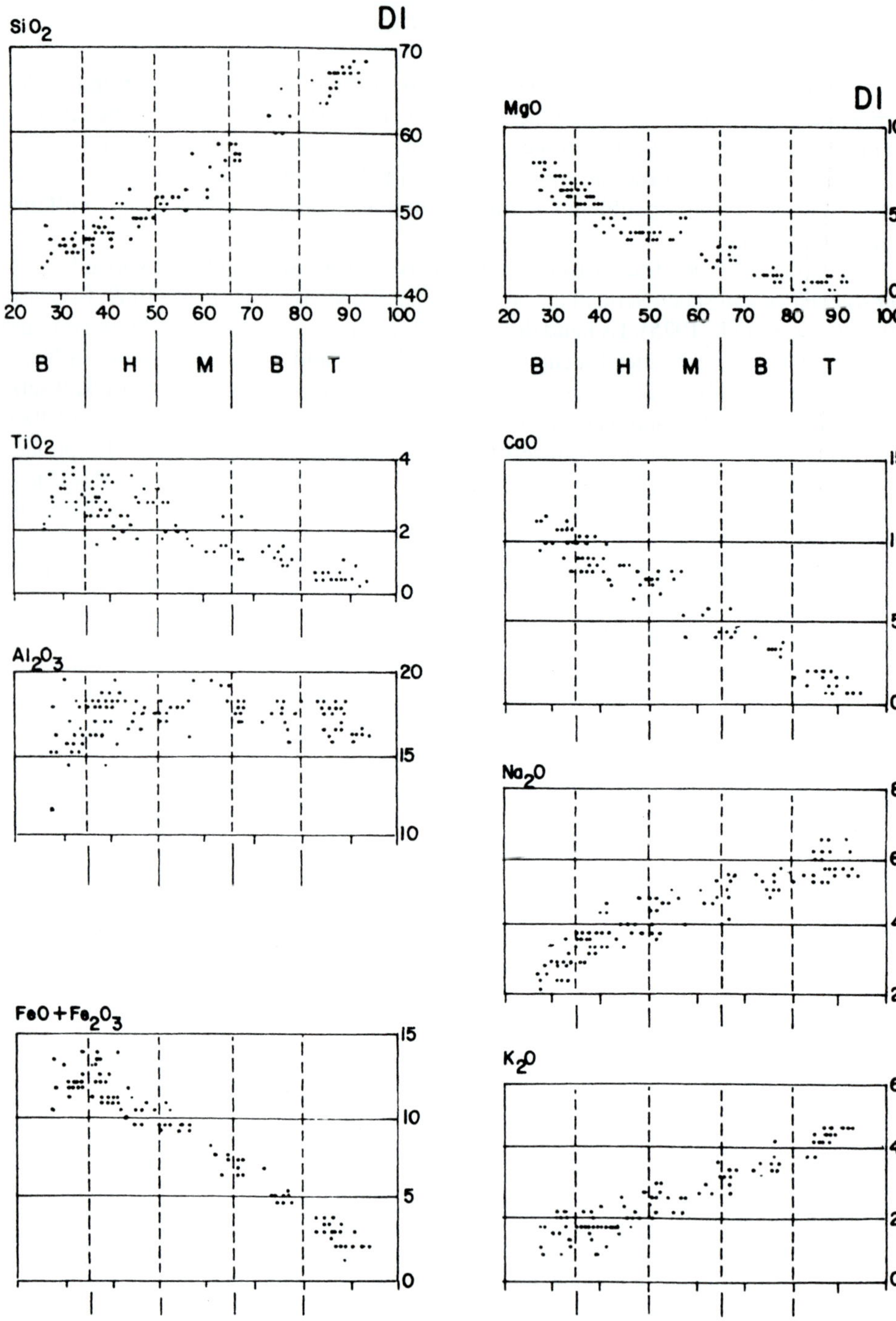

Abb. 3.3 Variationsdiagramme der Oxid-Gehalte in Abhängigkeit vom Differentiationsindex (DI) für die Serie der Chaîne des Puys. B = Basalt, H = Hawaiit, M = Mugearit, B = Benmoreit, T = Trachyt (Maury et al., 1980).

krosonde) und der chemischen Daten (Analyse der Laven auf Haupt- und Spurenelemente) läßt sich die Entwicklung der Serie nachzeichnen.

Das schnelle Absinken der Mg-Konzentration in den Laven in Abhängigkeit von ihrem Differentiationsindex ist mit der frühen Kristallisation von Olivin-Phänokristallen in Beziehung zu setzen. Die Abnahme der Gehalte an Fe_2O_3 + FeO und an CaO ist Folge der Ausscheidung von Olivin, Klinopyroxen und Ca-reichem Plagioklas, die Abnahme an TiO_2 hängt vom Auftreten der Eisen-Titan-Oxide ab (Magnetit, Ilmenit). Das Verhalten des Al_2O_3-Gehalts scheint weniger regelmäßig zu sein: anfänglicher Anstieg bis zu einem DI = 35, danach gleichbleibend bis zu einer leichten Abnahme zum Ende der Differentiation. Dies liegt daran, daß Al_2O_3 zur Zusammensetzung aller Feldspäte und Feldspatvertreter beiträgt, die bei jeder Differentiationsstufe kristallisieren, allerdings in einem Mengenverhältnis, das nicht ausreicht, um eine auffällige Abnahme des Gehalts an Al_2O_3 in den verschiedenen aufeinanderfolgenden Schmelzen hervorzurufen. Die Anteile der Alkalien (Na_2O, K_2O) und SiO_2 schließlich nehmen kontinuierlich zu, denn die ausgeschiedenen Minerale sind immer ärmer an diesen Elementen als die Schmelze. Diese Elemente werden bevorzugt vom Magma und der fluiden Phase angezogen, daher auch ihre Zuordnung als hygromagmatophil.

Berechnungen nach der Methode von WRIGHT & DOHERTY (1970) (Tabelle 3.3; Abb. 3.4) bestätigen diese Hypothesen und quantifizieren den prozentualen Anteil einer jeden ausgeschiedenen Phase. Die von der Mutterschmelze (CP1) zur ersten Tochterschmelze (CP2) führende Etappe besteht in einer Kristallisation von 4% Olivin, 10% Klinopyroxen, 2% Magnetit und ungefähr 9% Plagioklas, also 25% Phänokristalle und 75% residuale Tochterschmelze. Eine vereinfachte Berechnung für MgO wird in Tabelle 3.1 vorgestellt. Mathematische Tests mit Hilfe von Computerprogrammen erlauben es, sämtliche Hauptelemente zu erfassen.

Bei jeder Etappe verringert sich die Menge an abgeleiteter Schmelze. Am Ende der sechs modellhaften Etappen (CP1 bis CP7) bleiben nur noch 11,7% differenzierter Schmelze übrig. Die Gesamtentwicklung der Serie führte zu einer Fraktionierung von 88,3% Phänokristallen (4,8% Olivin, 28% Klinopyroxen, 8,3% Magnetit, 12,2% Amphibol und 35% Plagioklas).

Die chemische Entwicklung einer Serie läßt sich graphisch durch jeweils binäre Diagramme (Oxid/DI) veranschaulichen, wie sie in Abb. 3.3 dargestellt sind. Andere, klassische Diagramme werden ebenfalls herangezogen: die Diagramme (Na_2O + K_2O)/DI oder (Na_2O + K_2O)/SiO_2 oder auch das Dreiecksdiagramm AFM (A = Na_2O + K_2O; F = *FeO + MnO; M = MgO; wobei *FeO = sämtliches Eisen als FeO berechnet) (siehe z.B. Abb. 11.3).

Die geochemische Analyse der Laven der Chaîne des Puys und ihrer Bestandteile vervollständigt diese Untersuchung (VILLEMANT et al., 1980). Die Gewichtsbestimmung der hygromagmatophilen Elemente, die in den Mineralen und in den glasigen Matrizes enthalten sind, zeigt, daß die Verteilungskoeffizienten Feststoff/Schmelze deutlich kleiner als 1 sind: z.B. 0,1 für Uran und 0,07 für Thorium zwischen Olivin und dem Basalt CP1. Die binären Diagramme, die die Konzentrationen eines hygromagmatophilen Elements in Abhängigkeit von einem anderen darstellen, zeigen lineare, durch den Ursprung gehende Korrelationen (Abb. 3.5). Der betrachtete Prozeß folgt dem Rayleighschen Gesetz der Destillation. Die Gesamtheit der beobachteten Korrelationen läßt die Feststellung zu, daß die verschiedenen analysierten Lavaproben eine fortschreitende Serie bilden, die das Ergebnis einer Differentiation durch fraktionierte Kristallisation eines einzigen (oder mehrerer identischer) primären Magmas ist.

3.4 Die Entwicklung der thermodynamischen Parameter im Verlauf der Differentiation

Die chemische Entwicklung der magmatischen Schmelzen wird von einer Veränderung aller thermodynamischen Parameter begleitet. Die beiden Erscheinungen sind eng miteinander verbunden, die eine beeinflußt die andere, ist jeweils Ursache oder Wirkung.

Die Temperatur ist dabei von größter Bedeutung, denn ihre Verringerung (durch Wärmeleiterscheinungen, die von der Magmenkammer ausgehen) ruft die Kristallisation dieser oder jener Mineralphase hervor (s. oben). Selbstverständlich kann die im Innern einer Magmenkammer herrschende Temperatur nicht direkt gemessen werden, erst recht nicht, wenn es sich um einen erloschenen Vulkan handelt. Es ist allerdings möglich, sie zu berechnen: Hierbei betrachtet man einerseits den Chemismus der Lava in ihrer Gesamtheit (des Gesamtgesteins), die in erster Näherung der magmatischen Schmelze entspricht, und anderseits den Chemismus einer ihrer Phänokristalle. Die gleiche Berechnung kann erfolgen, indem man von der chemischen Zusammensetzung zweier kristal-

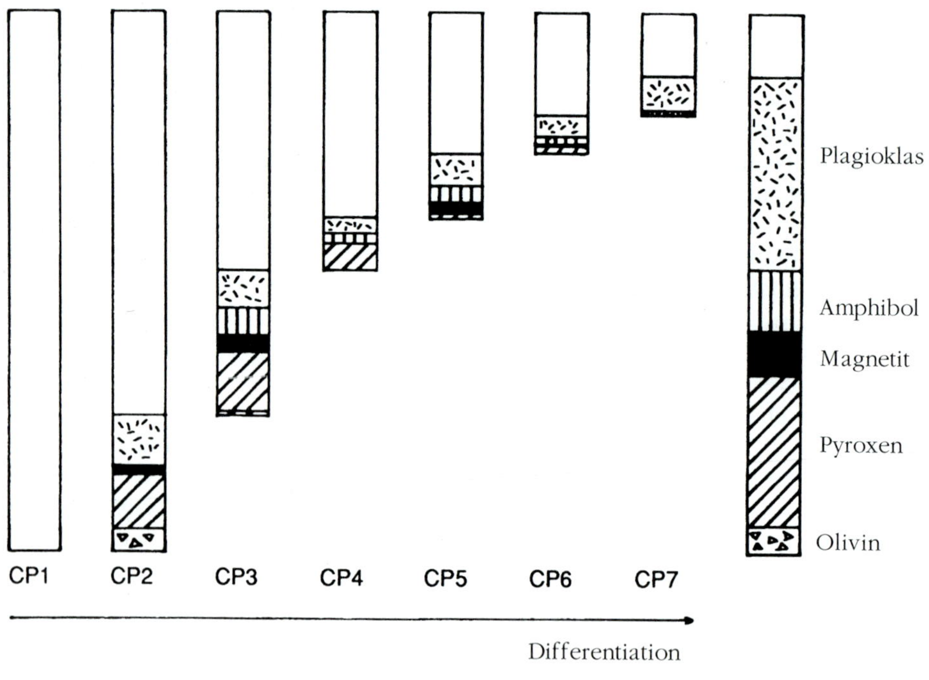

Abb. 3.4 Fraktionierte Kristallisation im Verlauf der Differentiation der Serie der Chaîne des Puys. Die Werte der verschiedenen berücksichtigten Anteile wurden anhand der Werte von Tabelle 3.3 berechnet. In der Tabelle 3.3 gehen die Berechnungen für jede Etappe stets von 100 % des Ausgangsmagmas aus, wobei jede von ihnen (CP1-CP2; CP2-CP3, ...) unabhängig betrachtet wird. In dieser Abbildung wird im Gegensatz dazu der Anteil jeder auskristallisierten Phase wie auch der Anteil an Restschmelze für jede Etappe genau wiedergegeben. Die achte Spalte veranschaulicht die Summe der Vorgänge der fraktionierten Kristallisation, die den Übergang ermöglicht von 100 % CP1 auf 11,7 % CP7 durch Ausscheidung von 88,3 % Kristallen. Es sei darauf hingewiesen, daß sich der Chemismus einer jeden kristallinen Phase im Laufe der Differentiation wandelt (z. B. bei den Plagioklasen von $An_{58,2}$ auf An_{37}) und daß ihre gemeinsame Darstellung in dem Schema nur von quantitativem Wert ist.

liner Phasen ausgeht, die gleichzeitig ausgeschieden wurden. Tatsächlich hängt die Verteilung gewisser Paare von Elementen (Fe/Mg oder Ca/Na) zwischen einem ausgeschiedenen Feststoff und einer Schmelze oder zwischen zwei Feststoffen von den herrschenden thermodynamischen Bedingungen (Temperatur, Druck...) ab, die genauen physikalischen Gesetzen gehorchen. Bestimmte Paare Mineral-Gestein (Olivin-Schmelze, mit dem Gesamtgestein gleichgesetzt; ROEDER & EMSLIE, 1970; LEEMANN & SCHEIDEGGER, 1977) oder Mineral1-Mineral2 (Magnetit-Ilmenit; BUDDINGTON & LINDSLEY, 1964; SPENCER & LINDSLEY, 1981) stellen ausgezeichnete Geothermometer dar. Ebenso kann das Paar Plagioklas-Schmelze (KUDO & WEILL, 1970) die Rolle eines Geothermometers spielen. In allen Fällen gilt es, sich zu vergewissern, daß sich die beiden betrachteten Phasen auch wirklich gleichzeitig entwickelt haben.

Die Gleichgewichtstemperaturen im Innern der Magmenkammer sinken im Verlauf der Differentiation, im Falle der Chaîne des Puys z. B. von 1200 °C auf 900 °C. Die Temperaturen in der Tiefe sind höher als die beim Austritt der Laven an der Oberfläche. Diese können in vergleichbarer Weise erfaßt werden, indem man ein aus einem Mikrolith und dem benachbarten interstitiellen Glas bestehendes Paar untersucht, unter der Voraussetzung, daß sie in einem oberflächennahen Bereich ausgeschieden wurden. Im Falle aktueller Lavaströme erlauben direkte Messungen (mittels eines in die Schmelze getauchten Thermoelements oder Infrarotthermometrie) die Bestätigung dieser Berechnungen.

Der durch die Fluide ausgeübte Druck (im wesentlichen der Druck des Wassers, mitunter teilweise des CO_2) gleicht im allgemeinen den lithostatischen Druck, der vom gesamten Erdreich ausgeübt wird, aus. Letzterer entspricht im Durchschnitt 1 kbar

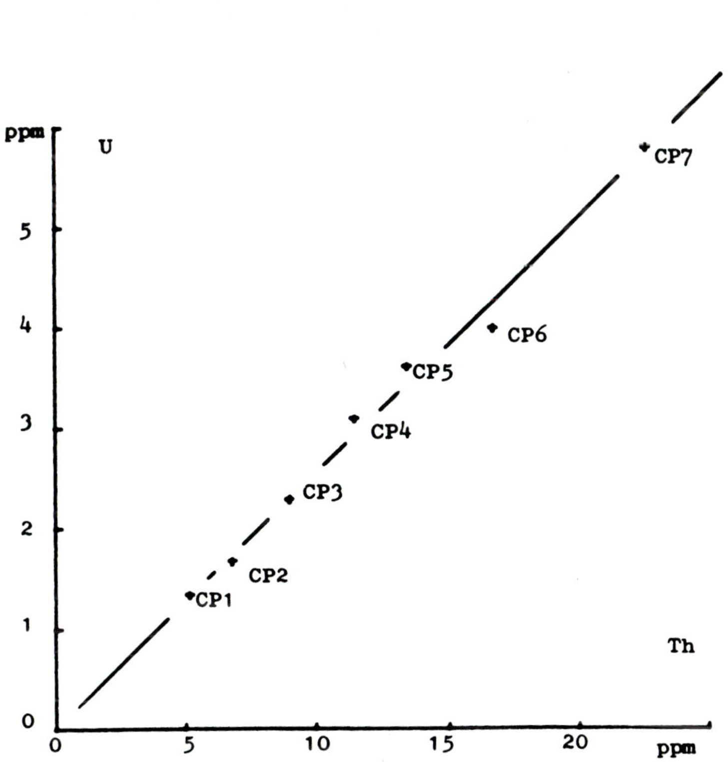

Abb. 3.5 Variationsdiagramm des Urans in Abhängigkeit vom Thorium (hygromagmatophiles Bezugselement) für die Laven der Chaîne des Puys (VILLEMANT et al., 1980).

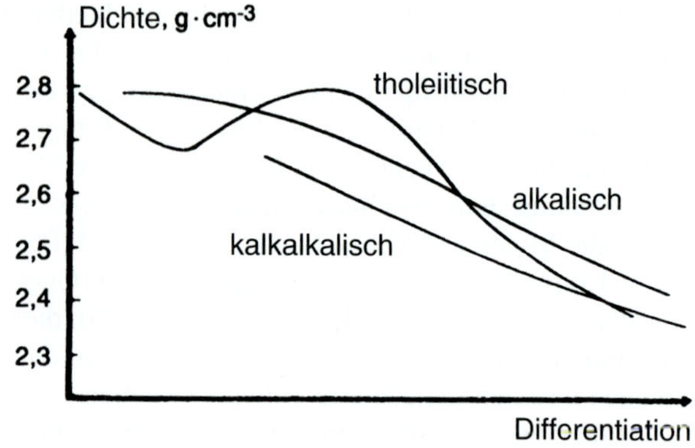

Abb. 3.6 Veränderung der Magmendichte mit dem Grad der Differentiation in unterschiedlichen geodynamischen Kontexten (nach McBirney et al., 1985).

(100 MPa) auf 3 km Tiefe. Der im Bereich einer Magmenkammer herrschende Druck erreicht folglich mehrere kbar. Er kann im Laufe der Differentiation Schwankungen unterliegen, wenn sich die Magmenkammer zwischenzeitlich öffnet (Abb. 2.4). Die Sauerstoffugazität, die über das Gleichgewicht Magnetit-Ilmenit berechnet wird, bleibt unterhalb der des Puffers Hämatit-Magnetit und nähert sich der O_2-Fugazität der Puffer Ni-NiO und QFM (Quarz-Fayalit-Magnetit) an, d. h., sie liegt in einer Größenordnung von 10^{-10} bis 10^{-12} bar bei einer mittleren Temperatur von 1 000 °C.

Die Dichte des Magmas nimmt im allgemeinen mit zunehmender Differentiation ab, im Falle der Chaîne des Puys sinkt sie von 2,53 auf 2,08 g/cm^3 (Kap. 4). Es empfiehlt sich allerdings, die verschiedenen geodynamischen Kontexte auseinanderzuhalten (McBirney et al., 1985; Abb. 3.6). Im Falle einer tholeiitischen Serie ist z. B. eine spürbare Zunahme der Dichte bei mittlerer Differentiation zu beobachten. Im übrigen ist es wichtig, die Dichte des Magmas nicht mit der aktuellen Dichte der Laven gleichzusetzen, denn diese ist auch eine Folge der Bläschenbildung (Abschn. 4.4). Hieraus ergeben sich wesentliche petrogenetische Schlußfolgerungen, von denen einige bereits bei der Untersuchung der Magmenkammern betrachtet worden sind.

Auch die Viskosität kann in Verbindung mit dem Fluidgehalt in der Schmelze auffällig zunehmen (Abschn. 4.3).

Alles in allem erfahren die physikalisch-chemischen Parameter bisweilen bedeutsame Veränderungen. Sie sind aber im allgemeinen regelmäßig oder gehorchen wenigstens der Logik der petrogenetischen Prozesse.

Die fraktionierte Kristallisation als Ursache einer magmatischen Differentiation ist eine weit verbreitete Erscheinung, was durch die Häufigkeit kontinuierlicher magmatischer Serien bewiesen wird, die in verschiedenen geodynamischen Kontexten beschrieben worden sind.

Und Gott nannte das Trockene Erde,
und die Sammlung der Wasser nannte er Meer.
Und Gott sah, daß es gut war. …
Da ward aus Abend und Morgen der dritte Tag.

4 Wasser und Fluide

4.1 Bedeutung und Herkunft der Fluide

Magmen enthalten in nicht zu vernachlässigenden Mengen (einige Prozente) volatile Bestandteile (im wesentlichen Wasser, aber auch CO_2, Cl, F, S). Dies zeigt sich bei ihrer Entgasung an der Oberfläche.

Die Bestimmung ihrer Gehalte erscheint recht kompliziert, kann aber auf verschiedene Weise angegangen werden (GILL, 1981): durch Experimente, thermodynamische Berechnungen oder sogar durch direkte Messungen. Die Gläser z. B., die beim Abschrecken magmatischer Schmelzen entstehen, enthalten in ihrer Struktur Wasser und andere Fluide. Üblicherweise wird dieser Fluidgehalt nach einer Analyse der Oxidgehalte mit der verbleibenden Differenz zu 100 % gleichgesetzt (ANDERSON, 1979). Eine direkte Messung der Fluidmenge in den Gläsern ist möglich, wenn diese in bestimmten Mineralen eingeschlossen sind, meist in Quarzen (Messungen am Bandelier-Tuff aus New Mexico durch Aufheizen im Vakuum und fraktioniertes Einfrieren, SOMMER & SCHRAMM, 1983; am Bishop-Tuff aus Kalifornien, DUNBAR & HERVIG, 1992, WALLACE et al., 1995). Die verschiedenen Messungen ergeben bis zu 7,4 % Wasser, 0,08 % Fluor, 0,11 % Chlor und 0,02 bis sogar 0,09 % CO_2. MARIANELLI et al. (1995) bestimmten bis zu 0,67 % Chlor und 0,23 % Schwefel in Gläsern, die in Olivinen und Diopsiden der Tephren des Vesuvs eingeschlossen waren.

Verallgemeinernd kann gesagt werden, daß Basalte durchschnittlich 1 % Wasser in gelöstem Zustand enthalten, andesitische Magmen 2 bis 3 % Wasser und 0,25 bis 0,50 % CO_2 (MYSEN et al., 1975) und Rhyolithe bis zu 7 % Fluide.

Es gibt zwei Möglichkeiten für die Herkunft dieser Fluide (Abb. 4.1): entweder einen juvenilen Ursprung, wenn die Fluide der Tiefe des Erdmantels (siehe GILLET, 1993) oder einer abtauchenden ozeanischen Lithosphärenplatte (ihre Rolle bei der partiellen Aufschmelzung wurde bereits in Abschn. 1.3 erwähnt) entstammen, oder eine externe Herkunft durch Niederschläge. Das Niederschlagswasser kann entlang von Kluftsystemen tief in die Kruste einsickern und so die Magmenkammer unter überkritischen Bedingungen erreichen. Der Großteil des Niederschlagswassers bleibt allerdings als Grundwasser in Oberflächennähe, kann aber mit dem Magma zusammengeraten, wenn dieses aufsteigt (Hydrovulkanismus; Kap. 10).

Durch eine Bestimmung der Isotope in den von einem Vulkan emittierten Gasen kann man den relativen Prozentsatz an Mantel- bzw. Oberflächenwasser abschätzen (ALLARD 1982, 1983; KYSER & O'NEIL, 1984; POREDA, 1985). Während das Mantelwasser im Vergleich zum Meerwasser (als Standard) um 8 % ärmer an Deuterium und um 0,55 % reicher an ^{18}O ist, ist das Regenwasser sowohl an Deuterium als auch an ^{18}O (bis zu -4 % beim Wasser der Pole) verarmt. Mögliche Austauschvorgänge zwischen Sickerwasser und Nebengestein erschweren allerdings die Messungen.

Das Mantelwasser greift in bedeutendem Maße in den basaltischen Riftvulkanismus ein. Beim Inselbogenvulkanismus hingegen spielt das Niederschlagswasser eine wesentliche Rolle: Hier stellt das zurückgeführte Regenwasser 90 bis 99 % der Gesamtmenge des emittierten Wasserdampfes dar. Der Rest (1 bis 10 %) mit Tiefenursprung stammt im wesentlichen aus der Entwässerung der bis in über 50 km Tiefe abtauchenden ozeanischen Plattenkruste, wobei die Grünschiefer in Amphibolite und schließlich in Eklogite umgewandelt werden. Der Mantel der überfahrenden Platte setzt ebenfalls Wasser frei, wenn Amphibol (in 100 km Tiefe) und Phlogopit (in 150 km Tiefe) instabil werden.

Das Kohlendioxid stammt meist aus dem Mantel, kann jedoch im weiteren durch den Kohlenstoff der in der Kruste vorhandenen Karbonate (z. B. am Merapi auf Java, wie der hohe Gehalt an ^{13}C beweist) oder durch organisches Material (Kilauea, Hawaii) kontaminiert werden.

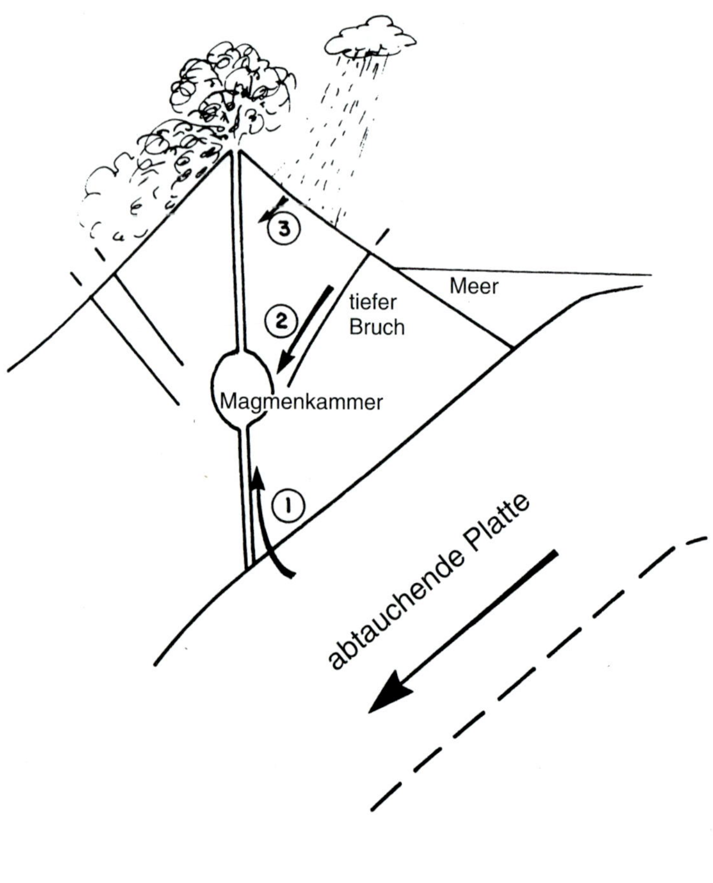

Abb. 4.1 Die Herkunft der am vulkanischen Geschehen beteiligten Wässer. (1) „Juveniles" Wasser, (2) meteorisches Wasser, das tief bis in den Bereich der Magmenkammer eindringt, (3) meteorisches Oberflächenwasser. Die Darstellung ist in der Vertikalen nicht maßstabsgetreu. (BARDINTZEFF, 1985a).

4.2 Der Amphibol-Effekt

Durch die fraktionierte Kristallisation der zuerst ausgeschiedenen wasserfreien Minerale (Olivin, Pyroxen, Plagioklas) reichert sich das Magma mehr und mehr mit Wasser an (Gl. 1).

$$X_r \cdot (1 - f) = X_i, \tag{1}$$

wobei X_i = Wassergehalt des Ausgangsmagmas,
X_r = Wassergehalt des Restmagmas,
f = Kristallfraktionierungsgrad mit $0 \leq f \leq 1$.

Die wasserhaltigen Minerale (Amphibole, Glimmer) kristallisieren hingegen, indem sie das Wasser in Form von Hydroxylgruppen (-OH) einbauen. Das Restmagma erfährt somit eine Wasserverarmung (Gl. 2). Insbesondere Amphibole, die bis zu Drücken von 20 – 25 kbar bei Temperaturen um 1000 °C stabil sind (ALLEN et al., 1972) und ungefähr 2 % Wasser enthalten, spielen eine herausragende Rolle.

$$X_r \cdot (1 - f) = X_i - Xm_{OH} \cdot f' \tag{2}$$

wobei Xm_{OH} = Wassergehalt der Hydroxylminerale,
f' = Fraktionierungsgrad der Hydroxylminerale,
f = Gesamtfraktionierungsgrad (wasserfreie + wasserhaltige Minerale) mit $0 \leq f' \leq f \leq 1$ ist.

Verändern sich die thermodynamischen Bedingungen, können die Amphibole im weiteren Verlauf instabil werden: beispielsweise bei einer starken Abnahme des Drucks durch rapiden Aufstieg des Magmas – der tafelige Habitus dieser Minerale begünstigt ihre „Schwimmfähigkeit" und ihren Aufstieg – oder infolge einer plötzlichen Zunahme des Drucks und der Temperatur bei Zufuhr von neuem Magma. Durch die abrupte Destabilisierung setzen sie ihr Wasser auf einmal frei entsprechend einer chemischen Gleichung vom Typ:

$$\text{Amphibol} + \text{Magma 1} \rightarrow \text{Pyroxen} + \text{Fe-Ti-Oxid} + \text{Magma 2} + H_2O \tag{3}$$

Diese Gleichung folgt der von BOWEN (1928) aufgestellten Hypothese und entspricht zugleich der von GIRET (1979) beschriebenen Hypothese zu Gesteinen, die in einem alkalischen Kontext beobachtet wurden.

Der Gehalt an durch Destabilisierung von Hydroxylmineralen freigesetztem Wasser ΔX errechnet sich mittels der Gleichung (4), die sich aus der Differenz der Gleichungen (1) und (2) ergibt:

$$\Delta X \cdot (1 - f) = Xm_{OH} \cdot f' \tag{4}$$

Der Amphibol-Effekt (BARDINTZEFF, 1985a; BARDINTZEFF & BONIN, 1986, 1987) kann somit eine erhebliche Rolle bei der Entwicklung der Magmen spielen. Das in Abb. 4.2 dargestellte theoretische Beispiel geht von einer Kristallisation von 30 % wasserfreien Pyroxenen und danach 10 % wasserhaltigen Amphibolen aus: 0,33 % Wasser werden freigesetzt, wenn der Amphibol instabil wird und sich in einen Pyroxen umwandelt. Diese Menge an freigesetztem Wasser hängt nicht vom anfänglichen Wassergehalt der Schmelze ab (im gegebenen Beispiel 1 %). Die Rolle des Amphibols scheint in dem Maße realistisch zu sein, wie es zu einer Aufeinanderfolge von drei Vorgängen kommt: Fraktionierung, Transport innerhalb des Magmas und Destabilisierung. Unterschiedliche experimentelle Arbeiten (HOLLOWAY & BURNHAM, 1972; SPULBER & RUTHERFORD, 1983) zei-

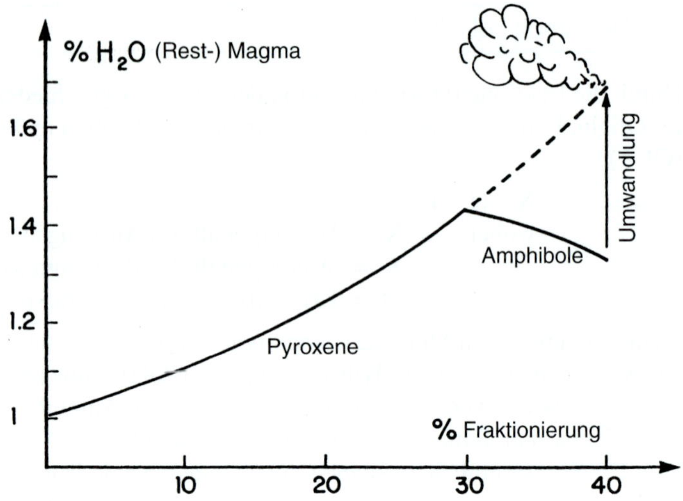

Abb. 4.2 Der Amphibol-Effekt: Auswirkung der Kristallisation wasserfreier (Pyroxene) oder wasserhaltiger (Amphibole) Phänokristalle und der späteren Umwandlung von Amphibolen in Pyroxene auf den Wassergehalt eines Magmas (BARDINTZEFF, 1985a; BARDINTZEFF & BONIN, 1986, 1987).

gen, daß eine solche Destabilisierung während des Magmenaufstiegs in Tiefen von 5 bis 8 km eintreten kann.

Die Glimmer, die 4 % Wasser in ihre Struktur einbauen, können eine ähnliche Rolle wie die Amphibole spielen, auch wenn sie später als diese auftreten. In einem an SiO_2 gesättigten Magma wandeln sie sich in Orthopyroxene entsprechend den Reaktionen (5) und (6) um (LUTH, 1974).

Bei geringen Drücken:

Biotit + Magma 1 → Orthopyroxen + Magma 2 + H_2O (5)

Bei mittleren Drücken (über 1 kbar):

Biotit + Magma 1 → Olivin + Magma 2 + H_2O (6)

Bei sehr niedrigen Drücken möglicherweise gefolgt von der Subsolidusreaktion:

Olivin + Quarz → Orthopyroxen (7)

Der Effekt kann ganz unterschiedlich sein, jeweils in Abhängigkeit vom tektonischen Stockwerk, in dem der Amphibol resorbiert wird. Eine Auflösung im Bereich der mittleren Kruste (10 bis 15 km) führt zu SiO_2-untersättigten Schmelzen, ohne daß sich eine Gasphase bildet und explosive Erscheinungen damit verbunden sind. Die zahlreichen phonolithischen Vulkandome und die relative Seltenheit explosiver Eruptionen in diesem Zusammenhang verdeutlichen diese Tatsache. Umgekehrt hat eine Resorption während des Magmenaufstiegs in geringer Tiefe (5 bis 8 km) nur eine schwache Auswirkung auf die chemische Zusammensetzung des Magmas, es tritt jedoch eine Gasphase auf und führt zu einem Überdruck, der in der Lage ist, einen Explosionsvorgang auszulösen. Der Großteil explosiver Eruptionen betrifft die SiO_2-gesättigten Magmen.

Weiterhin gilt es, die Diffusion der im Innern des Magmas freigesetzten Fluide zu berücksichtigen. Ein niedriger Diffusionsgrad führt zur Bildung einer Fluidhülle um die sich destabilisierenden Amphibole, was den Vorgang durch die Pufferwirkung bremst. Ein hoher Diffusionsgrad führt zur vollständigen Lösung der Fluide im Magma. In den Fällen mit mittlerem Diffusionsgrad diffundieren die freigesetzten Fluide nur mäßig, schließen sich aber zu Bläschen zusammen, wodurch das explosive Potential des Magmas spürbar ansteigt.

4.3 Gehalt an Fluiden und Viskosität

Die Viskosität η der Laven hängt von ihrem Chemismus, ihrer Temperatur und ihrem Wassergehalt ab. Die klassische Formel nach SHAW (1972) lautet:

$$\ln \eta = s \cdot 10^{4/T} - s \cdot c_T + c_V ,$$

wobei η = Viskosität in Poise (10 Poise = 1 Pa·s),
s = charakteristisches Schergefälle der aus mehreren chemischen Komponenten bestehenden Schmelze (meist $2 < s < 4$),
c_T und c_V = an die alumo-silikatischen Schmelzen gebundene Konstanten, mit $c_T = 1{,}5$ und $c_V = -6{,}4$ ist.

Die Anwesenheit des Wassers kommt im Faktor s zum Ausdruck und verringert deutlich die Viskosität eines Magmas. Die Zuführung von 4 % Wasser zu einem andesitischen Magma verringert seine Viskosität um den Faktor 20 (KUSHIRO et al., 1976).

Das Vorhandensein von Phänokristallen erhöht hingegen die Viskosität des Magmas, denn jedes feste schwebende Teilchen führt einen Schweif an Schmelze mit sich, der mit dem benachbarten in Wechselwirkung tritt. Mehrere Formulierungen dieses „Phänokristall-Effekts" sind vorgeschlagen worden. Die Einsteinsche Formel lautet:

$$\mu = \mu_L (1 + 2{,}5\, X) ,$$

wobei μ = errechnete Viskosität,
μ_L = Viskosität am Liquidus (ohne Phänokristalle),
X = Volumengehalt an Kristallen mit $X < 1$.

Diese Formel gilt nur für $X < 0{,}1$. Für einen höheren Anteil an Phänokristallen ($0{,}1 < X < 1$) kommt eine andere, von ROSCOE (1953) vorgeschlagene Formel zur Anwendung:

$$\mu = \mu_L (1 - RX)^{-2{,}5}$$

(mit R = 1,35 für Kugeln gleichen Durchmessers, während MARCH (1981) einen Wert von R = 1,7 für eine Paragenese von leistenförmigen Mineralen, wie die Plagioklase, und interstitiellen Mikrokristallen [Olivine, Pyroxene, Magnetit] angibt).

Programme zur Berechnung der Viskosität, welche die Menge, die Größe und die Gestalt der Phänokristalle berücksichtigen, sind von MCBIRNEY & MURASE (1984) aufgestellt worden. Sie machen deutlich, daß das Auftreten von großen Kristallen, selbst in geringen Mengen, zu einem bemerkenswerten Anstieg der Viskosität führt; die Wirkung einer größeren Anzahl kleiner Kristalle bleibt begrenzt (Kap. 5, Tabelle 5.4).

Die Dichte des Magmas, die nur wenig von seinem Wassergehalt abhängt, kontrolliert das Absinken oder den Transport der Kristalle und hat somit Einfluß auf seine Viskosität.

Letztlich scheint es, daß der Wassergehalt, die Viskosität und die Dichte eines Magmas eng miteinander zusammenhängen und sich gleichzeitig verändern. Bei der thermodynamischen Beschreibung eines Systems (Magmenkammer) müssen sie mit berücksichtigt werden.

Das Beispiel der Chaîne des Puys (siehe Kap. 3) ist unter der Annahme betrachtet worden, daß das tief gelegene Reservoir sich als geschlossenes System entwickelt hat, so-

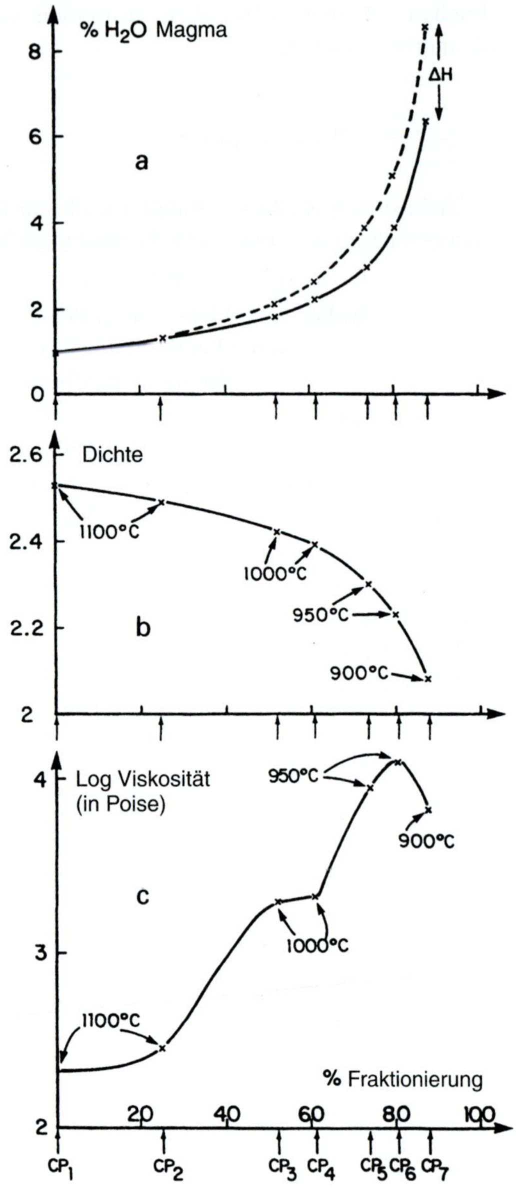

Abb. 4.3 Entwicklung des Wassergehalts (a), der Dichte (b) und der Viskosität (c) des Magmas bei fraktionierter Kristallisation anhand des Beispiels der Chaîne des Puys (Laven CP1 bis CP7, beschrieben in MAURY et al., 1980). (a) Durchgezogene Linie = Entwicklung bei Berücksichtigung der Kristallisation aller (wasserfreien und wasserhaltigen) Kristalle, gestrichelte Linie = Entwicklung unter der Annahme, daß sich die Amphibole in Pyroxene umwandeln, ΔH = in den Amphibolen eingebautes Wasser. (b) Berechnete Dichte nach BOTTINGA & WEILL (1970) bei den angegebenen Temperaturen in einem Magma ohne Phänokristalle. (c) Berechnete Viskosität nach MCBIRNEY & MURASE (1984) bei gleichen Parametern (BARDINTZEFF & BONIN, 1986, 1987).

wohl in Hinblick auf die Hauptelemente als auch auf das Wasser (BARDINTZEFF & BONIN, 1986, 1987; Abb. 4.3).

Der Übergang vom basaltischen Magma CP1 zur höchstentwickelten Schmelze CP7 mit trachytischer Zusammensetzung (Tabelle 3.2) wird durch die Kristallisation von 88,3 % der Ausgangsschmelze, davon 12,2 % als Amphibole, ermöglicht (Abb. 3.4). Parallel dazu steigt der Wassergehalt von 1 % auf 6,4 % oder sogar bis auf 8,5 %, wenn man eine Auflösung der Amphibole in der Restschmelze annimmt.

Die Dichte nimmt kontinuierlich von 2,53 auf 2,08 g/cm^3 ab.

Die Veränderungen in der Viskosität sind wesentlich komplizierter, denn die unterschiedlichen Faktoren wirken einander entgegen: Die Differentiation des Magmas (Zunahme des Gehalts an Alkalien und an SiO_2, die die Polymerisation im Magma begünstigen) und die Abnahme der Temperatur begünstigen ein Ansteigen der Viskosität, wohingegen die Zunahme des Wassergehalts eine entgegengesetzte Wirkung hat. Wenn die Viskosität beträchtlich (um den Faktor 60) steigt, erreicht sie ihr Maximum im Stadium des Benmoreits (CP6). Dieses Maximum fällt übrigens mit dem gut beobachteten Wechsel beim vulkanischen Geschehen zusammen: Die Tätigkeit des Vulkans geht von Lavaströmen und phreatomagmatischen Eruptionen (Kap. 10; Volvic, Puy de la Nugère) in eine stark explosive Tätigkeit bis hin zu Glutwolken und zugehörigen Dombauten über (Puy Clierzou).

Die Fallgeschwindigkeit der Minerale in der Magmenkammer (die die Kumulation, die Flotation und den Aufstieg der Kristalle bei späteren Eruptionen bedingt) hängt direkt von der Dichte und der Viskosität ab. Diese Geschwindigkeit ist im Falle des Amphibols für eine Kugel von 1 cm Radius nach dem Stockesschen Gesetz berechnet worden (Abb. 4.4). (Phänokristalle von Amphibolen mit einer Kantenlänge von 2 cm sind in den Tephren der Chaîne des Puys gut bekannt, wie z. B. am Chuquet Genestoux.) Die erhaltenen Werte liegen zwischen 0,7 und $1{,}65 \cdot 10^{-2}$ $cm \cdot s^{-1}$, für Phänokristalle mit 1 mm Radius sind sie 100mal kleiner. Diese Werte müssen zusätzlich beträchtlich verringert werden, um auch die Anzahl der Phänokristalle und ihre die Schwimmfähigkeit begünstigende tafelige Gestalt in Rechnung zu ziehen. Es reicht aus, daß die Aufstiegs- oder Konvektionsgeschwindigkeit des Magmas größer oder gleich ist, um die Kristalle in der Schwebe zu halten. Geschwindigkeitswerte für den Fall der Kristalle und den Aufstieg des Magmas in der Größenordnung von einem Meter am Tag ($1{,}16 \cdot 10^{-3}$ $cm \cdot s^{-1}$) erscheinen repräsentativ und sorgen folglich für ein Gleichgewicht zwischen den beiden Erscheinungen. Eine

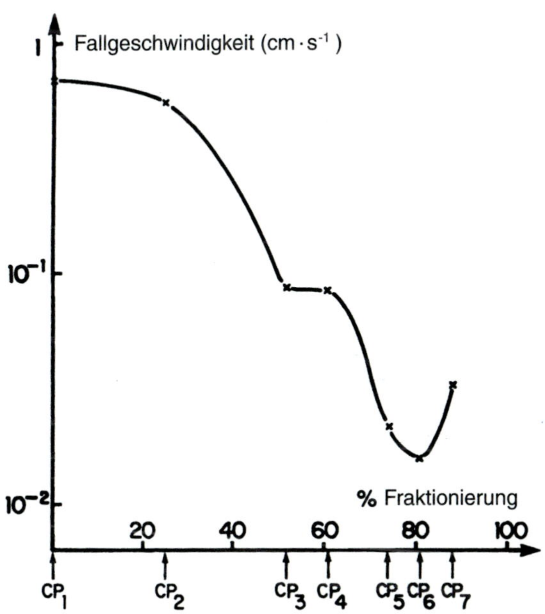

Abb. 4.4 Theoretische Fallgeschwindigkeiten eines Amphibolkristalls (entspricht modellhaft einer Kugel von 1 cm Radius und Dichte $\varrho = 3{,}2$ g/cm^3) in den sukzessiven Magmen der Chaîne des Puys. Bei einer Kugel mit einem Radius von 1 mm sind die Geschwindigkeiten 100mal geringer (Bardintzeff & Bonin, 1986, 1987).

relativ geringe Aufstiegsgeschwindigkeit des Magmas hält seine Homogenität aufrecht, während eine höhere Geschwindigkeit die Abseigerung von Kristallen oder Gasblasen begünstigt.

4.4 Eruptivität und Bläschenbildung

Die Untersuchungen über die Rolle der Fluide führen zu einer Voraussage über den Eruptionsverlauf (der Einfluß von Fluiden auf die dynamischen Vorgänge wird in Kap. 10 behandelt).

Die physikalisch-chemischen Eigenschaften eines Magmas (aber ebenso der jeweilige lokale geologische Kontext) bedingen seine weitere Entwicklung (eventueller Aufstieg? bis auf welche Höhe?). Umgekehrt führt ein Aufstieg, der sich besonders in einer Druckabnahme äußert, zu einer Veränderung sämtlicher Parameter. In allen Fällen wird das thermische Gleichgewicht wesentlich schneller erreicht als das chemische Gleichgewicht (insbesondere das der Wassergehalte) (Eichelberger, 1980; Huppert et al., 1982).

Einer der wirkenden Faktoren ist die Viskosität η. Nach March (1981) verhält sich ein gegebenes Magma wie ein fluides Milieu, das in der Lage ist, sich frei zu bewegen, solange die Viskosität unterhalb eines bestimmten Wertes liegt ($\log_{10} \eta < 5{,}5$). Bei einer höheren Viskosität nimmt das Magma ein plastisches Verhalten an, und die erstausgeschiedenen, in Vorzugsrichtungen orientierten Minerale zeugen von den Deformationen, denen das Magma unterworfen ist. Die weiter oben betrachteten Laven der Chaîne des Puys fallen hierbei in die erste Kategorie.

Auch die relative Dichte des Magmas in bezug auf das Nebengestein muß in Betracht gezogen werden. Dynamische Faktoren (lokale Tektonik, Fluide) lassen allerdings das Aufsteigen eines Magmas zu, das dichter als die zu durchdringenden Bereiche ist. Aus diesen verschiedenen Gründen ist ein weiterer Aufstieg des Magmas möglich, obwohl es theoretisch gesehen auskristallisieren müßte.

In den meisten Fällen spielen die Fluide die Rolle des Motors. Man muß wohl zwischen dem Wassergehalt des Magmas einerseits und der Löslichkeit des Wassers im Magma andererseits unterscheiden. Solange der erste Parameter kleiner als der zweite ist, bleibt die gesamte Hydratphase im gelösten Zustand. Wenn der erste den zweiten Parameter übersteigt, wird ein Teil der fluiden Phase entmischt und in Form von Bläschen im Magma isoliert (siehe Abb. 2.4a). Der Übergang von einem Zustand in den anderen spielt eine Hauptrolle bei der Auslösung und Entwicklung der eruptiven Prozesse.

Wir haben im Zusammenhang mit der Magmenkammer bereits die beiden Extremfälle eines thermo-dynamischen Systems – offenes und geschlossenes System – betrachtet, wobei uns klar gewesen ist, daß die Wirklichkeit dazwischen liegt (Abschn. 2.4). Dieser offene oder geschlossene Zustand hat entscheidenden Einfluß auf die Entwicklung der Fluide. Im theoretischen Fall einer völlig offenen Kammer können die Fluide entweichen, nur ein winziger Teil verbleibt im Magma: beispielsweise 1 % in den Magmen der Chaîne des Puys, wie hoch der Grad der Differentiation auch gewesen sein mag, im Gegensatz zu Gehalten bis zu 6,4 % im Falle einer hermetisch abgeschlossenen Kammer (Abb. 4.5). Die Viskosität nimmt also in beträchtlichem Maße zu: Sie vergrößert sich um den Faktor 80000!

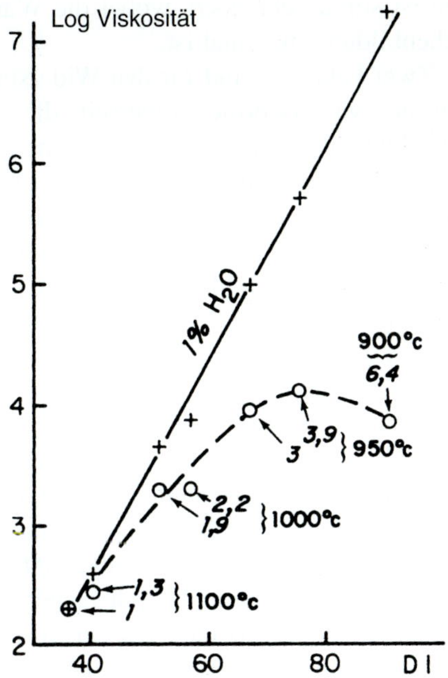

Abb. 4.5 Entwicklung der Viskosität der Schmelzen in Abhängigkeit von ihrem Differentiationsindex (DI) bei einer offenen oder geschlossenen Magmenkammer am Beispiel der Chaîne des Puys. Bei einer geschlossenen Magmenkammer (Kreise) steigen der Gehalt an gelöstem Wasser durch die überwiegende Kristallisation wasserfreier Minerale von 1 auf 6,4 % und der Logarithmus der Viskosität (in Poise) von 2,3 auf 4,1 , wobei sich die Schmelze abkühlt (von 1100 auf 900 °C) und differenziert (DI von 40 auf 90). In einer offenen Magmenkammer (Kreuze) entweichen die Fluide nach und nach aus der schmelzflüssigen Phase (nur maximal 1 % bleibt in gelöstem Zustand). Der Logarithmus der Viskosität steigt hierbei auf 7,3! Die Wassergehalte sind in kursiver Schrift angegeben; die errechneten, für beide Fälle identischen Temperaturen sind nur neben der unteren Kurve genannt (Bardintzeff, 1988).

Der Aufstieg der Magmen begünstigt die Bildung und das Wachstum der Blasen, es kann zur Koaleszenz kommen, schließlich können sie sogar zerplatzen. Die Schmelze verwandelt sich somit in eine Art Schaum. Die Blasen selbst steigen innerhalb des Magmas auf, aber McBirney & Murase (1970) zufolge ist der Aufstieg der Blasen durch Flotation deutlich langsamer als der des Magmas selbst. Ebenso kann die plötzliche Mischung zweier unterschiedlicher Magmen zu einer heftigen Bläschenbildung führen (Abschn. 5.4c).

Die Viskosität hat direkten Einfluß auf Entstehen und Zerplatzen von Gasblasen innerhalb des Magmas (Williams & McBirney, 1979). Bei 2 bis 3 % Wasser setzt die Bläschenbildung höchstwahrscheinlich in 1 oder 2 km Tiefe ein (McBirney & Murase, 1970). Ein geringer Übersättigungsdruck der volatilen Bestandteile (< 10 bar) genügt, um eine Keimbildung hervorzurufen. Andererseits ist ein Durchmesser von einigen Mikrometern ausreichend, um die Bläschen in einer Tephra (feste Fragmente) festzuhalten (Sparks, 1978).

Verhoogen (1951) sieht eine Art Wettbewerb zwischen dem Wachstum des Bläschendurchmessers und ihrer Aufstiegsgeschwindigkeit mittels Flotation. Wenn sich die Bläschen berühren und zerplatzen, bevor sie die Oberfläche erreichen, verliert das Magma folglich seine Kohärenz. Sparks (1978) berechnete die von den Bläschen erreichte Größe, indem er die Aufstiegsgeschwindigkeit des Magmas (0 – 4 m/s), seine Viskosität ($10 - 10^7$ Pa·s) und seinen Gasgehalt (0,25 – 5 %) abschätzte: Er bestimmte 0,1 bis 5 cm für den Fall einer basaltischen Eruption vom strombolianischen Typ und lediglich 10 bis 200 µm für den Fall saurer plinianischer Eruptionen (Definition siehe Kap. 8). Das Wachstum der Bläschen hört weit vor der Explosion auf, sobald das Volumenverhältnis Blasen/Magma einen Wert von 3 bis 5 erreicht: Die Viskosität der silikatischen Schmelze ist somit sehr hoch, wobei die Wände der Bläschen sehr dünn sind und die Bläschenbildung maximal ist.

Zwei Faktoren sind für den Widerstand gegen das Zerreißen des Magmas durch Explosion verantwortlich: einerseits die Spannungskräfte der silikatischen Schmelze (also die Anziehungskräfte, die die Atome innerhalb der Schmelze aufeinander ausüben) bei geringer Bläschenbildung, andererseits die Kräfte der Oberflächenspannung der Blasenwände bei starker Bläschenbildung (McBirney & Murase, 1970). Das Zerreißen des Magmas durch Explosion erfolgt ziemlich spät. Dies geschieht durch das Zerplatzen der größten Blasen im Magma in der Nähe der magmafreien Oberfläche, oder die Druckunterschiede sind von Bedeutung. Drei Bedingungen müssen erfüllt sein (Bennett, 1974): 1) ein genügend großer Anteil an volatilen Bestandteilen, 2) eine freie Oberfläche bei niedrigem Druck und 3) ein Druckgradient. Je größer der residuale Druck wird, wenn das Fluid seine Kohärenz verliert, desto explosiver wird die Eruption sein (Macdonald, 1972). Das Magma ist in kleinste Tröpfchen zerstäubt und erzeugt neben den bereits kristallisierten Mineralen eine Unzahl von Glaspartikeln.

Die Tiefe der Fluidbläschenbildung und das Ausmaß dieser Erscheinung bedingen in direkter Weise den Eruptionstyp (Abb. 4.6; Bardintzeff, 1985a). Zu Lavaeruptionen kommt es bei mittlerer bis schwacher Bläschenbildung im Magma, explosive Eruptionen treten im Gegensatz dazu bei einem stark blasigen Magma auf. Bei letzterem Typ unterscheidet man den Fall einer Bläschenbildung in größerer Tiefe, der zu einer Ascheeruption führt, vom Fall einer oberflächennahen und verzögerten Bläschenbildung, der eine Eruption vom Typ „Nuée ardente" zur Folge hat (Rittmann, 1962) (Kapitel 8 und 9).

4.5 Fluiddruck und Eruption

Wenn sich das Magma der Oberfläche nähert, trifft es auf Bedingungen, die von denen in der Tiefe stark abweichen. Von großer Bedeutung ist das Unterschreiten des kritischen Punktes des Wassers. Die Diskontinuität Flüssigkeit-Gas existiert nämlich unter den Bedingungen überkritischer Temperaturen und Drücke nicht, und die thermodynamischen Veränderungen sind hierbei kontinuierlich. Umgekehrt wandelt sich das überhitzte Wasser (magmatischen oder meteorischen Ursprungs) zwischen 100 und 374 °C (kritische Temperatur) und zwischen 1 und 218 bar (kritischer Druck) in Dampf um, wobei sein Volumen und/oder sein Druck (Wasserdruck) unvermittelt zunehmen.

In der Magmenkammer herrscht ein Wasserdruck von einigen kbar: Nach Berechnungen mit klassischen Geobarometern ergeben sich 2 bis 5 kbar auf Saint-Vincent, Antillen (Bardintzeff, 1983b), 1 bis 3 kbar im Massiv Madeleine-Soufrière auf Guadeloupe (Lefèvre & Cocusse, 1985) und 2 bis 3 kbar in der Montagne Pelée (Fichaut et al., 1985). Die auf der Thermodynamik der Fluide basierenden Modelle weisen äquivalente Ergebnisse auf: 4,7 kbar im Arenal, Costa Rica (Fudali & Melson, 1972) und 2 kbar im Ngauruhoe, Neuseeland (Nairn & Self, 1978).

Während des Aufstiegs des Magmas entweichen die Fluide häufig, und der Wasserdruck nimmt ab (residualer Druck). Werden die Fluiddrücke in der Tiefe die meiste Zeit über durch den lithostatischen Druck (der darüberliegenden Gebirgsschichten) ausgeglichen, so unterliegen die Oberflächendrücke lediglich dem Widerstand, den der Schlotpfropfen ausübt (Scherdruck).

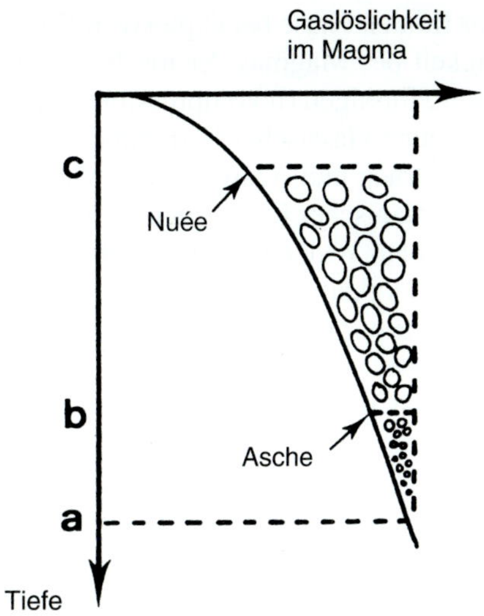

Abb. 4.6 Rolle der Gaslöslichkeit im Magma beim Auslösen explosiver Eruptionen. (a) In der Tiefe a wird das Magma an Gas übersättigt: Es kommt zur Bläschenbildung. Die Löslichkeit der Fluide im Magma variiert zwischen 1 und 5 %, in den sehr sauren Magmen steigt sie ausnahmsweise auf 7 %. Die Tiefe a liegt im allgemeinen zwischen 1 und 5 km; seltener sind Fälle, bei denen die Bläschenbildung 10 km Tiefe erreicht oder umgekehrt sich oberflächennah ereignet. (b) Tiefenniveau für die Auslösung einer explosiven Ascheeruption. (c) Im Falle einer Glutwolkeneruption findet die Gasübersättigung in einem oberflächennäheren Niveau statt; die hohe Viskosität der Lava führt zu einem Zweiphasengemisch Schmelze - Gas (Bardintzeff, 1985a).

Ausgehend von der Burnhamschen Gleichung (1979):

$$aH_2O = k\,X^2$$

(aH_2O = Aktivität des reinen Wassers, X = Gewichtsprozente an Wasser) ist es möglich, eine Beziehung zwischen Wassergehalt und Wasserdruck herzustellen. Im speziellen Fall eines Magmas albitischer Zusammensetzung erhält man:

$$X = 0{,}14\,P^{1/2}$$ (P = Druck in bar) (Massare, 1979),

was zu Drücken von 200, 450 bzw. 800 bar bei Wassergehalten von 2, 3 bzw. 4 % führt. Diese Werte gehen über den Widerstandsdruck des Vulkanhangenden hinaus, den Burnham (1979) mit etwa 500 bar und Blake (1984) mit nur 50 – 250 bar angeben.

Diese Drücke entsprechen verschiedenen Mächtigkeiten des Hangenden der Vulkane: ein einfacher Lavapfropfen mit etwa 150 m Mächtigkeit für die niedrigsten Drücke (50 bar) oder der Gipfelbereich des Vulkanbaus mit über 1 km Mächtigkeit bei höheren Drücken (500 bar). Beim ersten Eruptionstyp entsteht ein kleiner Krater, beim zweiten eine breite Caldera (Somma).

Wenn das Magma an Kluftzonen aufsteigt, trifft es auf einen immer geringer werdenden Widerstandsdruck des Gebirges. Sobald der innere Wasserdruck des Magmas den lithostatischen (von der Tiefe abhängenden) Druck und den Widerstand des Vulkanhangenden übersteigt, wird der eruptive Prozeß ausgelöst. Im Falle eines 3 bis 6 % Wasser enthaltenden Magmas und eines Widerstandes des Hangenden in der Größenordnung von 50 bis 500 bar geschieht dies bei einem Aufstieg der Schmelze von 190 bis 1900 m über die Gleichgewichtstiefen hinaus, wobei ein Gradient in der kontinentalen Kruste von 1 kbar auf 3,8 km angenommen wird (Auftriebswirkung) (Bardintzeff, 1985a). Tait et al. (1989a) sind der Meinung, daß der Überdruck einen Wert erreichen muß, der nahezu doppelt so groß ist wie die Zugfestigkeit des Vulkanbaus, damit es zum Ausbruch kommt (Abschn. 6.5).

Analoge Berechnungen zeigen, daß der allein durch die Destabilisierung des Amphibols hervorgerufene Überdruck das Aufbrechen des Schlotpfropfens erklären kann.

Wilson (1980) wies auf die beträchtliche Rolle der fluiden Phase bei explosiven Eruptionen hin und berechnete die Auswurfgeschwindigkeit des Magmas. Er machte deutlich, daß das Verhalten eines Magmas mit seinen festen, flüssigen (inkompressiblen) und gasförmigen (kompressiblen) Bestandteilen die Benutzung klassischer Formeln der Dynamik der Fluide (wie der Bernoulli-Gleichung, die Druck und Auswurfgeschwindigkeit miteinander verbindet) nicht zuläßt. Im Falle vulkanianischer Eruptionen (s. Kap. 8) ergeben die Wilsonschen Modellkurven für einen variablen Widerstand des Vulkanhangenden zwischen 50 und 500 bar eine Auswurfgeschwindigkeit von 200 bis 250 m/s bei einem Magma mit 3 % Wasser. Im Falle plinianischer Eruptionen (Wassergehalt größer als 5 %) erreichen die Geschwindigkeiten 200 bis 900 m/s.

So ist klar, daß die im Magma enthaltenen Fluide und das Wasser durch den Überdruck, den sie erzeugen, eine explosive Eruption provozieren können.

Die an den Vulkanismus gebundenen Fluide spielen von Beginn der Magmengenese an und während des gesamten Aufstiegs des Magmas eine wichtige Rolle. An der Oberfläche treten sie mit dem Magma (in entmischtem oder gelöstem Zustand) aus, oft in Form von Fumarolen, die sich mitunter zu großen Geothermalfeldern verbinden.

There is nothing permanent, except change.

5 Die Magmenmischungen

5.1 Nachweis der Mischungen

Betrachtet man vulkanische Gesteine, so wird das Vorhandensein bestimmter Heterogenitäten deutlich. In der Lava sind zahlreiche Einschlüsse (Gesteinsbruchstücke) zu erkennen. Diese können unterschiedlich erklärt werden. Manchmal handelt es sich um eckige Fragmente mit deutlich von der Lava abweichender Zusammensetzung (**enallogene Einschlüsse**, d. h. fremder Herkunft), die z. B. vom festen Nebengestein stammen und beim Aufstieg des Magmas mitgerissen wurden; mitunter aber auch um schwere Minerale (Olivin, Pyroxen), die innerhalb des Magmas kristallisierten, sich auf dem Grund der Magmenkammer ansammelten (Abschn. 3.1) und später als Kumulate zu erkennen sind (**homöogene Einschlüsse**, d. h. ähnlicher Herkunft wie die sie enthaltende Lava). In einem dritten Fall schließlich weisen die Einschlüsse einen unregelmäßigen, mitunter gezackten Umriß auf, der auf eine **Mischung im flüssigen Zustand** hinweist, deren Herkunft genauer untersucht werden soll.

Ebenso führt die Koexistenz von Mineralparagenesen, die einen inkompatiblen Chemismus aufweisen (z. B. Quarz und Forsterit) oder die kennzeichnend für voneinander sehr verschiedene thermodynamische Bedingungen sind (Hochdruck- und Tiefdruckamphibole), zu ähnlichen Hypothesen.

Der Begriff der **Magmenmischung** ist über ein Jahrhundert alt, wurde er doch schon 1846 von FOURNET vorgeschlagen. 1851 stellte BUNSEN die Bimodalität der Laven Islands (Basalt 85 % und Rhyolith 12 % nach WALKER, 1966, und SIGURDSSON, 1977a) und die Quasi-Abwesenheit (3 %) intermediärer Gesteine fest. FENNER (1926) entwickelte das Mischungskonzept bei der Beschreibung der Laven des Katmaï. Seiner Ansicht nach entstehen die Laven mit intermediärer chemischer Zusammensetzung aus einer Mischung zweier Magmen wie folgt: Intermediäre Lava = (basisches Magma + saures Magma) / 2.

BOWEN (1928) widersprach dieser Auffassung und entwickelte die Idee der fraktionierten Kristallisation. Eine berühmte Kontroverse nahm ihren Anfang. MCBIRNEY (1980) diskutierte dieses Problem in seinem Artikel *Mixing and unmixing of magmas.*

1976 beschrieb ANDERSON die Umstände und Bedingungen, die zu Magmenmischungen führen, in detaillierter Weise. Seitdem sind Magmenmischungen Gegenstand äußerst zahlreicher Publikationen gewesen. Ihr Auftreten ist allgegenwärtig. Sie wurden sowohl für den Plutonismus (zur Übersicht siehe BONIN, 1986; DIDIER & BARBARIN, 1991) als auch für den Vulkanismus (zur Übersicht siehe BARDINTZEFF, 1992) nachgewiesen. Sie existieren im geodynamischen Kontext des kontinentalen Intraplattenmagmatismus (Grönland, BROOKS & PRINTZLAU, 1978; Französisches Zentralmassiv, GOURGAUD &

	1	2	3	4	5
Analyse der Oxide in Gewichtsprozenten					
SiO_2	53,26	53,04	55,70	63,99	73,16
TiO_2	0,96	0,95	0,98	0,43	0,97
Al_2O_3	18,35	18,32	15,40	16,38	11,61
Fe_2O_3	2,40	5,16			
FeO	6,19	3,63	9,10	4,27	3,06
MnO	0,07	0,06	0	0,15	0,04
MgO	4,09	4,50	3,47	1,81	0,22
CaO	9,08	9,19	6,94	5,14	0,79
Na_2O	3,50	3,43	3,19	5,51	2,18
K_2O	0,61	0,59	0,53	0,98	2,95
P_2O_2	0,12	0,16			
H_2O^+	0,37	0,39			
H_2O^-	0,04	0,13			
Gesamt	99,04	99,55	95,31	98,66	94,98
CIPW-Norm					
Quarz	3,15	2,72	11,84	13,89	46,42
Orthoklas	3,60	3,49	3,13	5,79	17,43
Albit	29,62	29,02	26,99	46,62	18,45
Anorthit	32,56	32,85	26,14	17,07	3,92
Korund					3,39
Klinopyroxen					
*Ca	4,92	4,93	3,46	3,52	
*Mg	2,39	2,50	1,50	1,56	
*Fe	2,45	2,30	1,96	1,95	
Orthopyroxen					
*Mg	7,80	8,70	7,14	2,95	0,55
*Fe	7,98	8,01	9,37	3,69	2,83
Magnetit	2,02	2,00	2,20	1,03	0,74
Ilmenit	1,82	1,80	1,86	0,82	1,84
Apatit	0,26	0,35	1,86		
U	0,34	0,40			
Th	1,11	1,12			
Zr	90	74			
Hf	2,41	2,36			
Ta	0,20	0,18			
Ba	108	108			
Sr	227	236			
Cs	0,48	0,45			
Rb	12,1	11,7			
Sb	0,13	0,11			
Cr	67	89			
Co	22,5	23,5			
Ni	17	27			
Sc	28,8	30,2			
La	4,5	4,8			
Ce	13,3	12,1			
Eu	1,03	1,06			
Tb	0,61	0,63			

1 = in der Nähe des Kraters niedergegangene basaltandesitische Schlacke-Lapilli, 2 = basaltandesitische Aschematrix aus der Nuée ardente vom 13. April 1979 von Rabacca River, 3 = basaltandesitischer Glaseinschluß in einem Plagioklas der Nuée ardente, 4 = dacitischer Mikrobims (Glas) der Nuée ardente, 5 = rhyolithische Mesostasis vom Dom Mai/Juni 1979 (Bardintzeff, 1983, 1985a). (Für die Gesamtgesteine 1 und 2: Analyse der Hauptelemente von R. Coquet, der Spurenelemente von J. L. Joron; Analyse der Gläser 3, 4 und 5 von J. M. Bardintzeff)

Tabelle 5.1 Chemische Analysen der Förderprodukte aus der Eruption der Soufrière de Saint-Vincent (Antillen) im Jahre 1979. Für die Berechnung der CIPW-Normen wurde ein Verhältnis $Fe^{3+}/(Fe^{2+} + Fe^{3+}) = 0,15$ vorausgesetzt.

MAURY, 1984; GOURGAUD, 1985) oder des ozeanischen Intraplattenmagmatismus (Hawaii, WRIGHT, 1973) ebenso wie in Extensionszonen (Island, SIGURDSSON & SPARKS, 1981). Es bleibt zu vermerken, daß Magmenmischungen insbesondere beim an die Subduktionszonen gebundenen Kalkalkali-Magmatismus auftreten, bei dem sie eng mit den Explosionsvorgängen zusammenzuhängen scheinen (SPARKS et al., 1977).

Dieser allgemeine Begriff einer Mischung umfaßt verschiedene Vorgänge. Sind die unterschiedlichen magmatischen Schmelzen kogenetisch oder nicht? Das Ergebnis einer solchen Mischung tritt mal homogen (im Englischen *mixing*), mal heterogen (*mingling*) in Erscheinung. Im ersten Fall verdeckt das resultierende „hybride" Gestein die Eigenschaften der beiden gemischten Komponenten, im zweiten Fall können sie hingegen noch unterschieden werden.

5.2 Magmenmischung (mixing) an der Soufrière de Saint-Vincent

Die Soufrière de Saint-Vincent, ein aktiver Vulkan auf den Kleinen Antillen, erlebte im Jahre 1979 eine gewaltige explosive Eruptionsphase, bei der im April Glutwolken niedergingen und im Mai sich ein Dom zu bilden begann (Kap. 13).

Von sämtlichen Förderprodukten (Aschen, Lapilli, Blöcke, Glutwolken, Dome) sind Proben genommen und vergleichend analysiert worden. In allen Fällen handelt es sich um basaltische Andesite entsprechend der Klassifikation von PECCERILLO & TAYLOR

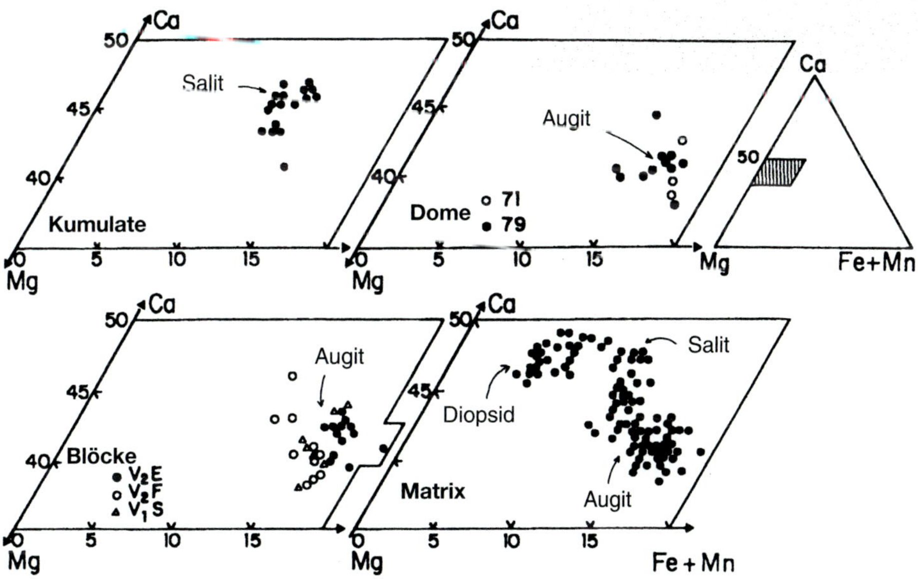

Abb. 5.1 Chemische Zusammensetzung der Klinopyroxene aus der Eruption der Soufrière de Saint-Vincent (Antillen) im Jahre 1979 (Ausschnitte aus dem Dreiecksdiagramm Ca/Mg/(Fe+Mn) (siehe Tabelle 5.2). Diopside (Ca > 45 und Fe < 10) existieren nur in der Aschematrix der Nuées ardentes; Salite (Ca > 45 und Fe > 10) treten unter anderem in den Kumulaten auf; Augite schließlich (Ca < 45 und Fe > 10) wurden in allen Ablagerungstypen gefunden (in verschiedenen Glutwolkenblöcken V_2E, V_2F, V_1S und -matrizen, in Kumulaten und den Domen von 1971 und 1979). Jeder Ablagerungstyp steht für ein anderes Tiefenniveau (BARDINTZEFF, 1984a, 1985a).

	1 Diopsid	2 Salit	3 Augit
SiO_2	49,39	48,55	52,11
Al_2O_3	6,33	6,26	1,57
Fe_2O_3	3,07	3,93	1,58
TiO_2	0,81	0,88	0,34
Cr_2O_3	0,94	0,06	0,12
FeO	2,53	3,63	8,87
MnO	0,05	0,31	0,54
MgO	14,68	13,99	15,10
CaO	22,80	22,40	19,81
Na_2O	0,19	0,26	0,17
Gesamt	100,79	100,27	100,21
Si	1,806	1,794	1,940
Al^{IV}	0,194	0,206	0,060
Al^{VI}	0,079	0,067	0,009
Fe^{3+}	0,084	0,109	0,044
Ti	0,022	0,025	0,010
Cr	0,029	0,002	0,004
Fe^{2+}	0,077	0,112	0,276
Mn	0,002	0,010	0,017
Mg	0,800	0,770	0,838
Ca	0,893	0,887	0,790
Na	0,014	0,019	0,012
Ca	48,12	46,96	40,21
Mg	43,08	40,80	42,64
Fe+Mn	8,80	12,24	17,15

Tabelle 5.2 Chemische Analysen von Klinopyroxenen aus der Eruption der Soufrière de Saint-Vincent (Antillen) im Jahre 1979, Zeugnisse von drei Kristallisationsstadien.

1 = chromhaltiger Diopsid, tiefer Bereich, 2 = Salit, Zwischenstufe, 3 = Augit, oberflächennäher (vergleiche Abb. 5.1 und 5.3) (Bardintzeff, 1984a, 1985a).

(1976), mit einem SiO_2-Gehalt zwischen 52,3 und 55,2 % (Bardintzeff & Boudon, 1979; Shepard et al., 1979; Graham & Thirlwall, 1981; Bardintzeff, 1983, 1984, 1985a). Die Gehalte an Spurenelementen und Seltenen Erden bestätigen diese chemische Stabilität (Tabelle 5.1).

Im Gegensatz dazu weisen die Mineralparagenesen auf eine Kristallisation in mehreren Phasen hin.

Die Koexistenz von drei verschiedenen Pyroxentypen (Diopsid, Salit, Augit) tritt hierbei besonders kennzeichnend hervor (Tabelle 5.2; Abb. 5.1; Bardintzeff, 1984a). Zum einen charakterisieren die chromhaltigen, von Marcelot et al. (1988) beschriebenen Diopside (Ca- und Mg-reiche Pyroxene), die zusammen mit Olivinen Fo_{89} (= 89 % Forsterit) und Chromiten auftreten, eine in rund 30 km Tiefe gelegene Magmenkammer, in der ein Druck von etwa 10 kbar herrschte. Zum anderen kristallisierten Salite (Ca-reiche, aber Mg-ärmere Pyroxene), Al-haltige Magnetite, Plagioklase An_{90} (= 90 % Anorthit), Amphibole und Olivine Fo_{75} in einer weiteren Magmenkammer in einer Tiefe von 15 km (5 kbar) aus. Die Augite (Ca- und Mg-ärmere Pyroxene), Orthopyroxene und Plagioklase $An_{60\text{-}70}$ schließlich entsprechen einem höheren Niveau innerhalb dieser zweiten Kammer.

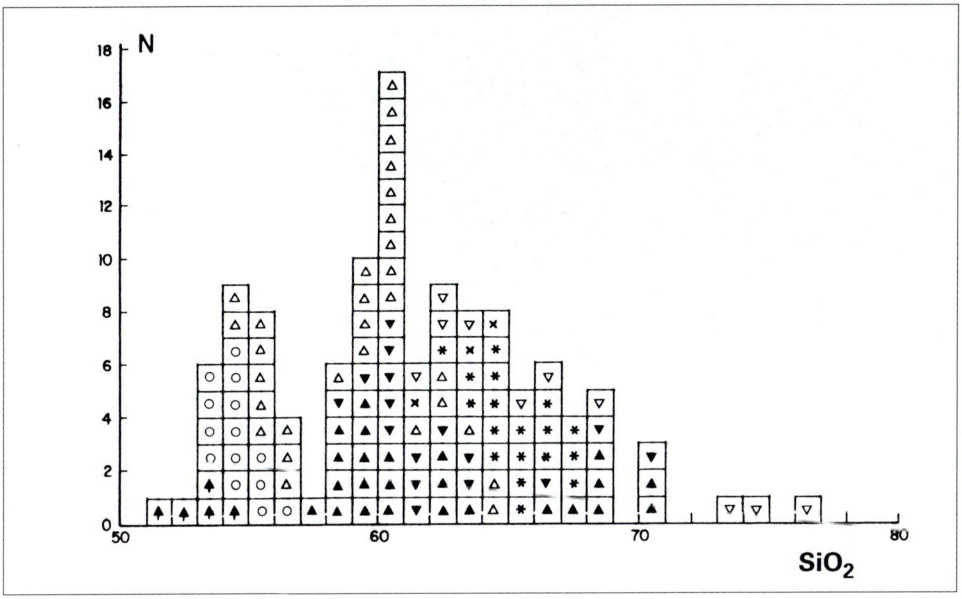

Abb. 5.2 Häufigkeitsdiagramm für die Gläser der Soufrière de Saint-Vincent (Antillen) in Abhängigkeit von ihrem SiO_2-Gehalt (N = Anzahl der Analysen). Gläser in den Kumulaten (Kreis); Gläser aus der Aschematrix der Nuée ardente: Einschlüsse in den Diopsiden (schwarzes Dreieck mit unterem Balken), in den Augiten (schwarzes Dreieck), in den Orthopyroxenen (auf der Spitze stehendes schwarzes Dreieck), in den Plagioklasen (weißes Dreieck), als Augitsaum (Kreuz), als Mikrobims (Sternchen); Gläser der Mesostasis der Blöcke und der Dome (auf der Spitze stehendes weißes Dreieck). Zwar repräsentieren die Gläser der Mesostasis kein wirkliches Magma, aber die bimodale Verteilung der anderen Gläser weist auf die Mischung eines Basalt-Andesit-Magmas (SiO_2 = 53 – 55 %) und eines Andesit-Dacit-Magmas (SiO_2 = 58 – 65 %) hin. Diese beiden Gruppen sind durch eine deutliche Lücke bei SiO_2 = 57 – 58 % voneinander getrennt (Bardintzeff, 1983).

Ebenfalls wurden zahlreiche vulkanische Gläser analysiert (Bardintzeff, 1983; Devine & Sigurdsson, 1983). Mehrere Typen werden hierbei unterschieden: Glaseinschlüsse in den Kristallen, Mikrobimse in den Aschen und Gläser als Matrix in den Laven (Abschn. 3.1). Diese Gläser weisen sehr große Unterschiede in ihren SiO_2-Gehalten auf: Sie liegen zwischen 51,5 und 76 % (Tabelle 5.1; Abb. 5.2). Drei Typen werden auseinandergehalten:

1) Gläser mit der Zusammensetzung eines basaltischen Andesits (51,5 – 56,8 % SiO_2) als Interkumulus zwischen den Kumulaten und auch als Einschlüsse in den chromhaltigen Diopsiden und den Plagioklasen An_{90} der Glutwolken;
2) Gläser mit der Zusammensetzung eines Andesit-Dacits (57,8 – 67,8 % SiO_2), die in den Augiten, den Orthopyroxenen und den Plagioklasen $An_{60\text{-}70}$ eingeschlossen sind, sich aber auch als Mikrobimse in den Ablagerungen der Glutwolken befinden;
3) rhyolithische Gläser (bis 76 % SiO_2) in Form „evoluierender“ Einschlüsse (ein Teil der eingeschlossenen Schmelze ist rekristallisiert) in den Pyroxenen und in den Matrizes der Glutwolkenblöcke und der Dome.

Eine deutliche Lücke in der chemischen Zusammensetzung ist zwischen den Typen 1 und 2 bei 57 – 58 % SiO_2 zu beobachten.

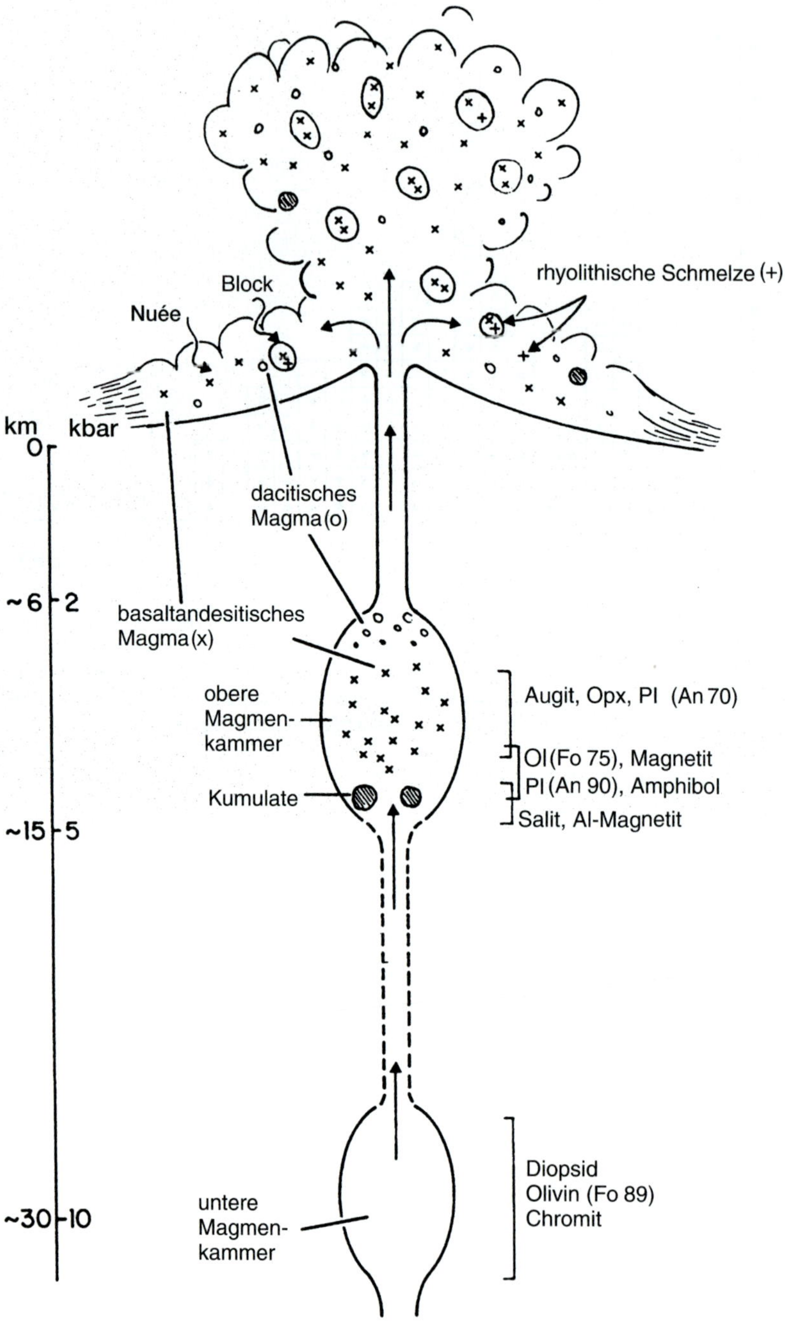

Abb. 5.3 Vulkanologische Interpretation der Eruption der Soufrière de Saint-Vincent (Antillen) im Jahre 1979. In der oberen Magmenkammer kommt es zur Differentiation geringer Mengen einer sauren (dacitischen) Magmenschmelze aus einer basischen (basaltandesitischen) Schmelze und zur Dichtetrennung. Eine Neuzufuhr von Magma aus der unteren Magmenkammer vermischt und verrührt das Ganze. Diese Magmenmischung ruft abrupte Veränderungen der thermodynamischen Bedingungen hervor und ist Ursache einer äußerst heftigen explosiven Eruptionsphase (Bardintzeff, 1983, 1984a, 1985a, 1986).

Während die Gläser vom Typ 3 aus der Evolution einer Restschmelze herrühren, können die Typen 1 und 2 als Zeugnisse eines echten Magmas angesehen werden. Der Typ 1 ist chemisch mit dem Magma basaltandesitischer Zusammensetzung verwandt, das in großen Mengen im Verlaufe der Eruptionsphase 1979 gefördert wurde, der Typ 2 hingegen ist im großen Maßstab nicht bekannt. Eine zweite Magmenschmelze mit Andesit-Dacit-Zusammensetzung wurde ebenfalls nachgewiesen, allerdings in nur geringer Menge. Dieses relativ leichte und an Fluiden reiche Magma muß das erste, dichtere Magma in der oberen Magmenkammer überlagert haben (Abb. 5.3). Es ist weiterhin zu erwähnen, daß zwei Arten von Gläsern – ein graues Glas mit 65,9 % SiO_2 und ein dunkles Glas mit 57,9 % SiO_2 – in den ersten niedergegangenen Aschen auf der Insel Barbados (SHEPHERD et al., 1979) gefunden wurden, obgleich GRAHAM & THIRLWALL (1981) diese Bimodalität später in Frage stellten.

Unter Berücksichtigung sämtlicher chemischer Daten der Minerale (mehrere Paragenesen) und der Gläser (Auftreten einer chemischen Lücke) wurde ein Vorgang vorgeschlagen, der von der Mischung eines Basalt-Andesit-Magmas und eines Andesit-Dacit-Magmas ausgeht (BARDINTZEFF, 1983, 1984a, 1985a) (Abb. 5.3): Das basische Hauptmagma befand sich in der oberen Magmenkammer und hatte genügend Zeit, sich zu differenzieren. So entstand schließlich ein Anteil sauren Magmas. Später führte eine Neuzufuhr von Magma aus der unteren Magmenkammer zu einer Störung des Gleichgewichts dieser magmatischen Schichtung und verursachte eine Magmenmischung. Es handelt sich um eine homogene Mischung zweier Magmen (**mixing**), wobei das eine Magma vom anderen abstammt (kogenetischer Ursprung). Diese unvermittelte Gleichgewichtsstörung und die Mischung der Magmen riefen plötzliche Veränderungen der thermodynamischen Bedingungen hervor, die das Auslösen der heftigen explosiven Eruptionsphase erklären können.

5.3 Magmenmischung (mingling) am Cerro Chiquito

Der Cerro Chiquito befindet sich an der Nordflanke des gegenwärtig aktiven Vulkans Pacaya in Guatemala. Es handelt sich um einen aus hellem Dacit (62,5 – 67,1 % SiO_2) bestehenden Dom aus dem Quartär (EGGERS, 1972, 1975), der gelegentlich Bimse und 20 % (örtlich sogar 30 %) Einschlüsse basaltandesitischer Zusammensetzung (54,9 – 55,3 % SiO_2) enthält (Tabelle 5.3) (BARDINTZEFF, 1985a; BARDINTZEFF & DENIEL, 1992). Diese Einschlüsse sind dunkler und dichter als die sie umgebende Lava. Sie sind gerundet und haben eine Größe von einigen Zentimetern bis zu einem Dezimeter.

Das dacitische Wirtsgestein weist eine porphyrische Struktur mit bis zu einen Zentimeter großen Plagioklas-Phänokristallen in einer feinkörnigen Grundmasse auf. Die Einschlüsse enthalten kleinere Phänokristalle sowie relativ auffallende Mikrolithe; zusammen bilden sie eine doleritartige Struktur aus (leistenförmige Plagioklase, die miteinander verschränkt sind und die von der Matrix ausgefüllten Zwischenräume einschließen). Unter dem Mikroskop lassen sich unterbrochene Kontakte zwischen Matrix und Einschluß erkennen, die eine Mischung zweier Schmelzen anzeigen (Abb. 5.4). Das Nichtvorhandensein eines abgeschreckten Randbereichs (am Kontakt erstarrtes Glas) legt eine Kristallisation in der Nähe des thermischen Gleichgewichts nahe.

Die mineralogische Zusammensetzung der beiden Mischungskomponenten zeigt bemerkenswerte Unterschiede. Beide enthalten sie Olivin, Ortho- und Klinopyroxen, Pla-

	1	2	3	4
Analyse der Oxide in Gewichtsprozenten				
SiO_2	62,50	54,86	71,02	75,73
TiO_2	0,49	0,93	0,08	0,54
Al_2O_3	16,02	18,67	14,63	11,16
Fe_2O_3	0,81	4,95		
FeO	2,81	3,18	0,78	1,62
MnO	0,13	0,17	0	0
MgO	1,56	3,02	0,04	0,10
CaO	5,70	8,99	1,35	0,34
Na_2O	4,89	3,72	5,61	2,68
K_2O	2,80	1,12	3,19	5,09
P_2O_5	0,18	0,30		
H_2O^+	0,61	0,47		
H_2O^-	0,26	0,27		
Gesamt	98,76	100,65	96,70	97,26
CIPW-Norm				
Quarz	10,30	4,15	23,35	39,60
Orthoklas	16,55	6,62	18,85	30,08
Albit	41,38	31,48	47,47	22,68
Anorthit	13,49	30,94	5,32	1,69
Korund				0,62
Klinopyroxen				
*Ca	5,73	4,97	0,58	
*Mg	2,64	2,17	0,06	
*Fe	3,04	2,79	0,58	
Othopyroxen				
*Mg	1,24	5,35	0,04	0,25
*Fe	1,43	6,86	0,40	1,41
Magnetit	0,86	1,85	0,19	0,39
Ilmenit	0,93	1,77	0,15	1,03
Apatit	0,39	0,66		
Rb	71	19		
Sr	329	554		
Zr	180	106		
Nb	6	4		
Y	22	20		
Ba	835	415		
U	2,26	0,66		
Th	6,01	1,74		

1 = Dacitische Wirtslava, 2 = basaltandesitischer Einschluß, 3 = rhyolithisches Glas aus der Mesostasis des Gesteins (1), 4 = rhyolithisches Glas aus der Mesostasis des Gesteins (2) (BARDINTZEFF, 1985a; BARDINTZEFF & DENIEL, 1992). (Für die Gesamtgesteine 1 und 2: Analyse der Hauptelemente von R. COQUET, der Spurenelemente von C. PIN, F. CANTAGREL, S. COUTURIÉ, C. DENIEL; Analyse der Gläser 3 und 4 von J. M. BARDINTZEFF)

Tabelle 5.3 Chemische Analysen der Förderprodukte vom Dom des Cerro Chiquito (Guatemala); Für die Berechnung der CIPW-Normen wurde ein Verhältnis $Fe^{3+}/(Fe^{2+} + Fe^{3+}) = 0,15$ vorausgesetzt.

gioklas, Magnetit, Amphibol und Tridymit. Der Dacit enthält aber darüber hinaus Ilmenit und Biotit; der Olivin und der Orthopyroxen sind Mg-reicher als beim basaltischen Andesit; der Amphibol ist eine Magnesium-Hornblende. Der basaltische Andesit enthält Augite mit geringerem Ca-Gehalt, die Amphibole sind hier Mg-haltige Hastingsite und Tschermakite. Ferner ist die Glasmatrix bei gleichen SiO_2-Gehalten (71 – 78 % SiO_2) im Dacit eher Na-betont (2,5 – 5,6 % Na_2O und 3,2 – 5,1 % K_2O) und im basaltischen Andesit relativ K-betont (2,3 – 3,9 % Na_2O und 4,5 – 5,9 % K_2O) (Tabelle 5.3).

Abb. 5.4 Die dacitische Lava, aus der der Dom des Cerro Chiquito, Guatemala, zusammengesetzt ist, mit ihren basaltandesitischen Einschlüssen als Beispiel einer unvollständigen Mischung (*mingling*). **a)** Der Maßstab zeigt, daß es in der Probe mehrere cm große Einschlüsse gibt. **b)** Im Dünnschliff ist ein wellenförmiger Kontakt zwischen den beiden Phasen zu erkennen: porphyrischer Dacit (oben) und doleritischer Basaltandesit-Einschluß (unten) (Photos a) J. M. BARDINTZEFF, b) J. M. BARDINTZEFF & B. PLATEVOET).

Die chemischen Zusammensetzungen der beiden Laven und ihrer zugehörigen Matrizes können mittels eines Modells der fraktionierten Kristallisation nicht leicht erklärt werden. Zwei Hypothesen sind zur Deutung derartiger Beobachtungen vorgeschlagen worden (BARDINTZEFF, 1985a; DENIEL & BARDINTZEFF, 1989; BARDINTZEFF & DENIEL, 1992; Abb. 5.5). Die erste setzt den unabhängigen Aufstieg zweier Magmen ausgehend vom

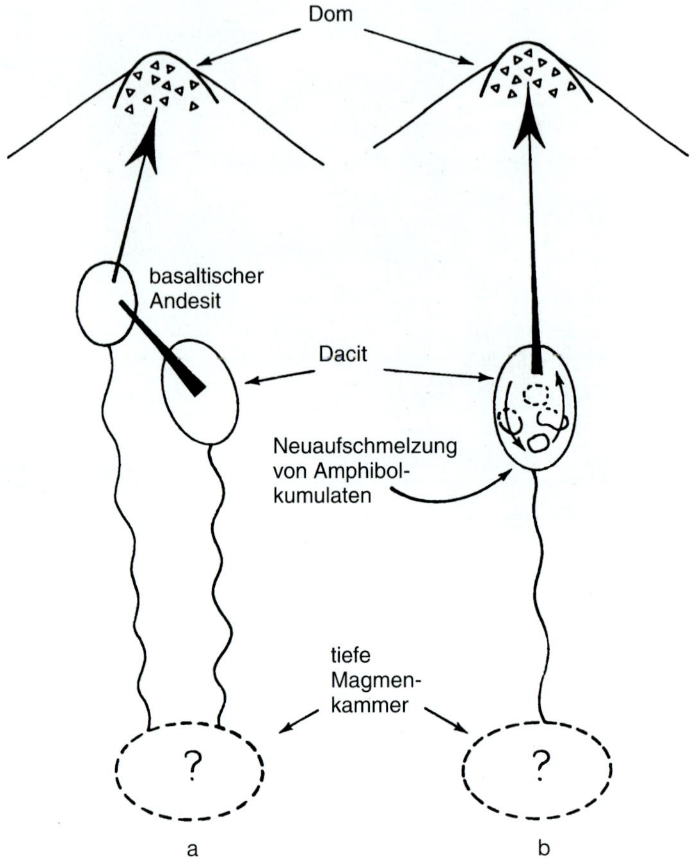

Abb. 5.5 Vulkanologische Interpretationen der Platznahme des Doms des Cerro Chiquito, Guatemala. **a)** Modell mit zwei Magmenkammern. **b)** Modell mit nur einer Magmenkammer und Wiederaufschmelzung von Amphibolkumulaten. Beide Hypothesen beziehen die unvollständige Mischung zweier Magmenschmelzen mit ein (Bardintzeff, 1985a; Deniel & Bardintzeff, 1989; Bardintzeff & Deniel, 1992).

Mantel voraus. Später kann es, begünstigt durch Verwerfungen, zu einer Verbindung der beiden Magmenkammern gekommen sein. Die zweite Hypothese geht davon aus, daß Amphibole enthaltende Kumulate wieder aufgeschmolzen wurden und so zur Basalt-Andesit-Schmelze führten. Bei beiden Hypothesen kommt ein Mischungsvorgang der Magmen mit ins Spiel.

5.4 Die Mischungen: Modalitäten und thermodynamische Bedingungen

a. Heterogenität, Volumen und Chemismus

Das Ergebnis einer Mischung kann relativ homogen sein („mixing") oder, im Gegensatz dazu, weiterhin sehr heterogen bleiben („mingling"). Diese beiden Vorgänge sind gelegentlich auch gleichzeitig beschrieben worden, wie z. B. beim Vulkan Torfajökull auf Island (McGarvie, 1984). Gestattet das gut sichtbare „mingling" eine relativ leichte Untersuchung eines jeden Bestandteils, so ist im Falle des „mixing" ein Herankommen an jede einzelne Phase wesentlich komplizierter.

Das relative Volumen eines jeden Bestandteils unterliegt großen Schwankungen. In den meisten Fällen existiert neben einem dominierenden ein untergeordnetes Magma. In den beiden betrachteten Beispielen erreicht die Menge des gering vertretenen Magmas 20 – 30 % beim Cerro Chiquito und einen nur sehr niedrigen Anteil auf Saint-Vincent. ANDERSON (1976) konstatierte anhand der Untersuchung von zwölf andesitischen Eruptionen Mengen von 1 bis 40 %.

Die Bestimmung der chemischen Zusammensetzung der beiden Pole, die für unvollständige Mischungen noch einfach ist, wird schwierig, mitunter sogar unmöglich für eine homogene Mischung. Im Falle Saint-Vincent ist sie über den Umweg der magmatischen Gläser (Glaseinschlüsse, Mikrobimse) erfaßt worden. Die Mischungen enthalten in der Regel einen basischen Anteil (Basalt oder basaltischer Andesit) und einen sauren Anteil (Dacit, Rhyolith).

In beiden untersuchten Fällen unterscheiden sich die SiO_2-Gehalte der Magmen um ungefähr 10 %. Mitunter sind die Unterschiede noch deutlicher. Es kann sich einerseits um Basalt und andererseits um Rhyolith oder Rhyodacit handeln, so bei dem Askja (Island) oder dem Santorin in der Ägäis (SPARKS et al., 1977). Eine der größten Differenzen ist beim Medicine Lake Volcano beschrieben worden, wo die Mischung eines primären Magmas mit der Zusammensetzung eines Al-haltigen Basalts (48,8 % SiO_2) und eines rhyolithischen Magmas (73,2 % SiO_2) zu beobachten ist (EICHELBERGER, 1975; GERLACH & GROVE, 1982). Die Aschen des Pah Canyon, Nevada (FLOOD et al., 1989) stellen einen Ausnahmefall dar, denn sie stammen aus der Mischung zweier saurer Magmen: eines latitischen (68,7 % SiO_2) und eines rhyolithischen (78,7 % SiO_2) Magmas.

Doch auch eine weitere Frage ergibt sich: Dominiert bei der Mischung das saure oder das basische Magma? Die saure Phase herrscht bei den während der Eruption des Askja 1875 geförderten Produkten vor (SIGURDSSON & SPARKS, 1981), ebenso bei den zwölf von ANDERSON (1976) untersuchten Fällen und beim Cerro Chiquito. Umgekehrt macht auf Saint-Vincent das basische Magma den Großteil aus (SHEPHERD & SIGURDSSON, 1982; BARDINTZEFF, 1983, 1984a, 1986). Völlig analoge Beobachtungen wurden für die Ausbruchsphasen vom Typ Saint-Vincent (Kap. 9) bei anderen Vulkanen, wie der Montagne Pelée (TRAINEAU et al., 1983; BOURDIER et al., 1985; GOURGAUD, 1985) oder dem Pico de Orizaba, Mexico (ROBIN et al., 1983), gemacht. Wir dürfen jedoch nicht vergessen, daß die Anteile der verschiedenen geförderten Produkte den jeweiligen Anteil der Schmelzen in der Magmenkammer nur unzureichend widerspiegeln, da diese nur teilweise geleert wird.

Die beiden sich mischenden Magmen stammen meist durch fraktionierte Kristallisation voneinander ab. In der Magmenkammer trennen sich die Schmelzen aufgrund ihres Dichteunterschieds (magmatische Schichtung). Im späteren Verlauf führt ein mechanischer Auslöser zur Mischung. Manchmal kommt es erst im Förderkanal zur Mischung. So kann z. B. eine basische Schmelze in den Kanal injiziert werden, gerade wenn in ihm eine saure Schmelze hinaufdringt. Es kommt hierbei also zur Mischung bei gleichzeitigem Austreten der beiden Magmen (KOYAGUCHI, 1985; BLAKE & CAMPBELL, 1986). Der Fall zweier Magmen mit völlig unterschiedlicher Herkunft (wie beim Cerro Chiquito) stellt eine Ausnahme dar, denn die Wahrscheinlichkeit des Auftretens von zwei unterschiedlichen Magmen am selben Ort und zum selben Zeitpunkt ist, wie ANDERSON (1976) zeigt, statistisch sehr gering.

Zuweilen treten auch mehr als zwei Magmen in Erscheinung. Beim Vulkan Ichinomegata, Japan, ergeben sich die petrologischen Veränderungen aus der Mischung dreier

Komponenten: Basalt (51 % SiO_2), basaltischer Andesit (54 %) und Dacit (65 %) (SAKUYAMA & KOYAGUCHI, 1984). Beim Grizzly Peak, Colorado, weisen die rhyolithischen Tuffe eine chemische Zonierung auf, die eher diskontinuierlich als linear ist. In einem Interpretationsversuch wird das Auftreten von sieben konvektiven Lagen in einem Reservoir angenommen, das aufgrund der Dichteunterschiede geschichtet ist und regelmäßig durch aufeinanderfolgende Eruptionen geleert wird (FRIDRICH & MAHOOD, 1987).

Schließlich ist das Magma durch mehr oder weniger vollständige Schmelzbildung in der Lage, einen bestimmten Anteil des Nebengesteins zu assimilieren (10 – 20 %, ja sogar 30 %). Es handelt sich dann dabei um eine echte Kontamination (Übersicht in MAURY, 1978).

b. Temperatur und Wasserdruck

Diese beiden Parameter sind eng miteinander verbunden, sie werden anhand von Geothermometern und zugehörigen Geobarometern bestimmt. Die Berechnungen gehen von der Verteilung zweier Elemente (z. B. Eisen und Titan) zwischen zwei Phasen (Magnetit und Ilmenit) aus, die von verschiedenen thermodynamischen Parametern abhängt. Unsicherheiten sind dabei natürlich unvermeidlich. Man muß stets vorsichtig sein: Gelten die berechneten Temperaturen für den Zustand vor, während oder nach der Mischung? Die erlangten Temperaturunterschiede scheinen Minimalwerte darzustellen (sind in Wirklichkeit aber meist größer).

Beim Cerro Chiquito beträgt die Differenz der mittleren Temperaturen der beiden Magmen 130 °C (Tabelle 5.4; Abb. 5.6; BARDINTZEFF, 1992). Auch für die Eruption des Askja

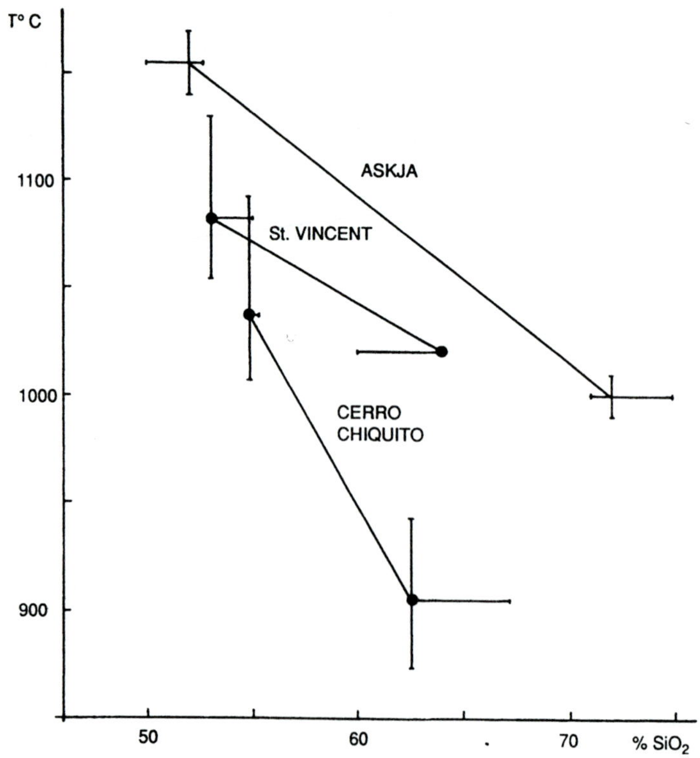

Abb. 5.6 Das Diagramm zeigt die Unterschiede in Temperatur und chemischer Zusammensetzung (SiO_2) für verschiedene Fälle von Magmenmischungen (BARDINTZEFF, 1992). Senkrechte Balken = Fehlerbalken für die Temperaturwerte; waagerechte Balken = Schwankungen der chemischen Zusammensetzung der einzelnen Mischungsbestandteile. Die Angaben für den Askja, Island, stammen aus SIGURDSSON & SPARKS (1981).

	Saint-Vincent Antillen		Cerro Chiguito Guatemala	
	1 basisch	2 sauer	3 basisch	4 sauer
SiO_2 (Gew.-%)	53,04	63,99	54,86	62,50
Temperatur (°C)	1080	1020	1035	905
Wasserdruck (kbar)	5,3	2	4,5	5,3
Wasserlöslichkeit (Gew.-%)	9,3	5,5	9,3	8,7
Menge an gelöstem Wasser (Gew.-%)	2,5	4	2,5	4
Dichte der Schmelze	2,75	2,52	2,72	2,60
log Viskosität (Po)				
*ohne Kristalle	2,83	3,74	3,31	4,46
*5 % Plagioklase 1 mm	7,47	8,31	7,93	9,01
*50 % Plagioklase 0,1 mm	3,78	3,75	4,07	4,14

Tabelle 5.4 Thermodynamische Parameter der beiden koexistierenden Magmenschmelzen der Soufrière de Saint-Vincent einerseits und des Cerro Chiquito andererseits. Die Analysen der Gesamtgesteine (1 = Analyse 2 aus Tabelle 5.1; 3 und 4 = Analysen 2 und 1 aus Tabelle 5.3) und der Gläser (2 = Analyse 4 aus Tabelle 5.1) werden als repräsentativ für ein Magma angesehen und wurden für die verschiedenen Berechnungen verwendet (Bardintzeff, 1992).

Die Berechnungen erfolgten: für die Temperaturen anhand der Geothermometer von Roeder & Emslie, 1970; Roeder, 1974; Leeman & Scheidegger, 1977; für den Wasserdruck nach Kudo & Weill, 1970; für die Wasserlöslichkeit nach Burnham, 1979; für die Dichte nach Bottinga & Weill, 1970; für die Viskosität ohne Kristalle nach Shaw, 1972; für die Viskosität mit Kristallen nach McBirney & Murase, 1984.

1875 wurde ein Temperaturunterschied gleicher Größenordnung berechnet (Sigurdsson & Sparks, 1981). Auf Saint-Vincent beschränkt sich die Differenz auf 60 °C (Abb. 5.6). Statistisch gesehen liegen die Unterschiede zwischen 50 °C (Soufrière de Guadeloupe, Semet et al., 1982) und 200 °C (Shirouma-Oike, Sakuyama, 1979). Es gibt aber keinen Grund, daß sich nicht auch Magmen mit noch größeren Temperaturunterschieden mischen könnten: In den Ring-Dikes von St. Kilda in Schottland sollen Mischungen von 850 °C und 1 150 °C heißen Schmelzen auftreten (Marshall & Sparks, 1984).

Der Wärmeaustausch hängt sowohl vom Grad der Intensität der Mischung als auch von der Form der Kontaktoberfläche und der Temperaturdifferenz ab. Eine nahezu perfekte Mischung („mixing“) gestattet eine sehr schnelle thermische wie auch chemische Homogenisierung. Im Fall einer unvollständigen Mischung („mingling“) verlaufen die Übergänge an einer girlandenähnlichen, „blumenkohlartigen“ Kontaktzone zwischen den beiden Phasen. Diese Art des Kontakts, die in unterschiedlichen Maßstäben beobachtet werden kann (Handstück, Dünnschliff), ist mit einer Fraktalfigur vergleichbar (Bébien et al., 1987). In allen Fällen kühlt das heißere basische Magma ab, wohingegen das saure Magma überhitzt wird.

Die Geschwindigkeit des Wärmeaustauschs ist um mehrere Größenordnungen höher als die der chemischen Diffusion. Ausgehend von Temperaturdifferenzen zwischen 75 und 220 °C bei kugelförmigen basaltischen „Taschen“ in einem rhyodacitischen Reservoir schlugen Thompson & Duncan (1985) Wärmemodelle vor. Die hohe Geschwindigkeit des Wärmeaustauschs bei einer Temperaturdifferenz von 200 °C (Temperaturabnahme am Einschlußkontakt um 107 °C während der ersten 30 Minuten) wird bei einer Temperaturdifferenz von 100 °C geringer (Abnahme um nur 63 °C).

Der Wasserdruck verteilt sich auf Werte um 5 kbar für die tiefsten Magmen und 2 – 3 kbar für oberflächennähere Bereiche.

c. Wassergehalt und Löslichkeit

Die Wassergehalte der beiden Magmen können spürbar voneinander abweichen: Sie betragen in den zwei untersuchten Fällen 2,5 % bzw. 4 % (Tabelle 5.4). Diese Werte liegen unterhalb der Löslichkeit des Wassers, das sich folglich in gelöstem Zustand im Magma befindet. Bestimmte Mischungserscheinungen können die Wassergehalte unvermittelt verändern, sie über die Löslichkeitsprodukte hinaus erhöhen und somit eine Bläschenbildung verursachen, die schnell zunehmen kann (Abschn. 4.4). Dies trägt in großem Maße zur Auslösung einer explosiven Eruption bei.

Schwankungen der Gehalte an gelöstem oder nicht mehr gelöstem Wasser verändern die Stabilitätsfelder der Minerale. Ob es zur Kristallisation oder zur Destabilisierung der wasserhaltigen Phasen (Amphibol und Glimmer) kommt, ist bereits in Abschnitt 4.2 betrachtet worden (Bardintzeff & Bonin, 1986, 1987).

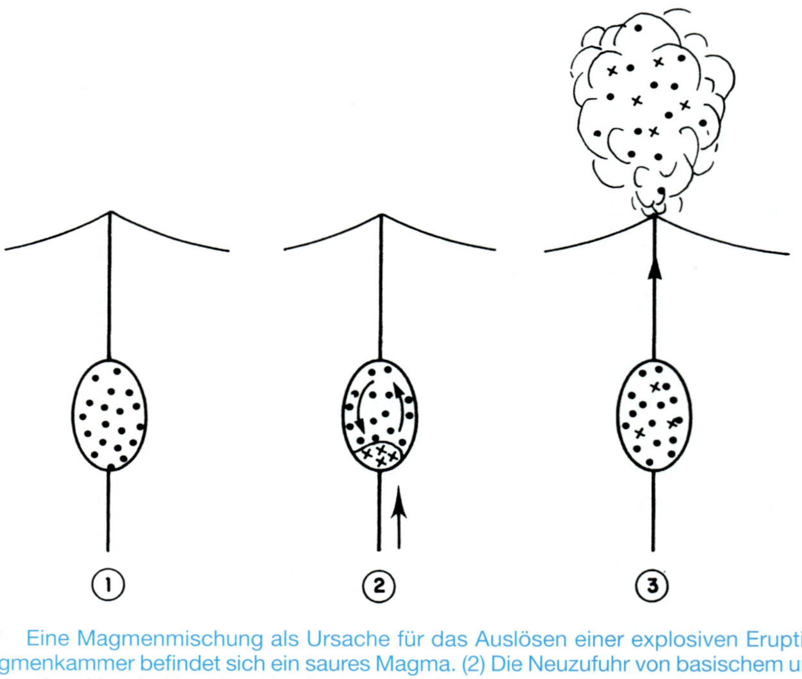

Abb. 5.7 Eine Magmenmischung als Ursache für das Auslösen einer explosiven Eruption. (1) In einer Magmenkammer befindet sich ein saures Magma. (2) Die Neuzufuhr von basischem und heißerem Magma bewirkt ein Umrühren in der ganzen Magmenkammer. (3) Die Mischung der beiden Phasen ruft abrupte Veränderungen der thermodynamischen Parameter hervor, die die Ursache für das Auslösen einer äußerst heftigen Eruption sind (in Bardintzeff, 1986, nach dem Modell von Sparks et al., 1977).

d. Dichte und Viskosität

Das basische Magma unterscheidet sich vom sauren Magma auch durch seine höhere Dichte: 2,72 gegenüber 2,60 g/cm³ beim Cerro Chiquito und 2,75 gegenüber 2,52 g/cm³ auf Saint-Vincent (Tabelle 5.4). Der beträchtliche Unterschied allein führt indes zu keiner Vermischung; dazu ist vielmehr eine zusätzliche mechanische Ursache notwendig (z. B. Neuzufuhr von Magma), die ein „Umrühren" bewirkt. Veränderungen der Gehalte an Kristallen und Fluiden können durch ihren Einfluß auf die Dichte (STOLPER & WALKER, 1980; SPARKS & HUPPERT, 1984) die ursprüngliche Differenz verringern, ja sogar ausgleichen (GREEN, 1988). EICHELBERGER (1980) unterstrich die Wirkung der Bläschenbildung: Eine basaltische, sehr blasenreiche Schmelze kann leichter als eine benachbarte saure Schmelze sein und somit aufsteigen.

Die dekadischen Logarithmen der Viskositäten der kristallfreien Schmelzen unterscheiden sich um eine Einheit: Die Viskosität der sauren Schmelze ist also zehnmal so groß wie die der basischen Schmelze. Berücksichtigt man die Kristalle in ihrer Menge, Größe und Gestalt, so läßt sich das Ausmaß der möglichen Veränderungen berechnen (Tabelle 5.4). Bei jeweils gleicher Kristallmenge bleibt die Differenz der Viskositäten erhalten. Theoretische Berechnungen am Cerro Chiquito, wo man von 50 % kleinen Plagioklaskristallen (0,1 mm) in den Einschlüssen und 5 % größeren Plagioklasen (1 mm) in der Wirtsschmelze ausgegangen ist, zeigen jedoch bemerkenswerte Unterschiede in den Viskositäten ($\lg \eta = 4{,}07$ gegenüber 9,01) hin bis zu einem Faktor 100 000! Eine hohe Differenz der Viskositäten widersetzt sich jedoch einer intensiven Mischung.

5.5 Mischung und Auslösung der Eruption

SPARKS, SIGURDSSON & WILSON stellten 1977 ein recht verführerisches Modell vor, das von einer Magmenmischung als „möglichem" Faktor beim Auslösen einer explosiven Eruption ausgeht. Das Eindringen eines Magmas in ein anderes (Abb. 5.7) erklärt die plötzlichen Veränderungen der thermodynamischen Parameter.

Seitdem berufen sich unzählige wissenschaftliche Beiträge auf Magmenmischungen. Das Modell wird aber nicht immer so umfassend diskutiert, wie es seine Autoren getan haben.

Ein derartiger Vorgang wird zwar heute weltweit angenommen, dennoch ist es nicht legitim, daraus zu schließen, daß eine Magmenmischung prinzipiell zu einer explosiven Eruption führt und daß umgekehrt jede explosive Phase von einer vorangegangenen Mischung herrührt. Die Tephren (Aschen) z. B., die bei phreatomagmatischen Eruptionen (Beteiligung von mit dem Magma assoziiertem Wasserdampf) auftreten, weisen keinerlei chemische Bimodalität auf. Andererseits sind Magmenmischungen ebenso für Extrusivdome wie für bestimmte plutonische Komplexe beschrieben worden.

5.6 Entmischung

Hierbei handelt es sich um die gegensätzliche Erscheinung einer Mischung. Ein einphasiges Ausgangsmagma wird instabil und entmischt sich spontan in zwei unmischbare Phasen. Einen solchen Vorgang, der erstmals 1927 von CREIG nachgewiesen wurde, kennt man von glasigen Einschlüssen, speziell in andesitischem Kontext (Saint-Vincent, Sardinien, Kamtschatka; CLOCCHIATTI, 1979): Glasige, rot-braune Kügelchen, die reich an TiO_2 (17 %) und P_2O_5 (7 %), aber arm an SiO_2 (30 %) sind, befinden sich dispers in einer helleren Glasmatrix dacitischer Zusammensetzung. Ein Entmischungsbereich konnte experimentell bestimmt werden (ROEDDER, 1951; PHILPOTTS, 1979).

In einem größeren Maßstab wird ein ähnlicher Vorgang herangezogen, um die Genese gewisser Ausnahmemagmen zu erklären, wie etwa der Karbonatite (= karbonatische Laven). Die kalzischen Karbonatite, die im wesentlichen aus Ca-Karbonaten bestehen (gelegentlich mit etwas Mg), sollen von der Entmischung einer primären basanitischen Schmelze herrühren (Abschn. 1.4). Ebenso sollen die Natronkarbonatite (aus Na-, K- und Ca-Karbonaten bestehend) von der Entmischung eines stark untersättigten phonolithischen Ausgangsmagmas herrühren (HAMILTON et al., 1979; PETERSON, 1990). Die natronkarbonatitischen Laven, die gegenwärtig der Vulkan Ol Doinyo Lengai in Tansania fördert, sind besonders bemerkenswert wegen ihrer schwarzen Farbe (das Gestein wird jedoch später durch Umwandlungserscheinungen schnell weiß), ihrer extrem hohen Fließfähigkeit und ihrer sehr niedrigen Austrittstemperatur: Während der Eruption im Juni 1988 betrug diese bei den Lavaströmen 491 bis 519 °C, ein kleiner Lavasee wies 544 °C auf, bis zu 593 °C wurden gemessen (KRAFFT & KELLER, 1989; KELLER & KRAFFT, 1990; BELL & KELLER, 1995). Die kalzischen Karbonatite, die man z. B. an dem Vulkan Kerimasi – einige km südlich des Ol Doinyo Lengai – oder am Kaiserstuhl in Deutschland antrifft, sollen bei höheren Temperaturen (700 °C oder höher) ausgetreten sein.

Quis, quid, ubi, quibus auxilis, cur, quomodo, quando?

6 Der Beginn der Eruption

Das in der Lithosphäre befindliche Magma kann von einem Moment auf den anderen durch einen Vulkanausbruch an die Oberfläche treten. Ein sehr plötzliches Ereignis – dennoch ist es Ausdruck eher kontinuierlicher Vorgänge. Welche Ursachen bestimmen diesen „point of no return"? Zahlreiche Parameter kommen zur Geltung (Abb. 6.1), sowohl allgemeine als auch sehr spezifische, und sie treten häufig miteinander in Wechselwirkung.

6.1 Die tektonische Kontrolle

Es ist offensichtlich, daß die Vulkane am häufigsten in den aktivsten Zonen der Erde auftreten (Kap. 12): in ozeanischen (Rücken) oder kontinentalen (Rifts) Spreizungszonen, in Subduktionszonen („Feuerkreis des Pazifik", Inselbögen) und sogar in Kollisionszonen. In den letzten beiden Fällen bestehen innerhalb der Kompressionszonen lokale Dehnungsbereiche, die somit den Durchtritt des Magmas ermöglichen.

CRISP (1984) hat eine Zusammenstellung von Daten über etwa 100 Vulkanbauten angefertigt, die über eine Zeitdauer von mehr als 300 Jahren aktiv waren (Tabelle 6.1a). Die Resultate beziehen sich sowohl auf den Anteil der Magmenintrusionen als auch auf den Anteil der Magmaemissionen. Es treten verschiedene Faktoren in Erscheinung: Zusammensetzung des Magmas, Krustendicke, Tektonik und regionale Spannungsfelder. Der größte Teil des Magmas kristallisiert in der Tiefe unter Bildung von Plutoniten. Die Volumenverhältnisse Intrusiva/Extrusiva sind charakteristisch und liegen in ozeanischem Milieu zwischen 1 und 5 und in kontinentalem Milieu zwischen 1 und 10. Die Magmenförder- und die Magmenaustrittsraten sind statistisch gesehen bei basaltischen Schmelzen bedeutend größer als bei sauren Schmelzen. Die Austrittsraten liegen in ozeanischem Kontext beständig höher als in kontinentalem Kontext, was zweifelsohne im Zusammenhang mit einer dünneren und weniger kalten Kruste zu sehen ist. Das Gesamtvolumen des Magmas, das in der Tiefe Platz nimmt und/oder an die Oberfläche tritt, beträgt für die gesamte Erde, bezogen auf die letzten 180 Jahre, im Durchschnitt 26 – 34 km^3/Jahr. Davon fördern die ozeanischen Rücken rund 75 %, die Subduktionszonen 15 – 20 %, der ozeanische Intraplattenvulkanismus 5 % und der kontinentale Intraplattenvulkanismus weniger als 5 %. Die Magmenaustrittsrate ihrerseits erreicht 10^{-1} km^3/Jahr in den aktivsten Regionen.

WADGE (1984) hat eine große Anzahl von Informationen zusammengetragen, die den Subduktionsvulkanismus betreffen, speziell in Mittelamerika und auf den Antillen, um vergleichende Betrachtungen anzustellen. Es gelang ihm, die vulkanische Fördermenge (in km^3) pro Längeneinheit (1 km Vulkanbogen) und pro Zeiteinheit (1 Million Jahre) zu

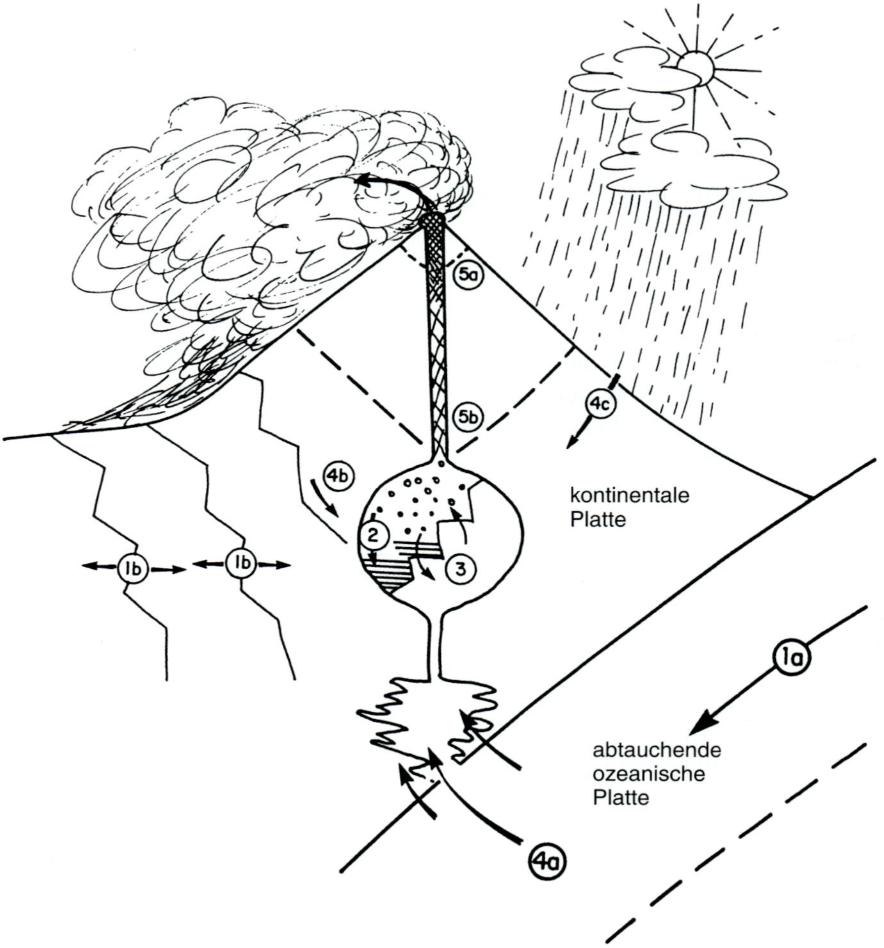

Abb. 6.1 Die Faktoren, die für den Beginn einer explosiven Eruption verantwortlich sind (als Beispiel im Rahmen einer Subduktion). Die tektonische Kontrolle (1): Subduktionsgeschwindigkeit der abtauchenden Platte (1a), divergente Blattverschiebungen in der überschiebenden Platte, die den eventuellen Aufstieg des Magmas ermöglichen (1b); Differentiation und Schichtung der Schmelzen sowie Sedimentation von Mineralen in der Magmenkammer (2) und Mischung der Magmen (3). Die Rolle der Fluide (4): juvenil (4a), meteorisch und in die Tiefe sickernd (4b) oder oberflächennah (4c). Der Widerstand (5) des Lavapfropfens (5a) oder des Vulkandaches (5b). Diese schematische Darstellung kann nicht maßstabsgerecht sein: Das Vulkandach besitzt eine Mächtigkeit von einigen hundert Metern, die Magmenkammer befindet sich in einer Tiefe von einigen km bis Zehner km und die Entwässerung der ozeanischen Kruste findet in einer Tiefe von etwa 100 km oder mehr statt (Bardintzeff, 1985a, 1986, 1987).

bestimmen. In den letzten 300 Jahren betrug die mittlere Förderleistung in Mittelamerika 62 km^3 und auf den Antillen 5 km^3. (An den Mittelozeanischen Rücken betrug sie im Vergleich dazu 300 km^3.) Die letzten 100000 Jahre betrachtend, fällt sie auf 31 bzw. 4 km^3. Das Verhältnis der beiden Werte bleibt dabei zwischen 8 und 12, es macht die hohe Aktivität des amerikanischen Kontinentalrandes im Vergleich zu dem des Antillenbogens deutlich. Die ermittelten Subduktionsgeschwindigkeiten betragen 9 cm/Jahr für

Mittelamerika und lediglich 2 cm/Jahr für die Antillen, das bedeutet ein Verhältnis von etwa 4 (Tabelle 6.1b).

Im Rahmen eines einzelnen Vulkanbogens, nämlich des Aleuten-Bogens, sind ebenfalls Variationen zu erkennen (Marsh, 1982). Die Konvergenzgeschwindigkeit nimmt von 5,5 cm/Jahr im äußersten Osten (nahe Alaska) auf 0 im äußersten Westen ab, wo sich die Tiefseerinne dem Vulkanbogen nähert. Die vulkanische Gesamtförderung der letzten 3 Mio. Jahre betrug 4700 km³. Ist diese im Osten noch beträchtlich (450 km³ am Katmaï), so nimmt sie nach Westen hin regelmäßig ab (weniger als 10 km³ am Buldir). Der enge Zusammenhang zwischen den beiden Erscheinungen Subduktion und Magmenförderung und, in etwas allgemeinerer Weise, zwischen Tektonik und Vulkanismus wird somit erkennbar.

Im Weltmaßstab sind Perioden mit intensiverem Vulkanismus nachgewiesen worden. So identifizierten Cambray & Cadet (1994) – ausgehend vom Vergleich von Ozeanbohrungen an acht bedeutenden Vulkanbögen rund um den Pazifik – zwei Hauptkrisen im mittleren Miozän (18 – 13 Ma) und im Plio-Quartär (5 – 0 Ma). Diese Höhepunkte der Aktivität fallen zusammen mit großangelegten tektonischen Ereignissen in den peripazifischen Subduktionszonen. Sie sagen eher etwas über die tektonischen Spannungen als über die Subduktionsgeschwindigkeiten aus.

Lokaler gesehen gehen wahrscheinlich abrupte Relativbewegungen an den Plattengrenzen vor sich, die ein abwechselndes Öffnen und Schließen von Spalten zur Folge haben, von denen die Förderung des Magmas und seine Aufstiegsgeschwindigkeit abhängen. Die Reaktion darauf (Änderung der Subduktions- oder Spreizungsgeschwindigkeit und Auslösen eines Vulkanausbruchs) ist bei anhaltender Ursache (Bewegung der Lithosphärenplatten) periodisch. Das Einsetzen bzw. der Abbruch der vulkanischen Tätigkeit erfolgt indes erst mehr als 10 Mio. Jahre nach dem Beginn bzw. dem Ende der Subduktion.

So könnten die gleichzeitigen Eruptionen benachbarter Vulkane (Soufrière de Saint-Vincent am 7. Mai und Montagne Pelée am 8. Mai 1902; Berg Unzen, Japan, und Pina-

a	Vulkane	Plutone	gesamt	%
Spreizungszonen	3	18	21	75
Bögen	0,4 – 0,6	2,5 – 8	2,9 – 8,6	> 15
Intraplattenzonen	0,3 – 0,5	1,6 – 3,5	1,9 – 4	< 10

b	Antillen	Mittelamerika	Verhältnis
Subduktionsgeschwindigkeit (in cm/Jahr)	2	7 – 9	4 : 1
vulkanische Magmenförderrate (in km³ · Ma⁻¹ · km⁻¹)			
– Durchschnitt der letzten 300 Jahre	5	62	12 : 1
– Durchschnitt der letzten 100000 Jahre	4	31	8 : 1

Tabelle 6.1 a) Magmatische Förderleistung (in km³/Jahr) der verschiedenen aktiven Zonen auf der Erde (Crisp, 1984). In den drei vorgestellten Beispielen erreicht der weitaus größte Teil des Magmas nicht die Erdoberfläche, sondern kristallisiert in der Tiefe unter Bildung von Plutoniten. **b)** Zusammenhang zwischen der Subduktionsgeschwindigkeit einer abtauchenden Platte und der vulkanischen Magmenförderrate (Wadge, 1984). Bei einem Durchschnitt von nur 300 Jahren sind die chronologischen Daten zwar genau, doch ist der zeitliche Abstand nicht ausreichend; bei 100000 Jahren hingegen erhält man eine bessere Gesamtsicht, die allerdings von geringerer Genauigkeit ist.

tubo, Philippinen, im Juni 1991) die Folge einer regionalen tektonischen Krisenaktivität sein.

In einem noch kleineren Maßstab begünstigt jede lokal divergente Störung den Aufstieg des Magmas. Die Vulkane treten daher häufig entlang von Störungssystemen auf: Auf Java, wo sie Reihen bilden, die senkrecht zur Ausstreckung der Insel liegen, in Kamerun, auf Madagaskar (Chorowicz et al., 1997). Die bedeutendsten Vulkanbauten befinden sich an den Schnittpunkten solcher Störungen (Montagne Pelée, Merapi auf Java). Zahlreiche Vulkane oder Vulkanprovinzen (Ätna, Island, Hawaii, Ambrym auf Vanuatu) sind in Zonen mit extensiver Riftbildung gelegen.

6.2 Die magmatische Differentiation

Die zahlreichen Vorgänge, die in der Magmenkammer ablaufen können, spielen eine bedeutende Rolle beim Auslösen der Eruption. Vulkane, die an keine (oder nur an eine sehr kleine) Magmenkammer gebunden sind, weisen einen wesentlich einfacheren Funktionsmechanismus auf als zusammengesetzte Vulkanbauten, die über einer mächtigen Magmenkammer liegen.

Solche Erscheinungen wie magmatische Schichtung, fraktionierte Kristallisation, Kumulation und Flotation der Phänokristalle werden durch eine Trennung in zwei oder mehrere Schmelzen mit deutlich unterschiedlichen Eigenschaften verursacht. Meistens hat sich im obersten Teil der Magmenkammer eine saure, leichte, viskose und fluidreiche Schmelze angesammelt, die andere Schmelzen – basische und schwerere – überlagert. Die gelösten oder freien volatilen Bestandteile haben einen beträchtlichen Einfluß auf den Ablauf der künftigen Eruptionsphase.

6.3 Die Magmenmischungen

Die Mischung verschiedener Magmen in der Magmenkammer und/oder der Durchbruch einer neuen Schmelze aus der Tiefe rufen sowohl ein chemisches als auch ein thermodynamisches Ungleichgewicht hervor. Dies äußert sich in der Überhitzung einer der Schmelzphasen bis hin zur möglichen Bläschenbildung. Solche spontanen Vorgänge erhöhen den Einfluß der Mischungen auf den Beginn eines möglichen Ausbruchs. Zahlreiche petrographische Hinweise belegen die Rolle der Mischungen, vor allem bei Eruptionen explosiven Typs.

Für die Vorhersage stellt sich eine höchst wichtige Frage: Wieviel Zeit liegt zwischen dem Mischungsvorgang und dem eigentlichen Ausbruchsbeginn?

Nach Sparks et al. (1977) ist diese Zeit nur sehr kurz und beträgt etwa einige Wochen, wie das Auftreten von vollkommen glasigen, basischen Klasten von mehreren mm bis cm Größe in sauren Bimsablagerungen am Askja auf Island und am Santorin in Griechenland beweisen soll. Bei einem längeren Zeitintervall wären sie auskristallisiert oder durch Auflösung verschwunden. Semet et al. (1982) berechneten einen maximalen Zeitabstand von sechs Tagen, eine Zeit, die zur Herausbildung von Wachstumsaureolen (50 µm) um die Phänokristalle herum nötig ist, wobei sie eine Wachstumsgeschwindigkeit von 10^{-4} µm/s annahmen. Der äußerst feine Kontaktsaum zwischen andesitischem und rhyolithischem Magma (1 µm) bei einem Diffusionskoeffizienten von 10^{-4} $µm^2/s$ deutet auf einen minimalen Zeitabstand von nur etwa zehn Stunden hin. COULON et al. (1984) untersuchten Magmenmischungen auf Martinique und schlugen ein Zeitintervall von 80 bis 100 Stunden vor, die Zeit, die zur Ausscheidung von Plagioklaskristallen notwendig ist, wenn von einer Temperaturdifferenz zum Solidus von 200 – 250 °C (LOFGREN, 1974) ausgegangen wird. GERLACH & GROVE (1982) kamen auf einen Abstand von 76 – 88 Stunden (ungefähr drei Tage), wobei sie für ihre Berechnungen bei 1 100 °C die Misenerschen Diffusionskoeffizienten verwendeten; bei einer Temperatur von 1 000 °C läge das Zeitintervall zwischen 234 und 341 Stunden (10 bis 15 Tagen). Fest steht, daß die Zeit zwischen der Mischung der Magmen und der Eruption sehr kurz ist, was die Probleme der Abschätzung von Vulkanrisiken außerordentlich erschwert.

6.4 Die volatilen Bestandteile

Dabei handelt es sich im wesentlichen um Wasser, denn CO_2 und die übrigen Fluide spielen nur eine untergeordnete Rolle. Die volatilen Bestandteile erzeugen beim Übergang vom flüssigen in den gasförmigen Zustand einen starken Überdruck. Für die Herkunft des Wassers sind drei Möglichkeiten zu unterscheiden.

Das **juvenile** Wasser, das aus dem Mantel oder einer abtauchenden Platte stammt, wird in die entstehenden Magmen injiziert. Diese Ausgangsmenge an Wasser kann sich in der einen oder anderen Mineralphase anreichern oder im Verlaufe diverser petrogenetischer Prozesse absondern. Es bedingt die Bildung und die Stabilität der hydratisierten Phasen (Amphibole und Glimmer, die das Wasser in Form von Hydroxyl-Gruppen in ihrer Struktur anlagern). Diese Minerale können später instabil werden und ihr Konstitutionswasser plötzlich freisetzen.

Das aus Niederschlägen stammende (**meteorische**) Wasser wird ins Innere des Vulkankörpers infiltriert. In bestimmten Fällen (Risse in den Laven, Porosität der Tephren) kann es das Magma in relativ großer Tiefe erreichen und die Fraktionierungsbedingungen eines solchen Magmas beim Aufstieg verändern.

In den meisten Fällen bleibt das Wasser aber im Oberflächenbereich. Der Kontakt mit dem Magma in der letzten Phase seines Aufstiegs oder einfach die von ihm ausgehende Wärmewelle sind für die Umwandlung in Wasserdampf verantwortlich. Die Eruption erhält eine phreatische Komponente, die ihren explosiven Charakter erhöht (Kap. 10). Es kann statistisch beobachtet werden, daß die Vulkane in den Tropen (der Merapi zum Beispiel) eher in der Regenzeit zu einem Ausbruch neigen.

Schließlich gilt es, drei unterschiedliche Faktoren genau zu erfassen: die Ausgangsmenge an Fluiden, die Löslichkeiten im Magma und die möglichen Absonderungserscheinungen der auftretenden Fluidphase (TAIT et al., 1989a). Je löslicher ein Fluid ist, desto wichtiger ist seine Rolle bei der Erzeugung eines Überdrucks: So erklärt sich die wesentliche Rolle des Wassers und die etwas geringere Rolle des weniger löslichen CO_2.

Die Beziehungen zwischen Fluiddruck/-gehalt und der Eruption wurden bereits weiter oben (Abschn. 4.4 und 4.5) betrachtet.

Ebenso bedingen das Verhalten der entmischten, in Form von Bläschen vorliegenden Gase im Inneren des Magmas und schließlich dessen Entgasung den Verlauf der Eruption. Durch Modellierungen im Labor (JAUPART & VERGNIOLLE, 1988) konnten die Modalitäten hawaiianischer und strombolianischer Eruptionen präzisiert werden. In einem experimentellen Reservoir, über dem sich eine enge Röhre befindet, werden am Boden Bläschen injiziert, die aufsteigen und im obersten Teil eine Schaumschicht bilden. Wenn diese Schicht eine kritische Dicke erreicht, vereinigen sich die Bläschen zu größeren Blasen, deren Ausmaß von der Viskosität der Schmelze und den Spannungskräften abhängt. Bei geringer Viskosität der Schmelze (hawaiianischer Typ) bildet sich eine einzige Gasblase, die in der Röhre aufsteigt und eine einphasige „Eruption" auslöst. Bei einer höheren Viskosität (strombolianischer Typ, Kap. 8) steigen mehrere kleine Blasen auf, die nach und nach zerplatzen. Offensichtlich modifizieren Verengungen in der Magmenkammer oder in der Röhre den Eruptionsverlauf.

6.5 Die Zugfestigkeit

Im Falle einer relativ oberflächennahen Magmenkammer besteht eine Art Wettbewerb zwischen den inneren vulkanischen Kräften und den äußeren Widerstandskräften des Vulkans. Die fraktionierte Kristallisation und die dadurch hervorgerufene Übersättigung an Fluiden erzeugen einen Überdruck in der Magmenkammer, deren Volumen sich durch Deformation des Nebengesteins erhöht. Dies kann bis zu einer brekziösen Zerstörung des Magmenkammerdaches führen. Wenn der Überdruck die Zugfestigkeit des Vulkankörpers mehr oder weniger deutlich übersteigt, kommt es zur Eruption (oder zur Platznahme von Gängen) (Abschn. 4.5). Das Volumen und der zugehörige Druck der Magmenkammer gehen nun wieder auf die anfänglichen Werte zurück – bis zur nächsten Eruption (Tait et al., 1989a). Die Auskristallisation einer festen Mineralphase führt zu einer Zunahme des Fluidgehalts der verbleibenden flüssigen Phase. Somit bedingt die Kristallisationsrate in direkter Weise die Ruhedauer, die zwischen einigen Jahren bei einer basaltischen Schmelze und einigen Jahrhunderten bei einem höherviskosen System liegen kann. Mangan (1990) berechnete anhand der Eruption des Kilauea im Jahre 1959 eine Dauer von 11 Jahren für den Verbleib des Magmas in Oberflächennähe, wobei er die geometrischen Parameter (Länge, Volumen) der Population der ausgeschiedenen Phänokristalle statistisch untersuchte.

Sofern sich die Magmenkammer wie ein geschlossenes System verhält (Abschn. 2.4), wird das austretende Magma von einem entsprechenden Gasvolumen ersetzt. Später kann es zum Einsturz und damit zur Herausbildung einer Caldera kommen (Abschn. 8.8).

Der im Bereich einer oberflächennahen Magmenkammer herrschende lithostatische Druck schwankt zwischen 50 und 200 MPa (500 bis 2000 bar). Die Zugfestigkeit wurde mit 8,6 ± 1,4 MPa in einem basaltischen Vulkanbau und mit 13,8 ± 2,1 MPa für ein granitisches Nebengestein bestimmt (Touloukian et al., 1981).

Die ermittelten Überdrücke gehen oft über diese Werte hinaus. Semet et al. (1982) gaben Werte von 40 – 80 MPa für die Eruption der Soufrière de Guadeloupe im 15. – 16. Jahrhundert an. Man muß den Fall eines einfachen Lavapfropfens über einem oberflächennahen Magma (Zugfestigkeit von etwa 5 MPa [50 bar]) und den eines echten Vulkandaches wohl auseinanderhalten. In letzterem Fall muß der vom Magma in mehr als einem Kilometer Tiefe ausgeübte Überdruck rund 50 MPa, also 500 bar betragen, damit die Eruption stattfinden kann. Der Vulkanbau wird buchstäblich durch die Eruption „enthauptet", wie es im Jahre 1991 beim Pinatubo auf den Philippinen zu beobachten war, der 145 Meter an Höhe verlor! Eine hohe Festigkeit des Vulkandaches begünstigt Lateraleruptionen.

6.6 Das Zusammenspiel der verschiedenen Faktoren

Fünf getrennte Faktoren scheinen eine Rolle beim Auslösen einer Eruption zu spielen (Bardintzeff, 1985a, 1988). Die Tektonik (1) gehört nicht eigentlich ins vulkanische Geschehen. Ihr unbestreitbarer Einfluß macht sich im wesentlichen über einen relativ langen Zeitabschnitt bemerkbar (mehrere Jahrhunderte bis Jahrtausende). Sie bedingt eher die allgemeine Aktivität der Region als die des einen oder anderen Vulkans. Dennoch kann die Öffnung oder die Reaktivierung einer Verwerfung Auswirkungen im Bereich eines einzelnen Vulkans haben.

Die Magmenkammer bedingt die Lebensweise des Vulkans: Von ihrer Größe und der Periodizität des Nachschubs hängen die Eruptionshäufigkeit, die Art (Differentiation) des austretenden Magmas und der Typ der Eruption ab. Differentiation (2) und Mischung (3) sind eng miteinander verbunden: Eine Erscheinung hebt die Wirkungen der anderen teilweise auf. Was für die Dimension der Magmenkammer zutrifft, gilt jedoch nicht mehr im Detail, denn hier ist die Homogenisierung mitunter unvollständig.

Der Gehalt an Fluiden (4) erweist sich als ein empfindlicher Parameter mit großen Schwankungen. Die Drücke, die sie erzeugen, können über die Zugfestigkeit des Vulkandaches (5) hinausgehen.

Die Parameter (2), (3), (4) und (5) sind wesentlich und bestimmend für den Vulkan.

Nur das Zusammenspiel mehrerer dieser fünf betrachteten Faktoren ermöglicht schließlich das Auslösen der Eruption.

Die Zahl der Vulkane hatte sich auch deshalb sehr verringert, weil ihre Eruptionen sich nur im Konflikt von Wasser und Feuer ereignen konnten, und so brachen sie ab, sobald sich das sinkende Meer von den Vulkanen entfernt hatte.

Buffon. *Les époques de la Nature*

2. Teil

Das Eintreffen des Magmas an der Oberfläche und die Eruptionstypen

Das Magma, das in der Tiefe erzeugt und meist während seines Aufstiegs durch verschiedene Prozesse modifiziert wurde, gelangt mittels einer Eruption an die (subaerische oder submarine) Oberfläche. Eine solche Eruption dauert in der Regel einige Tage bis Monate und umfaßt mehrere eruptive Phasen. Diese stellen Abschnitte von nahezu kontinuierlicher Aktivität, aber veränderlicher Intensität dar, die einige Stunden bis Tage dauern und von ruhigeren Momenten unterbrochen werden.

Die maximale Aufstiegsgeschwindigkeit des Magmas u kann mit Hilfe der Formel von Carey & Sigurdsson (1985) berechnet werden:

$$u = M / (d_m \pi r^2),$$

wobei u = maximale Aufstiegsgeschwindigkeit in m/s,
M = maximale Eruptionsmasseführung in kg/s,
d_m = Dichte des Magmas in kg/m^3,
r = Radius des Kraters in m ist.

Die Werte errechnen sich in m/s (1,3 bis 1,8 für die Eruption P1 der Montagne Pelée, siehe Kap. 8). Spera (1980) berechnete die minimale Aufstiegsgeschwindigkeit des Magmas, die nötig ist, um die beobachteten Einsprenglinge an die Oberfläche zu transportieren. So setzt das Auftreten eines ultrabasischen Einsprenglings mit einem Radius von 15 cm, der während der Eruption des Vulkans Hualalai auf Hawaii 1801 an die Oberfläche kam, eine minimale Aufstiegsgeschwindigkeit des Magmas von 51 cm/s voraus.

Es lassen sich mehrere, deutlich voneinander abweichende Eruptionstypen unterscheiden.

Wenn es beständig bei einer Schmelzphase bleibt und diese regelmäßig entgast wird, ergießt sich das Magma als Lavastrom, der sich dem Relief anpaßt und vorrangig an den niedrigsten Punkten Platz nimmt. Ein höherviskoses Magma, das nicht fließfähig ist, sammelt sich an und bildet einen **Dom.** In diesen beiden Fällen spricht man von einer **Lavaeruption** oder einer **effusiven Eruption.**

Dagegen tritt ein Magma, das aus einem Gemisch fester, flüssiger und/oder gasförmiger Phasen zusammengesetzt ist, bei einer **explosiven Eruption** in heftigster Weise an die Oberfläche. Die **pyroklastischen** Bestandteile (auch **Pyroklasten** genannt: „durchs

Feuer zerbrochen“, oder **Tephra**), die mit großer Geschwindigkeit in bemerkenswerte Höhen und Entfernungen hinausgeschleudert werden, bedecken ausgedehnte Flächen. Der allgemeine Begriff Tephra umfaßt die Gesamtheit der Förderprodukte vulkanischen Ursprungs mit Ausnahme der Laven, d. h. eine Vielfalt an Materialien (Aschen, Bomben, Blöcke, Bimse, ...). Die besonderen Eigenschaften dieser Tephren erfordern es, zugleich petrologische (nach ihrem Entstehungsort) wie sedimentologische (nach ihrem Ablagerungstyp) Untersuchungen anzustellen. Aufgrund ihrer Zerbrechlichkeit und Veränderlichkeit wäre es ideal, sie unmittelbar nach der Eruption erfassen zu können. In bestimmten günstigen Fällen erweist sich jedoch auch eine Untersuchung älterer Tephren als möglich.

Zwei wesentliche, völlig voneinander abweichende Typen des Ablaufs explosiver Eruptionen müssen unterschieden werden.

Beim ersten Typ fallen Fragmente verschiedenster Größe (millimetergroße Aschen bis mehrere Meter große Bomben), die senkrecht aus dem Krater herausgeschleudert werden (bis in mehrere km und sogar mehrere Zehner km Höhe), im gesamten Umkreis nieder (bis zu mehreren Hundert Metern oder Kilometern). Diese Eruptionen dauern mehrere Stunden an und fördern nahezu durchgängig Material. Es wird hierbei von **Airfall-** oder **Fallout-Ablagerungen** gesprochen (engl. *fall*).

Beim zweiten Typ tritt ein enges Gemisch (Emulsion) von Feststoffen, Schmelze und Gas, in dem das Gas die tragende Phase darstellt, mit hoher Geschwindigkeit gerichtet – senkrecht oder seitlich – aus. Diese plötzliche Erscheinung dauert nur etwa eine Minute (gegenüber mehreren Stunden bei den Airfall-Ablagerungen). Man spricht hierbei von **pyroklastischen Strömen** (engl. *flow*), zu denen zum Beispiel die Glutwolken (frz. **Nuées ardentes**) zählen.

Physikalisch gesehen folgen die Eruptionen vom ersten Typ den Gesetzen der Ballistik; hierbei beschreiben die schwersten Fragmente bei ihrem Flug durch die Atmosphäre Parabeln. Die Eruptionen vom zweiten Typ entsprechen eher der Entspannung eines Gases, in dem sich Feststoffe in Suspension befinden. A. R. McBirney (1973) verglich erstere mit einem ununterbrochenen „Feuerwerfer“, letztere mit einem einzigen „Kanonenschuß“.

Bleibt festzustellen, daß die beiden zuletzt beschriebenen Typen im Verlauf ein und derselben Ausbruchsphase innerhalb eines sehr kurzen Zeitabstands aufeinander folgen können. Alle drei Typen (Lavaströme, Airfall-Ablagerungen und pyroklastische Ströme) können sich im Laufe der Zeit bei einem Vulkan abwechseln. Bedeutende Vulkanbauten (Ätna, Mont-Dore), die aus alternierenden Lagen von Tephren und Laven aufgebaut sind, weisen eine Schichtung auf, daher auch ihre Bezeichnung als **Stratovulkane**.

Tritt das Magma am Meeresboden aus, kommt es zu einem ganz anderen Eruptionsmechanismus. Die Typen effusiv und explosiv gibt es auch hier, allerdings in veränderter Art und Weise, abhängig von der Wassertiefe.

Wenn sie gut gefegt werden, brennen die Vulkane sanft und regelmäßig, ohne Ausbrüche.
Antoine de Saint-Exupéry, *Le Petit Prince*

7 Die Lavaeruptionen

7.1 Die Lavaströme

Die flüssige, relativ fließfähige Lava ergießt sich unter dem Einfluß der Schwerkraft auf die Flanken des Vulkanbaus und bedient sich dabei meist einer bereits vorhandenen Talmulde.

Der geschmolzene Zustand setzt eine erhöhte Temperatur des Magmas voraus. Diese kann auf dreierlei Weise bestimmt werden. Zum einen ist eine direkte Messung mit Hilfe eines Thermoelements, das in die schmelzflüssige Lava getaucht wird, möglich, das ist allerdings recht gefährlich. Zum anderen bringt eine Thermometrie über die Infrarotstrahlung, die von dem Lavastrom ausgesandt wird, ebenfalls verläßliche Resultate. Schließlich bleiben bei erloschenen Vulkanen nachträglich angestellte Berechnungen, die von den chemischen Zusammensetzungen der Minerale und Gläser ausgehen, die einzig mögliche Methode (Geothermometrie, siehe Abschn. 3.4). Die Ergebnisse stimmen überein: Die Schmelztemperaturen der Laven liegen zwischen 1 200 °C für basaltische Laven und 900 °C für rhyolithische Laven.

Das Verhalten des Lavastroms hängt von der Fluidität (reziproker Wert der Viskosität, Abschn. 4.3) des Magmas ab (Abb. 7.1, 7.2, 7.3). Die leichtflüssigen Laven (Typ **Pahoehoe,** Begriff aus dem Hawaiischen) ergießen sich mit hoher Geschwindigkeit (mehrere Zehner km/h, in Ausnahmen bis 75 km/h) über beträchtliche Entfernungen (bis 50 km bei einer Breite des Lavastroms von rund 100 m und einer Mächtigkeit von einigen Zehner Metern; man kennt auf Island einen Lavastrom von 96 km Länge; im Gebiet des Columbia River im NW der USA einen 160 km langen Lavastrom, der mit der Eruption des Roza in Verbindung steht; einen ebensolangen in Undara, Australien). Sie können wahre Kaskaden bilden. An den Rändern des Lavastroms, die schneller als die Strommitte erstarren, bilden sich manchmal richtige „Dämme", die die Lava kanalisieren. Wenn dann auch das Dach des Lavastroms erstarrt, fließt die Lava durch einen Tunnel (PETERSON et al., 1994). Später kann sie unter ihrer festen Kruste herausfließen und einen weithin offenen **Lavatunnel** hinterlassen, eine wahre Höhle, die mehrere km Länge erreichen kann (Abb. 7.4). Derartige Tunnel sind von den Kanarischen Inseln auf Lanzarote (Jameos del Agua, Cuevas de los Verdes) und von Hawaii (Kuzumara Cave, der sich über 59,22 km erstreckt) bekannt. Bei der Abkühlung des Lavastroms wird die relativ flache Erstarrungshaut in feine Falten gelegt, die wie Seile aussehen (**Seil-** oder **Stricklava**) (Abb. 7.5). Die noch austretende, abtropfende Lava bildet „Pele's Tränen" oder zieht sich zu feinsten, hauchdünnen Fäden – „Pele's Haar" -, die mitunter 30 cm lang werden kön-

Abb. 7.1 Ein Lavastrom ergießt sich aus einer Eruptionsspalte während des Ausbruchs des Piton de la Fournaise auf der Insel Réunion im März 1981 (Photo Ph. Rocher).

Abb. 7.2 Lavaströme am Kilauea auf Hawaii, März 1993, mit Temperaturen über 1000 °C (Photo J. M. Bardintzeff).

Abb. 7.3 Flüssige Lava ergießt sich ins Meer (Kilauea, Hawaii, März 1993). Im Wasser bilden sich daraufhin Pillowlaven (Photo J. M. BARDINTZEFF).

Abb. 7.4 Lavatunnel
In dünnflüssiger Lava kommt es zur Ausbildung von Lavatunnels, wenn unter der bereits erstarrten Lavaoberfläche flüssige Lava in schmalem Strom abfließt. Das Dach des abgebildeten Lavatunnels ist teilweise eingestürzt. Der Lavatunnel und die asymmetrischen Schlackenkegel stammen von Eruptionen der Jahre 1730 – 36 im südwestlichen Teil der Insel Lanzarote.
Parque Nacional de Timanfaya. Lanzarote, Kanarische Inseln (Photo CH. IVEN, Rösrath, aus BLUME, H. [1994]: Das Relief der Erde, 2. Aufl., Stuttgart [Enke]).

Abb. 7.5 Stricklavastrom auf den Flanken des Ätna (Photo J. M. BARDINTZEFF).

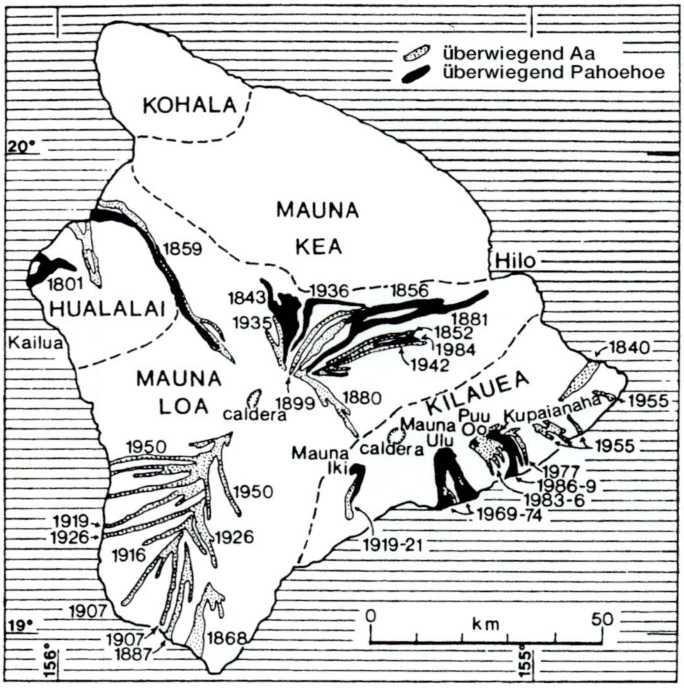

Abb. 7.6 Karte Hawaiis und Grenzen der verschiedenen Vulkanmassive (gestrichelt). Die Lavaströme mit Pahoehoe-Dominanz sind schwarz, jene mit Aa-Dominanz gepunktet eingetragen (ROWLAND & WALKER, 1990).

nen (Pele ist die hawaiische Göttin des Feuers). Die Pahoehoe-Laven charakterisieren die Eruptionen des **hawaiianischen Typs**. Die Vulkane, die hierbei entstehen, haben die Gestalt von sehr flachen Kegeln mit einer Hangneigung von nur wenigen Grad.

Die höherviskosen Laven (Typ **Aa**, ebenfalls ein hawaiischer Begriff) ergießen sich nicht so leicht und fließen nur einige Kilometer weit. Ihre schlackige Oberfläche ist sehr unregelmäßig. Die *cheires* der Auvergne sind Folge derartiger erstarrter Lavaströme.

Der Mauna Loa auf Hawaii, der aus einer Vielzahl aufeinanderfolgender Lavaströme aufgebaut ist, gipfelt in 4 170 m Höhe und geht auf ozeanischen Boden hinunter bis in mehr als 4 000 m Tiefe! Auf diesem Massiv ist ein ständiger Wechsel der beiden Lavatypen Aa und Pahoehoe, mitunter sogar im Verlaufe ein und derselben Eruptionsphase, zu beobachten (Abb. 7.6): Während die chemische Zusammensetzung gleichbleibt, wechselt der Typ aufgrund von Änderungen in der Temperatur und im Fluidgehalt der Lava. In den Jahren 1859 und 1880/81 sind im Verlaufe einer kurzen Anfangsperiode, die durch eine beträchtliche Fördermenge und durch Lavafontänen charakterisiert war, Laven vom Typ Aa ausgestoßen worden. Es folgte eine zweite Phase faktisch ohne Lavafontänen, die durch eine geringere Lavaförderrate und durch Laven vom Typ Pahoehoe charakterisiert war. ROWLAND & WALKER (1990) wiesen nach, daß die Aa-Laven bei einer erhöhten Lavaförderrate (> 5 – 10 m^3/s) und die Pahoehoe-Laven bei niedrigerer Lavaförderrate entstehen. SATO (1995) verglich die verfestigten Laven beider Typen auf der Halbinsel Izu-Oshima (Japan). Die Laven vom Typ Aa enthalten 100mal mehr Plagioklaskristalle pro cm^3 ($10^{9,3}$ cm^{-3}) als die die Laven vom Typ Pahoehoe ($10^{7,0}$ cm^{-3}). Dagegen sind die Kristalle in den Aa-Laven kleiner (11×3 µm gegenüber 43×15 µm). Eine Pahoehoe-Lava kann stufenweise in eine Aa-Lava übergehen, der umgekehrte Fall scheint nicht möglich zu sein: Der Pahoehoe-Zustand entspreche somit einem ursprünglicheren Stadium (PETERSON & TILLING, 1980).

Der Vulkan Arenal auf Costa Rica stößt seit 1968 im wesentlichen Laven vom Typ Aa mit einer Temperatur von 1 100 – 1 150 °C aus. Ihre Viskosität, die anhand von in 50 bis 200 m Entfernung vom Krater gemachten Messungen berechnet wurde, erreicht 10^8 Poise (10^7 Pa·s), ein relativ großer Wert, der mit der hohen Kristallinität zu erklären ist. Drei Entwicklungsstadien folgen einander:

1) Während der Frühphase schreitet der entstehende Lavastrom, 25 – 30 m breit und 10 – 15 m mächtig, mit einer Geschwindigkeit von 50 bis 70 m am Tag voran. Sein weiteres Vorankommen hängt vor allem von der Morphologie des Untergrundes ab.
2) Im fortgeschrittenen Stadium, wenn sich der Strom der Basis des Vulkanbaus nähert, erreicht die Breite 50 – 80 m, und die Front verbreitert sich fächerartig auf 100 – 200 m bei einer Mächtigkeit von 15 – 30 m (in Ausnahmen 400 – 500 m und 100 m).
3) Die Endphase entspricht dem Ende des Magmenausstoßes. Die innere, noch flüssige Lava schreitet weiter voran, während die Decke des Lavastroms einstürzt. Die „Einsturzwelle" pflanzt sich um 50 m am Tag fort (CIGOLINI et al., 1984). Die Abb. 7.7 stellt die Stromgeschwindigkeit in den Phasen (2) und (3) dar.

Ein Lavastrom führt häufig Blöcke mit sich (die er an den Flanken des Vulkans abgerissen hat oder die von seitlichen Einstürzen herrühren), vergleichbar einem Gletscher und seinen Moränen. Später bilden diese in der erstarrten Lava angehäuften Blöcke Breccien im unteren oder oberen Bereich des Lavastroms; ein hilfreiches Moment zur nachträglichen Unterscheidung der verschiedenen Einheiten im Gelände. Außerdem kann die Lava den Untergrund fritten, der dann eine ziegelrote Farbe annimmt.

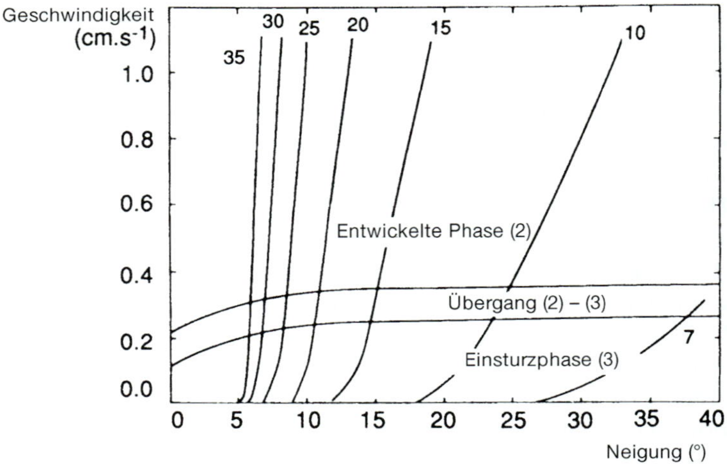

Abb. 7.7 Das Diagramm zeigt die Entwicklung der Lavageschwindigkeit (1 cm/s = 36 m/h) in Abhängigkeit vom Neigungswinkel bei unterschiedlicher Strommächtigkeit von 7 bis 35 m (Werte über den Kurven). Die Geschwindigkeit nimmt von der entwickelten Phase (2) hin zur Einsturzphase (3) ab (Bsp. des Vulkans Arenal in Costa Rica, siehe Text; nach CIGOLINI et al., 1984).

Bestimmte, noch höher viskose Lavaströme bestehen gänzlich aus Lavablöcken, die außen abgekühlt, im Innern aber noch flüssig sind. Sie schreiten voran, indem sich die Blöcke übereinanderrollend vorwärtsbewegen, nach Art eines Raupenfahrzeugs.

Der Arenal stieß zwischen 1968 und 1984 51 Lavaströme mit einer mittleren Länge von 2 km aus. Während es zwischen 1968 und 1973 nur teilweise zum Übergang vom Aa-Stadium zu einem blöckeführenden Lavastrom **(Blocklava)** kam, trat diese Erscheinung im späteren Verlauf vollständig auf. Die Blocklava stellt ein „Zweiphasengemisch" dar: flüssige Lava und feste, erstarrte Trümmer. Letztere unterscheiden sich je nach Lavastrom in ihren Mengenverhältnissen; ihre Größe schwankt von 1 m (15 %) über 30 – 60 cm (80 %) bis 1 – 5 mm (5 %). Das (kontinuierliche) Ausfließen der Lava hängt sowohl von der Schwerkraft als auch von den mitunter bedeutenden Reibungskräften zwischen Lavastrom und Untergrund ab. Überschreiten diese eine bestimmte Grenze, zerbricht die Lava und wird diskontinuierlich. Die Front des Stroms kann beträchtliche Ausmaße annehmen. Dieser besondere Bereich kann mit einer „Maschine" verglichen werden, die eine aus dem Fördergang dringende bewegliche Lava in relativ stabile Hänge umwandelt. Amplitude und Fortpflanzungsgeschwindigkeit der Front hängen von der Morphologie der Vulkanflanken, vom Lavaerguß und von der Rheologie der Lava ab (BORGIA et al., 1983).

Schließlich entstehen gelegentlich an der Oberfläche des Lavastroms kleine, wenige Meter hohe vulkanische Kegel. Diese **Hornitos** entstehen, wenn geringe Mengen unter Druck stehender Lava durch die verfestigte Kruste des Lavastroms – wie etwa bei der Zahnpasta – austreten. **Tumulis** sind das Ergebnis der explosiven Freisetzung von in der Lava festgehaltenen Gasen, wobei die Kruste des Lavastroms zersprengt wird und die Fragmente ein Relief bilden (WALKER, 1991).

Hat der Lavakörper einmal Platz genommen, verfestigt er sich und kühlt weiter ab. Mitunter entstehen dabei sechsseitige, vertikale, säulenartige Prismen, die Orgelpfeifen ähneln und **Basaltsäulen** genannt werden (Abb. 7.8). Derartige Figuren bilden sich bei der Volumenabnahme der Lava, es kommt durch die Kontraktion zu einer Zerklüftung in geometrische Formen (BUDKEWITSCH & ROBIN, 1994). Die prismatischen Säulen stehen gewöhnlich senkrecht zur Abkühlungsoberfläche, das bedeutet also vertikale Längsachsen

Abb. 7.8 Basaltsäulen in Saint-Flour, Cantal, Frankreich (Photo J. M. Bardintzeff).

im Falle eines subhorizontalen Lavastroms, im Falle von Gängen (Dikes) und vertikalen oder schrägen Intrusionen horizontale Längsachsen (s. Abb. 7.22). Außerdem begünstigt eine langsame Abkühlung die Bildung regelmäßiger Prismen. Zahlreiche Lavaströme sondern in ihrem oberen Teil dickere und weniger regelmäßige Säulen und in ihrem unteren Teil völlig geometrische Säulen ab. Die Erosion kann an der Oberfläche des Lavastroms eine Art „Pflaster" zum Vorschein bringen, das aus mehreren Dezimeter großen Säulenenden zusammengesetzt ist, wie das berühmte „Giants Causeway", das „Pflaster der Riesen" in der nordirischen Grafschaft Antrim.

Die Laven stellen massive Einheiten dar, die der Erosion gut widerstehen. Diese kann sie im späteren Verlauf als Basaltdecken freilegen. Reliefumkehrungen in vulkanischen Landschaften sind typisch: Ein alter Lavastrom, einst am niedrigsten Punkt, befindet sich nun in oberster Lage über den jüngsten Laven, die auf seinen beiden Seiten in die Täler flossen.

Im Vergleich zu den Airfall-Ablagerungen bedecken die Laven in der Regel nicht sehr große Flächen (Abb. 8.10). Das wiederholte Auftreten solcher Ergüsse im Laufe eines relativ kurzen Zeitabschnittes führt zu übereinanderlagernden **Trapp-** oder **Flutbasalten** *(Trapps),* die riesige Provinzen überdecken (Deccan in Indien, Somalia, Columbia River in den USA, British Columbia in Kanada, Abschn. 12.2 und 14.6).

Das physikalische (rheologische) Verhalten des Lavastroms kann mittels der Fluidmechanik verständlich gemacht werden. Man unterscheidet zwei Arten von Flüssigkeiten: **Newtonsche Flüssigkeiten** (wie das Wasser) fließen – selbst bei geringster Neigung – mit einem Geschwindigkeitsgradienten, der der aufgewandten Kraft proportional ist; der Proportionalitätsfaktor ist die Viskosität. Im Falle einer **Binghamschen Flüssigkeit** muß ein Minimum an Kraft aufgewandt werden, um sie zum Fließen zu bringen, die sogenannte **Fließgrenze.** Es ist klar, daß ein Lavastrom in seiner Gesamtheit nicht bei einem beliebigen Gefälle fließt, sondern einer bestimmten Scherspannung bedarf, allerdings kann sehr heiße und leichtflüssige Lava lokal relativ einfach fließen. Ein Lavastrom ist folglich eher eine Binghamschen Flüssigkeit; die Tatsache, daß er feste Bestandteile (bereits auskristallisierte Minerale oder mitgeführte Blöcke) enthält, kompliziert dieses Modell aber noch außerordentlich.

In gewissen einfachen Fällen haben Modellierungen, die zugleich Zeit (Voranschreiten des Lavastroms) und Raum (seine Ausdehnung) berücksichtigten, zufriedenstellen-

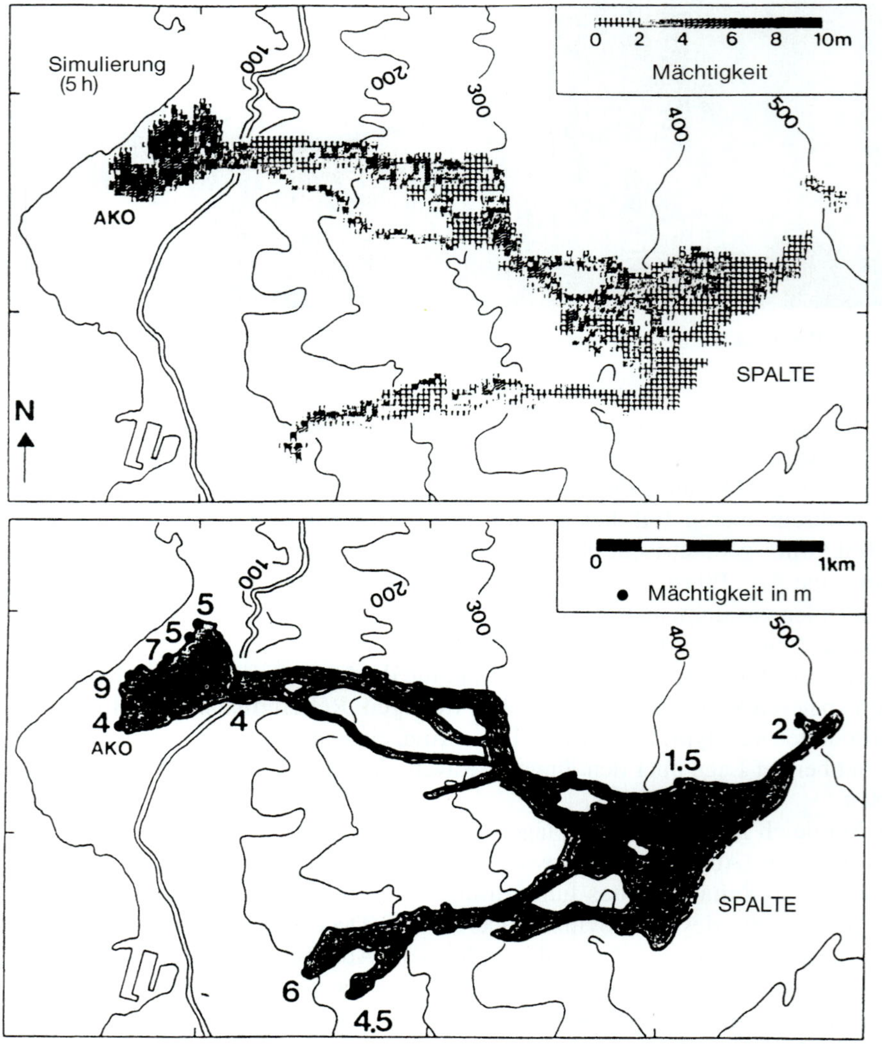

Abb. 7.9 Vergleich zwischen einem simulierten Lavastrom (Verbreitung nach Ablauf von fünf Stunden; die verschiedenen Schwärzungsstufen stellen die berechneten Mächtigkeiten dar) und einem reellen Lavastrom (die Zahlen neben den Punkten geben die gemessenen Mächtigkeiten in m an). Beispiel eines Lavastroms des Vulkans Miyakejima, Japan, vom Oktober 1983 (Ishihara et al., 1990).

de Ergebnisse geliefert (Japan, ISHIHARA et al., 1990; Réunion, LAFFORGUE, 1987). Der tatsächlich beobachtete Lavastrom entspricht nahezu dem des Modells (Abb. 7.9). Derartige Methoden sind von beträchtlichem Interesse für die Vorhersage zukünftiger Gefahren (Abschn. 14.2).

Eine Lavaeruption erstreckt sich mit Intensitätsschwankungen über mehrere Tage, Monate, ja sogar Jahre. Die Rate der Förderung basaltischen Magmas schwankt signifikant im Verlaufe der Eruption. Sie erreicht ihr Maximum nach einer kurzen Periode mit schnellem Anstieg und nimmt dann langsam ab (WADGE, 1981; Abb. 7.10). Der Vergleich verschiedener Eruptionen zeigt, daß der mittlere Fluß bei relativ lang andauernden Ausbrüchen immer geringer wird. Zur Freisetzung der elastischen Spannung des angestauten Magmas kommen zwei weitere Faktoren hinzu: die Veränderung des Förderkanals (Umwandlung einer Kluft in einen Schlot durch Erosion des Unterbaus, Verfestigung des Magmas an verschiedenen Stellen) und der mehr oder weniger kontinuierliche Nachschub von tieferem Magma im Verlaufe der Eruption. So ist der Paricutin (1943 – 1952, Kap. 8) durch eine über drei Jahre hinweg exponentiell abnehmende Rate charakterisiert, die Zeugnis eines sich leerenden Reservoirs in der Tiefe ist; die Abnahme der Förderrate der Hekla auf Island (1947 – 1948) zeugt von Veränderungen in der Geometrie des Förderkanals; die Eruption des Kilauea Iki (1959) hing von Veränderungen in der Rheologie des Magmas ab. Die Austrittsraten sind anfangs beträchtlich (7 500 m^3/s an der Hekla, Abb. 7.10b), sinken dann aber schnell auf wenige m^3/s. Die 15 Monate dauernde Eruption des Ätna von Dez. 1991 bis März 1993 setzte insgesamt 0,25 km^3 Lava frei, was einer mittleren Austrittsrate von 6 m^3/s entspricht.

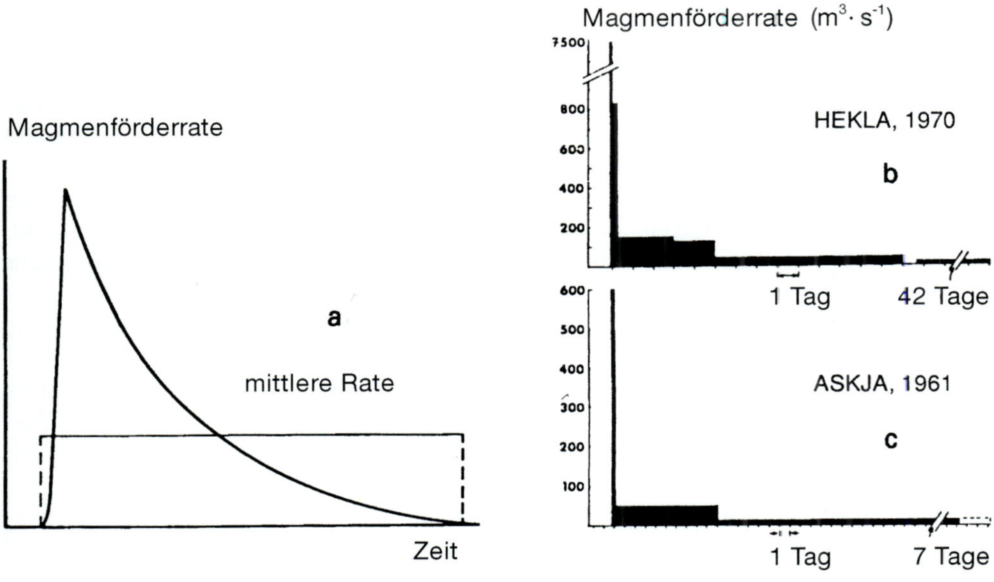

Abb. 7.10 a) Entwicklung der Magmenförderrate einer durchschnittlichen basaltischen Eruption. Die zum Vergleich hinzugefügte mittlere Rate entspricht dem Verhältnis des geförderten Volumens zur Dauer der Eruption. **b)** Beispiel der Hekla-Eruption 1970 (nach Angaben von THORARINSON & SIGVALDASON, 1972). **c)** Beispiel der Askja-Eruption 1961 (nach Angaben von THORARINSON & SIGVALDASON, 1962). (in WADGE, 1981)

Neben den bei weitem überwiegenden silikatischen Laven, von denen gerade die Rede war, sei an das Auftreten außergewöhnlicher Na- und Ca-Karbonatit-Laven erinnert (Abschn. 5.6). NARANJO (1985) beschrieb am Vulkan Lastarria in Chile erstaunliche, dünnflüssige Schwefelströme von mehreren Hundert Metern Länge und 1 bis 2 m Breite. Sie rührten von hydrothermalen Ablagerungen her, die bei einer Erhitzung des Vulkans zum Schmelzen kamen. Sie könnten uns, in Miniatur, eine Vorstellung von der Rheologie der Laven des Jupiter-Mondes Io vermitteln (Abschn. 12.7). Am Poas in Costa Rica bilden sich manchmal kleine Tümpel aus geschmolzenem Schwefel. Noch seltsamer sind die Ferrokarbonatite und reine Magnetitströme, die man vom Laco an der chilenisch-argentinischen Grenze kennt.

7.2 Die Lavaseen

In bestimmten Ausnahmefällen verbleibt die Lava im Krater und bildet einen Lavasee. Oft bedeckt eine feine Haut von erstarrter, dunkler und gefalteter Lava den See, wobei die rotglühende, schmelzflüssige Lava nur stellenweise zu sehen ist: Hier finden permanente Konvektionsbewegungen statt. Ein solcher See setzt ein vollständiges Gleichgewicht zwischen Zu- und Abfuhr von Lava einerseits und Wärmegewinn und -verlust andererseits voraus. Der gewaltigen Menge an austretenden Volatilen und an freiwerdender Energie steht die geringe Menge an gefördertem Magma gegenüber: ein schwer zu erklärendes Paradoxon (FRANCIS et al., 1993), das bei strombolianischen Vulkanen mit dauerhafter Aktivität anzutreffen ist (Abschn. 8.2). Man muß wohl davon ausgehen, daß eine beträchtliche Menge an Magma auf endogene Weise im Vulkangebäude in Form von Gängen Platz nimmt und/oder als kumulative Laven auf dem Grunde des Reservoirs kristallisiert.

TAZIEFF (1982) unterscheidet bei den **Lavaseen i. w. S.** die **Magmenseen** von den **Lavaseen i. e. S.** In den Magmenseen finden Konvektionsbewegungen statt, an ihrem Grund werden sie mit gasübersättigter Schmelze versorgt, welche an der Oberfläche unter Bildung von Lavafontänen entgast. Die Lavaseen i. e. S. resultieren aus der Ansammlung von sehr leichtflüssigen Laven, die in beliebige Becken des Vulkanbaus geflossen sind. Man kann sie mit Badewannen vergleichen, die man mit Wasser aus dem Hahn mehr oder weniger vollaufen und manchmal auch überlaufen läßt.

Einige Magmenseen auf der Erde haben über lange Zeitspannen bestanden (TAZIEFF, 1982, 1994): So am Kilauea auf Hawaii von 1823 bis 1924 und in jüngster Zeit wieder (Abb. 7.11, 7.12, 7.13); am Nyamuragira in Zaïre vom Beginn dieses Jahrhunderts bis 1938; am Nyiragongo in Zaïre von 1928 bis 1977 und dann von neuem seit 1982 (Umschlagbild); am Erta Ale in Äthiopien und am Mount Erebus in der Antarktis, die seit mehreren Jahrzehnten aktiv sind. Die Lebensdauer der Lavaseen am Masaya in Nicaragua und am Ambrym auf Vanuatu ist noch recht kurz. Die Zusammensetzung der Lavaseen ist basaltisch, der phonolithische See des Mount Erebus stellt eine Ausnahme dar.

Der Lavasee auf dem Nyiragongo ist berühmt wegen seiner großen Aktivität. Er erschien 1927/28, und von 1959 bis 1976 stieg der Lavaspiegel um 200 m. Am 10. September 1977 führte eine gewaltige Eruption zu seiner Entleerung über Risse an den Seiten des Vulkans (TAZIEFF, 1977); die unter Druck stehende Lava schoß mit einer Geschwindigkeit von 100 km/h heraus. Vom 21. Juni 1982 an bildete sich schnell wieder

Abb. 7.11 Kupaianaha-Lavasee am Kilauea, Hawaii, Juni 1989 (Photo P. BAROIS).

Abb. 7.12 Lavasee des Pu'u O'o auf dem Kilauea, Hawaii, März 1993 (Photo J. M. BARDINTZEFF).

Abb. 7.13 15 m hohe Lavafontäne im Zentrum des Lavasees des Pu'u O'o auf dem Kilauea, Hawaii, März 1993 (Photo J. M. BARDINTZEFF).

ein See (bis zu 2,5 Mio. m^3/Tag), der im Oktober eine Breite von 500 m und eine Tiefe von 400 m erreicht hatte (KRAFFT, 1983; TAZIEFF, 1984; Abb. 7.14).

Eine Vielzahl von Lavaseen i. w. S. tauchte nacheinander auf dem Kilauea, Hawaii, auf. Der Halemaumau („Haus des ewigen Feuers"), der von 1823 bis 1924 existierte, erschien dann zwischenzeitlich von neuem 1934 (33 Tage), 1952 (136 Tage) und 1967 (251 Tage). Im Jahre 1982 öffnete sich eine Austrittsspalte für nur drei Stunden. Der Durchmesser des aktuellen Kraters beträgt 1 600 m bei einer Tiefe von 85 m (die in der Vergangenheit bis 410 m erreichte). Während der gewaltigen Eruption des Kilauea, die am 3. Januar 1983 einsetzte und auch noch fünfzehn Jahre später andauert (mehr als 1,5 km^3 Lava sind schon ausgetreten), sind bereits zwei Lavaseen beobachtet worden. Der Kupaianaha (Abb. 7.11) erschien im Juni 1986 und verschwand während der Eruptionsphase im April/Mai 1990. Ihm folgte seit Anfang 1991 ein anderer Lavasee im Krater des Pu'u O'o (Abb. 7.12 und 7.13), eines 250 m hohen Nebenkegels des Kilauea.

Die Entstehung eines („aufsitzenden") Lavasees i. e. S., wie sie 1968 am Napau Crater und dann 1974 beim Ausbruch des Mauna Ulu zu beobachten war – beide befinden sich im Kilauea-Massiv –, ist jedoch ganz anders zu erklären (WILSON & PARFITT, 1993). Ein Lavastrom, der in ein relativ ebenes Gebiet gelangt, neigt unter Abnahme seiner Geschwindigkeit und seiner Mächtigkeit dazu, sich in alle Richtungen zu ergießen. Durch randliche Abkühlung bildet sich eine Mauer verfestigter Lava, die so einen „aufsitzenden", relativ kreisförmigen Lavasee umschließt. Die weiterhin eintreffende Lava kann überlaufen und die Ränder auch noch erhöhen. Der beträchtliche Wärmeverlust begrenzt die Größe dieser Art von Lavasee auf einige hundert Meter.

Durch nacheinander niedergebrachte Bohrungen konnte man die Abkühlung und Verfestigung der Lavaseen des Kilauea auf Hawaii verfolgen, nachdem die Lavazufuhr un-

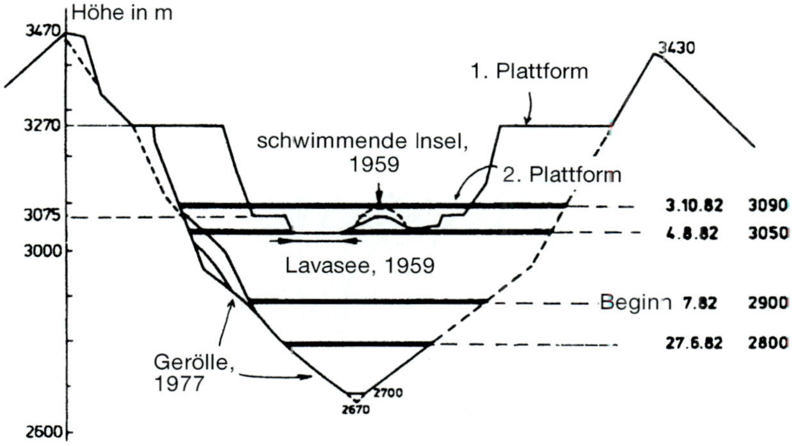

Abb. 7.14 Schematisches Profil des Nyiragongo-Lavasees (Zaïre). Es zeigt die Entwicklung des Seespiegels von 1982 (angegeben sind Zeitpunkt und Höhe in m) im Vergleich zu 1959. Die beiden Plattformen am Rande des Lavasees von 1959 stürzten 1977 ein (nach TAZIEFF, 1984).

terbrochen worden war (PECK, 1978; PECK et al. 1984). In drei verschiedenen Kratern waren Seen entstanden: einer 1959 auf dem Kilauea Iki (120 m tief), ein zweiter 1963 auf dem Alae (15 m tief) und ein dritter 1965 auf dem Makaopuhi (83 m tief). Die Zeit, die der See zur vollständigen Verfestigung benötigt, hängt von der Tiefe ab und reicht von 10,5 Monaten beim Alae bis zu 25 Jahren beim Kilauea Iki. Die gesamte Abkühlungsdauer ist noch größer (Abb. 7.15). Zwischen 1 215 °C (maximale gemessene Temperatur) und 1 070 °C ist die Meßsonde in der flüssigen Lava leicht beweglich; zwischen 1 070 und 980 °C ist die nur noch teilweise schmelzflüssige Lava starr (Koexistenz von flüssiger Phase und Kristallen); unterhalb 980 °C ist die Lava schließlich gänzlich fest. Der Lavasee kühlt unter der Einwirkung von Luft und Regen von oben nach unten – und in geringerem Maße von unten nach oben hin – ab. Die Oberflächenhaut hat nach einem Tag eine Dicke von 20 cm, nach einem Monat ist sie 2 m und nach einem Jahr 8 m dick. 1976, 17 Jahre nach der Bildung des Lavasees auf dem Kilauea Iki, hatte dessen Erstarrungshaut eine Mächtigkeit von 45 m erreicht.

Fossile Lavaseen sind in einer Vielzahl vorhanden. Der Lavasee von Chastel-Marlhac (Cantal, Frankreich) stellt eine massive Einheit von 1 km Durchmesser dar, die durch die Erosion über eine Höhe von 25 m freigelegt wurde. Die dadurch sichtbaren senkrechten Seitenwände lassen Garben horizontaler Prismen erkennen. In Grachou im Cézallier-Massiv weist ein einstiger, heute abgekühlter Lavasee von 1,5 km Durchmesser, den ein Fluß durchquert, deutlich zwei Konvektionszellen auf, deren Bewegungen in gewisser Weise fossiliert im Gestein wiederzuerkennen sind (BROUSSE & LEFÈVRE, 1990). Die „Felswand von Espally" im Velay (Frankreich), für ihre ausgeprägte vertikale Prismenbildung berühmt, ist Überbleibsel eines ansonsten verschwundenen Lavasees.

7.3 Die Lavadome

Wenn die sich bildende Lava eine zu hohe Viskosität besitzt, um sich über eine gewisse Distanz ergießen zu können, staut sie sich und bildet einen **Dom.** Derartige Dome sind

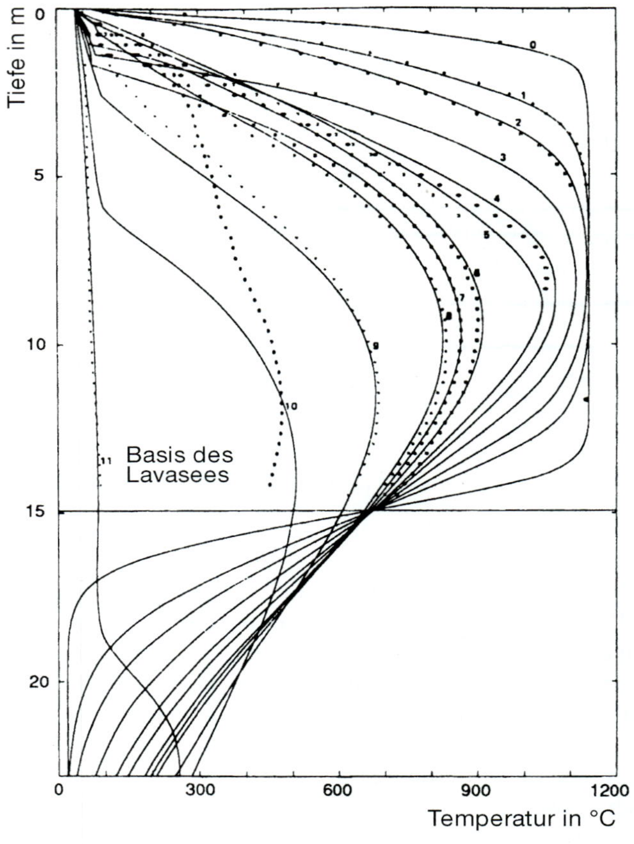

Abb. 7.15 a) Temperaturverlauf bei der Abkühlung des Alae-Lavasees am Kilauea (Hawaii) in Abhängigkeit von der Tiefe. Gepunktete Linien = mit Hilfe von Pyrometern in der Bohrung gemessene Temperaturen; geschlossene Linien = Computermodellierung, die mittlere Abweichung liegt unter 2 °C. Jede Kurve trägt eine Nummer, die das Datum der Messung wiedergibt (der See entstand am 22. August 1963): 0 = 6/9/63, 1 = 5 - 8/11/63, 2 = 30/12/63, 3 = 24/3/64, 4 = 2/7/64, 5 = 3/9/64, 6 = 8/12/64, 7 = 21/1/65, 8 = 2/3/65, 9 = 19/8/65, 10 = 27/5/66, 11 = 31/8/67 (nach PECK, 1978, geändert).

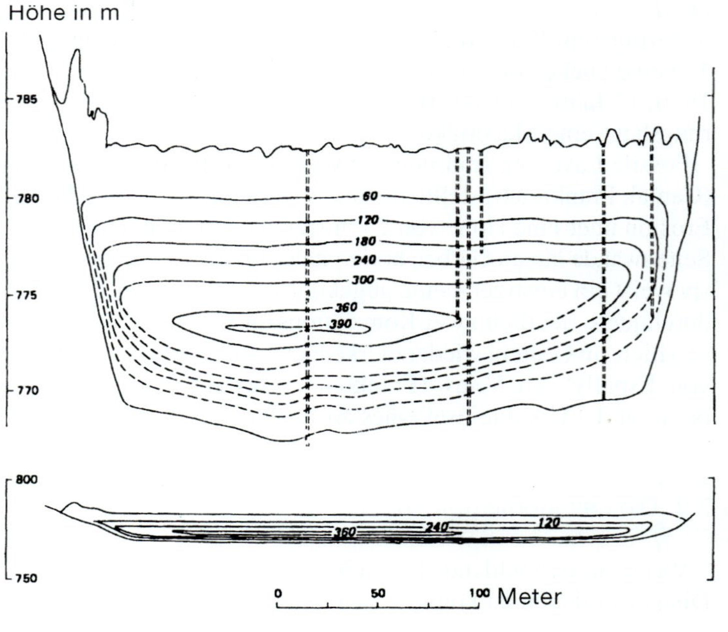

Abb. 7.15 b) Längsprofil des Alae-Lavasees am Kilauea (Hawaii) und Veränderung der 1000-°C-Isotherme je nachdem, wie die Linse geschmolzener Lava schmaler wird. Die Anordnung der Bohrungen ist mit senkrechten Strichellinien angegeben. Die Zahlen entsprechen der Anzahl der Tage, die seit Entstehung des Sees am 22. August 1963 vergangen sind. Die gestrichelten Isothermen wurden extrapoliert. Oben = 10fache Vergrößerung der Vertikalen. Unten = Horizontale und Vertikale im gleichen Maßstab. (nach PECK, 1978, geändert).

in andesitischem Kontext gut bekannt: die Soufrière de Saint-Vincent (Kap. 13), die Montagne Pelée, die Soufrière de Montserrat, der Merapi (Abb. 7.21), der Mount Unzen, der Mount St. Helens (Abb. 8.8). Beim Alkali-Vulkanismus betrifft diese Art der Platznahme die differenzierten Laven (trachytische, rhyolithische, phonolithische Laven). Auch bei den Vulkanen der Chaîne des Puys lassen sich leicht zwei morphologische Typen im Gelände unterscheiden: Dome (Puy Chopine, Grand Sarcoui, Le Clierzoux, Puy de Dôme) und Schlackenkegel (Pariou, Puy de Côme; Kap. 8).

Dome können mannigfaltige Gestalt annehmen, vor allem die zusammengesetzten Dome. Es werden vier einfache Typen unterschieden (Abb. 7.16; Blake, 1990), deren Morphologie in direkter Weise von den physikalischen Eigenschaften der Lava abhängt, aus der sie entstanden sind. Das Verhältnis von Höhe und zugehörigem Radius ist hierbei ein kritischer Parameter (Abb. 7.17).

1) Die **Stoßkuppen** (engl. *upheaved plug*, auch **Krypto-Dome** genannt) entstehen in der Tiefe dadurch, daß Magma unter anstehende Gesteine dringt und diese manchmal mehrere hundert Meter emporhebt. Der Durchmesser solcher Stoßkuppen entspricht dann dem der Austrittsöffnung. Da sie aus einem besonders zähflüssigen Magma bestehen, können sie die Form von Säulen annehmen, wobei ihre Höhe die Breite übertrifft. Echte Stoßkuppen bleiben allerdings selten, da sie häufig schon beim Entstehen auseinanderbrechen. So traten auf dem Vulkan Usu in Japan zwei richtige Stoßkuppen auf: 1769 Ko-Usu „der Kleine", später 1853 O'Usu „der Größere"; Showashinzan (shinzan bedeutet in Dt. „neuer Berg") entstand 1943 – 1945 als Krypto-Dom, noch bevor die Lava erschien, während der 1977 – 1978 entstandene Usushinzan im Zustand eines Krypto-Doms verblieb (Oba et al., 1983).
2) Die **Staukuppen (peleanische Dome)** haben eine größere Ausdehnung und sind heterogener (Bsp.: Montagne Pelée, 1902 – 1905 und 1929 – 1932; Besimjanny, 1956; Mount St. Helens, 1980; Lassen Peak). **Protrusionen** und **Lava-Nadeln** ragen weit in die Höhe. Zahlreiche explosive Eruptionen sind bei ihnen zu beobachten (Abb. 7.18). Die Gesteinstrümmer an den Seitenflanken dieser Dome verleihen ihnen die Gestalt von Pyramiden oder Kegeln. Das Verhältnis Höhe/Radius ist fast immer in etwa gleich und liegt bei $0{,}774 \pm 0{,}160$ (Abb. 7.17), was einer Neigung zwischen 31° und 43° entspricht.
3) **Abgeflachte Lavadome** (engl. *low lava dome*) sind vom Profil her rundlich, ihnen entweichen in großen Mengen Gase (Bsp.: Galunggung, 1918; Soufrière de Saint-Vincent, 1979, Abb. 13.6e). Das Verhältnis Höhe/Radius ist weit geringer als in den vorangegangenen Fällen.
4) Die **Fließkuppen** (engl. *coulee*) stellen eine Übergang zwischen abgeflachten Lavadomen und Lavaströmen dar. Sie sind aus einem relativ leichtflüssigen Magma entstanden und haben eine asymmetrische Gestalt je nach Neigung des Untergrunds.

Ein Dom kann „endogen" durch Nachrücken der Lava von innen oder „exogen" durch Austritt von Lava an seiner Oberfläche „wachsen" (Rittmann, 1963). H. Tazieff (1982) zieht es vor, erstere, die relativ gasreich sind, als **Magmendome** und letztere als **Lavadome** zu bezeichnen. Die Magmendome wachsen unter dem Einfluß der hydrodynamischen Auftriebskraft des von unten wirkenden Magmas. Diese Aufwölbung führt zur Dehnung der verfestigten Decke, reißt sie auf und ermöglicht neuem und ebenfalls fast verfestigtem Magma, die gerade erst erschienenen Risse wieder auszufüllen. Die stark reduzierte Permeabilität des zähflüssigen Magmas hemmt die Entgasung und erhöht das Explosionsrisiko. Aufgrund einer diffusen Exhalation sind bei diesem Vulkantyp weder

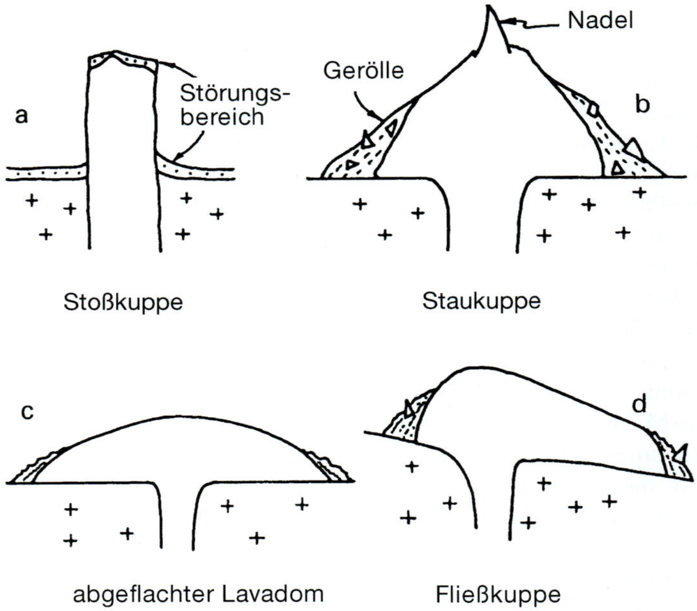

Abb. 7.16 Vier morphologische Domtypen im Profil (nach BLAKE, 1990, geändert).

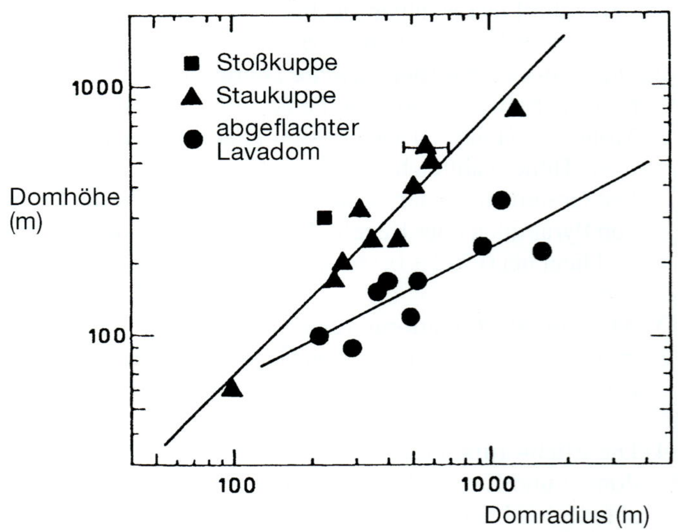

Abb. 7.17 Das Diagramm zeigt die Höhe verschiedener Domtypen in Abhängigkeit von ihrem Radius: abgeflachter Lavadom (Kreis), Staukuppe (Dreieck) und Stoßkuppe (Viereck). Die Korrelationsgeraden gehen nicht durch den Ursprung; sie haben eine Neigung von 1,06 (peleanischer Dom) bzw. 0,55 (abgeflachter Lavadom). Es sei vermerkt, daß das einzige in dieses Diagramm eingetragene Viereck für eine Stoßkuppe (O'Usu, Japan) eine Höhe aufweist, die merklich größer als der zugehörige Radius ist (BLAKE, 1990).

ein Schlot noch ein Krater anzutreffen. Die selteneren Lavadome (zweite Phase des Ausbruchs des Mount St. Helens am 18. Mai 1980) entstehen durch angestaute, zähflüssige, kurze und mächtige Lavaströme, die von einem Zentralschlot ausgehen, der sich mehr und mehr anhebt und an dem eine fumarolenartige Entgasung deutlich sichtbar ist.

Es sind Modelle aufgestellt und gerechnet worden, die von Domen mit einer einfachen, halbkugelförmigen Morphologie und einer axialen Symmetrie ausgingen, die von Gesteinstrümmern umgeben sind und auf einer ebenen Oberfläche stehen (IVERSON, 1990).

Abb. 7.18 a) Die Dacit-Nadel auf der Montagne Pelée im März 1903. Im Vordergrund die Ruinen der Stadt Saint-Pierre (Photo A. LACROIX).

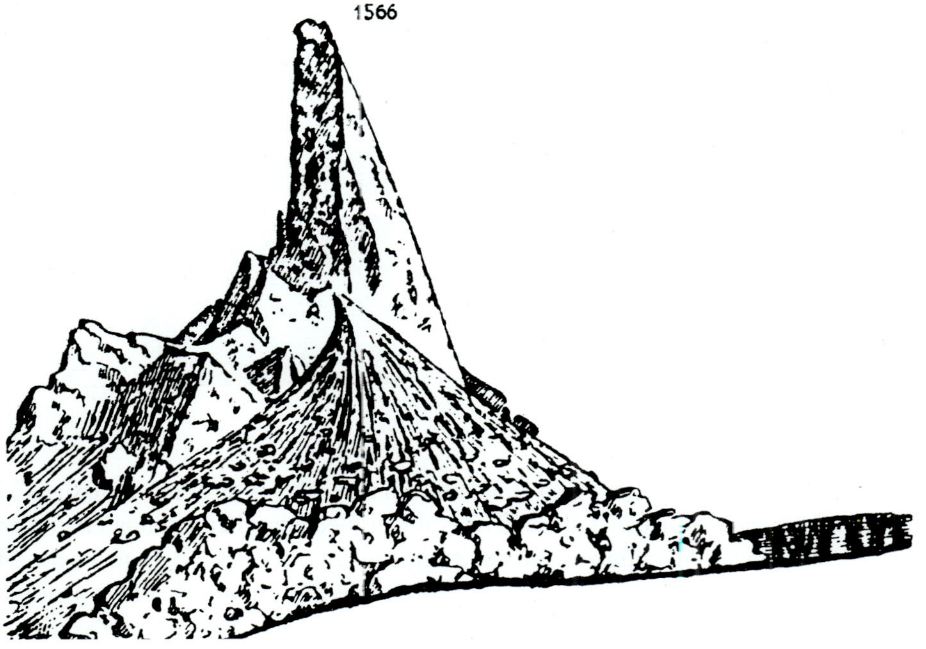

Abb. 7.18 b) Die Nadel kulminiert am 12. März 1903 in 1566 m Höhe (Skizze von Hauptmann PERNEY, in LACROIX, 1904).

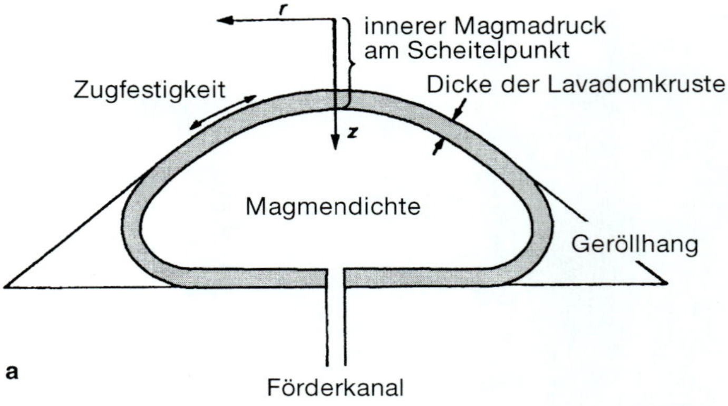

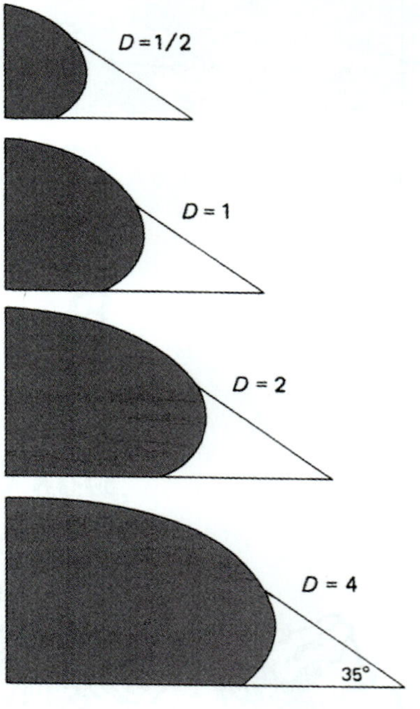

Abb. 7.19 a) Theoretisches Modell eines Doms im Querprofil und die seine Gleichgewichtsform bedingenden Parameter: Dicke der Lavadomkruste, ihre Zugfestigkeit, Dichte des Magmas und innerer Magmadruck (siehe Text). Eingezeichnet ist ein Bezugssystem mit vertikalen (z) und radialen (r) Koordinaten.

Abb. 7.19 b) Unterschiedliche Domformen (dunkel = Lavadomkruste und Dominneres; hell = Schutthang) für D-Werte von ½ bis 4 (siehe Text). Die Hangneigung ist willkürlich mit 35° festgelegt (nach Iverson, 1990, geändert).

Ein solcher Dom gleicht einer festen Hülle, die ein unter Druck stehendes flüssiges Magma umschließt. Die Gleichgewichtslage ist von vier mechanischen Parametern abhängig (Abb. 7.19a): von der Mächtigkeit und der Zugfestigkeit der Decke, der Dichte des Magmas und dem inneren Druck, der vom Magma und den Gasen am Dach des Doms ausgeübt wird. Andere Größen (wie Viskosität des Magmas, plastische oder elastische Decke) kommen folglich nicht zum Tragen. Die vier genannten Parameter können kombiniert werden und ergeben eine dimensionslose Größe D, die die Form des Domes bestimmt

(Abb. 7.19b). D kann spürbar schwanken und nimmt im Falle des Domes des Mount St. Helens den Wert 1 an.

Eine Störung des Gleichgewichts tritt bei jeder Erweiterung oder Explosion des Domes ein. Das Wachsen eines Domes kann man annähernd als eine Aufeinanderfolge von Gleichgewichtszuständen betrachten, die durch Eruptionen unterbrochen werden.

Die Skizzen und Photographien von ALFRED LACROIX und Hauptmann PERNEY (Abb. 7.18) berichten von der Heraushebung der Dacit-Nadel über den Gipfel der Montagne Pelée ab Anfang November 1902. Zwischen dem 9. und 12. November wird sie um 60 m angehoben, am 24. November ist sie 200 m hoch, so daß der Vulkan eine Höhe von 1 575 m erreicht hat, bis die Nadel zerbricht und einstürzt. Dreimal kommt es so zur Heraushebung einer Lava-Nadel, jedes Mal vom vorzeitigen Einsturz unterbrochen; sie hätte sonst 850 m gemessen und der Vulkan an ihrer Spitze eine Höhe von 2 200 m erreicht.

Das Wachsen des Domes der Soufrière de Saint-Vincent in der Zeit von Mai bis Oktober 1979 konnte von seiner Entstehung bis zum Endstadium (133 m Höhe und 868 m Durchmesser in fünf Monaten; siehe Kap. 13) besonders gut verfolgt werden. Am Mount St. Helens wuchs der Dom von 1980 (4 Mio. m^3) in neun aufeinanderfolgenden explosiven Phasen zwischen 1981 und 1983 auf 880 m Länge, 830 m Breite und 224 m Höhe im Dezember 1983 heran (44 Mio. m^3) (SWANSON et al., 1987). Seitdem wuchs er – langsamer – noch weiter.

Während der Eruptionsphase des Mount Unzen in Japan von Mai 1991 bis Mai 1995 (siehe auch Abschn. 9.2) legten sich 13 Dome nach und nach lobenartig übereinander (Abb. 7.20): Die Magmenförderung von Mai 1991 bis Anfang März 1993 – im wesentlichen in Form von Domen – wurde auf 130 Mio. m^3 geschätzt (NAKADA, 1991-1993; NAKADA & FUJII, 1993). An der Soufrière Hills auf Montserrat (Antillen) erreichte das Volumen der Dome, die sich Ende September 1995 zu bilden begannen, im Juli 1997 77 Mio. m^3 (Global Volcanism Network). Die Wachstumsgeschwindigkeiten der Dome reichen von 0,14 m^3/s am Galeras in Kolumbien 1991 über 3,5 m^3/s am Mount Unzen 1991 (CALVACHE & WILLIAMS, 1997) bis 5,2 m^3/s auf Montserrat im Juni 1997.

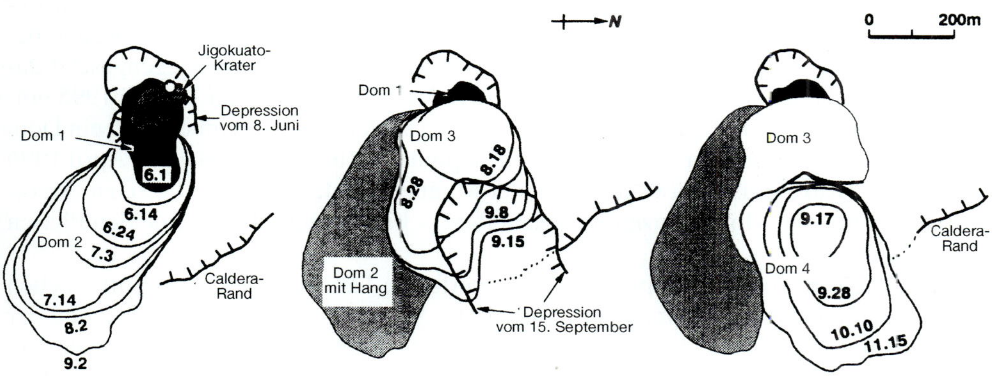

Abb. 7.20 Entstehung aufeinanderfolgender Dome im Verlaufe der ersten Monate der Eruptionsphase des Mount Unzen in Japan (Mai bis November 1991). Der Dom 1 tritt seit Anfang Juni (6.1 bedeutet 1. Juni) über den Krater Jigokuato hinaus. Der Dom 4 taucht im September auf (9.17 = 17. Sept.). Der Rand der Caldera ist gekennzeichnet. Der Norden ist in der Abb. nach rechts gerichtet (NAKADA & FUJII, 1993).

Abb. 7.21 Der aktive Dom des Merapi auf Java, Indonesien im August 1980. Im Hintergrund von links nach rechts die Vulkane Sumbing und Sundoro und das Dieng-Plateau (Photo J. M. BARDINTZEFF).

Die Errichtung eines Domes tritt paradoxerweise als ein effusiver Vorgang in Erscheinung, der an eine explosive Tätigkeit gebunden ist. Von Fall zu Fall folgt die eine Phase der anderen, manchmal wechseln beide Phasen einander ab. Im Falle der Soufrière de Saint-Vincent 1979 oder des Mount St. Helens 1980 gingen die explosiven Abschnitte der Errichtung des Domes voraus. Diese entspricht also der Endphase des eruptiven Zyklus, bei der das entgaste Magma weniger heftig austreten kann oder tiefergelegene petrogenetische Vorgänge (Magmenmischungen) abgeschlossen sind. Entgegengesetzt dazu begann während der Eruption der Soufrière auf Montserrat (die am 18. Juli 1995 einsetzte und mehr als drei Jahre später noch andauert) ab dem 25. September 1995 ein Dom zu wachsen, lange noch vor den explosiven Hauptphasen (bei der ersten am 3. April 1996 wurde eine Evakuierung notwendig). An der Montagne Pelée (1902 – 1905), am Merapi auf Java und am Mount Unzen in Japan (1991 – 1995) wechselten die beiden Phasen einander ab.

Die Übergänge von einer explosiven in eine effusive Tätigkeit und umgekehrt ergeben sich aus der Abnahme der Magmenförderrate im Verlaufe der eruptiven Phase und der Variation der Gasgehalte. Letztere resultiert aus zwei gegensätzlichen Erscheinungen: Ausdehnung und Entmischung der Gase durch Druckminderung einerseits und Entweichen durch die Seitenwände des Vulkanschlotes andererseits (JAUPART, 1990).

Umgekehrt kann ein Dom, unter dessen Decke Gase unter Druck stehen, explodieren, einstürzen und eine explosive Phase auslösen, wie es am Merapi auf Java (Abb. 7.21) oder am Mount Unzen geschah (Kap. 9).

7.4 Die Intrusionen

Wenn die Lava zur Oberfläche aufsteigt, dringt sie in das Vulkangebäude entlang von Schwächezonen (Lavastromränder, Verwerfungen, …) ein und nimmt in seinem Inneren in Form von **Intrusionen** Platz. Diese Intrusionen erhöhen folglich das Volumen des Vulkans (MARTEL et al., 1993). Hört die Aufstiegsbewegung auf, weil entweder die Lava den Gipfel nicht erreicht oder die Magmenneuzufuhr abbricht, erstarrt die Lava an Ort und Stelle und füllt die Zwischenräume aus. Bei der Abkühlung nimmt sie stets die Form von Säulen an, die senkrecht zum Nebengestein stehen, eine Prismenbildung, die um so deutlicher und regelmäßiger wird, je langsamer die Temperaturabnahme erfolgt. Die Grundmasse (Matrix) kann hierbei mehr oder weniger vollständig auskristallisieren bis hin zu einem Mikrogefüge (bestehend aus vielen kleinen Kristallen, die die größeren Erstkristalle umschließen), wie es bei den aus basaltischem Magma hervorgehenden Doleritgängen (oder Diabasen) zu beobachten ist.

Später bringt die Erosion diese inneren Strukturen ans Tageslicht, legt sie womöglich im Relief frei (Abb. 7.22). Ein Netz von Haupt- oder Nebenzufuhrgängen wird erkennbar.

Magmatische Füllungen vertikaler, radialer oder ringförmiger Spalten im Vulkanbau werden als **Dikes** oder **Gänge** bezeichnet. Wenn sie freigelegt sind, erscheinen sie wie kleine, aufgestapelte Mauern mit waagerechten Säulen (in der in Schottland gesprochenen Sprache keltischen Ursprungs bedeutet *dike* übrigens „Mauer") (Abb. 7.23). Die Basalte der ozeanischen Kruste treten hauptsächlich als Dikes auf (Abb. 12.4e). **Sills** oder **Lagergänge** nennt man mehr oder weniger horizontale Intrusionen, die sich der allgemeinen Schichtung des Vulkans einfügen. Die Breite der Dikes und Sills liegt meist unter einem Meter, kann aber auch über zehn Meter hinausgehen. Ein Dike kann mehrere hundert Meter lang sein (wie die „Chinesische Mauer" auf der Halbinsel Ronarc'h der Kerguelen). Die regionale Tektonik bestimmt die mitunter sehr ausgeprägte Verzweigung und Vernetzung der Gangsysteme. In der Valle del Bove am Ätna wurden 363 Dikes ge-

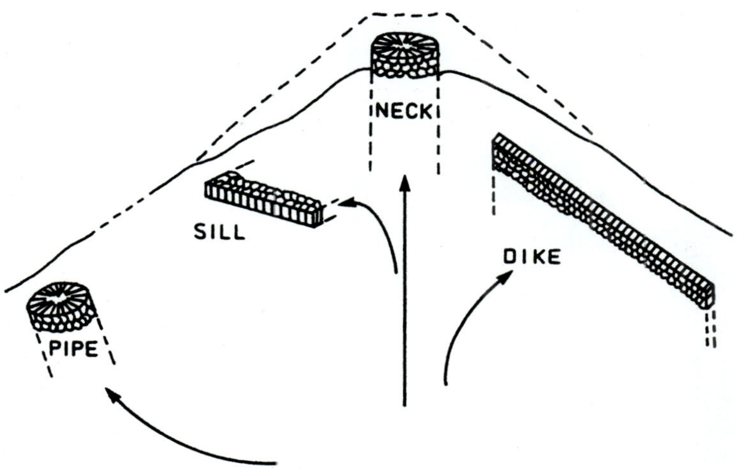

Abb. 7.22 Die durch die Erosion freigelegten vulkanischen Intrusionen (gestrichelt = das vorherige Relief). Das Schema berücksichtigt nicht die relativen Größenverhältnisse (BARDINTZEFF, 1986).

Abb. 7.23 Durch die Erosion freigelegter Dike auf Kerguelen (Halbinsel Jeanne d'Arc, in der Nähe des Cap Challenger; Photo J. M. Bardintzeff).

Abb. 7.24 Der „Finger der Sainte-Anne" (Kerguelen), bestehend aus Trachy-Phonolith, stellt einen durch die Erosion freigelegten Neck dar (Photo J. M. Bardintzeff).

Abb. 7.25 Die Roche Sanadoire im Mont-Dore-Massiv (Frankreich), phonolithischer Zusammensetzung, ist aus mehreren zusammengehörigen Necks aufgebaut (Photo J. M. BARDINTZEFF).

zählt, die 6 petrographische und strukturelle Einheiten darstellen (COMPARE, 1981). Für eine generelle, detaillierte Übersicht ist das Buch *Mafic dykes and emplacement mechanisms* (A. J. PAKER et al., 1990) zu empfehlen. **Necks** schließlich sind einstige vulkanische Schlotfüllungen, die durch eine radiale Prismenbildung charakterisiert sind (Abb. 7.24). Bei den berühmten Zwillingsfelsen Tuilière und Sanadoire (Abb. 7.25) im Mont-Dore bildet die Tuilière (Alter 1,9 Mio. Jahre) einen gigantischen Sill von rund 100 m Mächtigkeit, der plattig zerklüftet ist und Dachziegeln (frz.: *tuile*) gleicht, und die Sanadoire (2,2 Mio. Jahre) einen Poly-Neck, der durch sieben nebeneinandergestellte, miteinander verwachsene Einheiten entstanden ist. Die Schlotfüllungen (*sucs*) des Velay (wie z. B. der Phonolithschlot Gerbier-de-Jonc) verleihen der Landschaft eine große Vielfalt an Reliefformen.

Pipes oder **Diatremas,** deren Platznahme wie ein Kolben erfolgt („Durchschlagsröhren"), sind zylindrische Lavaschlote, in denen die Lava zu einer Breccie pulverisiert wurde (Kap. 10).

. . . und im Nebel ahnt man, hoch über den Meeren, die Hekla,
die wie ein Höllenfenster am Horizonte qualmt.
Victor Hugo, *L'aigle du casque (La légende des siècles)*

8 Die Airfall-Ablagerungen

Bei bestimmten explosiven Eruptionstypen bricht das Magma in Form fester Fragmente oder in noch zähflüssigem Zustand in diskontinuierlichen Phasen mehr oder weniger senkrecht aus dem Krater hervor. Die verschiedenen Bestandteile **(Auswürflinge, Ejecta)** fallen nach ihrem „Flug" durch die Atmosphäre auf die Erde nieder, sie werden daher als **Airfall-** oder **Fallout-Ablagerungen** bezeichnet (engl. *fall*). Zwei Arten sind deutlich zu unterscheiden:

1) Fragmente einer bestimmten Größe (einige cm, dm oder mehr) und mit einer gewissen Masse folgen entsprechend den Gesetzen der Ballistik in ihrem Flug einer parabelförmigen Bahn und fallen im gesamten Umkreis des Kraters (von einigen Zehner Metern bis zu mehreren Kilometern) nieder. In der Nacht aufgenommene Photos mit einer Belichtungszeit von mehreren Sekunden illustrieren sehr gut diese für den Stromboli und die strombolianischen Vulkane typische Erscheinung (Abb. 8.3b).
2) Fragmente von geringerer Größe (in der Größenordnung von einigen µm bis mm) werden, sofern sie in die notwendigen Höhen (bis zu mehreren tausend Metern) gelangen, von Luftströmungen über beträchtliche Strecken (mehrere Zehner bis einige hundert Kilometer) hinfortgetragen, ehe sie niedergehen und weiträumige Gebiete bedecken. Dieser Fall trifft für den vulkanianischen und besonders den plinianischen Typ zu (Abschn. 8.4).

Die Airfall-Eruptionen dauern in der Regel mehrere Stunden.

8.1 Die Korngrößenbestimmung: Asche oder Bombe?

Die Klassifikation der Airfall-Ablagerungen erfolgt **granulometrisch,** also nach ihrer **Korngröße.** Entsprechend den Klassifikationen von FISHER (1961), SCHMID (1981) und FISHER & SCHMINCKE (1984) unterscheidet man **Aschen** (< 2 mm), **Lapilli** (2 bis 64 [$=2^6$] mm) und schließlich bei größeren Abmessungen **Blöcke** bei eckiger und **Bomben** bei runder Form (Tabelle 8.1). Die größte vulkanische Bombe wurde mit 8,5 m Länge in der Sierra de la Primavera in Mexiko gefunden. Die Formen der Bomben sind unterschiedlich, je nachdem wieviel Zeit zwischen Auswurf und Verfestigung des Magmas vergeht. Bei einer schnellen Abkühlung ergeben sich ungefähr kugelförmige Bomben. Entspricht die Abkühlungsdauer genau der Zeit, in der sie ihre Flugbahn zurücklegt, nimmt die Bombe eine spindelförmige, aerodynamische Gestalt an: Bestimmte Torsionsstrukturen lassen die Rotationsbewegungen während des Fluges in der Luft erkennen. Hat das Mag-

Blöcke (eckig)				
Bomben (kugelförmig)				
Lapilli		----	64 mm	- 6 φ
Aschen	Sande	----	2 mm	- 1 φ
	Schluffe	----	$^1/_{16}$ mm	4 φ
	Tone	----	$^1/_{256}$ mm	8 φ

Tabelle 8.1 Korngrößeneinteilung der vulkanischen Ejecta (nach Fisher, 1961; Schmid, 1981, Fisher & Schmincke, 1984).

ma nicht genügend Zeit gehabt, um vollständig auszukristallisieren, werden die Bomben beim Auftreffen auf den Boden zu Fladen und „Brotkrusten" verformt. Thomas & Sparks (1992) errechneten, daß Bomben mit einem Durchmesser von mehr als 25 cm bei ihrem Flug durch die Atmosphäre nur wenig Wärme abgeben, während Lapilli mit einem Durchmesser von weniger als 1,6 cm völlig erstarrt auf dem Boden auftreffen.

Beiwörter präzisieren die Eigenschaften des Materials. Die **blasenreichen Schlacken** entstehen durch Verfestigung einer gasreichen Lava. **Bimse** entstehen aus äußerst gasblasenreichem Material. Sie haben eine sehr poröse, röhrenförmige Struktur, die dadurch zustande kommt, daß das Material im dickflüssigen Zustand auseinanderfließt. Größe und Erscheinung sorgen für eine präzise Beschreibung der Ejecta: Man spricht z. B. von Schlacke-Lapilli oder von Bims-Aschen.

Es versteht sich, daß diese Definitionen, die für die Beschreibung einer in-situ-Eruption brauchbar sind, nur unzureichend genau sind. Granulometrische Methoden (Moore, 1934; Fisher, 1964; Sheridan, 1971; Walker, 1971) ermöglichen reelle Messungen. Mehrere Kilogramm Tephra werden an einer ausgewählten Stelle entnommen und in einer Säule von Sieben, deren Maschendurchmesser in geometrischer Folge jeweils um die Hälfte abnehmen, durchgesiebt. Man benutzt hierfür im Gelände gebräuchlicherweise Siebe mit Maschen von 2 bis 32 mm Durchmesser. Größere Klasten (Fragmente) können direkt gewogen und mit dem Lineal gemessen werden. Die Fraktion < 2 mm wird danach im Labor mit Mikrosieben gesiebt, deren Maschen bis zu 30 μm ($^1/_{32}$ mm) klein sind. Für sehr genaue Untersuchungen benutzt man sogar ein Laser-Mikrodiffraktometer, mit dem der Anteil äußerst feiner Partikel bis hin zu 1 μm ermittelt werden kann.

Nach der Einwaage jedes Siebrückstandes kann eine Summenkurve gezeichnet werden (Abb. 8.1a), deren sigmoidaler Verlauf den Airfalltyp charakterisiert. Man kann dann exakt schlußfolgern, daß eine gegebene Ablagerung z. B. 80 % Aschen und 20 % Lapilli enthält.

Inman definierte 1952 eine Skala – log d/log 2 mit der Einheit φ, wobei d die Korngröße in mm ist (d. h. 64 mm = -6φ). Mit dieser Einteilung läßt sich die Zunahme der Maschenzahl arithmetisch darstellen, wie z.B. von -6φ (64 mm) auf +2φ ($^1/_4$ mm) in Abb. 8.1a.

Zur Beurteilung werden zwei Parameter herangezogen: der Median und die Sortierung. Der Median (Mdφ) ist hierbei die Teilchengröße (in mm oder φ), bei der ebensoviel große wie kleine Teilchen auftreten (also bei 50 Vol.-%). Die Sortierung (σφ) (engl.: *sorting*), die dem Verhältnis (ϕ_{84} – ϕ_{16})/2 entspricht (wobei ϕ_{84} die Teilchengröße bei 84 Vol.-% und ϕ_{16} die Teilchengröße bei 16 Vol.-% ist), ist ein Maß für die Homogenität der Ablagerung (Abb. 8.1a). Mdφ spiegelt die Grob- oder Feinkörnigkeit einer Formation, σφ ihren homogenen (niedriger Wert für σφ) oder heterogenen (hoher Wert) Charakter wider. In der Regel sind die Airfall-Ablagerungen gut sortiert. Denn die schwersten und

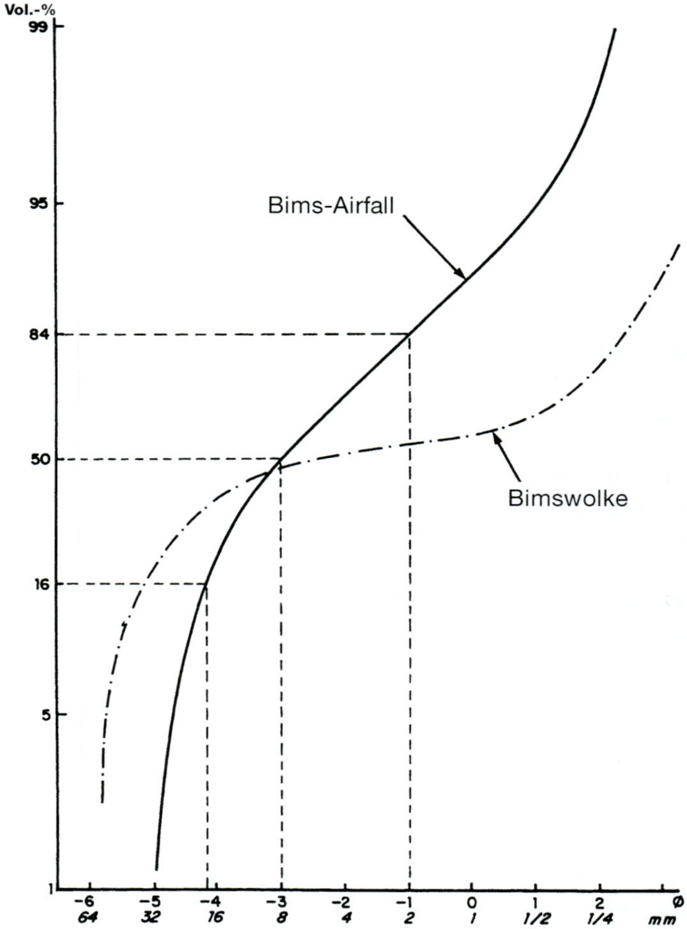

Abb. 8.1 a) Kurve der Korngrößenverteilung, wie sie für eine Bims-Airfall-Ablagerung (gestrichelt die zugehörige Bimswolke, s. Kap. 9) der Eruption P1 der Montagne Pelée 1300 u. Z. typisch ist. Der Median bei 50 % hat einen Wert von 8 mm (-3ϕ). Für die Sortierung zieht man die Werte bei 84 % (= -1ϕ) und bei 16 % (= -4,2ϕ) heran. Die Sortierung $\sigma\phi$, also $(\phi_{84} - \phi_{16})/2$, beträgt 1,6. Die zum Vergleich herangezogene zugehörige Bimswolke weist keinen besonders großen Unterschied in ihrem Median (4,9 mm = -2,3ϕ), dafür aber eine sehr schlechte Sortierung ($\sigma\phi$ = [2,4 + 5,1]/2 = 3,75) auf (nach BARDINTZEFF et al., 1989).

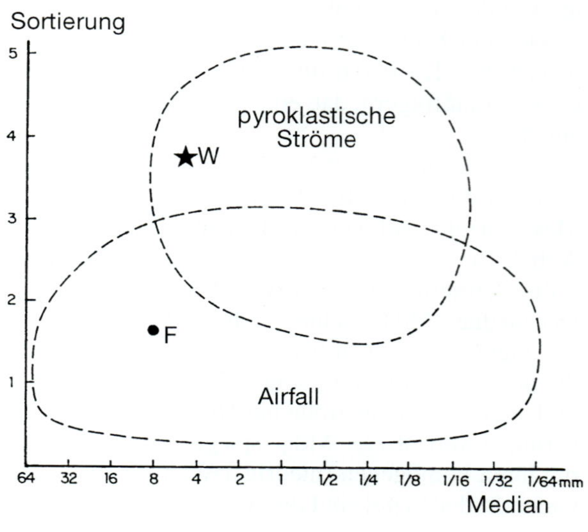

Abb. 8.1 b) Sortierung-Median-Diagramm mit den repräsentativen Feldern der Airfall-Ablagerungen und der pyroklastischen Ströme (von WALKER 1971 definiert). Es ist festzustellen, daß sich die beiden Felder deutlich überdecken. F und W stellen die durch die Kurven in Abb. 8a definierten repräsentativen Punkte der Bims-Airfall-Ablagerung (F) bzw. der Bimswolke (W) dar.

gröbsten Fragmente fallen schneller und erreichen, statistisch gesehen, vor den leichteren Bestandteilen den Boden. Die Ablagerungen weisen somit eine graduierte Schichtung auf (die Korngröße nimmt von der Basis nach oben hin ab). Die Fragmente sind um so besser sortiert, je länger ihr Flug in der Luft dauerte. Außerdem ist klar, daß die beiden Parameter bei ein und demselben Tephra-Niveau Variationen sowohl in der Waagerechten (in Abhängigkeit von der Entfernung zum Krater) als auch in der Senkrechten (Veränderungen im Laufe der Eruption) aufweisen können. Daher ist es wichtig, den Ort der Probenahme jedesmal genau festzulegen.

WALKER (1971) gelang es, das Feld der Airfall-Ablagerungen gegen das der „pyroklastischen Ströme" (Kap. 9) in einem Diagramm statistisch darzustellen, in dem die Sortierung gegen den Median abgetragen ist (Abb. 8.1b). Leider überdecken sich die beiden Felder jedoch stark. In bestimmten Fällen läßt sich diese Zweideutigkeit aber durch eine speziellere Analyse der Aschefraktion (< 2 mm) beheben (FISHER & HEIKEN, 1982; BARDINTZEFF & MISKOVSKY, 1984).

8.2 Die Morphologie der Vulkane: die Kegel

Aus der Ansammlung von Lapilli und Blöcken bzw. Bomben entsteht ein kegelförmiger Vulkanbau (Abb. 8.2, 8.3, 8.4, 8.5), wenn dagegen die Aschen überwiegen, bilden sich ausgedehnte, jedoch sehr dünne Decken.

Dies wird durch die berühmte Geschichte des Paricutin besonders gut veranschaulicht. Hierbei handelt es sich um einen Vulkan, dessen Entstehung unter den Augen des Menschen vor sich ging. Am 20. Februar 1943 beobachtete DIONISO PULIDO, ein mexikanischer Bauer, auf seinem Maisfeld unweit des Dorfes Paricutin etwa 300 km westlich von Mexico-Stadt, wie sich ein kleines Loch, das er dort, wie er sich erinnerte, schon immer gesehen hatte, plötzlich zu einer breiten, „rauchenden Spalte" vergrößerte: Ein neuer Vulkan, der Paricutin, wurde geboren! Die Errichtung und das Wachstum des Schlackenkegels konnten Tag für Tag verfolgt werden. Nach 12 Stunden hatte er eine Höhe von 10 m erreicht, nach einem Tag war er 30 m, nach einem Monat bereits 148 m, nach einem Jahr 336 m hoch (LUHR & SIMKIN, 1993). Die Eruptionssäule erreichte eine Höhe von 6 km, und ein Ascheregen ging über Mexico-Stadt nieder. Ab Juli 1943 begannen sich Lavaströme über die Flanken des Vulkans zu ergießen. Im darauffolgenden Jahr war das ganze Nachbardorf San Juan Parangaricutiro darunter begraben, und allein die Kirche ragte aus den Blöcken und Strömen von schlackiger Lava (Aa-Typ) hervor. Am 4. März 1952, als die Aktivität aufhörte, hatte der Gipfelkrater des Kegels eine Höhe von 424 m erreicht. Selbstverständlich hatten die Bewohner die Gegend rechtzeitig verlassen. Nur drei weitere Beispiele für die Entstehung eines Vulkans in jüngerer Zeit sind weltweit bekannt: der Jorullo, ebenfalls in Mexiko (1759), der Monte Nuovo in Italien (1538) und der Waiowa in Papua-Neuguinea (1943).

Derartige Kegel strombolianischen Typs sind überaus häufig anzutreffen, so auch besonders in der Chaîne des Puys: Hier finden wir den perfekten Kegel des Neuen Pariou, konzentrisch (Puy de Côme) oder exzentrisch (Alter und Neuer Pariou) ineinandergeschachtelte Kegel und teilweise (Puy de Louchadière) oder vollständig (Puy de la Vache, Puy de Lassolas) hufeisenförmige Kegel. Die Entstehung der hufeisenförmigen Kegel läßt sich durch häufige, seitliche Lavaförderungen mit immer gleicher Orientierung erklären, wodurch die Airfall-Ablagerungen lediglich auf einer Seite ausgeworfen wurden.

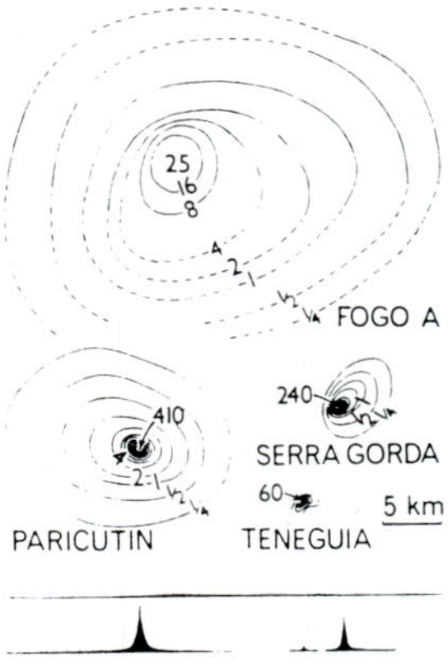

a

b

c

d

Abb. 8.2 **a)** Vergleich der Morphologie von drei Vulkankegeln (Paracutin, Mexiko; Serra Gorda, Azoren; Teneguia, La Palma, Kanarische Inseln) und einer ausgedehnten Tephraschicht (Fogo A, Azoren). Die Isopachen (Linien gleicher Schichtmächtigkeiten) sind eingetragen (Angabe der Schichtmächtigkeit in m, maximale Mächtigkeit im Zentrum). Darunter sind zum Vergleich die Profile der vier Beispiele im gleichen Maßstab abgebildet, wobei die Vertikale überhöht ist: Die Kegel erheben sich über die Umgebung, während das Niveau des Fogo A praktisch eben ist (Walker, 1973). **b)** Ein Miniaturkegel auf der Insel Amsterdam (Französisches Südpolarmeergebiet) (Photo J. M. Bardintzeff). **c)** Die Monte Silvestri: Zwei strombolianische Kegel, die auf den Flanken des Ätna (in ungefähr 2000 m Höhe - Gesamthöhe des Vulkans 3350 m) bei der Spalteneruption von 1892 entstanden sind (Photo J. M. Bardintzeff). **d)** Der Fuego (Guatemala), ein geometrisch perfekter Vulkankegel, gipfelt in 3765 m Höhe. Die Aschesäule mißt ungefähr 500 m (Photo J. M. Bardintzeff).

Kegel entstehen aber auch auf den Hängen großer Vulkanbauten. Auf dem Ätna sind 250 Nebenkegel bekannt, die in den letzten Jahrtausenden tätig waren. Der höchste von ihnen, der Hauptkegel der Monti Rossi, entstand bei der Eruption im Jahre 1669 und mißt 250 m.

Diese Kegel haben im Prinzip immer die gleiche Form. Neigungswinkel von 30° zeugen von einem Gleichgewicht, wie es für alle Granulatansammlungen (Sandhaufen, Kohlehalden) gilt. Ihre Höhe, die von der jeweiligen Vulkantätigkeit (Intensität und Dauer der Eruption) abhängt, kann mehrere Meter erreichen (Abb. 8.2).

Auswürflinge, die nicht genügend Zeit zur Abkühlung hatten, können bei ihrem Auftreffen auf den Erdboden heiß zusammenschweißen und einen **Spatter Cone** (Schweißschlackenkegel) bilden (*spatter* heißt im Engl. „spritzen"), der eine Höhe von mehr als 10 m (mitunter bis zu 30 m) und einen Durchmesser von etwa 100 m erreicht, wobei die Flanken steiler als bei gewöhnlichen Kegeln sind.

Bestimmte Vulkane (wie der Stromboli, der Sangay in Equador, der Yasour auf Vanuatu im Archipel der Neuen Hebriden, der Semeru in Indonesien) legen eine nahezu ununterbrochene, strombolianische Aktivität an den Tag, wobei es über mehrere Jahrhunderte hinweg in Abständen von Minuten oder wenigen Stunden zu einer Explosion kommt. Der Stromboli zeigt eine solche Aktivität seit mehreren zehntausend Jahren ohne größere Veränderungen in seiner geometrischen Gestalt oder der Magmenzufuhr, was eine ziemlich gleichmäßige Freisetzung der Gase und der Wärme voraussetzt. Der je Eruption austretende Magmenfluß liegt in der Größenordnung von 1 kg/s; dies läßt auf einen einige Meter breiten und nicht mehr als etwa hundert Meter tiefen Förderkanal mit einem relativ oberflächennahen Reservoir schließen. Dieses Reservoir wiederum wird von einem Magmenfluß in der Größenordnung von rund 100 kg/s aus der Tiefe versorgt, wovon nur ein sehr geringer Teil austritt (Giberti et al., 1992). Eine Bestätigung findet dies in der Messung des SO_2-Flusses, die beweist, daß seit den letzten 5 000 Jahren 50 bis 100 km^3 Magma entgast wurden (was fast der Hälfte des Gesamtvolumens des Vulkans von 230 km^3 entspricht), während nur $^1/_{100}$ des Magmas tatsächlich ausgetreten ist. Wo befindet sich also der Rest des Magmas, das durch seine Entgasung die strombolianische Aktivität unterhält? Ein derart bedeutender submariner Austritt ist schwer vorstellbar; es bleiben die Hypothese von Intrusionen (im wesentlichen Dikes) im Inneren des Vulkangebäudes, die zu seiner Volumenzunahme beitragen, oder die wahrscheinlichere Hypothese, daß sich das Magma in unbekannter Tiefe ansammelt (Francis et al., 1993; Allard et al., 1994).

8.3 Ausgedehnte Ascheablagerungen

Bei besonders hochexplosiven Eruptionen werden die fein zerstäubten Förderprodukte in alle Richtungen – vertikal wie horizontal – weit verstreut. Beim Ausbruch des Mount St. Helens (1980) im US-Bundesstaat Washington, der sowohl von Augenzeugen wie auch von Satelliten verfolgt wurde, konnte man die zeitliche und räumliche Ausbreitung der Aschen zahlenmäßig erfassen.

Der Mount St. Helens zeigte in den vergangenen 4 500 Jahren eine anhaltende Aktivität, wie die Altersbestimmungen der verschiedenen Ablagerungen bezeugen. Allerdings befand er sich seit 120 Jahren in einer Ruhephase (letzter Ausbruch im Jahre 1857). Am 20. März 1980 wird eine erste größere Erschütterung registriert, deren Ursprung in ge-

Abb. 8.3 Ausbruch des Piton de la Fournaise auf der Insel La Réunion 1998. **a)** Blick vom Hubschrauber auf den Piton Kapor, der sich im März 1998 gebildet hat; im April umschließt er einen kleinen Lavasee am Gipfel (Photo J. M. BARDINTZEFF).

b) Strombolianische Tätigkeit des Piton Kapor bei Nacht im April 1988 (Photo J. M. BARDINTZEFF).

Abb. 8.4 Der Vulkan Matthew im Inselbogen der Neuen Hebriden (Vanuatu), ein einzelnstehender Kegel im Pazifischen Ozean (PHOTO M. MONZIER, Orstom Nouméa).

Abb. 8.5 Nächtliche Eruption am Stromboli (Photo J. M. BARDINTZEFF).

ringer Tiefe unter dem Vulkan gelegen ist. Am 27. März setzt eine hydrothermale (unter Mitwirkung von Wasserdampf) explosive Tätigkeit im Gipfelbereich ein, die von der Entstehung eines kleinen Kraters und von Rissen sowie von der topographischen Aufwölbung des oberen Teils der Nordflanke begleitet wird. Dies bezeugt den Aufstieg des Tiefenmagmas (LIPMAN & MULLINEAUX, 1981). Bis Mitte Mai setzt sich diese vulkanisch-seismische Tätigkeit unter Zunahme der Kratergröße und weiterem Anschwellen der Nordflanke fort. Ohne zusätzliches vorheriges Anzeichen kommt es am 18. Mai um 8.32 Uhr Ortszeit zu einer größeren Eruption. Durch ein Erdbeben der Stärke 5 löst sich ein Bergsturz von 2,3 km^3 auf der Nordflanke (CHRISTIANSEN & PETERSON, 1981). Be-

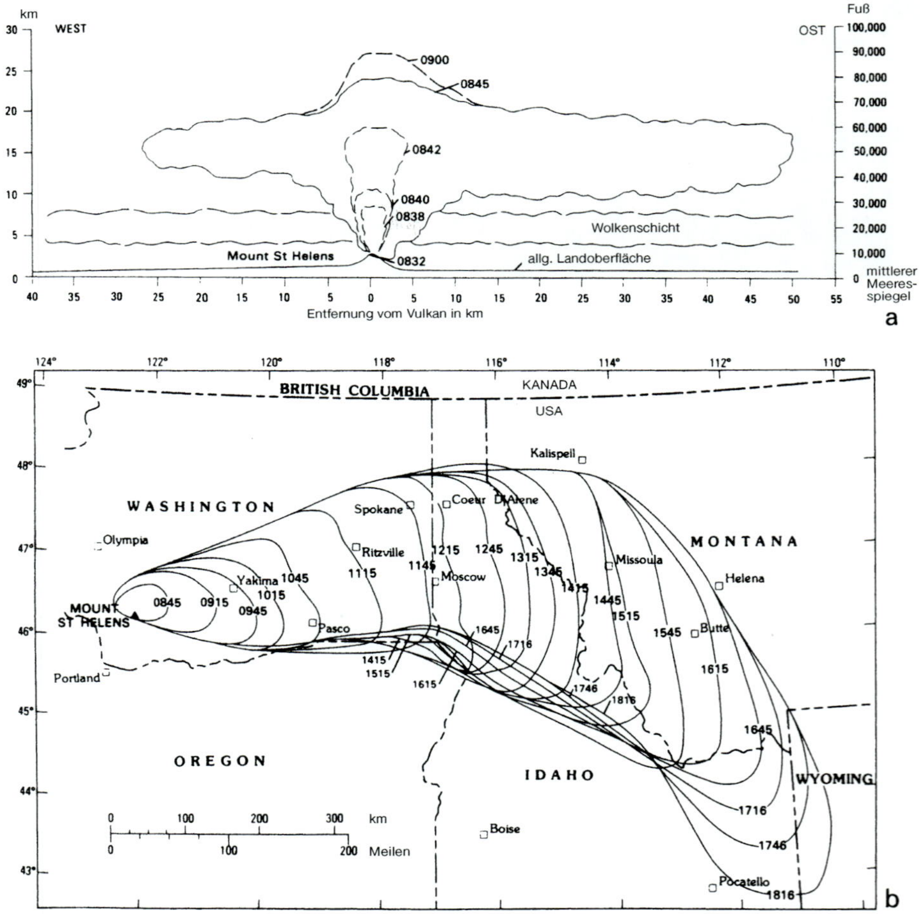

Abb. 8.6 Die Ausbreitung der Aschesäule und -wolke während des Ausbruchs des Mount St. Helens im US-Bundesstaat Washington am 18. Mai 1980. Diese außergewöhnliche Dokumentation war dank des Satelliten NOAA möglich, der das Geschehen jede halbe Stunde aufzeichnete (siehe auch Abb. 14.11). **a)** Die Aschesäule erreicht innerhalb einer halben Stunde eine Höhe von 27 km und breitet sich danach in Form eines Pilzes aus. **b)** Nach 10 Stunden befindet sich die Aschewolke über fünf Bundesstaaten. Unter dem Einfluß der herrschenden Winde hat sie sich um rund 1000 km nach Osten ausgebreitet, was einer Durchschnittsgeschwindigkeit von 100 km/h entspricht (nach SARNA-WOJCICKI et al., 1981).

Abb. 8.7 Die Eruption des Mount St. Helens am 7. August 1980 (Photo R. Hoblitt, U.S. Geol. Survey).

Abb. 8.8 Der Mount St. Helens im August 1987 (sieben Jahre nach der in Abb. 8.7 abgebildeten Eruption). In der hufeisenförmigen Depression ist ein Dom aufgetaucht. Im Vordergrund der Spirit Lake, auf dem noch Bäume schwimmen, die von der Nuée ardente entwurzelt wurden (Photo J. M. Bardintzeff).

trächtliche Verwerfungen bringen das Hydrothermalsystem mit dem darunter befindlichen Magma in Kontakt. Dadurch kommt es zu besonders hochexplosiven Eruptionen, die man als hydromagmatisch oder phreatomagmatisch bezeichnet (Kap. 10), da ihre Ursache zugleich magmatisch und durch die Einwirkung des Wassers phreatisch ist. Das Magma ergießt sich zuerst in Form pyroklastischer Ströme (Kap. 9). Schnell wird eine mächtige Eruptionssäule erzeugt, deren Aschewolke in nicht einmal einer halben Stunde bis in 27 km Höhe aufsteigt und sich dann zwischen 14 und 19 km stabilisiert. Bereits zehn Minuten nach Ausbruchbeginn hat sie die Form eines Pilzes und breitet sich unter dem Einfluß der vorherrschenden Winde in Richtung Osten aus. Aschen gehen nieder, die noch im 300 km entfernten Ritzville 4 cm mächtige Schichten bilden und sogar noch in 1500 km Entfernung nachweisbar sind. Die Ausbreitung der Aschewolke konnte dank der Photoaufnahmen des Satelliten NOAA verfolgt werden (Abb. 8.6). Innerhalb von zehn Stunden hat sie sich über die Staaten Washington, Oregon, Idaho, Montana und Wyoming ausgebreitet, also 1 000 km mit einer Durchschnittsgeschwindigkeit von 100 km/h zurückgelegt. Die Höhe des Vulkans nimmt durch die Enthauptung bei der Eruption und die Bergstürze um rund 300 m ab (aktuelle Höhe 2549 m). Am 25. Mai, 12. Juni, 22. Juli, 7. August (Abb. 8.7) und vom 16. bis 18. Oktober 1980 folgen weitere explosive Phasen. Ein Dom aus zähflüssiger Lava nimmt ab Juni 1980 nach und nach im Innern eines großen hufeisenförmigen Kraters Platz. Durch jede Explosion wird er teilweise zerstört, doch es folgt stets die Bildung eines neuen. Das Wachstum des letzten Doms setzte sich über mehrere Jahre fort (Abb. 8.8).

Der Ausbruch des Mt. St. Helens zeigte eine Aufeinanderfolge verschiedener Phasen: pyroklastische Ströme, Lapilli- und Asche-Airfalls (plinianische Phase) und Domextrusionen; ein Zyklus, der sich mehrere Male wiederholte. 1,1 km^3 Asche wurden am 18. Mai freigesetzt (SARNA-WOJCICKI et al., 1981), dennoch ist es nicht die stärkste Explosion in der Geschichte des Mount St. Helens gewesen.

8.4 Mächtigkeit, Fragmentierung und Dispersion der Ablagerungen

Durch Untersuchung der Ablagerungen läßt sich die Intensität einer explosiven Eruption *nachträglich* quantitativ erfassen: Diese Herangehensweise läßt sich sowohl auf aktuelle wie auf weiter zurückliegende Eruptionen anwenden. WALKER (1973) hielt dabei drei Parameter fest: die Mächtigkeit, die Fragmentierung und die Dispersion der Ablagerungen, indem er von dem einfachen Prinzip ausging, daß eine gewaltige Eruption die Tephra intensiv fragmentiert und sie weit verteilt. Eine solche Untersuchung wird im folgenden am Beispiel der Eruption P1 der Montagne Pelée vorgestellt, die sich 1300 n. Chr. ereignete (TRAINEAU et al., 1989; BARDINTZEFF et al., 1989b). Diese Eruption lieferte zugleich Bims-Airfall-Ablagerungen und Bimsströme (Abb. 8.9). Die unterschiedlichen ellipsenförmigen Isopachen[1] sprechen für zwei Windverhältnisse: SW-Passatwinde in geringeren Höhen (< 6 km) und Antipassatwinde in größeren Höhen (> 6 km).

– Mächtigkeit (T für *thickness*)

Die Mächtigkeit der Ablagerungen ist von dem geförderten Volumen abhängig und nimmt vom Nahbereich des Kraters zu größeren Entfernungen hin ab.

1 = Verbindungslinie zwischen Punkten gleicher Schichtenmächtigkeiten

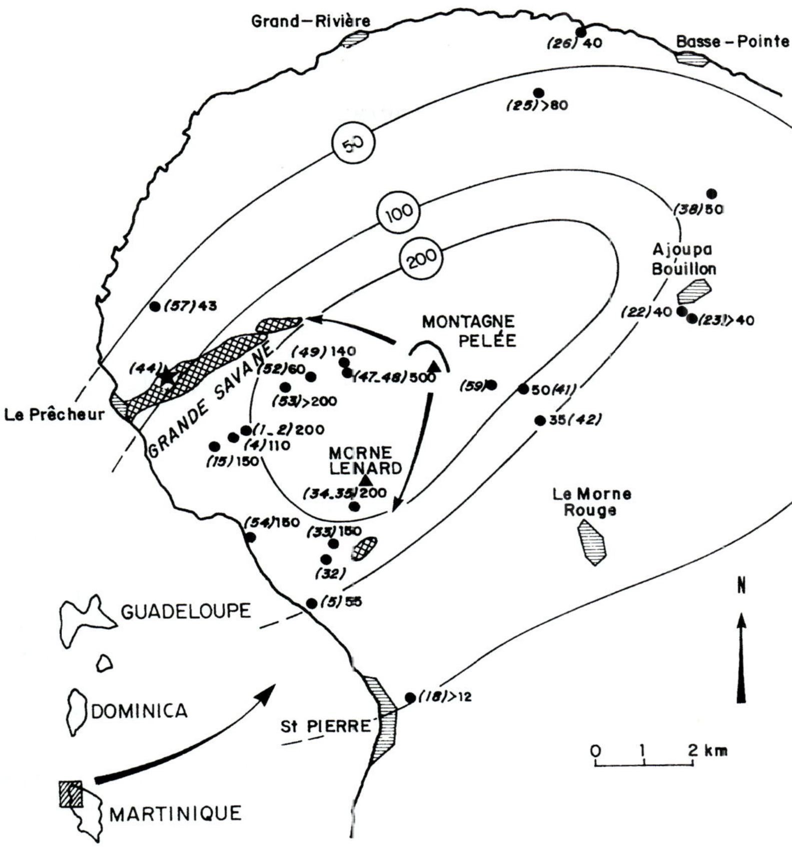

Abb. 8.9 Die Bims-Airfall-Ablagerungen der Eruption P1 der Montagne Pelée. Jeder Ort der Probenahme ist mit einem Punkt und zugehöriger Nummer in Klammern dargestellt; die Mächtigkeit (in cm) ist angegeben. Die Isopachen sind als geschlossene Linien eingezeichnet, in den Kreisen sind die Mächtigkeitswerte (in cm) eingetragen. Die zugehörigen Bimswolken sind schraffiert, die Pfeile geben die Ausflußrichtung an (nach Bardintzeff et al., 1989b).

Die Mächtigkeiten der Bims-Airfall-Ablagerungen bei der Eruption P1 betragen in 2 km Entfernung vom Krater 5 bis 8 m, in 8 km Entfernung nur noch 0,4 m. Der Parameter T_{max}, der der maximalen Mächtigkeit am Krater entspricht, ist schwierig zu bestimmen, da die Fragmente entweder in den Krater zurückgefallen oder durch die folgenden Eruptionen beseitigt worden sind. Eine graphische Extrapolation, ausgehend von der Änderung der Mächtigkeit mit der Entfernung vom Krater, ergibt einen theoretischen Wert von 15 m für T_{max}.

– Fragmentierung (F)

Der Grad der Fragmentierung, der mit der Intensität der Eruption zunimmt, entspricht gebräuchlicherweise dem prozentualen Gewichtsanteil des Materials mit einer Korngröße kleiner als 1 mm. Hierfür nimmt man willkürlich den Wert bei 10 % der maximalen Mächtigkeit (Isopache 0,1 T_{max}) – d. h. 1,5 m im Fall P1 – gemessen entlang der Achse des Ablagerungsfächers (NE – SW). Im genannten Beispiel beträgt F 10 %.

– Dispersion (D)

Die Dispersion bleibt eine schwer meßbare Größe. Wie soll man ein von nur wenigen mm Asche bedecktes Gebiet erfassen, wenn die Aschen von Wind und Regen schnell davongefegt werden? Man zieht es deshalb vor, die Fläche zu betrachten, die von einer vorgegebenen Isopache – die der Mächtigkeit 0,01 T_{max} – eingeschlossen wird.

Die Isopachen 2 m, 1 m bzw. 0,5 m schließen im untersuchten Beispiel (Abb. 8.9) Flächen von 26, 69 bzw. 181 km^2 ein. Durch Extrapolation erhält man für die Isopache 0,01 T_{max} (15 cm) eine umschlossene Fläche von 900 km^2, und diesen Wert nimmt man als Dispersion D. Der Prozentsatz des jenseits der 1-cm-Isopache niedergegangenen Volumens am Gesamtvolumen bleibt meist gering und liegt zwischen 1 und 10 %, erreichte aber ausnahmsweise 74 % bei der Eruption des Santa Maria in Guatemala im Jahre 1902 (Fierstein & Nathenson, 1992).

Die Eruption P1 ist also durch folgende Parameter charakterisiert: T_{max} = 15 m, F = 10 % und D = 900 km^2. Dieses Verfahren erscheint vielleicht sehr umständlich, es macht aber einen zahlenmäßigen Vergleich der Airfall-Eruptionen möglich.

In dem Diagramm F/D (Walker, 1973, 1980) läßt sich jeder mit Airfall-Ablagerungen verbundene Eruptionstyp darstellen (Abb. 8.10). Der zum Vergleich eingetragene hawaiianische Typ weist bei einer Fragmentierung gleich Null eine sehr begrenzte Dispersion auf, während der strombolianische Typ (Abb. 8.5) durch etwas höhere Werte für F und D charakterisiert ist. Bei Airfall-Eruptionen lassen sich zwei Reihen unterscheiden:

1) Die **plinianischen Eruptionen i. w. S.** (subplinianisch, plinianisch i. e. S. [Bsp.: P1] und ultraplinianisch [Bsp.: Taupo, Neuseeland; Walker, 1980]). Bei diesen Eruptionen gehen wahre Bimsregen nieder, die manchmal mehrere Stunden andauern können, wobei die Förderprodukte über riesige Flächen verteilt werden (bis zu 50 000 km^2 für die Isopache 0,01 T_{max}!).
2) Die **vulkanianischen** (Abb. 8.2d und 8.11) und **surtseyischen** (Abb. 10.5) **Eruptionen,** die besonders heftig sind und sehr fein fragmentiertes Material fördern.

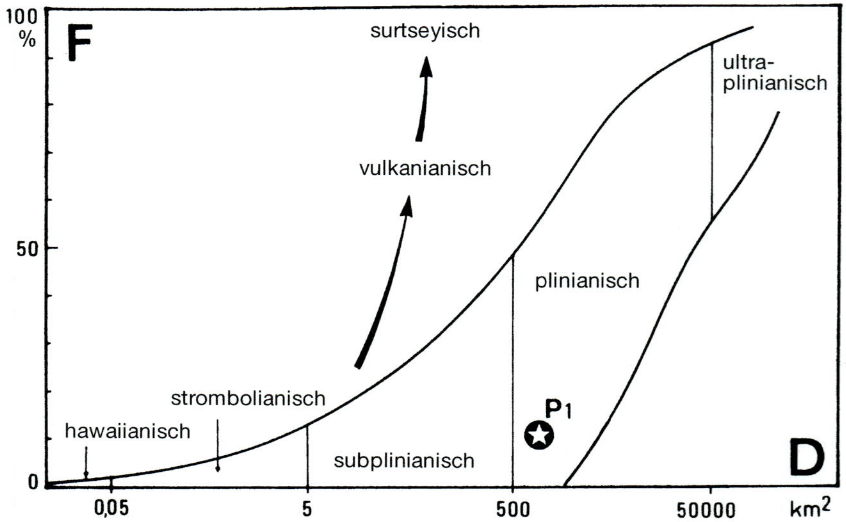

Abb. 8.10 Fragmentierungs-Dispersions-Diagramm (F/D) nach Walker (1973). Es sind die verschiedenen Airfall-Typen und zum Vergleich der hawaiianische Lavastromtyp (F praktisch 0, Dispersion sehr begrenzt) angegeben. Eingetragen ist ebenfalls die plinianische Eruption P1.

Abb. 8.11 Vulkanexplosion auf dem Tavurvur am Rande der Rabaul-Caldera in Papua-Neuguinea im August 1996 (Photo J. M. BARDINTZEFF).

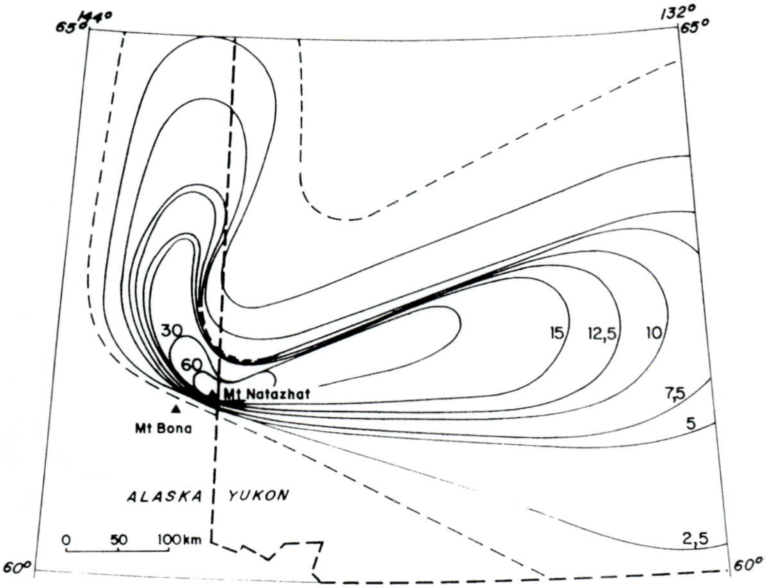

Abb. 8.12 Ein Beispiel „komplexer Isopachen": Die White-River-Ash-Ablagerungen (Mächtigkeit in cm) des Mount Natazhat (4074 m) in Alaska. Tatsächlich resultieren die Tephren aus zwei aufeinanderfolgenden Eruptionen, die auf 1887 vor heute (Nordflügel) und 1250 vor heute (Ostflügel) datiert wurden (nach LERBEKMO et al., 1975, geändert).

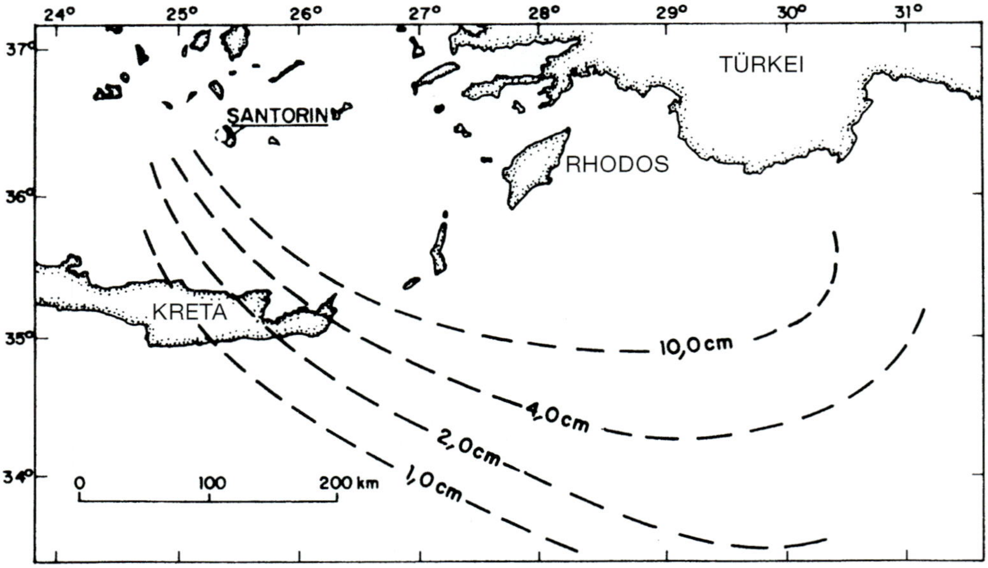

Abb. 8.13 **a)** Isopachen der Airfall-Ablagerungen bei der Eruption des Santorin (datiert auf 1645 ± 20 v. u. Z.; HAMMER et al., 1987), die anhand von Meeresbohrungen während der Ozeanmission Trident aufgestellt wurden (nach WATKINS et al., 1978, geändert). Aschen derselben Eruption sind im Schwarzen Meer gefunden worden (GUICHARD et al., 1993).

b) Die archäologischen Ausgrabungen in Akrotiri brachten die Überreste einer minoischen Stadt ans Tageslicht, die unter den Bimsen der Eruption begraben lag (Photo J. M. BARDINTZEFF).

Die Konstruktion der Isopachen erweist sich für zurückliegende Eruptionen stets als schwierig. Wie kann man die verschiedenen Eruptionen voneinander unterscheiden? Sind bestimmte Ablagerungen remobilisiert worden? Mit dem betrachteten Verfahren kann man allerdings den Emissionspunkt in der Mitte der konzentrischen Isopachen wiederfinden, auch wenn er inzwischen verschwunden ist.

Die Isopachen besitzen mannigfaltige Formen: Theoretisch kreisförmig, werden sie oft unter dem Einfluß vorherrschender Winde elliptisch. Das White-River-Ash-Niveau des Mount Natazhat in Alaska ist durch „komplexe Isopachen" charakterisiert (Abb. 8.12), die die Folge der Überlagerung von Material zweier kurzzeitig aufeinanderfolgender Eruptionen sind. Bei Meeresbohrungen (wie z. B. das internationale *Ocean Drilling Project*) schließlich kann man vollständig konservierte Ascheniveaus auffinden. So konnte die Aus-

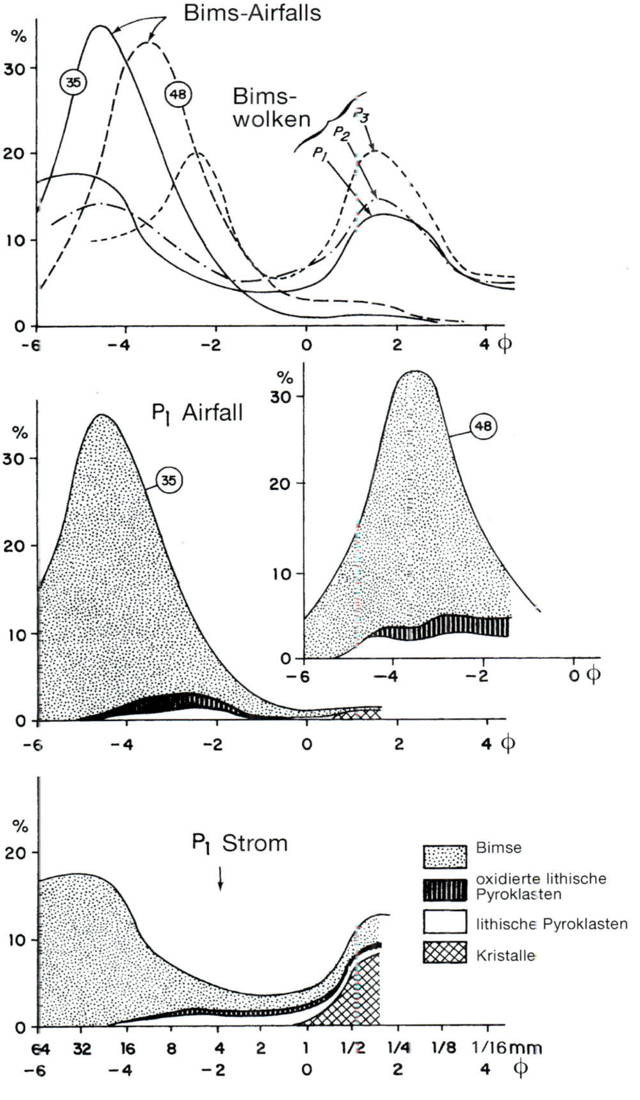

Abb. 8.14 Häufigkeitskurven der Bims-Airfall-Ablagerungen und der Bimswolken der Eruption P1 der Montagne Pelée nach der Methode von Walker & Croasdale (1971) (nach Bardintzeff, 1985a; Bardintzeff et al., 1989b).

breitung der Airfalls des Santorin nachvollzogen werden (Abb. 8.13, Kap. 14). Ebenso können Aschefragmente oder -niveaus in bestimmten Seen und Torfgruben oder im polaren Eis aufgefunden werden, da diese Orte eine Konservierung überaus begünstigen. Die Aschen können auch zu Tuffen zusammenschweißen.

8.5 Bimse, Kristalle und lithische Pyroklasten

Aus der qualitativen Zusammensetzung der Ablagerungen ergeben sich weitere spezifische Hinweise. Die verschiedenen strombolianischen Schlackenbomben und -lapilli sind untereinander sehr ähnlich; die plinianischen Bims-Airfall-Ablagerungen hingegen sind ziemlich heterogen.

Deshalb ist es üblich, bei den Komponenten plinianischer Airfall-Ablagerungen drei der Entstehung nach unterschiedliche Typen auseinanderzuhalten:

- **Bimse** sind blasenreich und machen gemeinsam mit den frischen Glasfragmenten geringer Teilchengröße das juvenile Material aus (Kap. 11).
- **Lithische Pyroklasten** (Gesteinsbruchstücke) rühren von Lavaschutt her, der bei der Pulverisierung eines schon vorher vorhandenen Lavastroms oder -doms durch die Eruption entsteht.
- **Kristalle**, die in der Magmenkammer oder im Schlot gewachsen sind, werden oft bei Eruptionen freigesetzt. Ihre vollständige geometrische **(idiomorphe)** Form unterscheidet sie von den Mineralbruchstücken, die von Gesteinen stammen, die schon vorher vorhanden waren und bis auf Mineralgröße zerkleinert worden sind.

Im Falle der Montagne Pelée erfolgte eine derartige Bestimmung für jede Korngrößenfraktion (BARDINTZEFF, 1985a; BARDINTZEFF et al., 1989b; Abb. 8.14). Daraus ergab sich ein charakteristisches Spektrum der Airfalls und der Glutwolken, unimodal im ersten, bimodal im zweiten Fall. Die Bimse überwiegen deutlich bei größeren Korngrößen (> 1 mm), während die Kristalle bei kleineren Korngrößen die Mehrheit darstellen.

Der prozentuale Anteil dieser drei Arten von Komponenten läßt mitunter eine gute Charakterisierung der Eruptionen zu (Abb. 8.15).

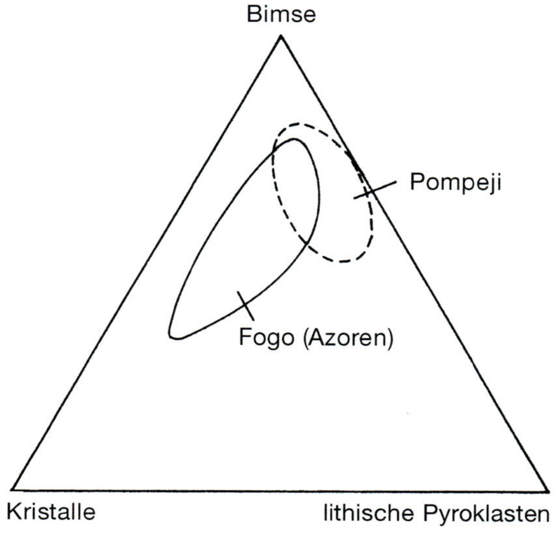

Abb. 8.15 Gewichtsanteile an Bimsen, lithischen Pyroklasten und Kristallen in den Ablagerungen von zwei plinianischen Eruptionen: Fogo (Azoren, 46 000 Jahre vor heute) und Pompeji (79 u. Z.) (nach WALKER, 1981).

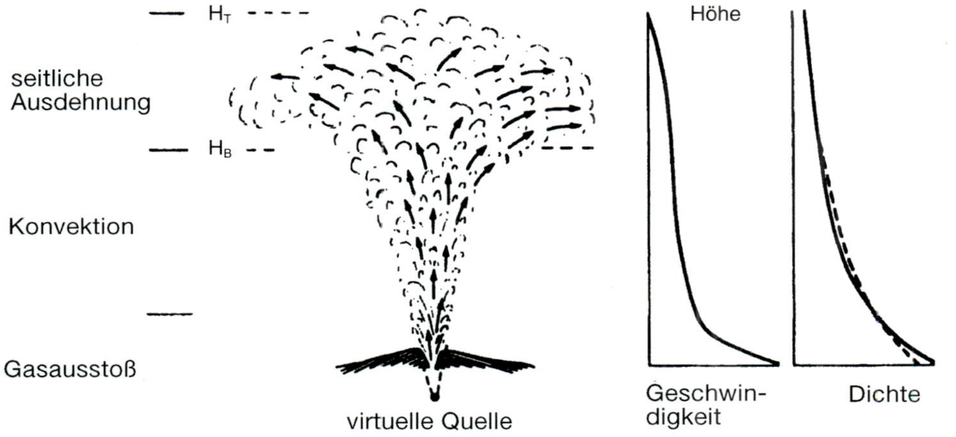

Abb. 8.16 Das Verhalten einer Eruptionssäule. Rechts sind die Geschwindigkeit und die Dichte in Abhängigkeit von der Höhe dargestellt (Eruptionssäule in durchgezogener Linie, zum Vergleich die umgebende Atmosphäre gestrichelt; die beiden Kurven schneiden sich auf der Höhe von H_B) (nach SPARKS, 1986, geändert).

8.6 Magmenförderrate und Eruptionssäule

Die über dem ausbrechenden Vulkan aufsteigende **Eruptionssäule** zeugt (im Falle plinianischer Eruptionen; zur Übersicht siehe SPARKS et al., 1997) durch ihre Ausmaße und ihr Verhalten von der Intensität der Eruption.

SPARKS (1986) stellte ein Modell für das dynamische Verhalten einer Eruptionssäule auf. Er unterteilt sie in drei Bereiche (Abb. 8.16). Die untere Region, einige 100 m hoch, ist durch sehr hohe Austrittsgeschwindigkeiten und eine merkliche Verlangsamung geprägt. In der mittleren Region, die mehr als 10 km hoch ist, finden intensive Konvektionsbewegungen statt. Die Eruptionssäule hat hierbei eine geringere Dichte als die sie umgebende Atmosphäre, was ihre vertikale Ausdehnung weiter begünstigt. Das obere Ende dieser Region (H_B) wird dort definiert, wo beide Dichten gleich sind. Aufgrund der erreichten Geschwindigkeit steigt die Eruptionssäule darüber hinaus weiter auf (H_T), breitet sich nunmehr aber auch horizontal aus und nimmt die Form eines Pilzes an. Wenn die Austrittsgeschwindigkeit in Höhe des Kraters unter 100 m/s sinkt, bricht die Eruptionssäule in sich zusammen (WOODS, 1988).

Die Parameter, die die Eruptionssäule definieren (Durchmesser, Höhe, Aufstiegsgeschwindigkeit) hängen direkt von der Größe des Schlotes und der Magmenförderrate ab. Diese wiederum sind abhängig von der Dauer der Eruption und vom geförderten Volumen. Diese Parameter können aus den hinterlassenen Ablagerungen – einer aktuellen oder einer zurückliegenden Eruption – berechnet werden. Die bereits beschriebene Eruption P1 ist Gegenstand derartiger Berechnungen gewesen (TRAINEAU et al., 1989; BARDINTZEFF et al., 1989b).

Die während der Eruption P1 geförderten Bimse erreichten ein Volumen von 0,95 km^3. Teilt man diesen Wert durch 5, um die geringe Dichte des Materials (1 g/cm^3 gegenüber 2,5 g/cm^3 bei einer Lava) und die zahlreichen Poren (50 Vol.-%) zu berücksichtigen, erhält man ein einem „dichten Gestein" äquivalentes Volumen von 0,19 km^3 (DRE =

Dense Rock Equivalent). Letztlich muß man immer im Auge behalten, daß die untersuchten Produkte nur indirekte Zeugnisse des Magmas sind und das Interesse sich auf das Volumen des flüssigen Magmas richtet, das sich in der Magmenkammer befindet.

Die freiwerdende thermische Energie E_{th} wird nach der Formel von YOKOYAMA (1957) abgeleitet:

$$E_{th} = V \cdot \rho \cdot T \cdot a \,, \qquad (1)$$

wobei V = Volumen ($0{,}95 \cdot 10^{15}$ cm³),
ρ = Dichte (1 g/cm³),
T = Temperatur der Ejecta (500 °C),
a = spezifische Wärme der Lava ($0{,}8371\ \mathrm{J \cdot g^{-1} \cdot {}^\circ C^{-1}}$) ist.

Folglich beträgt $E_{th} = 4 \cdot 10^{17}$ J und ist damit 20000mal höher als die beim Atombombenabwurf auf Hiroshima freigesetzte Energie ($2 \cdot 10^{13}$ J). Das Verhältnis kinetische Energie/Wärmeenergie beträgt in der Regel etwa 1 bis einige Prozent.

Das ausgestoßene Material (0,19 km³) besteht letztlich zu 85 % (0,16 km³) aus Bimsen, die aus dem frischen Magma stammen, und zu 15 % (0,03 km³) aus eckigen Fragmenten, die von der Zerstörung des Untergrundes bei der Entstehung des Kraters herrühren, dessen Volumen somit abgeschätzt werden kann. Bei einer detaillierten Untersuchung der Ablagerungen kann man sogar genau feststellen, daß der Krater zu Beginn der Eruption einen Radius von 18 – 30 m und eine Tiefe von 200 – 500 m besaß und sich zum Ende auf 60 – 70 m Radius und 2 km Tiefe vergrößerte.

Die maximale Massenförderrate M errechnet sich aus der Formel von WILSON et al. (1980):

$$M = \pi \cdot r^4 \cdot \rho_c \cdot (\rho_c - \rho_m) \cdot g \,/\, 8\eta \,, \qquad (2)$$

wobei r = Schlotradius (60 – 70 m),
ρ_c = Dichte der Kruste (entspricht einer Volumenmasse von $2{,}65 \cdot 10^3$ kg/m³),
ρ_m = Dichte des Magmas ($2{,}5 \cdot 10^3$ kg/m³),
g = Gravitationskonstante (9,81) und
η = Viskosität des Magmas ($5 \cdot 10^5$ Pa·s) ist.

Der errechnete Wert von $3{,}8 - 7{,}0 \cdot 10^7$ kg/s entspricht einer Volumenförderrate von $1{,}5 - 2{,}8 \cdot 10^4$ m³/s. Die 0,16 km³ juveniles Magma wurden folglich in 1 ¹/₂ bis 3 Stunden gefördert.

Die maximale Aufstiegsgeschwindigkeit des Magmas v ergibt sich nach CAREY & SIGURDSSON (1985) aus der Gleichung:

$$v = M \,/\, (\rho_m\, \pi\, r^2) \qquad (3)$$

und erreicht Werte von 1,3 – 1,8 m/s.

Die von der Aschewolke erreichte Höhe H_T kann auf unterschiedliche Art und Weise annähernd bestimmt werden:

Die Formel von WILSON et al. (1980):

$$H_T = 236{,}6\, (M)^{1/4} \qquad (4)$$

ergibt 18,6 – 21,6 km.

Die Formel von WILSON et al. (1978):

$$H_T = 8{,}2\, (Q)^{1/4} \qquad (5)$$

ergibt 20,2 – 24 km.

Hierbei ist Q das Maß für die freiwerdende thermische Energie; $4 \cdot 10^{17}$ J in 1,5 – 3 h bedeuten $3{,}7 - 7{,}4 \cdot 10^{13}$ W.

Eine Studie von CAREY & SPARKS (1986), die auf der Größe der Klasten und ihrer Auswurfentfernung basiert, spricht von einer 21 km hohen Eruptionssäule und einem aus NE mit 10 m/s wehenden Wind (Passat). (Bsp.: 3 cm große Fragmente gehen in der Achse der vorherrschenden Winde in 7 km Entfernung vom Krater und in der dazu senkrechten Richtung in nur 5 km Entfernung nieder.)

Die verschiedenen Ergebnisse stimmen in etwa überein und liegen bei einem Mittelwert von 20 – 22 km.

Die totale Säulenhöhe H_T ist von der Höhe des konvektiven Bereichs H_B zu unterscheiden; beide Parameter sind durch die Gleichung:

$$H_T = 1{,}32\,(8r + H_B) \qquad (6)$$

miteinander verknüpft, wobei r der Schlotradius (60 – 70 m) ist (Abb. 8.16; SPARKS, 1986). Einem Wert von 20 – 22 km für H_T entspricht ein Wert von 14,7 – 16,2 km für H_B. Die Eruptionssäule erreicht somit einen Radius von 7 – 8 km.

Die anfängliche Austrittsgeschwindigkeit der Partikel v_0 in Kraterhöhe errechnet sich nach WILSON (1976):

$$v_0 = (8 \cdot g \cdot r_0 \cdot \varrho / 3 \cdot C \cdot \varrho_g)^{1/2}\,, \qquad (7)$$

wobei g = 9,81 m/s²,
r_0 = Größe des größten Bimsfragments (0,4 m),
ϱ = seine Dichte (also 1 000 kg/m³),
C = Reibungskoeffizient (nahe 1) und
ϱ_g = effektive Gasdichte im Krater (0,19 kg/m³) ist.

Dies ergibt bei einem 0,4 m großen Fragment eine Geschwindigkeit v_0 = 230 m/s und bei einem 0,7 m großen Fragment eine Geschwindigkeit v_0 = 310 m/s, fast die Schallgeschwindigkeit! Bei anderen Eruptionen sollen Fragmente sogar mit Überschallgeschwindigkeit herausgeschleudert worden sein. Nach WALKER (1971) erreicht die theoretische Endgeschwindigkeit, wenn Gravitations- und Reibungskräfte ausgeglichen sind, im ersten Fall 90 bis 100 m/s und im zweiten 120 m/s.

All diese im nachhinein angestellten Berechnungen beschreiben eine Eruption ohne jedes schriftliche Zeugnis! Zwar wohnten zu jener Zeit auf der Insel Martinique Karibikindianer, doch gibt es keinerlei schriftliche Überlieferung, die von dieser Eruption berichtet.

Die Untersuchungen der Ablagerungen der durch die Beschreibungen von PLINIUS D. J. berühmt gewordenen Eruption des Vesuv im Jahre 79 ermöglichten es, ihren Ablauf sehr genau nachzuzeichnen (SIGURDSSON et al., 1985; CAREY & SIGURDSSON, 1987). Sie begann am 24. August gegen 13 Uhr, wobei zwei eruptive Phasen aufeinander folgten (Abb. 8.17). Im Verlaufe der ersten sieben Stunden stieg die Aschewolke von 14 auf 26 km, die Förderrate betrug $7{,}7 \cdot 10^7$ kg/s, und weiße Bims-Airfalls gingen nieder. Diese Phase weist zahlreiche Ähnlichkeiten mit der Eruption P1 der Montagne Pelée auf. In den folgenden zwölf Stunden erreichte die Aschewolke bis zu 32 km Höhe, und auf die weißen Bimse folgte die Förderung grauer Bimse, was von einer Veränderung der chemischen Zusammensetzung des Magmas zeugt. Die Bimse bedeckten die Stadt Pompeji,

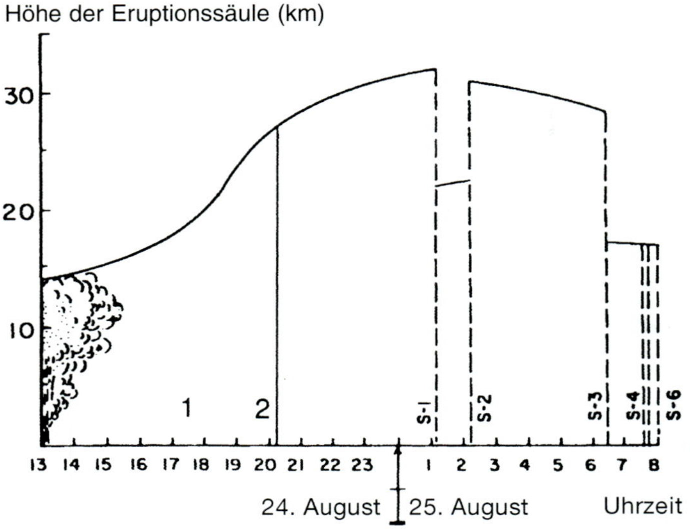

Abb. 8.17 Entwicklung der Eruptionssäulenhöhe im Verlauf der Eruption des Vesuv im Jahre 79. Die auf dem Bericht von PLINIUS D. J. beruhende Zeitskala setzt eine konstante Bimsakkumulationsrate voraus. 1 = Einsturz der Dächer in Pompeji, 2 = Übergang von weißen zu grauen Bimsen, S1 bis S6 = Erguß von Surges, d. h. besonders heftigen pyroklastischen Strömen (S1 deckt Herculaneum zu, S2 erreicht Terzigno, S5 deckt Pompeji zu und S6 erreicht Capo Miseno) (nach CAREY & SIGURDSSON, 1987, geändert) (siehe auch Abb. 14.4).

die 9 km südöstlich des Vulkans liegt. Etwa sechs „Surges“ (sehr gewaltige pyroklastische Ströme, siehe Kap. 9) stürzten zu Tale: Die erste verwüstete am 25. August gegen 1 Uhr morgens die Stadt Herculaneum, die fünfte gegen 7 Uhr Pompeji. Während der 19 Stunden anhaltenden Eruption wurden 4 km^3 Tephra (DRE) gefördert.

Die Gipfel der Eruptionssäulen, die von starken explosiven Eruptionen herrühren, reichen weit über die untere Grenze der Stratosphäre (Tropopause) hinaus, die sich in 10 bis 17 km Höhe befindet (Abschn. 14.6). Die Säulenhöhe, in den vorangegangenen Beispielen mit 20 bis 30 km berechnet, überschritt beim Taupo 50 km (WALKER, 1980). Die in die Stratosphäre geratenen Aschen sind mitunter Ursache irdischer Klimaveränderungen (Abschn. 14.6). Später gehen diese Aschen über dem gesamten Erdball nieder. Sie bleiben jedoch aufgrund ihrer Feinheit und ihrer Dispersion unbemerkt.

8.7 Vulkan-Explosivitäts-Index

TSUYA (1955) teilte die Vulkaneruptionen in Abhängigkeit vom geförderten Volumen in eine Skala von neun Intensitätsgraden ein, die vom Grad I für Volumina kleiner als 10^{-5} km^3 bis zum Grad IX für Volumina größer als 100 km^3 reicht.

Ausgehend von sämtlichen zahlenmäßig erfaßten Parametern definierten NEWHALL & SELF (1982) einen **Vulkan-Explosivitäts-Index (VEI)** (Tabelle 8.2), der in gewisser Weise der Magnitude der Erdbeben entspricht, die durch die Mercalli-Skala definiert wird. Diese halbquantitative Skala ist anhand der nur teilweise verfügbaren Daten historischer Eruptionen aufgestellt worden. Sie ist in neun Stärken (0 bis 8) eingeteilt, die auf einer Verknüpfung der verschiedenen Kriterien, von den sichersten bis zu den hypothetischsten, beruhen: gefördertes Volumen, Eruptionsdauer, Höhe der Eruptionssäule, eventuelle Ascheinjektion in die Tropo- oder Stratosphäre. Sie bezogen dabei 8 000 prähistorische und historische Eruptionen mit ein! Etwa 20 der untersuchten historischen Eruptionen setzten ein größeres Volumen als 1 km^3 frei (HEDERVARI, 1963). WALKER (1980) weist auf 11 plinianische, in der Mehrzahl prähistorische Eruptionen hin, die zwischen

VEI	0	1	2	3	4	5	6	7	8
Beschreibung	nicht explosiv	schwach	mäßig	mittel	groß	sehr groß	–	–	–
Ejectavolumen (m^3)	$<10^4$	10^4-10^6	10^6-10^7	10^7-10^8	10^8-10^9	10^9-10^{10}	10^{10}-10^{11}	10^{11}-10^{12}	$>10^{12}$
Höhe der Eruptionssäule (km)	< 0,1	0,1-1	1-5	3-15	10-25	> 25	–	–	–
qualitative Beschreibung	--„mild", effusiv--		---explosiv----		----kataklysmal, paroxysmal----------				
				--schwer, heftig----------					
		-- strombolianisch--			----plinianisch----------				
Klassifikation	-hawaiianisch---		---vulkanianisch----------			---ultraplin anisch----------			
Eruptionsdauer (h)	---------< 1----------				------------> 12----------				
			---------------1 – 6-------------						
				-----------6 – 12 -----------					
Art der Förderung	Lavastrom	-----Explosion, Nuée ardente----------							
		-----Phreatismus----------							
	-----Dom-----								
Injektion in die Troposphäre	vernach-lässigbar	gering	mäßig	durch-gängig----------					
Injektion in die Stratosphäre	-----------keine----------			möglich	vorhanden	signifikant----------			

Tabelle 8.2 Intensitätsskala der vulkanischen Eruptionen. Die VEI (Volcanic Explosivity Index), die auf verschiedenen zahlenmäßig erfaßten Parametern beruhen, gehen von 0 bis 8. Die Volumina sind in m^3 angegeben (nach Newhall & Self, 1982).

10 und 25 km^3 freisetzten. Rekordhalter in der Geschichte ist der Tambora (Indonesien), der vom 5. bis zum 11. April 1815 175 km^3 Tephra (= mehr als 50 km^3 DRE; Self et al., 1984; Sigurdsson & Carey, 1989) förderte und $1{,}4 \cdot 10^{20}$ J freisetzte. Statistiken ergeben für ein Jahrzehnt durchschnittlich eine Häufigkeit von 104 Eruptionen der Stärke 0, 110 Eruptionen der Stärke 1, 304 Eruptionen der Stärke 2 und 82 Eruptionen der Stärken 3 und höher. Außerdem registrierten Newhall & Self (1982) seit dem Jahre 1500 lediglich vier Eruptionen der Stärke 6 (Long Island in Papua-Neuguinea im 18. Jh., 1883 der Krakatau, 1902 der Santa Maria in Guatemala und 1912 der Katmai) und eine einzige der Stärke 7, nämlich die des Tambora im Jahre 1815.

8.8 Krater und Calderen

Die vulkanischen Förderprodukte verlassen den Vulkan durch einen Ausgang, den Krater. Dieser wächst in dem Maße in die Höhe, wie der Vulkan aufgebaut wird. Die aufeinanderfolgenden Förderungen bei explosiven Eruptionen sorgen in den meisten Fällen für eine Verbreiterung des Kraters.

Die Abfuhr einer großen Menge an Förderprodukten aus der Magmenkammer führt zu einem unterirdischen Hohlraum und als Folge davon mehr oder weniger schnell zu Einstürzen entlang konzentrischer Verwerfungen. Depressionen von beeindruckender Größe

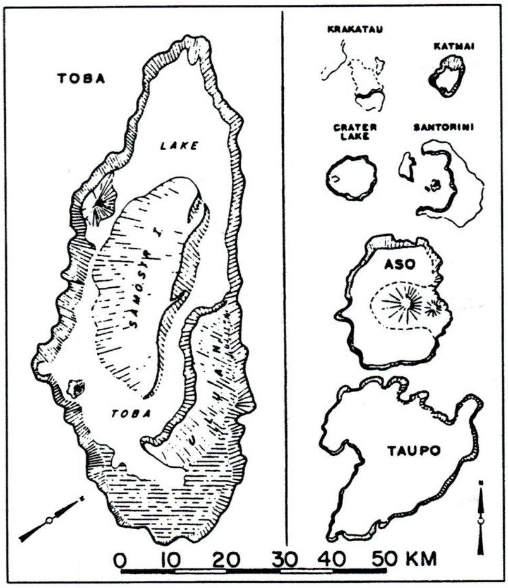

Abb. 8.18 Vergleichende Ausmaße einiger der größten Calderen der Welt (aus Ninkovitch et al., 1978). Im Falle der Caldera des Toba auf Sumatra (100 km x 30 km) soll sich der Boden um 2 km gesenkt haben, wodurch ein tiefer See entstand, bevor er um mehrere hundert Meter angehoben wurde und die Insel Samosir inmitten des Sees aufstieg

(mit Durchmessern über 2 km, manchmal bis 10 km), die im wesentlichen die Folge von Einstürzen sind, erhielten den Namen **Caldera,** ein Begriff, der aus dem Portugiesischen stammt *(caldeira)* und „Kessel“ bedeutet. Die Calderen sind meist an explosive Vulkane gebunden, es gibt sie aber auch bei den Lavavulkanen (Kilauea auf Hawaii, Piton de la Fournaise auf Réunion).

Natürlich können sie durch spätere vulkanische Ablagerungen teilweise zugeschüttet werden, es bauen sich aber auch Dome aus differenzierter Lava an ihren Rändern auf (Bsp.: Caldera der Haute-Dordogne im Mont-Dore). Der deutliche Zusammenhang zwischen den mächtigen die Caldera in ihrem Innern ausfüllenden Lagen und den weniger mächtigen nach außen hin gerichteten Lagen scheint zu beweisen, daß die Absenkung eher gleichzeitig mit der explosiven Eruption stattfindet, als daß sie ihr nachfolgt. Während Calderen geringeren Ausmaßes trichterförmig sind, besitzen die größten unter ihnen eine gewissermaßen zylindrische Form. Bestimmte Calderen, die asymmetrisch und nicht geschlossen sind, haben die Form von Hufeisen (Bsp.: die ineinanderliegenden Calderen des Piton de la Fournaise). Bei den größten Calderen der Erde, wie z. B. Yellowstone (Dzurisin et al., 1994; Smith & Braile, 1994) oder Valles und Long Valley im Westen der USA, wird ihr Boden nach einer Eruption im Laufe der Jahrtausende hochgedrückt (Resurgenz), vermutlich als Folge einer Neuzufuhr von Magma aus der Tiefe (Abb. 8.18).

Eine gute Beschreibung gibt es von der Long-Valley-Caldera im Osten Kaliforniens (Hill et al., 1985; Abb. 8.19). Vor ihrem paroxysmalen Ausbruch vor 700 000 Jahren hatte die Magmenkammer eine Größe von 3 000 km^3 erreicht. Seitdem wurde sie durch die zusammengehörigen Vorgänge Abkühlung, Eruption und Kristallisation auf ein Drittel ihres Volumens reduziert. Seismische Daten zeigen, daß die aktuelle Magmenkammer einen Durchmesser von ungefähr 10 km hat und ihr Dach in 8 bis 10 km Tiefe liegt. Auch wenn eine solche Magmenkammer in der Lage ist, 30 km^3 freizusetzen, förderten die Eruptionen der letzten 500 000 Jahre im Durchschnitt nur jeweils 1 km^3.

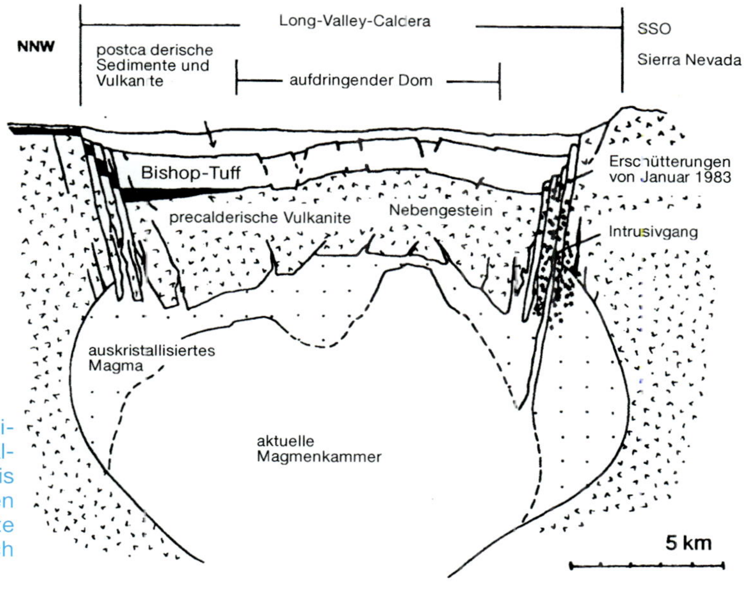

Abb. 8.19 Schematisches Profil der Long-Valley-Caldera im Verhältnis zur darunterliegenden Magmenkammer. Breite und Tiefe maßstäblich (nach HILL et al., 1985).

Mitunter stehen die Calderen mit einem darunterliegenden plutonischen Ringkomplex in Verbindung (Abb. 2.2).

Abb. 8.20 Luftbildaufnahme des Bembow-Kraters (1,5 km Durchmesser) im Innern der Ambrym-Caldera mit einem Durchmesser von 12 km (Vanuatu im Archipel der Neuen Hebricen; Photo J. M. BARDINTZEFF).

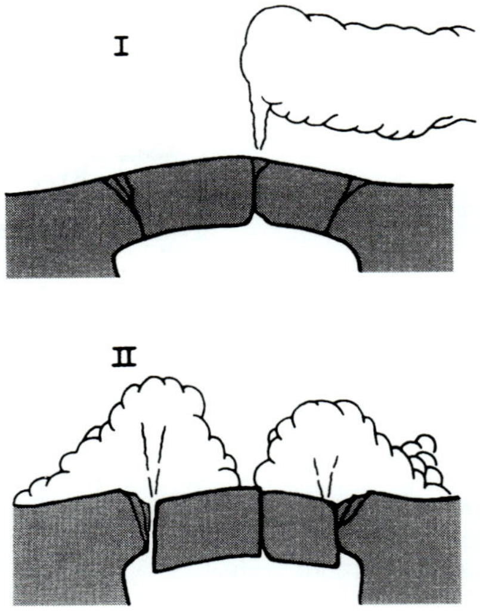

Abb. 8.21 Calderaentstehung in zwei Abschnitten: I. Das Magma tritt aus dem Initialkrater oberhalb einer Magmenkammer aus, in der ein Überdruck herrscht. II. Der Druck in der Magmenkammer nimmt rapide ab, was den Einsturz des Calderadaches unter Bildung neuer Ausbruchsöffnungen am Rande der Caldera nach sich zieht (aus DRUITT & SPARKS, 1984).

Die größten Calderen erreichen Durchmesser von bis zu 10 km und mehr (NINKOVITCH et al., 1978; FRANCIS, 1984), wie zum Beispiel jene des Crater Lake in Oregon, des Santorin in der Ägäis (Abb. 8.18), des Ambrym auf Vanuatu (Abb. 8.20) oder sogar bis zu 65 km wie die Caldera des Yellowstone. Zuweilen sind sie im Gelände aufgrund eben dieser Ausdehnung nicht mehr zu erkennen und nur auf Satellitenaufnahmen auszumachen. Die gigantischste bekannte Caldera, jene des Toba auf Sumatra mit einer ellipsenförmigen Ausdehnung von 100 km × 30 km, ist letztlich eine zusammengesetzte Caldera. Eng aufeinanderfolgende Eruptionen förderten vor 75 000 Jahren 2 800 km^3 DRE (einen großen Teil davon als Ignimbrite – Kapitel 9 – und 800 km^3 als Aschen, die weit verstreut wurden) in einem Zeitraum von 9 bis 14 Tagen; die Aschen konnten bei Unterwasserbohrungen noch bis in 2 000 km Entfernung vom Vulkan vor Indien gefunden werden (NINKOVITCH et al., 1978; ROSE & CHESNER, 1987; CHESNER & ROSE, 1991). Ihre besondere geometrische Form steht in tektonischer Verbindung mit der großen divergenten Störung von Sumatra (DETOURBET at al., 1993; BELLIER & SÉBRIER, 1994).

Große Calderen entstehen in zwei Etappen (Abb. 8.21; WILSON et al., 1980; DRUITT & SPARKS, 1984; DRUITT, 1985). Die in der Magmenkammer und am Austrittspunkt herrschenden Drücke variieren sehr stark. In der ersten Phase eruptiert das in der Kammer unter Überdruck stehende Magma bei nur 1 bar in Form von Aschen; während der zweiten Phase, bei Unterdruck in der Kammer, tritt es dann unter einem Druck von mehreren Zehner bar aus, da sich der Förderkanal durch Einbrüche erweitert, und es kommt zu mächtigen Ignimbritströmen.

In der Zeit zwischen zwei Haupteruptionen, die Hunderte oder Tausende von Jahren auseinanderliegen mögen, bleiben die Calderen in der Regel nicht gänzlich ohne Aktivität. Topographische und gravimetrische Veränderungen können regelmäßig, über einen Zeitraum von einigen wenigen Jahren bis einigen Jahrzehnten, registriert werden (BERRINO et al., 1992).

Jüngere Calderen weisen häufig auf eine thermische Anomalie, mitunter sogar auf ein geothermales Reservoir hin (Kap. 15).

Zur vollständigen Übersicht ziehe man die Spezialausgaben des *J. Geophys. Res.*, 89, B 10, 1984, und des *J. Volc. Geoth. Res.*, 67/1-3, 1995, heran.

Die Montagne Pelée wollte mit uns einfach
einen Aprilscherz machen.
aus *Les Antilles* vom 30. April 1902

9 Die pyroklastischen Ströme

Der gewaltige und gerichtete Ausstoß eines intensiven Gemisches (Emulsion) aus Magmenschmelze und Gasen – wobei die gasförmige Phase die tragende ist –, das die festen Bestandteile in Suspension mit sich führt, wird **pyroklastischer Strom** genannt. Solche pyroklastischen Ströme sind sehr heiß (mehrere hundert Grad), pflanzen sich mit großer Geschwindigkeit (mehrere hundert km/h) über weite Entfernungen (mehrere km, sogar mehrere Zehner km, manchmal auch hangaufwärts) fort und stellen ein gefährliches vulkanisches Risiko für den Menschen dar. Diese weitreichende Definition umfaßt mehrere Unterarten, von denen die **Nuée ardente** (dt. **Glutwolke**) die häufigste und bekannteste ist. Dieser Begriff wurde zum ersten Mal von den Bewohnern der Azoreninsel San Jorge während der Ausbrüche in den Jahren 1580 und 1808 benutzt. Seine wirkliche Bedeutung allerdings erhielt er durch ALFRED LACROIX (1904, 1930), der ihn zur Beschreibung der Eruption der Montagne Pelée 1902 – 1903 verwendete und ihm somit zu seiner Berühmtheit verhalf. (Nach LACROIX sind Nuées ardentes „heiße pyroklastische Ströme, bestehend aus zwei Teilen: ein dichter unterer Teil, der sich dem Gelände anpaßt, und darüber eine ihn verdeckende Aschenwolke".) Der Ausbruch der Montagne Pelée (Martinique) am 8. Mai 1902, der die Stadt St. Pierre verwüstete und über 28 000 Opfer forderte, stellt heute das Referenzbeispiel dar.

Diese Art Eruption zu erfassen bereitet vielfach Probleme, denn es handelt sich, zu unserem großen Glück, um eine relativ seltene Erscheinung (im Durchschnitt weltweit eine schwache Eruption pro Jahr und eine mächtige pro Jahrhundert), die nur schwer und kaum aus der Nähe zu beobachten ist. Die *nachträglichen* Untersuchungen ihrer Ablagerungen vervollständigen die seltenen Augenzeugenberichte.

Unter den zahlreichen Veröffentlichungen zu diesem Thema seien jene von SMITH (1960), SHERIDAN (1979) und WRIGHT et al. (1980) genannt.

9.1 Die Nuées ardentes: Ablagerungen und Platznahme

Der detaillierte Ablauf des Glutwolkenausbruchs der Soufrière de Saint-Vincent wird ausführlich im Kapitel 13 beschrieben.

Die Tätigkeit der Montagne Pelée (Abb. 9.1) ist durch einen alternierenden Wechsel von Bims-Airfalls und Nuées ardentes gekennzeichnet (WESTERCAMP & TRAINEAU, 1983a, 1983b). Sie zeigte im Laufe der letzten beiden Jahrhunderte eine beträchtliche Aktivität. Während der Ausbruch im Jahre 1851 auf eine Ascheeruption und der noch schwäche-

Abb. 9.1 Die Montagne Pelée und die Reede von Saint-Pierre, Martinique (Photo J. M. BARDINTZEFF).

re Ausbruch im Jahre 1889 auf eine Fumarolentätigkeit beschränkt blieben, erhielt die Eruption im Jahre 1902 wegen ihrer tötlichen Folgen traurige Berühmtheit:

Ab Februar 1902 breitet sich über der am Fuße des Vulkans liegenden Stadt St. Pierre ein Schwefelgeruch aus, und Gegenstände aus Silber schwärzen sich. Ende April ereignen sich Erdbeben, die von einem dumpfen Grollen begleitet werden; Ascheregen gehen reichlich nieder. Vom Morgen des 3. Mai an bleibt der Himmel fast völlig verfinstert. In der Nacht vom 4. zum 5. Mai bricht ein Unwetter aus, Blitze durchstreifen den Himmel, es kommt zu häufigen Detonationen, die Rivière Blanche tritt über die Ufer. Am 5. Mai um 12.45 Uhr zerstört ein Schlammstrom das Guérin-Werk: Man hat die ersten 25 Opfer zu beklagen. Das Magma muß am 6. Mai als kleiner Dom am Grunde des Kraters erschienen sein. In der Nacht des 7. Mai erkennt man einen Feuerschein im Krater. Am Morgen des 8. Mai, einem Donnerstag, läuten die Glocken unter einem klaren Himmel den Himmelfahrtstag ein, doch um 8.01 Uhr bricht der grollende Vulkan los. Eine Nuée ardente rast das Tal der Rivière Blanche mit einer Geschwindigkeit von 140 m/s, also 500 km/h hinab und vernichtet die Stadt St. Pierre. Ihr ging eine Schockwelle mit Überschallgeschwindigkeit (450 m/s) voraus, die in wenigen Millisekunden einen Druckunterschied von 36 mm Quecksilbersäule hervorrief. 28 000 Menschen finden den sofortigen Tod, und nur zwei, der Schuhmacher LÉANDRE und der Häftling CYPARIS, kommen wie durch ein Wunder mit dem Leben davon. Die Wolke verwüstet 58 km^2. Es folgen weitere, immer weniger heftige Glutwolken in zeitlich größer werdenden Abständen, so am 20. und 26. Mai, am 6. Juni und am 9. Juli.

Am 30. August übertrifft eine gewaltige Nuée ardente noch jene vom 8. Mai an Intensität. Sie verwüstet eine doppelt so große Fläche (114 km^2 und bedeckt zusätzliche

48 km² mit Aschen) und tötet weitere 1 000 Menschen in Morne Rouge. Die Eruption hält über ein Jahr lang an. Insgesamt werden zwischen 1902 und 1903 rund 60 Glutwolken unterschiedlicher Intensität ausgestoßen.

Ab November 1902 beginnt sich ein zäher Dom, vielmehr eine Nadel aus hellem Dacit, herauszuschieben (Kap. 7). Die Nuées ardentes entspringen nun am Fuße der Felsnadel, die nach einem Glutwolkenausstoß in der Regel einstürzt. So unterscheiden sich die mit einem großen Dom verbundenen Glutwolken Ende 1902 und 1903 von denen, die vor November 1902 ausgestoßen wurden.

Die Montagne Pelée nahm ihre Tätigkeit noch einmal von 1929 bis 1932 auf; dieser Ausbruch hatte jedoch geringere Bedeutung, und es waren keine Opfer zu beklagen. Die hierbei auftretenden Glutwolken wurden im Detail von FRANCK PERRET (1935) studiert.

Die Mehrzahl der von ALFRED LACROIX gemachten Beobachtungen sind auch heute noch gültig. Seitdem wurden zahlreiche Untersuchungen angestellt (Spezialausgabe des *J. Volc. Geoth. Res.*, 38, 1989). So zeigten GOURGAUD et al. (1989), daß die Nuées ardentes von 1902 und 1929 durch Magmenmischungen (Kap. 5) verursacht wurden. Eine Untersuchung anhand der Zeugnisse dieser Zeit wies nach, daß die Eruption von 1902 am 6. Mai in eine magmatische Phase trat, während sie vorher nur phreatischen Charakter, vergleichbar den Eruptionen von 1851 und 1889, besaß (CHRÉTIEN & BROUSSE, 1988). Es bestehen jedoch weiterhin Probleme bei der Interpretation des Mechanismus der Platznahme der Glutwolken von 1902 (FISHER & HEIKEN, 1982, 1990; BOURDIER et al., 1989; BOUDON et al., 1990). Schürfgräben, die parallel und senkrecht zur Fließrichtung der Wolke auf dem Friedhof du Fort in St. Pierre gezogen wurden, ließen eine komplette Beobachtung der drei Ereignisse vom 8. Mai, 20. Mai und 6. Juni 1902 zu. Insgesamt wurden acht Abfolgen aus der Zeit zwischen dem 8. Mai und dem 30. August beschrieben. Die beiden heftigen Ereignisse vom 8. Mai und vom 30. August lieferten zwei Typen von Ablagerungen, wobei die einen grobkörnig und in der Rivière Blanche kanalisiert und die anderen aschereich, sehr variabel in der Mächtigkeit und wesentlich weiter verbreitet sind. Nur die Ablagerungen im Fernbereich sind heute noch vorhanden, jene aus dem Gipfelbereich wurden inzwischen erodiert. Die Interpretation des Geschehens vom 8. Mai, ausgehend von den Ablagerungen, bleibt umstritten: Handelte es sich um einen einzigen Puls oder um die Aufeinanderfolge einer kalten Druckwelle *(blast,* siehe 9.3), die nicht alles zerstörte, und einer heißen, zerstörerischen Welle? Auch die Bestimmung des Fließweges der Ströme bleibt weiterhin problematisch.

Nach der Platznahme von Glutwolken entweichen ihnen die Gase, und sie stürzen in sich zusammen. Sie hinterlassen graue, sehr heterogene Ablagerungen von mehreren Metern Mächtigkeit, die aus Blöcken und Lapilli in einer aschereichen Grundmasse bestehen. Die **Aschewolken** schließen hauptsächlich feines Material mit einem Durchmesser kleiner als 2 mm ein, während die **Bimswolken** (oder „Bimsdecken" wie im Mont-Dore) mehrheitlich Bimse enthalten. In beiden Fällen ist im Gegensatz zu den Airfalls (Abb. 8.1) eine sehr schlechte Sortierung zu verzeichnen.

Eine Nuée ardente beinhaltet im Durchschnitt ein Materialvolumen von mehreren tausend km³, was der Verteilung einer thermischen Energie von 10^{17} Joule und einer hundertfach geringeren kinetischen Energie (10^{15} J) gleichkommt. Ihre Geschwindigkeit hängt zugleich von der Intensität der Explosion, der Fließfähigkeit der bewegten Masse, der Neigung der Vulkanhänge (im allgemeinen 10° bis 15°) und dem Höhenunterschied zwischen Ausgangs- und Endpunkt, der bis zu 3 km betragen kann, ab. Das Verhältnis der von der Wolke zurückgelegten Strecke zum Höhenunterschied erweist sich als ein zur

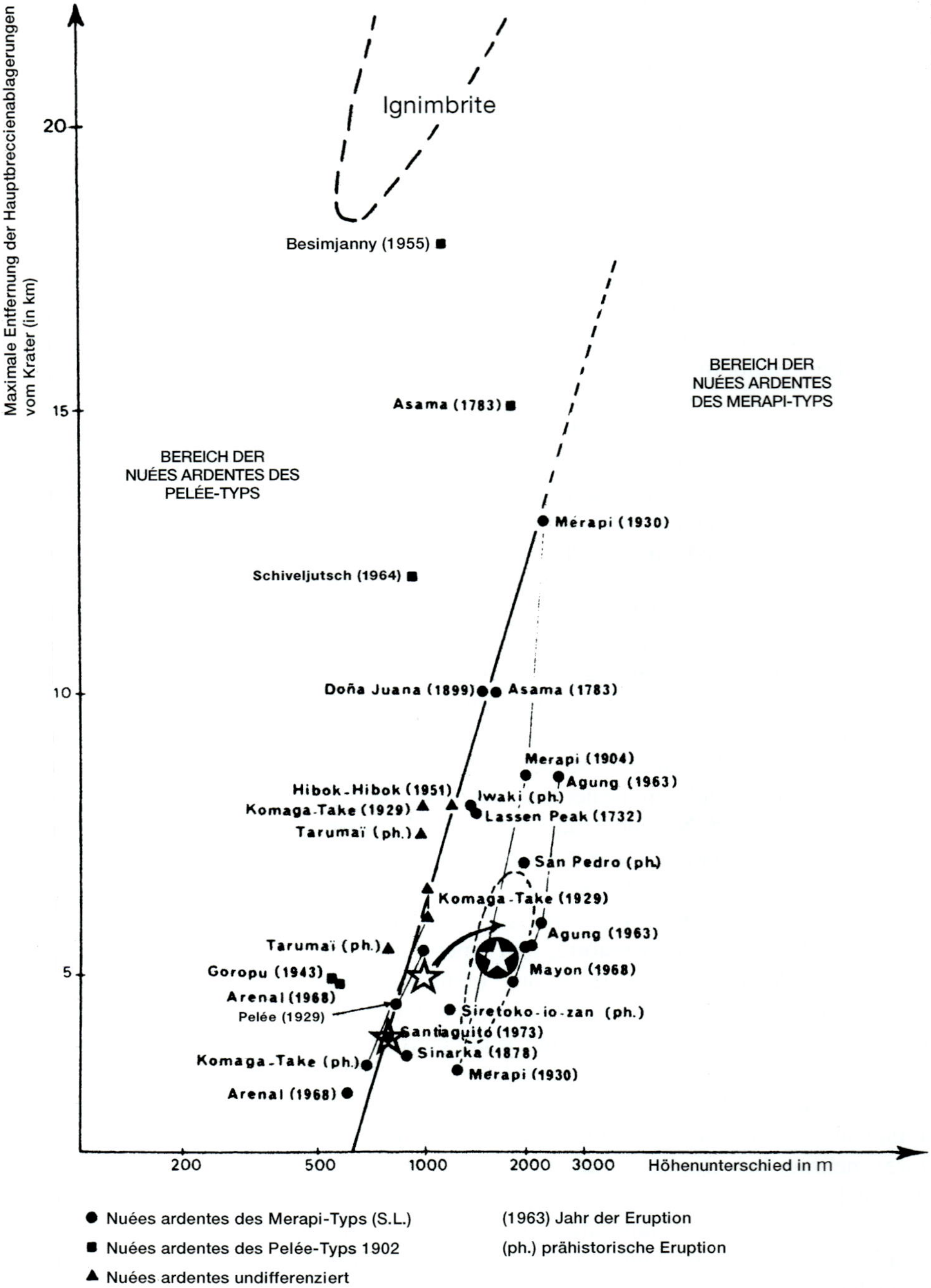

Abb. 9.2 Verhältnis von Höhenunterschied zu zurückgelegter Entfernung der Nuées ardentes (nach Westercamp, 1980) und der Ignimbrite (nach Sparks, 1976). Es sind drei als Typ definierte Nuées eingetragen: Soufrière de Saint-Vincent, 1979 (Stern, der Pfeil weist auf eine Wegstrecke unter Wasser hin); der Santiaguito, Guatemala, 1973 (Stern mit Punkt); der Merapi, 1950 – 1980 (Kreis mit Stern und von gestrichelter Linie umgebenes Feld) (Bardintzeff, 1985a).

Definition geeigneter Parameter (FRANCIS et al., 1974; NAIRN & SELF, 1978; WESTERCAMP, 1980; Abb. 9.2). SHERIDAN (1979) definierte hierzu eine „Energielinie“: eine theoretische Linie, die den Ausgangs- mit dem Endpunkt der Nuée ardente verbindet. Entlang dieser Linie wäre die Geschwindigkeit der bewegten Masse konstant und eine Funktion der Triebkräfte und der Reibung. Das Ende einer solchen Linie hängt von der auftretenden Gesamtenergie (kinetische und potentielle Energie) ab und legt die maximale Ausdehnung der Wolke fest. Übrigens wird die Fortbewegung von der Wolke selbst aufrechterhalten, einerseits durch die sich entgasenden Blöcke und andererseits durch Absorption und Aufheizung der Umgebungsluft (MCTAGGART, 1960).

Für Glutwolken geringeren Umfangs konnten mittels Zeitmessung Geschwindigkeiten empirisch gemessen werden. Die Durchschnittswerte liegen zwischen 17 m/s (60 km/h) und 50 m/s (180 km/h) (Abb. 9.3). Hierbei verändert sich die Geschwindigkeit während der Fließbewegung: LACROIX beobachtete eine Zunahme der Geschwindigkeit nach dem Austritt der Wolke aus dem Dom bis zur Rivière Claire, von wo an sie mehr und mehr abnahm.

Im Falle paroxysmaler Glutwolken ist es unmöglich, Messungen durchzuführen, doch es ergeben sich indirekt Daten aus Berechnungen. So schätzte LACROIX (1904) die Geschwindigkeiten der Glutwolken der Montagne Pelée auf rund 140 m/s (500 km/h), indem er von der Ortsveränderung großer Gegenstände durch Extrapolation mittels der Formel:

$$F = 0{,}113 \cdot S \cdot v^2$$

ausging, wobei
F = zur Ortsveränderung notwendige Kraft,
S = Querschnitt senkrecht zur Bewegungsrichtung der Wolke,
v = Geschwindigkeit der Wolke ist.

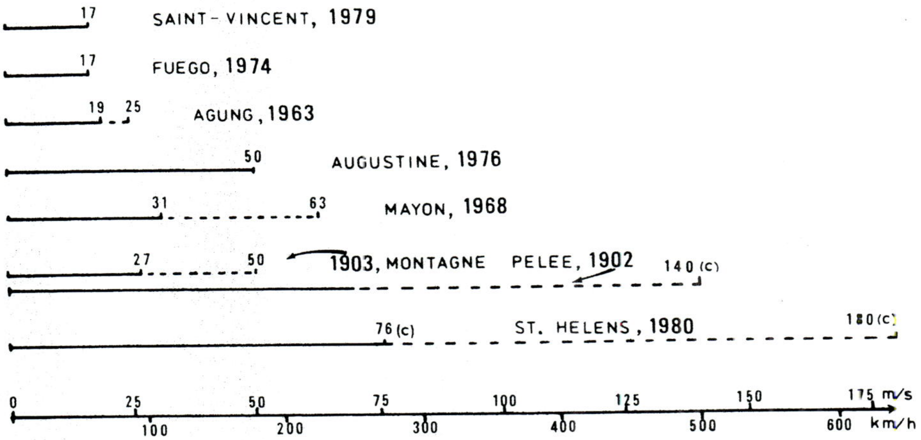

Abb. 9.3 Vergleich der Geschwindigkeiten einiger Nuées ardentes. Die Zahlen geben die Geschwindigkeiten in m/s an. Durchgezogene Striche = mittlere Geschwindigkeit, gestrichelt = Maximalgeschwindigkeit. Die Geschwindigkeiten wurden gemessen, ausgenommen (c) = berechnet (Belege in BARDINTZEFF, 1985a).

Da diese Formel jedoch nur für einen Luftstrom (!) mit einer Geschwindigkeit unter 45 m/s gilt, haben die Ergebnisse lediglich näherungsweisen Charakter.

Der Leuchtturm auf der Place Bertin mit einer Höhe von 15 m, einem Durchmesser von 4 m und einem Gewicht von 290 Tonnen wurde niedergerissen. Nimmt man $F = 290\,000 \times 2 = 580\,000$ kg·m (Stabilitätsmoment) und $S = 62 \times 2/3 \times 7{,}5 = 300$ kg·s²·m⁻¹ (Moment) (62 m² stellt die betroffene Leuchtturmfläche, 2/3 einen Koeffizienten, der die zylindrische Oberfläche berücksichtigt, und 7,5 die halbe Höhe zur Berechnung des Moments dar), so erhält man $v = 131$ m/s.

Die monumentale Statue der Notre-Dame du Bon Port (4 300 kg schwer, 3,15 m hoch) wurde ebenfalls umgerissen, ihr Sockel (42,5 t) blieb jedoch an seinem Platz. Das bedeutet, daß die Glutwolke nicht schneller als 156 m/s gewesen sein konnte.

Francis & Baker (1977) gingen bei der Ableitung der Geschwindigkeit von der Höhe der Hindernisse aus, die die Wolken beim Weg bergauf überwunden haben. Die potentielle Energie wird beim Abstieg in kinetische Energie und beim Aufstieg schließlich wieder in potentielle Energie umgewandelt, wobei natürlich Reibungsverluste auftreten.

Beim Abstieg gilt:

$$\underbrace{\tfrac{1}{2}\, m\, v^2}_{\text{gewonnene kinetische Energie}} = \underbrace{((100 - F)/100) \cdot m\, g\, h_1}_{\text{verlorene potentielle Energie}}$$

Dann gilt beim Aufstieg:

$$\underbrace{m\, g\, h_2}_{\text{gewonnene potentielle Energie}} = \underbrace{((100 - F)/100) \cdot \tfrac{1}{2}\, m\, v^2}_{\text{verlorene kinetische Energie}}$$

mit m = Masse,
v = Geschwindigkeit,
h_1 = Abstiegshöhe,
h_2 = Aufstiegshöhe,
F = Energieverlust durch Reibung in % (bei pyroklastischen Strömen bei 30 bis 40 %).

Durch solche Überlegungen kommt man auf Geschwindigkeiten von Ignimbritwolken von 200 m/s (siehe Abschn. 9.4).

Bei der Eruption des Mount St. Helens im Jahre 1980 erhielt man durch den Vergleich von Photodokumenten, seismischen Aufnahmen und Wärmeberechnungen eine Vielzahl von quantitativen Ergebnissen. Malone (in Waitt, 1981) berechnete eine maximale Geschwindigkeit von 180 m/s (650 km/h) und eine mittlere Geschwindigkeit von 76 m/s (275 km/h) auf 5 km.

Die explosive Druckentlastung eines Lavadoms allein kann zu Geschwindigkeiten führen, die, wie am Mount St. Helens beobachtet, 150 m/s und Berechnungen zufolge sogar 170 km/s erreichen können (Fink & Kieffer, 1993).

Auch die Temperatur der Nuées ardentes bei ihrer Platznahme kann ermittelt werden. Die beste Methode ist die von Maury (1971), der von der Aufnahme des Infrarotspektrums verkohlter Hölzer ausging, die er aus dem Innern der Glutwolkenablagerungen und somit unter Luftabschluß entnommen hatte. Diese Methode stützt sich auf die chemische Konstanz rezenter und fossiler Hölzer (etwa 50 % Kohlenstoff, 43 % Sauerstoff, 6 % Wasserstoff und 1 % Stickstoff) und der damit verbundenen Konstanz ihrer Infrarotspektren zwischen 2 und 10 µm (auch als 5 000 und 1 000 cm⁻¹ ausgedrückt). Die Hitze bewirkt, bei Abwesenheit von Sauerstoff, einen zunehmenden Abbau der Struktur des

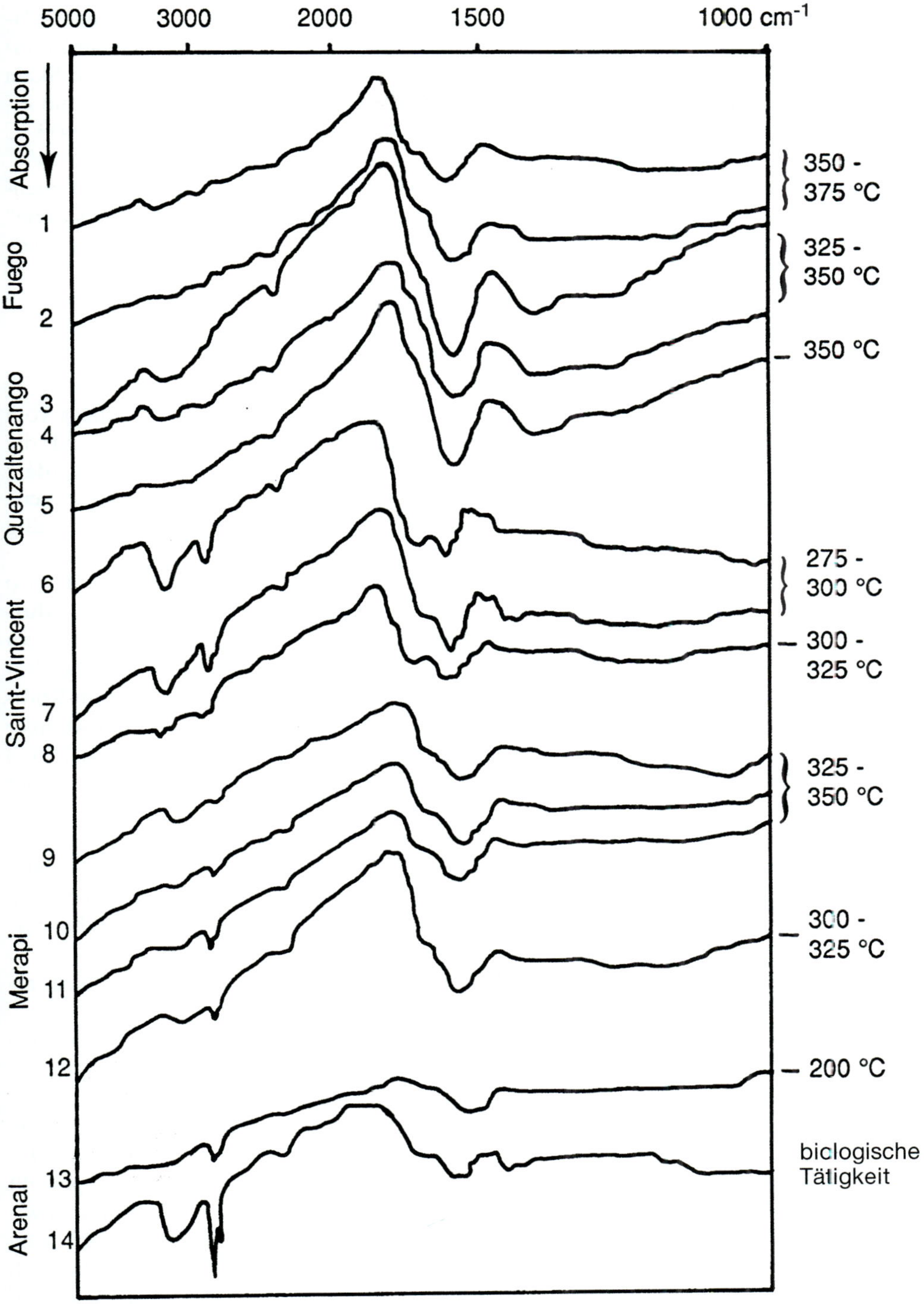

Abb. 9.4 Infrarotspektren verkohlter Hölzer und Temperaturen der Platznahme von Nuées ardentes (Bardintzeff, 1985 a).

Holzes: ab 200 °C äußert sich der Wasserentzug in einer Absorptionsabnahme der O-H-Bindung (von 3 300 auf 3 400 cm^{-1}). Bei 275 bis 300 °C führt die Zerstörung der Zellulose und der Lignine zum Verschwinden der C-H- und C-O-C-Bindungen. Eine Skala ermöglicht somit die Bestimmung von Temperaturen zwischen 200 und 500 °C mit einer Fehlergenauigkeit von 50 °C. Die ermittelten Werte liegen zwischen 300 und 400 °C (Abb. 9.4).

Magnetische Messungen (partielle thermoremanente Magnetisierung) ergeben ebenfalls gute Resultate. Mit ihnen konnte z.B. für die Bimswolke der „Bambuskrone" (Crête à Bambous) auf Guadeloupe eine Temperatur von 530 °C bestimmt werden (Zlotnicki et al., 1984).

9.2 Die Nuées ardentes: Ursprung und Klassifikation

Macdonald (1972) unterscheidet bei den Nuées ardentes drei Typen: die Nuées vom Pelée-Typ, die gerichtet und mit einer Nadel aus zähflüssiger Lava assoziiert sind; die Nuées vom Typ Saint-Vincent, die von einem offenen Krater aus weit verteilt werden; und die Nuées vom Merapi-Typ, die lawinenartig auf Kosten eines Domes ausbrechen.

Eine Klassifikation nach der Entstehung berücksichtigt zwei unabhängige, zahlenmäßig erfaßbare Parameter (Bardintzeff, 1985a und b; Abb. 9.5):

– Der Korngrößen-(Granulometrie-)Parameter (der Medianwert der Aschefraktion, also der Fraktion < 2 mm) läßt die Unterteilung in **Nuées ardentes sensu stricto** und in **Glutlawinen** zu. Erstere verteilen ihre Produkte in einem weiten Winkel (100°) und lagern sie auf einer großen Fläche ab (mit Mächtigkeiten von einigen cm bis 2 – 3 m). Die Produkte sind durch äußerst heftige Explosionen fein pulverisiert, was sich in ihrem Korngrößenparameter widerspiegelt. Bei den Glutlawinen treten in Verbindung mit weniger heftigen Initialexplosionen gravitative Hangrutschungen in einem geringeren Winkel (10°) auf, die sich weniger weit ausdehnen. Die Mächtigkeit der Ablagerungen ist somit höher (1 bis 15 m); die Fragmente sind im Durchschnitt grobkörniger.

– Der Morphologie-Parameter ermöglicht die Unterscheidung von blasenförmigen Glasfragmenten (Kap. 11), die Zeugnisse eines juvenilen Magmas sind (Magmawolke), und von eckigen, aus einem älteren, pulverisierten Material stammenden Fragmenten, die Zeugnisse einer phreatischen oder phreatomagmatischen Eruption sind (Explosivität aufgrund der Umwandlung des Wassers in Wasserdampf; Kap. 10).

Diese beiden Parameter führen zur Unterscheidung von vier Haupttypen von Nuées ardentes (Abb. 9.5):

a) Die Glutlawinen unterscheiden sich deutlich von den Nuées ardentes s.s. Sie werden in zwei Typen unterteilt:
   - der **Merapi-Typ,** bei dem der (manchmal nur wenige Tage alte) Dom zusammenbricht und durch eine phreatische Eruption mehr oder weniger pulverisiert wird (Abb. 7.21; Bardintzeff, 1984b; Berthommier et al., 1992). Auch wurden hier nur eckige Gläser beschrieben. Dieser Typ ist ebenfalls an der Montagne Pelée festgestellt worden (Steinbruch Trou Congo, Westercamp & Traineau, 1983a, b). Glutlawinen dieser Art rasten auch von den aufeinanderfolgenden Domen des Mount Unzen in Japan während dessen Eruption von 1991 bis 1995 herab (Abb. 7.20), die nach ihrer ersten Phase am 3. Juni 1991 besonders verheerend war (43 Tote, darunter drei Vulkanologen). Jeden Monat wurden mehrere hundert solcher Glutlawinen gezählt (allein im September 1991 waren es 521) (Yamamoto et al., 1993).

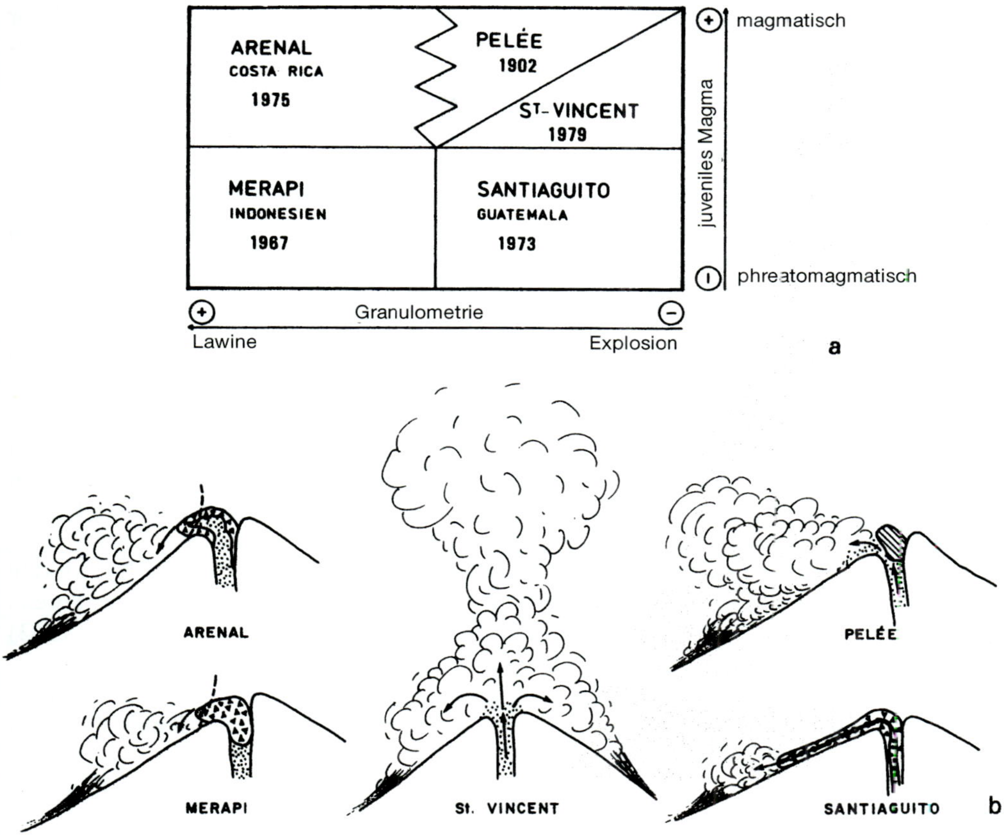

Abb. 9.5 **a)** Klassifikation der Nuées ardentes einerseits nach der Granulometrie, anderseits nach der Morphologie der Gläser (BARDINTZEFF, 1985a, 1985b, 1987). **b)** Die verschiedenen Typen von Nuées ardentes: Pelée, Soufrière de Saint-Vincent und Merapi (nach MACDONALD, 1972), Arenal und Santiaguito (BARDINTZEFF, 1985a, 1985b). Schraffiert = fester Dom, Dreiecke = Lavablockdom, punktiert = juveniles Magma.

– der **Arenal-Typ** (Vulkan in Costa Rica) mit einem zusammenbrechenden Dom aus im Innern noch flüssigen Lavablöcken. Bei seinem Einsturz setzt er das neue Magma in Form von Mikrobimsen frei.

b) Die Nuées ardentes s. s. werden ebenfalls in zwei Untertypen eingeteilt:

– der **Santiaguito-Typ** (Vulkan in Guatemala): Die beträchtliche Explosivität der Eruption liegt hauptsächlich im Gasreichtum und in der Viskosität der Lava begründet. Eine geringe Magmenmenge wird in Form von Mikrobimsen gefördert.

– Der **Pelée- (peleanische**) und der **Saint-Vincent-Typ** werden zusammengefaßt, da bei ihnen die Eruption meist durch Magmenmischung ausgelöst wird und juveniles Magma in Fülle austritt. Es ist dennoch üblich, die von MACDONALD gemachte Unterscheidung zwischen den beiden Typen beizubehalten. Ihr Unterschied hängt hauptsächlich von der Morphologie des Vulkanbaus bei der Eruption (offener oder verstopfter Krater) ab – ein für Veränderungen empfindlicher Faktor. Die Montagne

Pelée z. B., die für ihre peleanischen Nuées berühmt ist, stieß vor 25 700 und vor 22 300 Jahren zwei Nuées vom Typ Saint-Vincent aus (Traineau, 1982; Westercamp & Traineau, 1983b).

9.3 Surges, Lawinen und Druckwellen

Andere Eruptionstypen sind wie die Nuées ardentes durch einen gerichteten, explosiven Austritt gekennzeichnet.

Die **Surges** (aus dem Englischen, dt.: starke Welle, Woge) unterscheiden sich deutlich von den Nuées ardentes (Moore, 1967). Bestimmte Autoren (Sparks & Walker, 1973; Wright et al., 1980) betrachten sie als einen dritten mittleren Eruptionstyp, der zwischen den Airfall-Ablagerungen und den pyroklastischen Strömen einzuordnen sei (Abb. 9.6). Es handelt sich hierbei um ein sehr turbulentes Ausfließen, das häufig an den Zusammenbruch einer Eruptionssäule gebunden ist. Die Ablagerungen bedecken das Gebiet in stark veränderlicher Mächtigkeit, von nur wenigen cm bis zu stärkeren Akkumulationen in den Senken. Sie zeigen charakteristische Sedimentationsformen (Bänderungen, Kreuzschichtung, Antidünen), und jede Schicht ist gut sortiert.

Seit dem Ausbruch des Mount St. Helens am 18. Mai 1980 (Hoblitt et al., 1981; Moore & Sisson, 1981; Glicken, 1989) (Abb. 9.7) versteht man den Mechanismus einer bereits beim Ausbruch des Besimjanny auf Kamtschatka im Jahre 1956 (Gorshkov, 1959, 1963) beschriebenen **Druckwelle** (engl. **blast)** besser, die an die Entstehung einer **Lawine** gebunden zu sein scheint. Zahlreiche Ablagerungen der verschiedensten Vulkane der Welt (Equador, Japan, ...) weisen große Ähnlichkeiten mit denen des Mt. St. Helens auf. Zwei

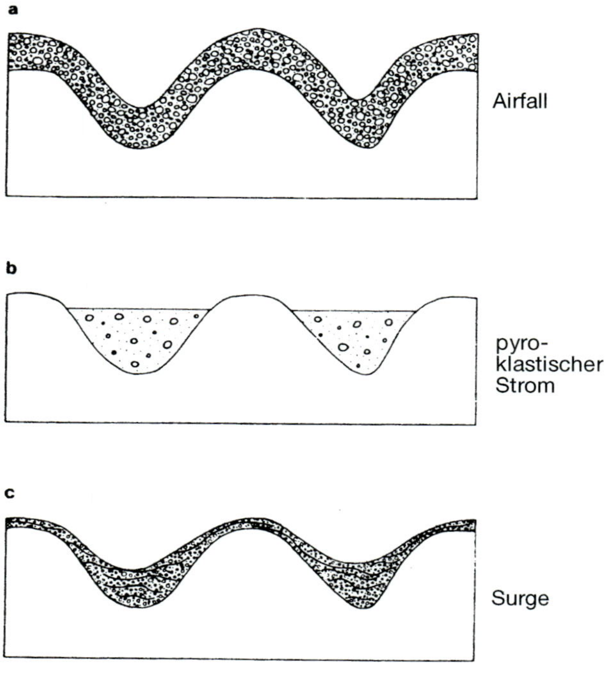

Abb. 9.6 Geometrie der drei Ablagerungstypen bei theoretisch gleicher Topographie (Wright et al., 1980).

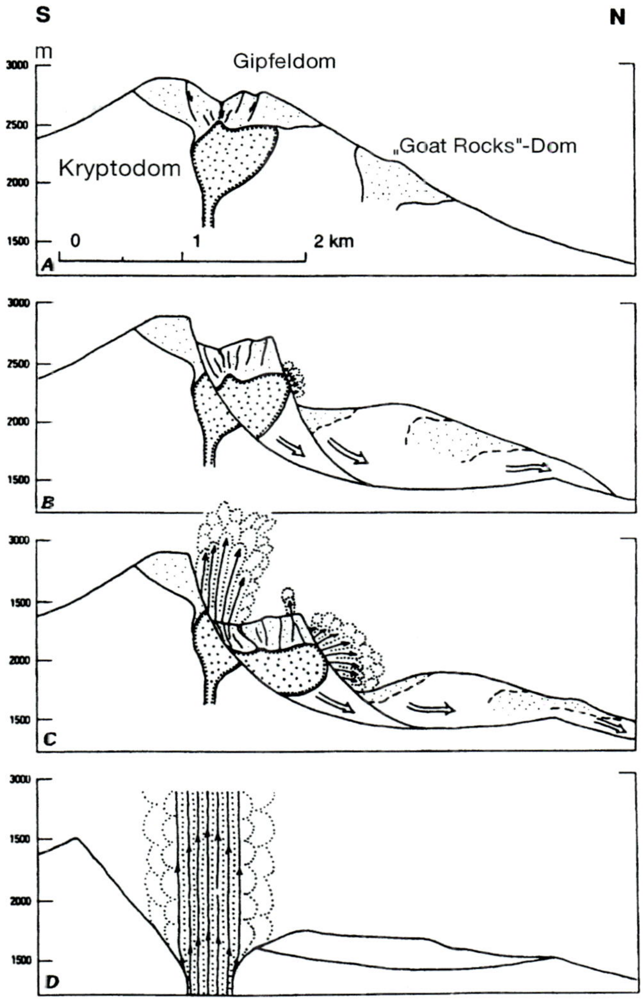

Abb. 9.7 Veränderung des topographischen Süd-Nord-Profils des Mount St. Helens im Verlauf der eruptiven Phase am Morgen des 18. Mai 1980 (photogrammetrisch mittels Luftbildern bestimmt) (nach MOORE & ALBEE, 1981). **A)** Vor der Eruption installiert sich ein Kryptodom unter dem Gipfeldom aus dem 16. - 17. Jh. **B)** Die ersten Explosionen beginnen 20 Sekunden nach dem gigantischen Bergsturz, der den Kryptodom freigelegt hat. **C)** Nach 30 Sekunden kommt es an den Flanken der verschiedenen abgerutschten Blöcke zu großen Explosionen *(blasts)*. **D)** Nachdem der Bergsturz den Hauptzufuhrkanal freigelegt hat, beginnt eine neue (plinianische) Phase mit einer mächtigen vertikalen Eruptionssäule.

Ereignisse auf der Soufrière de Guadeloupe, die 11 500 bzw. 3 100 Jahre vor heute stattfanden, reihen sich ebenfalls in diese Kategorie ein (BOUDON et al., 1984). Auch am Mount St. Augustine in Alaska wurden eine Vielzahl von Lawinenablagerungen ermittelt (BEGET & KIENLE, 1992): In Burr Point, wo die Lawinen im Jahre 1883 20 km^2 bedeckten, lösten sie, als sie ins Meer stürzten, einen Tsunami aus; in West Augustine (35 km^2 im Jahre 1540 ± 110) wurden sie von einer Druckwelle begleitet (SIEBERT et al., 1989).

Der Entstehungsvorgang ist mittlerweile gut ergründet. Ein Bergsturz (Lawine, Geröllstrom) zieht eine ganze Vulkanflanke über mehrere hundert Meter Mächtigkeit in Mitleidenschaft (sektorenweiser Einsturz) bis hin zur möglichen „Enthauptung" des Vulkans (Abb. 8.7, 8.8). Das aufsteigende Magma (Kryptodom) befindet sich auf einmal in unmittelbarer Oberflächennähe und bricht unter der Einwirkung des plötzlichen relativen Überdrucks wie ein „Gewehrschuß" hervor (Druckwelle). In der Regel folgen auf die anfängliche Druckwelle die Nuées ardentes.

Eine Lawine hinterläßt eine Landschaft mit einer charakteristischen Morphologie: einen Krater, der wie ein Amphitheater aussieht (wie der nach Westen offene Carmichael-Krater und der nach Südwest offene Amic-Krater des Soufrière-Madeleine-Massivs auf Guadeloupe), riesige Geröllströme (2,5 km^3 beim Mt. St. Helens, die 64 km^2 bedecken) und eine hügelige Oberfläche *(hummocks,* das sind bis 400 m lange, 150 m breite und 20 m hohe Hügel). Die mehrere Zehner Meter mächtigen Lawinenablagerungen schließen ganze, praktisch unversehrte Teile des alten Vulkans (frühere Nuées ardentes, einstige Flußbetten, fumarolisierte Blöcke) mit ein, enthalten aber nur wenig juveniles Material (Blöcke des Kryptodoms mit Abkühlungsklüften). Außerdem sind sie sehr heterogen, einige Teile sind sehr reich an Blöcken **(Blockfacies),** andere sehr aschereich **(Matrixfacies).** Die Platznahme erfolgt in trockenem Zustand und bei niedrigen Temperaturen (um 50 °C beim Mt. St. Helens).

Die gering (rund 10 cm) mächtigen Druckwellenablagerungen sind über sämtliche Einheiten und sehr oft über eine noch größere Fläche verstreut (0,19 km^3 bedecken beim Mt. St. Helens 600 km^2). Die Aschen bestehen zu großen Teilen aus juvenilem Material. Mehrere Zyklen von Lawinen und Druckwellen können aufeinanderfolgen.

Letztlich weichen die Mechanismen der Platznahme und die Ablagerungsformen der Surges und der Druckwellen nicht grundlegend voneinander ab. Im Falle des Mount St. Helens werden die beiden Begriffe im übrigen gleichzeitig verwendet. Vielleicht wird der Begriff Druckwelle für den Fall reserviert, daß ein solcher Ausflußtyp zeitlich unmittelbar auf eine Lawine folgt.

Die Lawinen rufen allerdings keine Druckwelle hervor, wenn sich das Magma nicht in unmittelbarer Oberflächennähe befindet. Es ist deshalb üblich, den **Besimjanny-Typ** mit einer magmatischen Komponente vom nur phreatischen **Bandai-San-Typ** zu unterscheiden (SIEBERT, 1984; SIEBERT et al., 1987). Diese beiden Typen sind an der Bildung eines großen, hufeisenförmigen Kraters zu erkennen. Eine Eruption vom Besimjanny-Typ besitzt aber eine höhere Explosivitätsintensität (VEI von 3 bis 5 gegenüber 2 bis 4 beim Bandai-San-Typ) und setzt sich nach dem Paroxysmus mit der Bildung eines Domes oder eines Kegels fort, während eine Eruption vom Bandai-San-Typ nach der paroxysmalen Phase aufhört.

Weltweit wurden eine Vielzahl von Lawinen beschrieben (UI, 1983; SIEBERT, 1984). Bei den quartären Vulkanen Japans (UI et al., 1986) liegen die Volumina zwischen 0,03 und 9 km^3, die Höhenunterschiede (H) gehen von 200 bis 2400 m bei zurückgelegten Entfernungen (L) von 1,6 bis 32 km, was bei einem Verhältnis H/L zwischen 0,2 und 0,06 für eine hohe Mobilität spricht. Dieses Verhältnis wird bei Lawinen großen Ausmaßes geringer.

9.4 Die Ignimbrite

Ignimbrite sind das Ergebnis besonders hochexplosiver Eruptionen, wobei beträchtliche Mengen an Material und Energie ins Spiel gebracht werden.

Es sind zahlreiche Ignimbritablagerungen früherer Eruptionen bekannt (Abb. 15.1), aber kein Ausbruch konnte direkt beobachtet werden, denn dieser Eruptionstyp bleibt eine Ausnahme (weniger als eine Eruption pro Jahrhundert). Die einzige Ignimbriteruption unseres Jahrhunderts ereignete sich vom 6. bis zum 8. Juni 1912 auf dem Vulkan Katmai in Alaska ohne menschliche Zeugen und dauerte 60 Stunden. Später entdeckte ein Flieger, der die Gegend überflog, die noch rauchenden Ablagerungen, daher auch ihr Name: „Tal der Zehntausend Dämpfe“. Diese Ablagerungen waren Gegenstand einer präzisen Beschreibung von FENNER (1920) und sind erneut von FIERSTEIN & HILDRETH (1992) untersucht worden.

Die sehr mächtigen (bis mehrere Zehner Meter) und auf großen Flächen (20 000 km^2 beim Taupo) verteilten Ablagerungen sind in ihrer Gesamterscheinung bemerkenswert homogen, auch wenn einige lokale Variationen zu erkennen sind. Sie sind feinkörnig, relativ gut sortiert und schließen eine große Menge an juvenilem Material, wie Bimse oder Glassplitter („Flammen“), ein. Fließstrukturen lassen eine Affinität zu den pyroklastischen Strömen erkennen (SPARKS et al., 1973; CAS & WRIGHT, 1988). Ihr komplexer Entstehungsmechanismus ist Gegenstand zahlreicher Arbeiten gewesen (SMITH, 1960; GÈZE, 1964; FISHER & SCHMINCKE, 1978). MARSHALL führte 1935 den Begriff Ignimbrit ein, der wörtlich „Feuerregen“ (eigentlich ein Regen heißer Aschen) bedeutet. Die Beschreibung der Ablagerungen bleibt weiterhin gültig, aber die dynamische Interpretation ist falsch, denn ihre Ähnlichkeit mit den Aschenfallablagerungen ist nur dem Anschein nach vorhanden.

Die Geschwindigkeit der Ignimbritströme soll über 200 m/s (720 km/h) liegen. Sie können daher mindestens 600 m hohe Hindernisse überwinden (YOKOYAMA, 1974).

Zwei Eigenschaften der Ignimbrite können variieren (WALKER, 1983; WILSON, 1991): die seitliche Ausdehnung und der Grad der Verschmelzung. Das Verhältnis von Mächtigkeit der Ablagerungen zu seitlicher Ausdehnung beträgt im „Tal der Zehntausend Dämpfe“ 1/400 und beim Taupo 1/100 000. Im ersten Fall erfolgt die Platznahme „relativ ruhig“, der Strom fügt sich der Topographie und lagert sich bevorzugt in den Tälern ab. Im zweiten Fall, bei einer gewaltigen Eruption, bewegt sich der Strom in alle Richtungen ohne Rücksicht auf das gegebene Relief. Unabhängig von ihrer Mächtigkeit sind bestimmte Ignimbrite verschmolzen, andere nicht. Die Verschmelzung der Ablagerungen *(welding)* bei Anwesenheit von Wasser setzt eine Mindesttemperatur von 535 °C (SMITH et al., 1958) oder sogar Temperaturen zwischen 600 und 750 °C (CAS & WRIGHT, 1988) voraus. Verschmolzene Ignimbrite ähneln somit sehr einem Lavastrom und können sogar eine prismatische Säulenbildung aufweisen. Es ist daher zuweilen schwierig, die Entstehung bestimmter Bildungen zu interpretieren: Handelt es sich um die Fragmentierung einer Lava oder um die Verschmelzung fragmentierter Ablagerungen (LE PENNEC & FERNANDEZ, 1992)? Eine erhöhte Anfangstemperatur begünstigt eine Verschmelzung, wie der in der Regel aphyrische Charakter der verschmolzenen Ignimbrite beweist, wohingegen eine rasche Abkühlung („Härtung“) dem entgegensteht. Die Viskosität des ignimbritischen Magmas liegt zwischen 10^9 und 10^{14} Pa·s: Ein zähflüssiges Magma verschmilzt bei seiner Verfestigung schwerer als ein leichtflüssiges Magma.

Ignimbrite treten wie ein Schaum sehr heißen, bimsartigen Magmas hervor (ein Beweis dafür ist das Auftreten von Tridymit, einer Hochtemperaturmodifikation des Quarzes), der aus einem Krater oder einer Austrittsspalte überläuft. Häufig geschieht das nach dem Einsturz einer großen Caldera (Abschn. 8.8, Beispiel Toba). Mitunter gehen diesem Eruptionstyp plinianische oder ultraplinianische Airfalls voraus (Taupo, WALKER, 1980, 1983; Tambora, SIGURDSSON & CAREY, 1989), wie das gemeinsame Auftreten solcher Ablagerungen zeigt. Der Übergang vom einen zum anderen Eruptionstyp scheint möglich zu sein (WILSON et al., 1980). Eine Eruptionssäule kann in sich zusammenstürzen und einen Ignimbritstrom erzeugen, wenn es z. B. zu einer Vergrößerung des Kraterdurchmessers oder zur Erhöhung der Magmenförderrate kommt oder wenn umgekehrt der freie

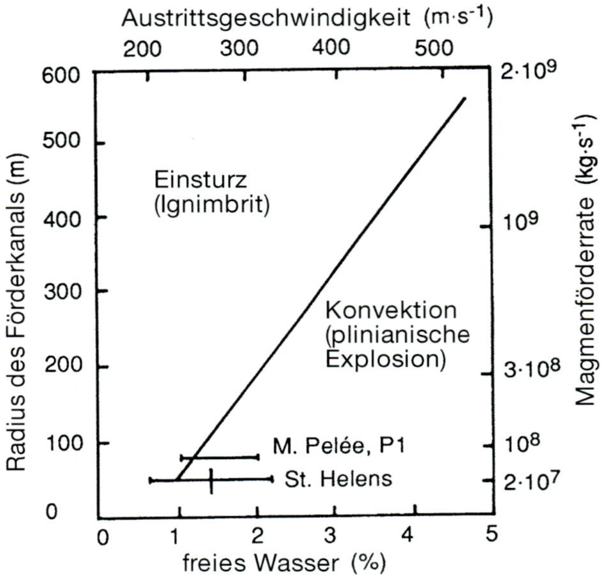

Abb. 9.8 Übergang von einer konvektiven Säule (plinianische Ablagerungen) zu einer in sich zusammenstürzenden Säule (Ignimbrite). Es sind die charakteristischen Punkte des Mount St. Helens (1980) und der Montagne Pelée (P1, 1300 n. Chr.) eingetragen (nach WILSON et al., 1980; vervollständigt).

Wassergehalt des Magmas oder die anfängliche Austrittsgeschwindigkeit abnehmen (Abb. 9.8). Ignimbrite, denen eine plinianische Phase vorausgegangen ist, lagern sich bei relativ niedrigen Temperaturen ab, die im allgemeinen für eine Verschmelzung nicht ausreichen (SPARKS & WILSON, 1976). Ignimbrite schließlich, die sich wie pyroklastische Ströme fortpflanzen, können auch aus Airfalls hervorgehen.

9.5 Die Lahare

Lahare stellen im eigentlichen Sinne keine eruptiven Ereignisse dar, sind aber eng an die Vulkane gebunden. Ein **Lahar** – der Begriff stammt aus Indonesien, wo diese Erscheinung besonders häufig auftritt – ist ein Schlammstrom, dessen Bestandteile vulkanischer Herkunft sind (es handelt sich um eine „epiklastische“ Ablagerung). Er setzt bei eintretenden Instabilitäten (Erschütterung, Erdrutsch, meteorologische Ursachen) Aschen und Blöcke wieder in Bewegung, die in großer Fülle auf die Flanken eines Vulkans niedergefallen sind. Das Wasser kann dabei unterschiedlichster Herkunft sein: vulkanisch (magmatisch, phreatisch, aus Fumarolentätigkeit), durch Einbruch der Ränder eines Kratersees, als Regenwasser, Schnee- oder Eisschmelzen. In Nicaragua wurde anhand des Vulkans Concepcion gezeigt, daß dort Lahare bei einer täglichen Niederschlagsmenge von mindestens 55 mm ausgelöst werden; gleichzeitige Erdstöße verschlimmern die Situation noch zusätzlich. Die gleichsam aufgeschlämmte Masse fließt die Hänge herab und besitzt eine enorme Zerstörungskraft. Es handelt sich entweder um eine hyperkonzentrierte Lösung, die 40 bis 60 % Feststoffe enthält, oder um einen Lahar, der 60 bis 85 % Feststoffe enthält. Die Temperaturen sind gering, sofern das vulkanische Material nicht noch sehr jung und somit auch heiß ist. Später verhärtet das oft tonige Material (bis 3 – 5 % Tonminerale, die bei hydrothermaler Alteration entstehen oder aus zuvor vorhandenen Böden mitgeschwemmt wurden) und kann die Festigkeit von echtem Zement erhalten. Die Vulkane, die zwischen den Wendekreisen der Erde liegen – hier treten reichliche und kräftige Niederschläge auf –, und die vereisten Vulkane (Anden) sind dabei am meisten betroffen. Ablagerungen von Laharen findet man aber auch an den meisten großen Vulkangebäuden. Im Mont-Dore ist im berühmten Perrier-Plateau an einer 100 m hohen Felswand die Übereinanderlagerung von verhärteten Laharen zu erkennen, die eine reiche prähistorische Fauna beherbergen.

Am 13. November 1985 legte ein Lahar, der vom Nevado del Ruiz in Kolumbien ausging, bis zu 80 km zurück, schüttete Armero und andere Dörfer zu und forderte 25 000 Todesopfer. Diese Katastrophe ist Gegenstand einer Fallstudie in dem Kapitel, das den vulkanischen Gefahren gewidmet ist (Kap. 14).

Die starke Eruption des Pinatubo auf den Philippinen, die im April 1991 nach mehreren Jahrhunderten ohne Aktivität begann und über ein Jahr lang andauerte, war eine der bedeutendsten dieses Jahrhunderts: 250 000 Personen wurden evakuiert, dennoch waren mehrere hundert Opfer zu beklagen (Newhall & Punongbayan, 1997). 8,4 – 10,4 km^3 Material wurden in Form plinianischer Airfalls (3,4 – 4,4 km^3) und pyroklastischer Ströme (5 – 6 km^3) gefördert, dies entspricht 3,7 – 5,3 km^3 DRE (Scott et al., 1997). Diese enorme Menge vulkanischer Ablagerungen auf den Flanken des Pinatubo war sehr instabil. Ab dem 14. Juni erreichte der Taifun „Yunya" die Insel Luzon, und sein Zentrum zog am 15. Juni in nur 50 km Entfernung am Vulkan vorbei, es folgten weitere Taifune am 18. und am 19. Juli, wobei sie jedesmal beträchtliche Lahare auslösten. Das Phänomen ereignet sich seitdem von neuem zu jeder Regenzeit und sollte sich bis ins Jahr 2010 – exponentiell abnehmend – fortsetzen, sofern man sich auf die Beobachtungen stützt, die im Zuge der viel weniger bedeutenden Eruptionen des Mount Saint Helens 1980 und des Galunggung in Indonesien 1983 gemacht wurden. Allein während der Regenzeit 1991 folgten einander 200 Lahare auf der Ostflanke des Vulkans mit einem Gesamtvolumen von 0,38 km^3 (Pierson et al., 1997).

Die Lahare stürzen vorrangig entlang der wichtigsten Flüsse herunter, die den Vulkan entwässern (Abb. 9.9). Sie können aber genauso gut ein neues Tal in die beweglichen Massen schneiden oder ein vorhandenes Tal zuschütten. Einige Lahare haben sogar das Mapanuepe-Tal verriegelt und einen Stausee gebildet! Die Lahare bewegen sich mit einer Geschwindigkeit von 4 – 8 m/s (15 – 30 km/h) fort bei einer maximalen Volumenführung von 200 – 1 200 m^3/s, wobei sie die Bimse mit sich reißen. Sie ergießen sich selbst über flache Flanken und legen Strecken von mehreren Zehner km zurück. Das Wasser, das durch das noch nicht vollständig abgekühlte Material strömt, tritt bei einer Temperatur von 30 bis 60 °C wieder aus. Am Ende bleibt eine schlammige Fläche zurück mit einer Mächtigkeit von 0,5 bis 5 m, meist zwischen 1,5 und 3 m (Abb. 9.10).

Subglaziale Vulkane können besondere Lahare zur Folge haben, die **Jökulhlaup** genannt werden, was im Isländischen „Gletscherlauf" bedeutet. Derartige tödliche Lahare löste der Vulkan Katla unter dem Myrdalsjökull-Gletscher auf Island aus. Das Wiedererwachen eines Vulkans im Oktober 1996 unter dem Vatnajökull-Gletscher (auch auf Island; s. Abschn. 10.1) hatte ebenso schlimme Folgen. Die Wärme, die durch den Vulkan freigesetzt wurde, ließ eine enorme Menge Eis schmelzen, und das Volumen des Grimsvötn-Sees in der Mitte des Gletschers stieg an. Der Seespiegel erreichte eine gefährliche Höhe, seine Oberfläche vergrößerte sich von 12 auf 40 km^2. Seine 3 km^3 Wasser, die einen ungeheuren Druck ausübten, drangen unter den Gletscher und legten eine Strecke von mehreren Zehner Kilometern zurück, bis sie an die Stirn des Gletschers gelangten. Hier wurden sie plötzlich, drei Wochen nach Ende der Eruption, am 5. November mit-

Abb. 9.9 Lahar-Ablagerungen am Pinatubo, Philippinen, von der Erosion als Fraktalfiguren freigelegt (Photo J.-M. Bardintzeff).

Abb. 9.10 Die Stadt Bacolor liegt in etwa 30 km Entfernung vom Krater des Pinatubo, Philippinen, und wurde von Laharen nach Durchzug des Taifuns „Mameng" am 1. Oktober 1995 verwüstet (Photo J.-M. Bardintzeff).

tels eines Jökulhlaup freigesetzt, der Unmengen von Eis- und Gesteinsblöcken mit sich riß. Die Volumenführung stieg rasant von 70 auf 45 000 m^3/s, was dem Zwanzigfachen der maximalen Wasserführung der Rhône entspricht! Diese schlammige Flut riß auf ihrem Weg alles mit sich: Häuser, Straßen, Brücken ... Das Hochwasser ließ am Tag darauf spürbar nach und brach am übernächsten Tag ab: Zurück blieb eine morastige, schwarze und ekelerregende Fläche. Die materiellen Schäden waren sehr groß, doch kein einziges Menschenopfer war zu beklagen.

... ihr verkrampftes Aussehen führte vor Augen,
wie sehr Neptun am Anfang der Welt arbeiten mußte.
Jules Verne, *Cinq semaines en ballon*

10 Hydrovulkanismus und submariner Vulkanismus

Die Anwesenheit von Wasser beeinflußt in beachtlicher Weise das vulkanische Geschehen und kann es sogar völlig verändern. Dies gilt sowohl für den tiefsten Teil der Magmenkammer (Kap. 4) als auch für den Austrittsbereich an der Oberfläche. Das Wasser, ob juveniler Herkunft (magmatisches Wasser) oder meteorisch (Grundwasser), welches den oberirdischen Vulkanbau durchströmt, kann sich unter dem Einfluß des geothermischen Gradienten in Wasserdampf umwandeln. Die plötzliche Volumenzunahme während der Phasenumwandlung verleiht der Eruption einen höchst explosiven Charakter. Man spricht daher von **Hydrovulkanismus,** insbesondere wenn das Wasser externer Herkunft ist. Zwei Typen sind zu unterscheiden. Im Falle einer **phreatischen Eruption sensu stricto** (Dampfsprengungseruption) bleibt das Magma durch den Anstieg des Wärmeflusses und die fortschreitende Verdampfung des Wassers in der Tiefe und greift nicht unmittelbar in das vulkanische Geschehen ein. Im Falle einer **phreatomagmatischen Eruption,** also einer gemischten Eruption, sind Wasser und Magma unterschiedlich stark beteiligt, das Magma tritt jedenfalls an die Oberfläche aus.

Submarine Vulkane sind vom Wasser umgeben und zeigen deshalb ein deutlich anderes Verhalten als die **subaerischen Vulkane.** Schließlich bestimmen die Umgebungsparameter (höhere spezifische Wärme des Wassers, hydrostatischer Druck) die Art ihrer Platznahme und die Eigenschaften des vulkanischen Materials selbst. Einige für den Hydrovulkanismus beschriebene Verhaltensweisen sind auch beim submarinen Vulkanismus wiederzufinden.

10.1 Hydrovulkanismus

Es empfiehlt sich, den Phreatismus s. s. vom Phreatomagmatismus zu unterscheiden. Im Falle des **Phreatismus s. s.** (zur Übersicht siehe Barberi et al., 1992) führt der Übergang des Wassers vom flüssigen in den gasförmigen Zustand zu einer starken Volumenzunahme und einem hydrostatischen Druck von 20 – 30 kbar, was eine heftige Explosion hervorruft. Ein Teil des Hangenden wird hierbei im wahrsten Sinne des Wortes pulverisiert, und Aschen, Lapilli und Blöcke werden in Gestalt eckiger Gesteinsbruchstücke herausgeschleudert (Abschn. 8.5). Hierbei sind **akkretionierte Lapilli**, 1 mm bis 4 cm große Kügelchen aus zusammengepreßter Asche, die zwischen den Fingern zerfallen, für Airfall-Ablagerungen unter wäßrigen Bedingungen typisch. Im Ergebnis entsteht auf den

a

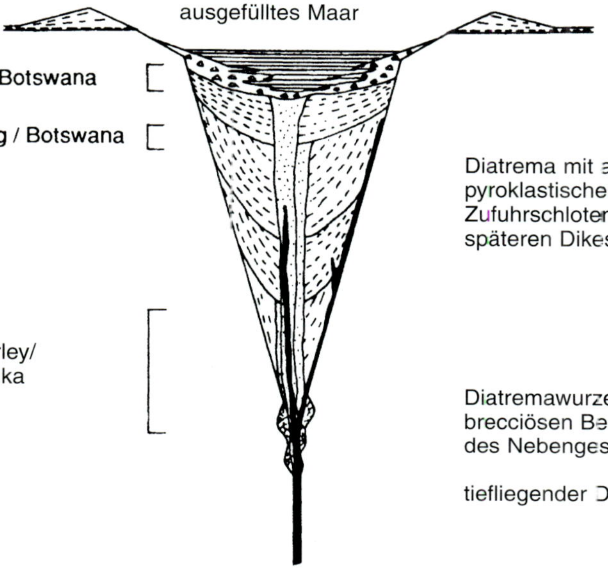

b

Abb. 10.1 **a)** Schema eines Diatrema-Maar-Systems. Der Aufbau des Tiefenbereichs konnte aus Beobachtungen am Orapa-Maar und am Jwaneng-Maar in Botswana geschlußfolgert werden, wie auch aus Diatremas der Kimberley-Region in Südafrika. Horizontaler und vertikaler Maßstab sind gleich, allerdings sind die Durchmesser der Zufuhrschlote und der Dikes überhöht dargestellt (nach Lorenz, 1986; geändert). **b)** Maar-Ablagerungen in der Nähe von Murol im Mont-Dore (Photo J.-M. Bardintzeff).

Flanken des Vulkanbaus eine kreisförmige Oberflächenvertiefung, deren Radius von der Tiefe und Intensität der Explosion abhängt.

Das Magma tritt erst zu einem späteren Zeitpunkt aus, und die Eruption wird somit phreatomagmatisch. Die Ablagerungen vermischen sich, sie enthalten sowohl Gesteinsbruchstücke als auch magmatisches Material. Besonders auffällig tritt dies bei den **Peperiten** in Erscheinung. Basaltgestein ist zu millimetergroßen Körnchen zersplittert und feinverteilt, wie Pfefferkörner, in eine pelitische Matrix eingestreut, die von den Sedimenten des Liegenden herrührt. Oft fallen idiomorphe und freie Phänokristalle als Kristallapilli (an Kristallen, meist Klinopyroxenen, besonders reiche Lapilli) nieder. In der Endphase der Eruption bildet die Lava sogenannte **Blumenkohlbomben,** die gelegentlich schöne Einschlagsfiguren hinterlassen. Diese zeugen von einer starken Durchtränkung der Ablagerungen mit Wasser.

Im Gelände bleibt eine flache Einsenkung zurück. Mitunter ist sie von einem See ausgefüllt **(Maar),** da bei der Verwitterung Tonminerale entstehen, die den Untergrund schnell undurchlässig machen (Abb. 10.1a). Ihre Gestalt weicht von der eines klassischen Kraters ab, der sich meist in Gipfellage befindet und offen sein kann. Die Tiefe des Explosionspunktes bedingt den Durchmesser des Maars an der Oberfläche. Die Durchmesser variieren in weiten Grenzen von weniger als 100 m bis zu mehr als 1 500 m und die Tiefen von etwa 10 m bis zu 200 m (Lorenz, 1986). Die Auswurfprodukte fallen entweder in diese Bodensenkung hinein oder in Form eines Ringes um diese herum. Der Ring ist bisweilen auf einen Halbkreis reduziert je nach der Topographie, der Richtung der Explosion und der herrschenden Winde. Die Ablagerungen, 10 bis 40 m mächtig, setzen sich aus mehreren hundert Schichten von mm- bis dm-, meist aber cm-Dicke zusammen (Abb. 10.1b). Dies weist auf zahlreiche Eruptionen hin, bei denen jeweils eine geringe Menge an Förderprodukten freigesetzt wurde. Man beobachtet gewöhnlicherweise den Wechsel zweier Schichttypen, abwechselnd zum einen aschereich und mehr oder weniger verfestigt, Ergebnis einer wäßrigen Phase, und zum anderen grobkörniger (Lapilli) und nicht verfestigt, Ergebnis einer trockenen Phase. Jede Schicht ist durch ihre sehr gute Sortierung mit einer normalen Gradierung gekennzeichnet (die Durchschnittsgröße der Körner nimmt innerhalb einer Schicht von unten nach oben ab).

Während also die Maare im Verhältnis zur ursprünglichen Topographie im wesentlichen eine Depression darstellen, entstehen **Tuffringe** und **Tuffkegel** infolge einer Eruptionstätigkeit, die sich in positiven Reliefs äußert und das Liegende weniger verändert.

Die Tuffringe entstehen infolge „trockener“ Surges (das Wasser verbleibt im Zustand überhitzten Dampfes). Ihre Ablagerungen sind fein geschichtet und gering verfestigt, sie fallen mit weniger als 12° ein. Die Tuffkegel entstehen infolge eines Wechsels von „feuchten“ Surges (kondensierter Dampf), Airfalls und sogar pyroklastischen Strömen. Die Ablagerungen werden also aus teilweise grobkörnigen und verfestigten Pyroklasten gebildet, die Hänge erreichen Winkel von bis zu 30° (Wohletz & Sheridan, 1983, Abb. 10.2 und 10.7).

Die für diese Ablagerungen typischen Aschen heißen **Hyaloklastite,** sie sind reich an palagonitisierten Gläsern, die eine gelbe Farbe besitzen und stark hydratisiert sind (sie enthalten bis zu 20 % Wasser) (Honnorez, 1963; Tazieff, 1972).

In der Chaîne des Puys sind rund zehn Maare ermittelt worden, manche von Feldern (Beaunit-Maar), andere von Sümpfen (Narse d'Espinasse) oder Seen (Gour de Tazenat) eingenommen. Weiter südlich befindet sich mit einem Durchmesser von 750 m und einer Tiefe von 96 m der Pavin-See, der durch eine hydrovulkanische Eruption vor 5863

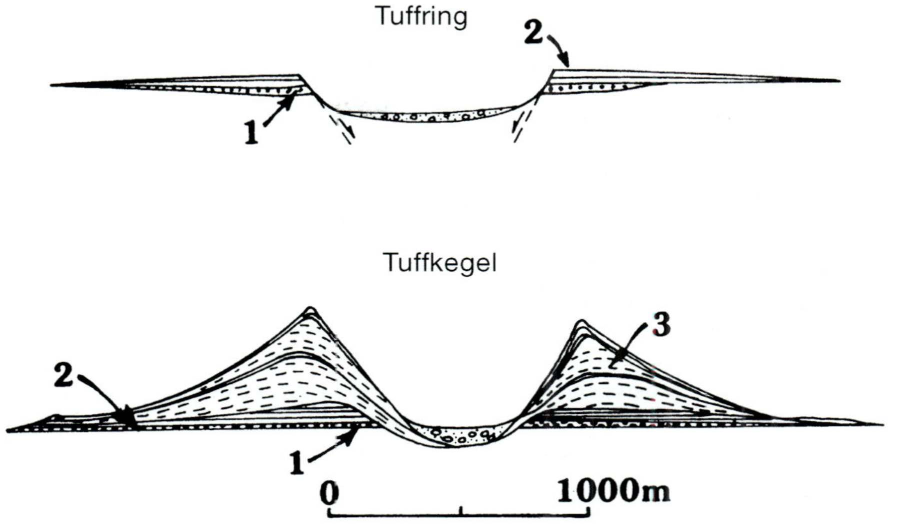

Abb. 10.2 Profile eines Tuffringes und eines Tuffkegels im Vergleich. Sie zeigen die hauptsächlichen Ablagerungsarten: 1 = Explosionsbreccie, 2 = fein geschichtete Ablagerungen, 3 = massive grobkörnige Ablagerungen (Wohletz & Sheridan, 1983).

± 44 Jahren entstanden ist (Gewelt & Juvigné, 1988). Im Mont-Dore lassen sich die schon älteren Maare eher an ihren Ablagerungen (Gebiet von Saint-Nectaire) als an ihrer Topographie erkennen. Die herrlichen Seen Bouchet und Issarlès im Velay sind Folgen der gleichen Erscheinung.

Das deutsche Vulkangebiet der Eifel umfaßt eine große Anzahl solcher Maare. Am Laacher See (Osteifel) hinterließ eine bedeutende phonolithische Eruption vor 11 000 ± 50 Jahren (16 ^{14}C-Datierungen zwischen 10 600 und 11 400 Jahren, Bogaard & Schmincke, 1985), mit einer Folge explosiver plinianischer und phreatomagmatischer Episoden, ein Maar von 5 km^3, das zu einem Teil von dem heutigen See eingenommen wird. Im Detail unterscheidet man drei wichtige Niveaus: zwei plinianische und ein drittes, darüber lagerndes, phreatomagmatisches Niveau. Die am weitesten entfernten Aschen zerstreuten sich in drei Fächerrichtungen: nach NO (1 100 km), nach S (600 km) und nach SW (100 km). Das geförderte Gesamtvolumen (5,3 km^3 DRE magmatische, phonolithische Produkte und 0,7 km^3 lithische Pyroklasten) entspricht ziemlich genau dem Volumen des Maars.

Die ständige Emission von CO_2-Bläschen zeugt heute noch von einer gewissen Aktivität. In der Westeifel ist das jüngste Maar (Ulmener Maar) mit nur 10 000 Jahren datiert. Ringe von typischen Hyaloklastiten sind in der Gebirgskette von Erta-Ale in Äthiopien und auf Island bekannt, Fragmente eines zur Zeit über das Meeresniveau aufragenden, aber noch immer aktiven Ozeanischen Rückens.

Im Falle des **Phreatomagmatismus** findet man in einem tieferen tektonischen Stockwerk, in einer Tiefe von 2 000 bis 2 500 m, ein **Diatrema,** auch **Pipe** genannt. Es hat die Gestalt eines Kegels, besitzt einen maximalen Durchmesser von einigen hundert bis 1 500 m und ist mit einem System tiefliegender Dikes verbunden (Abb. 10.1). Durch das glasige oder kaum kristallisierte Magma werden Bestandteile des Nebengesteins verbacken und bilden eine grobe Breccie (Schlotbreccie), die die Durchschlagsröhren füllt;

das Diatrema entspricht also dem Zuführungsschlot. Dies alles belegt die Wirkung der in der Tiefe stattgefundenen hydrovulkanischen Explosion. Manchmal enthält die Breccie Bruchstücke aus dem tieferen Untergrund: aus der unteren Erdkruste (Granulit) oder aus dem oberen Erdmantel (Peridotit). Die Kimberlite (Glimmerperidotite, die gelegentlich Diamant enthalten) steigen unter hohem Druck, ähnlich einem Kolben, auf und intrudieren in das Nebengestein. Durch Erosion kann im weiteren Verlauf die Diatremastruktur als Pipe erkennbar werden (Abb. 7.22). Die berühmten Pipes des Velay bilden in der Landschaft steil aufragende Bergkuppen: die Felsen von Corneille und von Saint-Michel d'Aiguilhe in le Puy-en-Velay (Abb. 10.3) oder die Table de Polignac (Brousse & Levèfre, 1990).

Zahlreiche explosive, vorrangig magmatische Ausbrüche nehmen im Verlauf mehrerer eruptiver Phasen einen hydrovulkanischen Charakter an. Die vorher beschriebenen unterschiedlichen Eruptionstypen (Kap. 8 und 9) und insbesondere die gerichteten Explosionen (pyroklastische Ströme, Surges) besitzen eine hydrovulkanische Komponente (Abb. 10.4). Im spezielleren Fall der Lahare greift das Wasser ebenfalls in entscheidender Weise ein (Abschn. 9.5).

Der Gipfelsee der Soufrière de Saint-Vincent ist während des Ausbruchs im Jahre 1979, der phreatomagmatische Züge annahm, fast vollständig verdampft worden (Kap. 13). Die Aktivität des Galunggung auf Java 1982/83 brachte sehr verschiedene Eruptionsformen ins Spiel, die sich in drei Abschnitte einteilen lassen (Katili & Sudradjat, 1984; Gourgaud et al., 1985; Gerbe et al., 1988, 1992):

1) eine Phase mit Glutwolken (5. April 1982 – Mitte Mai 1982),
2) einen phreatomagmatischen Abschnitt (Mitte Mai 1982 – Ende Oktober 1982) und
3) eine Periode strombolianischer Aktivität (November 1982 – 8. Januar 1983).

Die phreatomagmatischen Explosionen schufen einen Maar-Krater von 800 m Durchmesser und bauten einen Tuffring von 50 m Höhe auf. Diese Phase führte zur Zerstörung von 80 % des Ausgangsvolumens des Doms.

Nach der Eruption des Pinatubo 1991/92 ereigneten sich nacheinander zahlreiche „sekundäre" phreatomagmatische Explosionen, die dadurch ausgelöst wurden, daß starke Regenfälle auf die noch heißen Ablagerungen pyroklastischer Ströme niedergingen. Asche- und Dampfsäulen wuchsen am 21. September 1992 bis in 18 km Höhe und waren auch drei Jahre später, am 11. Juli 1995, noch immer 10 km hoch. Diese Ereignisse gingen mit dem teilweisen Einsturz von Ablagerungen einher, was mitunter wieder neue pyroklastische Ströme auslösen konnte.

Phreatische Eruptionen finden typischerweise an den subglazialen Vulkanen statt. Der „Vatnajökull" auf Island ist eine stellenweise 2 km dicke Eiskappe, die mit 140 km Länge und 90 km Breite in etwa die Größe von Korsika besitzt. Unter diesem Gletscher kennt man sechs Vulkane, und eine beträchtliche hydrothermale Aktivität setzt hochtemperierte Fumarolen frei. Ständige Seen, die sich aus lokalen Eisschmelzen gebildet haben, gaben dem Gletscher seinen Namen, der „Wassergletscher" bedeutet. Ende September 1996 wird an einer gut bekannten, etwa 20 km langen Verwerfung zwischen dem Vulkan Bardarbunga im Norden und den Grimsvötn-Seen im Süden eine Aktivität festgestellt. Ab Oktober öffnet sich im Gletscher eine 3 km lange und 300 m breite Spalte. Diese füllt sich mit einem Gemisch aus Schmelzwasser und vulkanischen Aschen. Wenige Tage später entsteht im Norden der Spalte ein Krater von 1 km Durchmesser. Ihm entsteigt beständig eine mehrere km hohe Säule aus Wasserdampf. Alle zwei bis drei Minuten gehen mit großer Geschwindigkeit schwarze Aschesalven bis in mehrere hundert Meter

Abb. 10.3 Der Felsen von Saint-Michel d'Aiguilhe in Puy-en-Velay, eine Breccien-Pipe, die bei einer explosiven Eruption unter Druck Platz genommen hat und später durch Erosion freigelegt wurde. Die romanische Kapelle aus dem X. Jahrhundert scheint die 80 m hohe Vulkankuppe noch zu verlängern (Photo J.-M. BARDINTZEFF).

Abb. 10.4 Der Berg Zini auf der Insel Kos (Griechenland). Grobkörnige Lawinenablagerungen überlagern schräggeschichtete feine Lagen hydrovulkanischer Tuffe. Man achte auf die Korngrößenunterschiede! Der Autor des vorliegenden Buches dient hier als Maßstab (Photo H. TRANEAU).

Abb. 10.5 Eruption unter dem Vatnajökull-Gletscher auf Island am 9. Oktober 1996. Eine „zypressenartige" Säule aus schwarzen Aschen, die mit großer Geschwindigkeit herausgeschleudert werden, steht neben einer weißen Wolke aus Wasserdampf. Dies veranschaulicht perfekt eine phreatomagmatische Eruption (surtseyischer Typ), die beim Kontakt von Wasser und Magma zustande kommt. Man kann die konzentrisch um den Krater verlaufenden Risse im Gletscher erkennen (Photo J.-M. Bardintzeff).

Abb. 10.6 Der Herdubreid auf Island, ein ehemaliger subglazialer Vulkan, der heute vom Eis freigelegt ist (Photo J.-M. Bardintzeff).

Höhe los. Sich spiralenförmig drehend steigen die Aschen weiter auf und nehmen eine Gestalt ähnlich der einer Zypresse an, was für phreatomagmatische Eruptionen sehr typisch ist (Abb. 10.5). Die Eruption endet Mitte Oktober: 0,3 km³ Magma wurden in Form von Asche gefördert. Weniger als einen Monat später, am 5. November, setzt der Gletscher einen gigantischen Strom aus Wasser, Eis und Schlamm, einen Jökulhlaup, frei (s. Abschn. 9.5).

Auf Island kennt man eine Menge ehemaliger subglazialer Vulkane, die heutzutage freigelegt sind. Sie sind durch das sehr steile Gefälle ihrer Hänge charakterisiert, die einst vom Eis eingeschlossen waren. Der berühmte Herdubreid (Abb. 10.6) ist hierfür ein anschauliches Beispiel. Er hat eine komplexe Geschichte, denn zuerst war er unterseeisch (Pillowlaven, s. Abschn. 10.2), dann subglazial (Hyaloklastite, s. Abschn. 10.2), heute schließlich zeigt sein Gipfelbereich eine aerische Aktivität (Laven).

Eine thermodynamische Betrachtung der hydrovulkanischen Prozesse zeigt die Bedeutung des Massenverhältnisses Wasser/Magma, des Aggregatzustandes des Wassers (Fluid im überkritischen Zustand, überhitzter Dampf, Anzahl der Phasen, ...) und der Dichte des Gemisches von Fluid und festen Partikeln (SHERIDAN & WOHLETZ, 1981, 1983; WOHLETZ & SHERIDAN, 1983). Experimente mit Versuchsmodellen (mit 10 bis 90 kg Thermit [= Al_2O_3 + Fe] in Gegenwart von Wasser) brachten qualitative Ergebnisse (Abb. 10.7). Die thermische Energie wird entsprechend einem gegebenen Koeffizienten in mechanische Energie umgewandelt. Bei einem niedrigen Massenverhältnis Wasser/Magma (um 0,01) spielt das Wasser nur eine untergeordnete Rolle, und das Magma kann als Lava oder in Form von Airfalls austreten (strombolianischer Typ). Bei einem Verhältnis von 0,1 bis 0,3 steigt der Umwandlungskoeffizient plötzlich stark an und weist damit auf eine zunehmende Fragmentierung des Magmas hin, das in Form von pyroklastischen Strömen oder von phreatomagmatischen Surges austritt (surtseyischer Typ). Bei einem höheren Verhältnis beginnt der Umwandlungskoeffizient wieder abzunehmen. Es bilden sich Tuffringe (bei einem Verhältnis von etwa 1) oder Tuffkegel (Verhältnis von etwa 10). Bei einem noch höheren Verhältnis (von etwa 100) entstehen Pillowlaven (submariner Vulkanismus, s. Abschn 10.2): Die Energie dient hier im wesentlichen dazu, das Wasser aufzuheizen, ohne es richtig zu verdampfen (WOHLETZ & MCQUEEN, 1984).

Die Explosivität hydrovulkanischer Eruptionen kommt unmittelbar in der Größe der abgelagerten Partikel zum Ausdruck (Partikel-Durchmesser kleiner als 50 µm bei mitt-

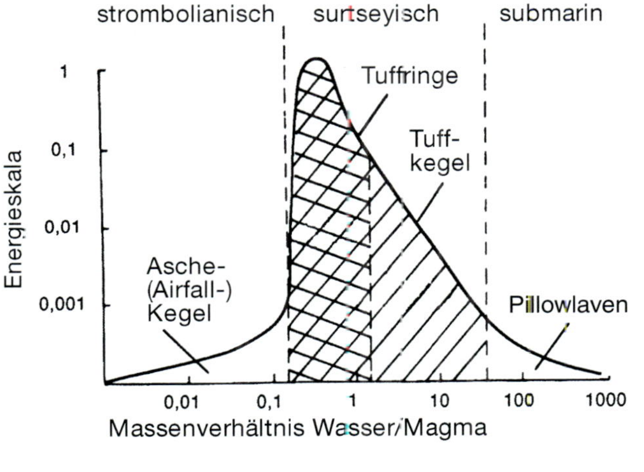

Abb. 10.7 Abhängigkeit der Art der vulkanischen Eruption vom Massenverhältnis Wasser/Magma. Dieses experimentelle Modell ist lediglich für ein vulkanisches System kennzeichnend. Oberhalb eines Wertes von 0,1 wird die phreatomagmatische Eruption hochexplosiv (surtseyischer Typ) (WOHLETZ & MCQUEEN, 1984, geändert).

leren Massenverhältnissen Wasser/Magma, Durchmesser zwischen 1 und 10 mm bei niedrigeren und höheren Verhältnissen). Die Arbeiten von ZIMANOWSKI et al. (1991) zeigen, daß die experimentell erhaltenen Werte für die Massenverhältnisse wahrscheinlich zu hoch geschätzt sind.

10.2 Submariner Vulkanismus

Besonders eindrucksvoll sind subaquatische Eruptionen. Bei der Entstehung einer vulkanischen Insel kann der Übergang vom **submarinen Vulkanismus i. e. S.** zu einem **subaerischen Vulkanismus** beobachtet werden, dessen Tätigkeitsformen dem zuvor betrachteten Hydrovulkanismus gleichen.

Der Ausbruch des Vulkans Capelinhos vor der Küste der Insel Faial im Azoren-Archipel setzt im September 1957 ein. Dampfwolken entweichen dem an dieser Stelle des Atlantischen Ozeans farblosen bis gelblichen Wasser. Darauf folgen glühende Aschen, die in Höhen bis zu etwa 100 m aufsteigen. Innerhalb von 48 Stunden erhebt sich ein 100 m hoher Aschekegel über den Meeresspiegel. Im Oktober fliegen Blöcke und Bomben bis zu 500 m hoch, eine dunkle Aschewolke steigt gleichzeitig bis in 7 000 m Höhe. Die neuentstehende Insel nimmt die Form eines Hufeisens an. Doch zum Monatsende bricht die Eruption plötzlich ab, und ein Teil der Insel stürzt zusammen (MACDONALD, 1972).

In gleicher Weise taucht am 14. November 1963 die vulkanische Insel Surtsey vor der Küste Islands auf. Der Ausbruch dauert bis 1966. Die besondere Eruptionstätigkeit, bei der große Mengen sehr feiner Asche gefördert wurden, wurde in der Klassifikation nach WALKER als surtseyischer Typ bezeichnet (Abschn. 8.4).

Die Eruption, die sich am 13. Juli 1989 3 km vor der Küste der japanischen Halbinsel Izu-Oshima ereignete, war hingegen sehr kurz: Sie dauerte einen Tag und förderte 10^6 m^3 Magma, das vorrangig in der Tiefe als Lagergänge (Sills) ins Nebengestein injiziert wurde (YAMAMOTO et al., 1991).

Das Verhalten eines submarinen Vulkans verändert sich von der Entstehung in der Tiefe bis zu seinem Heraustreten an die Wasseroberfläche. Zahlreiche submarine Vulkane **(Seamounts)** sind in den verschiedenen Weltmeeren bekannt und in mehreren tausend Metern Tiefe auf der ozeanischen Kruste zu finden. Sie treten in zwei verschiedenen tektonischen Konstellationen auf. Die häufigsten entstehen in der unmittelbaren Umgebung der Mittelozeanischen Rücken, zusammen bilden sie ein sehr aktives vulkanisches System. Das Meerwasser dringt hier tief in Risse ein und kommt bei hoher Temperatur – Zeugnis des hohen Wärmeflusses – wieder heraus, es ist dann angereichert mit Mineralsalzen, die am Ausgang der Hydrothermenschlote abgelagert werden. Die **schwarzen Raucher** *(black smokers)* sind mit Sulfiden angereicherte Schlote und treten bei 400 °C aus; die **weißen Raucher** *(white smokers)* sind sulfatreich und treten bei 160 – 300 °C aus.

Andere Seamounts (Hawaii, Französisch-Polynesien) gehen inmitten einer ozeanischen Platte aus thermischen Anomalien hervor, die **Hot Spots** genannt werden (Abschn. 12.5).

Seamounts können durch ihre seismische Aktivität (TALANDIER & OKAL, 1984a) und systematischer durch Höhenanomalien der Erde ermittelt werden, die der Satellit *Seasat* aufzeichnet (BAUDRY et al., 1987; DIAMENT & BAUDRY, 1987). Das Gebiet um Mehetia

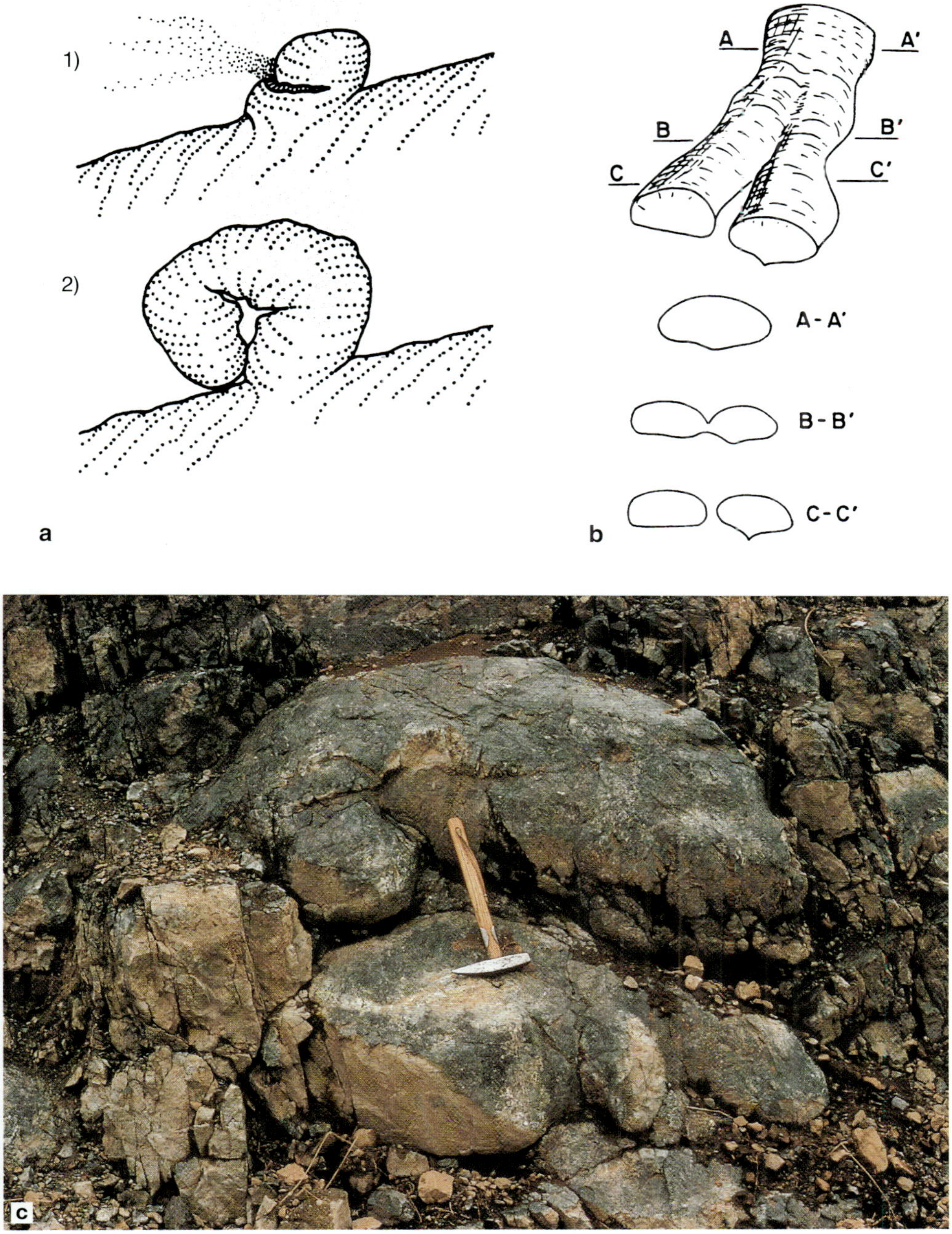

Abb. 10.8 **a)** Entstehung einer Pillow-Lava durch „Knospung" einer Lava-Röhre. 1) Die Kruste reißt aufgrund des Innendrucks auf; es entsteht eine Knospe, die um sich herum eine neue Kruste ausbildet. 2) Die „Knospe" verlängert sich zu einem Lavazylinder ausgehend von dem anfänglichen Riß oder von neuen Rissen und rollt sich mitunter in sich selbst zusammen (MOORE et al., 1973). **b)** Pillow-Laven bilden ein Netz von miteinander verbundenen Röhren aus, räumlich und in Querschnitten gesehen (VUGNAT, 1975). **c)** Pillow-Laven des Chenaillet im Ophiolithmassiv von Montgenèvre (Photo J.-M. BARDINTZEFF).

südöstlich der Gesellschaftsinseln ist Gegenstand ozeanographischer und geologischer Untersuchungen gewesen (Brousse, 1984a; Cheminée et al., 1989). Diese Hot-Spot-Region umfaßt mehrere tätige Vulkane: den aus dem Meer aufragenden Vulkan Mehetia und mehrere Seamounts (Teahitia, Moua Pihaa, Rocard), die Höhen von 2 000 m und mehr besitzen und einige Zehner Kilometer voneinander entfernt sind. Die Verteilung der vulkanisch-seismischen Aktivität dieser rund 1 000 km^2 umfassenden Region gibt eine Vorstellung vom Ausmaß eines Hot Spots.

Flüssige Lava (Pahoehoe-Typ), die unter einem bestimmten Wasserdruck austritt und beim Kontakt mit dem Wasser schnell erstarrt, bildet rundliche, kissenähnliche Formen (*pillow lavas* im Engl.). Diese **Kissen-** (oder **Pillow-Laven)** bilden sich übrigens auch am Grund von Seen und Gletschern. Ihre Entstehung konnte durch Taucher genau beobachtet und sogar gefilmt werden, als ein Lavastrom des Kilauea auf Hawaii die Küste erreichte und sich, wie es häufig der Fall ist, ins Meer ergoß (Moore et al., 1973; Tribble, 1991; Abb. 10.8a und 7.3). Die Pillow-Laven, wie zum Beispiel jene des Inzecca-Tals auf Korsika oder des Montgenèvre-Massivs in den französisch-italienischen Alpen, sind charakteristisch für **Ophiolithzüge** (Abschn. 12.2), Überbleibsel einstiger ozeanischer Kruste, die ins Innere von Gebirgsketten geschoben wurden (Abb. 10.8c). Beobachtungen im Montgenèvre-Massiv lassen vermuten, daß sich ein System von untereinander verbundenen Lavazylindern bildet, die im Querschnitt etwa kreisförmig sind (Vuagnat, 1975; Abb. 10.8b). Vuagnat meint, diese Tubularstruktur sei häufig anzutreffen. Im Falle sehr flüssiger Lava auf steilen Hängen können sich die Enden jedoch trennen und richtige Kugeln bilden.

Laven, die eine höhere Viskosität besitzen (Aa-Typ), zerspringen beim Kontakt mit Wasser und bilden **autoklastische Breccien** oder **Autoklastite** (Abb. 10.9). Nahe der Wasseroberfläche nimmt der hydrostatische Druck ab, die magmatischen Gase können leichter entweichen und die Eruptionen nehmen einen stark explosiven Charakter an, wobei Aschen (Hyaloklastite) freigesetzt werden, die über der Meeresoberfläche zum Schmelzen kommen können (Abb. 10.10). Eine Gegenüberstellung der subaerischen und der subaquatischen Produkte ist von Varet & Demange (1980) vorgeschlagen worden (Tabelle 10.1).

Unter Umständen können die Vulkane aus dem Wasser auftauchen und zuweilen sogar sehr deutlich herausragen. So gipfelt die Insel Tahiti im Vulkan Orohena, der trotz einsetzender Erosion und Zusammensinkens 2 241 m hoch ist. Die Vulkane Mauna Kea

subaerischer Vulkanismus	**submariner Vulkanismus**	
	ebene Fläche	*geneigte Fläche*
Pahoehoe-Lava	Pflaster- oder Pahoehoe-Lava	Pillow-Lava (in Kraternähe) brecciöse Ströme (weiter entfernt vom Krater)
Aa-Lava	autoklastische Ströme	
Block-Lava, Breccie	autoklastische Breccie, „Pop Corn"-Breccie	
Lapilli	grobkörnige Hyaloklastite	
Aschen	feinkörnige Hyaloklastite	

Tabelle 10.1 Versuch eines Vergleichs von subaerischen und submarinen Förderprodukten (nach Varet & Demange, 1980; verändert).

(4 206 m) und Mauna Loa (4 170 m, sehr aktiv) auf Hawaii sind auf einem rund 5 000 m tiefen Ozeanboden errichtet und somit ebenso hoch wie der Mount Everest!

Der submarine Vulkan Macdonald, der mittels Hydrophonen 1967 im Südosten des Austral- (Tubuai-) Archipels entdeckt wurde, ist momentan im Begriff aufzutauchen (Norris & Johnson, 1969; Johnson, 1970; Brousse & Richer de Forges, 1980; Talandier & Okal, 1984b). Während der zwischen 1969 und 1975 durchgeführten Erkundungsarbeiten befand sich sein Gipfel in 49 m Meerestiefe. Aktuellere Messungen in den Jahren 1981 bis 1983, nur kurz nach der eruptiven Phase von 1977 bis 1981, lassen eine deutliche Anhebung des Gipfelplateaus auf -40 m erkennen, wobei eine zentral gelegene Bergspitze bis auf 27 m Tiefe angehoben wurde. Im Jahre 1989 konnte mit dem Tauchschiff Cyana sogar eine submarine Eruption beobachtet werden (Cheminée et al., 1991). Das in dieser Zone häufige Auftreten gefärbten Wassers an der Meeresoberfläche zeugt von einer gleichsam kontinuierlichen, an den Vulkanismus gebundenen hydrothermalen Tätigkeit.

Zum Ende seiner Aktivität nimmt die Höhe des ozeanischen Vulkans infolge der thermischen Absenkung des Ozeanbodens ab – die Kontraktion bedingt eine Dichtezunahme –, und er kann wieder unter die Meeresoberfläche tauchen. Hess (1946) schlug für solche Vulkane den Begriff **Guyot** vor. Sie besitzen eine charakteristische Stumpfform, da sie durch die Erosion abgeflacht wurden, als der Vulkanbau sich nahe der Wasseroberfläche befand. Vulkane können allerdings die gleiche Form erhalten, wenn sie durch sukzessive Zuführung von Lavaströmen und zwischengelagerten Hyaloklastiten wach-

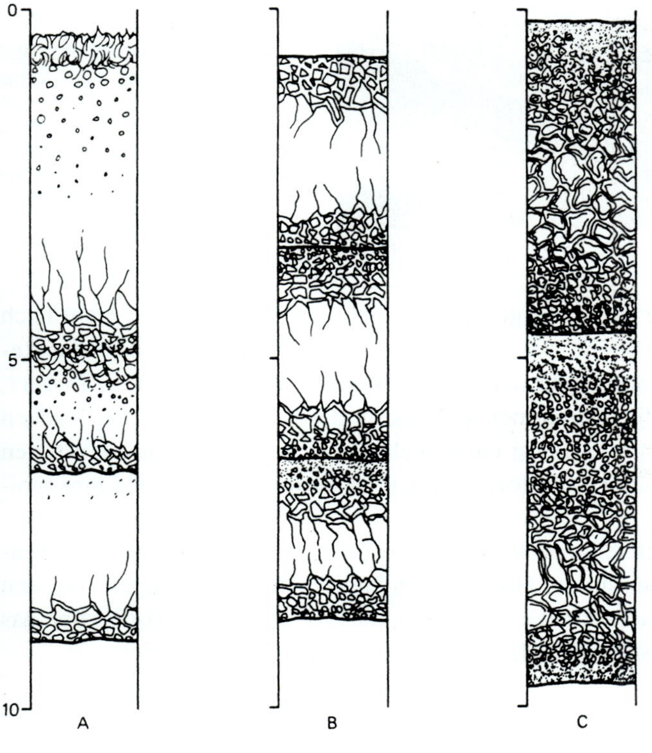

Abb. 10.9 Unterschiedliche submarine Breccienarten, die in Bohrkernen vom Tuamotu-Archipel identifiziert wurden (Maßstab in m). A und B = autobrecciöse Ströme, C = autoklastische Breccie (Varet & Demange, 1980).

Abb. 10.10 Hyaloklastit-Ablagerungen auf der Insel Taara (Tahiti). Man bemerke die Schichtung der feinen Aschen und das Auftreten einiger Bomben. Im Hintergrund ist die Insel Moorea zu erkennen (Photo J.-M. BARDINTZEFF).

sen. In diesem Falle wäre die stumpfartige Form jedoch zeitgleich mit und nicht nach der Bildung des Vulkans entstanden. Dies trifft für den Vulkan Asmara in der Afar-Region zu, der gegenwärtig aus dem Meer herausragt (BONATTI & TAZIEFF, 1970; TAZIEFF, 1972). Es scheint auch, daß die submarinen Vulkane in der Nähe Ozeanischer Rücken sich in einer solchen stumpfartigen Form entwickeln, da sich die Pillowlaven um den Austrittspunkt herum ergießen; erst bei fortgesetztem Wachstum nehmen sie ihre typische Kegelform an.

JORDAN et al. (1983) erarbeiteten eine statistische Untersuchung der Formen der Seamounts und der Guyots, wobei sie die Höhe der vulkanischen Ablagerungen (H), den Radius am Gipfel (R_2), den Radius an der Basis (R_1), die Abplattung ($f = R_2/R_1$) und das Gefälle der Hänge (x) berücksichtigten. Diese Parameter genügen der Gleichung:

$$\tan x = (H / R_1) / (1 - f).$$

Für den oberen Teil des Fangataufa-Atolls (Archipel Tuamotu) berechnete GUILLOU (1990) ein durchschnittliches Gefälle der Hänge von 16° und einen Abplattungskoeffizienten von 0,30 bis 0,38.

Im Bereich zwischen den Wendekreisen besiedeln Korallen die Vulkane in einer Tiefe von 0 bis 30 m. Saumriffe bilden einen nicht gänzlich geschlossenen Ring um die Inseln und trennen Lagunen teilweise vom Meer ab. Dieser Aufbau des Korallenriffs wird immer wieder duch die Tätigkeit des Vulkans gestört (Auswürfe von Lava und Tephra, Erdrutsche, Ausfließen schlammigen Wassers). Zu Anfang bildet sich eine gemischt vulkanisch-koralligene Übergangszone (BARDINTZEFF et al., 1985). Anschließend verbreiten sich die Korallen, bis sie den Vulkanbau vollständig überdecken, wenn dieser unter die Meeresoberfläche abtaucht. Letztes Zeugnis davon ist ein Ring, das **Atoll,** das so lange bestehen bleibt, wie das Korallenwachstum das Absinken des Vulkans kompensieren kann. Wenn das Ganze durch die Drift der Platten über die Darwin-Linie (etwa 28° nördlicher oder südlicher Breite) hinaustreibt und folglich die Temperatur des Wassers sinkt, bricht die Entwicklung des Korallenriffs ab, und der Vulkan wird ein vollständig submariner Guyot (Abb. 10.11). Vor der Küste Hawaiis ist ein fossiles Riff in 150 – 160 m Tiefe gefunden worden, dessen Alter auf 13 900 Jahre bestimmt wurde. Das Sinken der Insel (2,5 cm/Jahr) und der schnelle Anstieg des Meeresspiegels am Ende der letzten Eiszeit bedingten ein relatives Abtauchen der Insel mit einer mittleren Geschwindigkeit von 10 cm/Jahr, die bedeutend höher ist als die Geschwindigkeit des Korallenwachstums (MOORE et al., 1990). Ähnliche Rechnungen wurden in Französisch-Polynesien angestellt. Die mittleren Geschwindigkeiten für den Aufbau eines Vulkans werden auf Tahiti auf 0,31 cm/Jahr geschätzt (LÉOTOT, 1980), für die Aufbauphasen der submarinen bzw. der Oberflächenkonstruktionen des Fangataufa auf 0,48 cm/Jahr bzw. 0,10 cm/Jahr (GUILLOU, 1990). Im Vergleich dazu sind die Geschwindigkeiten für den Aufbau eines Riffes wesentlich geringer – auf Mururoa liegen sie zwischen 0,0012 und 0,0098 cm/Jahr (AISSAOUI, 1990) –, sie können jedoch das weitere Absinken des Vulkans kompensieren.

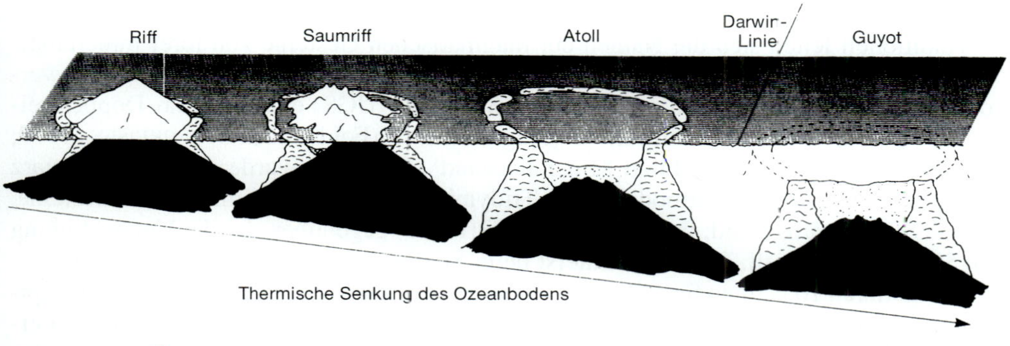

Abb. 10.11 Übergang vom Vulkaninsel-Stadium zum Atoll- und schließlich zum Guyot-Stadium unter der Einwirkung der thermischen Senkung des Ozeanbodens. Wenn der Vulkanbau die Darwin-Linie überschreitet, können die Korallen, deren Lebensbedingungen sich zunehmend verschlechtern, das Absinken des Vulkans nicht mehr mit ihrem Wachstum kompensieren (CARON et al., 1995).

Mich an den Griffen festhaltend, schob ich meinen halben Körper in die gähnende, kreisförmige Öffnung. In der Tiefe des Abgrundes drehte sich der gastliche Planet. Ich rief meinen Kameraden, um ihm meine Entdeckung mitzuteilen: „Pavel! Sie ist rund." Ein unterdrücktes Lachen antwortete mir. Der Himmel war blauschwarz, gespickt mit Sternen, die nicht funkelten. Da tauchte unten eine azurne Fläche auf: das Mittelmeer. Italien stieß seinen großen Stiefel in sein Herz, während es Griechenland mit seinen Inseln übersät hatte.
Alexej Leonov, *Woßchod 2, Fußgänger im All*

11 Die vulkanischen Förderprodukte

Die Vulkane befördern große Mengen Material an die Oberfläche: festes (Tephren), flüssiges (Laven, die später verfestigt werden) und gasförmiges. Außerdem treten während des hydrothermalen Stadiums Fumarolen und mineralsalzhaltige Wässer aus dem Vulkan.

11.1 Laven und Tephren

Vulkanische Gesteine (Vulkanite), also Laven und Tephren, sind nach ihrem Chemismus und zugleich nach ihrer Mineralogie definiert. Es handelt sich, mit Ausnahme der Karbonatite (Abschn. 5.6), um silikatische Gesteine. Die Hauptelemente (Si, Al, Ti, Fe, Cr, Mn, Mg, Ca, Na, K, P) reichen zu ihrer Charakterisierung aus (siehe Analysen in den Kapiteln 1, 3, 5, 12). Mittels Neben- (Ni, Co, Rb, ...) und Spurenelementen (U, Th, Seltene Erden, ...) lassen sich die genetischen Beziehungen genauer bestimmen (siehe Tabellen 3.2, 5.1, 5.3).

Traditionell leiten sich die Namen der magmatischen Gesteine von ihrer mineralogischen Zusammensetzung her ab, wobei vorrangig die hellen Silikate berücksichtigt werden. Die International Union of Geological Sciences (IUGS) empfiehlt das Doppeldreieck Q (Quarz) – A (Alkalifeldspat) – P (Plagioklas) – F (Foide) nach Streckeisen (1979; Abb 11.1), das für den **modalen** Mineralbestand[1] aufgestellt wurde. Der Pol Q (Quarz bzw. seine Hochtemperaturmodifikation Tridymit) steht für die magmatischen Gesteine, die an SiO_2 gesättigt sind; ihm steht der Pol F (Foide) gegenüber, der die Untersättigung an SiO_2 widerspiegelt. Diese Dualität ist beim Studium der Magmen fundamental.

Es existieren 16 Namen für vulkanische Gesteine (Laven und Tephren), die in 8 Hauptgruppen eingeteilt wurden. Diese Klassifikation ermöglicht es, solche Vulkanite zu erkennen, die reich sind an Phänokristallen, d. h. Kristallen, die mit dem bloßen Auge sicht-

1 Der modale Mineralbestand ist der real existierende, im Gegensatz zum **normativen**, berechneten Mineralbestand (s. Abschn. 3.1).

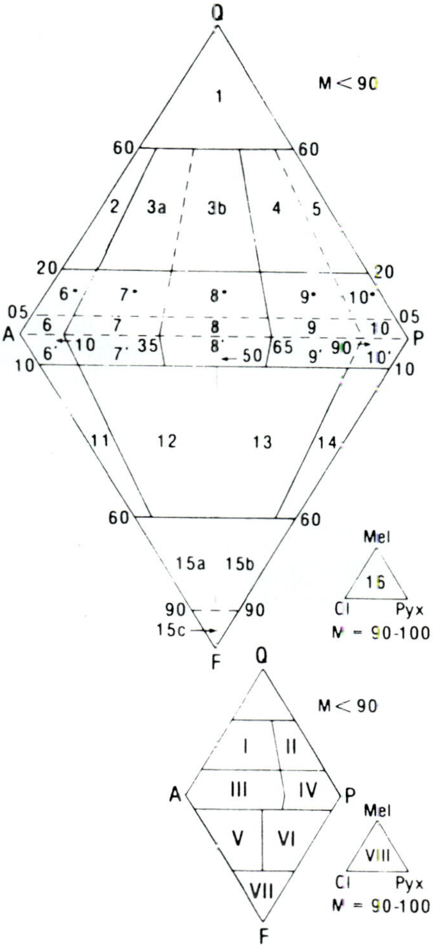

Abb. 11.1 Internationale Klassifikation der Vulkanite. Sie beruht auf dem QAPF-Doppeldreieck (Quarz, Alkalifeldspat, Plagioklase, Foide) für die Gesteine mit weniger als 90 Vol.-% mafischer Minerale und auf dem Dreieck Pyroxen-Olivin-Melilith für die Ultrabasite mit über 90 Vol.-% mafischer Minerale (Streckeisen, 1979). Es werden 15 Felder unterteilt (wobei Feld 1 nur theoretisch ist), die sich in 8 größeren Gruppen zusammenfassen lassen: 2 – Alkalifeldspat-Rhyolith, 3 – Rhyolith, 4 und 5 – Dacite, 6* – Quarz-Alkalifeldspat-Trachyt, 6 – Alkalifeldspat-Trachyt, 6' – foidführender Alkalifeldspat-Trachyt, 7* – Quarz-Trachyt, 7 – Trachyte, 7' – foidführender Trachyt, 8* – Quarz-Latit, 8 – Latit, 8' – foidführender Latit, 9 und 10 – Andesit und Basalt (Basalte enthalten i. a. weniger als 52 Vol.-% SiO_2, Andesite mehr als 52 Vol.-% SiO_2), 11 – Phonolith, 12 – tephritischer Phonolith, 13 – phonolithischer Tephrit, 14 – Tephrit, Basanit, 15a – phonolithischer Foidit, 15b – tephritischer Foidit, 15c – Foidit, 16 – Ultramafitit (ultrabasisch). I. Rhyolithoide; II. Dacitoide; III. Trachytoide; IV. Andesitoide und Basaltoide; V. Phonolithoide; VI. Tephritoide; VI . Foiditoide; VIII. Ultramafitite.

bar sind (Abb. 11.2), sowie ihre plutonischen Äquivalente, die vollständig in der Tiefe auskristallisierten. Probleme bereitet jedoch die Identifizierung von Vulkaniten, die kaum oder gar nicht kristallisiert und im wesentlichen aus Mikrolithen (Kristalle von winziger Größe; s. Abschn. 3.1) und Glas zusammengesetzt sind. In solch einem Fall verwendet man binäre geochemische Diagramme (Abhängigkeit des Gehalts eines Hauptelementes [Na_2O, MgO, ...] vom SiO_2-Gehalt oder vom Differentiationsindex; Abb. 3.3) oder ternäre Diagramme, wie das AFM-Diagramm: A (Alkalien: $Na_2O + K_2O$) – F (Gesamt-FeO, berechnet unter Einbeziehung von $Fe_2O_3 + MnO$) – M (MgO) (Abb. 11.3 und 12.3). Der Vergleich mineralogischer und chemischer Kriterien muß dann die Bezeichnung des Gesteins ermöglichen.

In einem späteren Stadium kann jede Mineralkomponente unter der Elektronenmikrosonde analysiert werden, um das Magma noch genauer zu untersuchen (siehe Pyroxen-Diagramm Abb. 5.1, Tabelle 5.2).

Die zum Teil aus Mineralen bestehenden Tephren gehorchen den gleichen Regeln der Klassifikation wie die Laven. Darüber hinaus beschreibt eine Klassifikation nach den Korngrößen (Abschn. 8.1) ihren Pulverisierungsgrad.

Abb. 11.2 Dünnschliff eines Basalts unter dem Polarisationsmikroskop. Man erkennt Plagioklasleisten mit schwarzen, grauen und weißen Streifungen und einen großen, geometrisch geformten Klinopyroxen. Der photographierte Ausschnitt mißt 6 mm x 4 mm (Photo J.-M. BARDINTZEFF).

11.2 Gläser

Gläser entstehen, wenn eine Schmelze beim Erstarren nicht genügend Zeit hat zu kristallisieren. Sie sind in vulkanischen Produkten reichlich vorhanden. Ihr Chemismus kann wie bei den Mineralen mit der Elektronenmikrosonde (unter Berücksichtigung einiger Vorsichtsmaßregeln angesichts ihrer Zerbrechlichkeit) (Tabellen 5.1 und 5.3, Abb. 5.2 und 11.3) oder noch präziser mittels Infrarotspektroskopie (JENDRZEJEWSKI et al., 1996) ermittelt werden.

Bestimmte vulkanische Gesteine bestehen praktisch nur aus Glas. So enthalten die berühmten schwarzen **Obsidiane** z. B. meist weniger als 1 % Wasser (als Hydroxyl) und entstehen unter einem Druck von weniger als 0,1 kbar, also in einer Tiefe von ungefähr 500 m. Andere Gesteine bestehen aus hydratisierten Gläsern (1 – 5 % Wasser): Dies sind die **Perlite** und die Varietäten **Retinit** und **Pechstein.** Die blasenreichen Bimse (Abschn. 8.5) bestehen aus Glas und Mikrolithen. Bei im allgemeinen geringen Dichten zwischen 0,9 und 1,5 g/cm^3 schwimmen sie aber trotzdem nicht immer auf der Wasseroberfläche! Auf Lipari in Italien ist in der Größenordnung eines Handstücks der Übergang Obsidian-Bims zu beobachten, was ein Ausdruck von Veränderungen im Gehalt an gelösten Fluiden ist.

Die Gläser in der Matrix stammen von den zuletzt noch vorhandenen Resten der Schmelzen und füllen die Zwischenräume zwischen den Mineralen aus. Aus diesem Grunde besitzen sie keine eigene Form.

Bei seinem Wachstum kann ein Mineral eine geringe Menge an Magma aus der Umgebung einschließen, das in der Kristallstruktur gefangen bleibt. Wenn die Temperatur

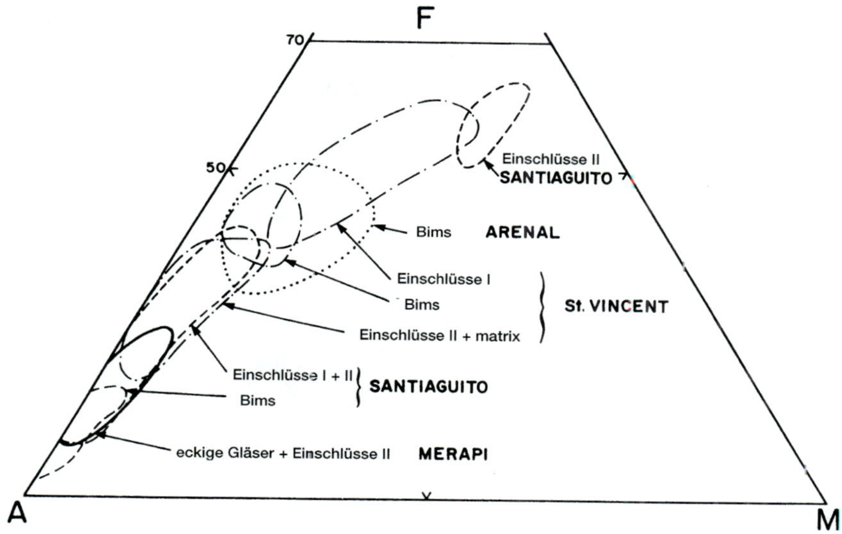

Abb. 11.3 Chemische Zusammensetzung der Gläser des Arenal, des Merapi, des Santiaguito und der Soufrière de Saint-Vincent in einem AFM-Dreieck (A = $Na_2O + K_2O$, F = $FeO_{Gesamt} + MnO$, M = MgO). Es wurden unterschieden: die für Magmen repräsentativen primären Glaseinschlüsse (Einschlüsse I), die entwickelten Sekundäreinschlüsse (Einschlüsse II), die bimsartigen Aschen, die eckigen „lithischen" Gläser und die Mesostasengläser (BARDINTZEFF, 1985a und b).

sinkt, verfestigt sich dieses Tröpfchen zu einem Glas und bildet einen **Glaseinschluß.** 1858 hatte SORBY die ersten Glaseinschlüsse entdeckt, und um sie zu untersuchen, fertigte er die ersten Gesteinsdünnschliffe an! In Frankreich entwickelten DEICHA (1955) und später CLOCCHIATTI (1974) diese Untersuchungsmethode. Sowjetische Forscher (BAKUMENKO et al., 1967; SOBOLEV et al., 1972) entwickelten thermometrische Methoden zur Bestimmung der eingeschlossenen Gläser, wobei sie die Gleichgewichtstemperaturen zwischen den verschiedenen Phasen bestimmten.

Die im Zusammenhang mit dem vulkanischen Geschehen sehr häufigen Glaseinschlüsse bieten die Gelegenheit, das Magma besser kennenzulernen (CLOCCHIATTI & KRASOV, 1979; BARDINTZEFF et al., 1980; BARDINTZEFF & CLOCCHIATTI, 1980). Sie sind sowohl in morphologischer als auch chemischer Hinsicht sehr variantenreich (Abb. 11.3 und 11.4). Zwei Typen von Einschlüssen werden unterschieden:

- Wenn die eingeschlossene Schmelze, so wie sie ist, erstarrt, besteht der Glaseinschluß aus einem homogenen Glas und einer Schwindblase, die durch die Volumenabnahme beim Übergang von der flüssigen in die feste Phase entsteht. Die chemische Zusammensetzung des Glases spiegelt die des Magmas wider, das entsprechend dem Stadium, in dem es eingeschlossen wurde, mehr oder weniger entwickelt ist.
- Meistens kristallisieren Mineralphasen auf Kosten der eingeschlossenen Schmelze und verändern damit deren Zusammensetzung (sekundäre Entwicklung). Das verbleibende Glas entspricht dann nur noch einer residualen, stark modifizierten Schmelze, die nicht mehr repräsentativ ist für das Magma, sondern vielmehr für die Matrix.

Die frei in der Aschefraktion der Tephren enthaltenen Gläser (Partikel < 2 mm) sind von mannigfacher Gestalt. Die Betrachtung ihrer Form (Morphoskopie) unter dem Rasterelektronenmikroskop (REM) läßt Überlegungen über ihre Entstehung zu.

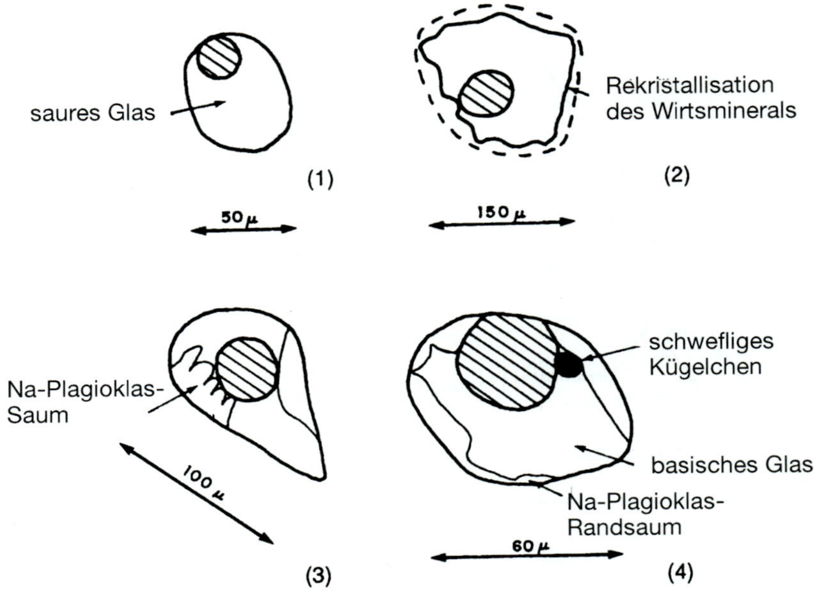

Abb. 11.4 **a)** Die Glaseinschlüsse: Schema für die unterschiedlichen Typen von Glaseinschlüssen in den Phänokristallen (Plagioklase, außer Nr. 4 = Pyroxen) des Dacits vom Santiaguito (Guatemala). Schraffiert = Schwindblasen, die etwas Fluid und mitunter Karbonat-, Chlorid-Kristalle u. a. enthalten (Bardintzeff et al., 1980a; Bardintzeff, 1985a).

Heiken (1972) unterscheidet drei morphologische Typen:

1) Bimsartige, mitunter äußerst blasenreiche Aschen, die einem zähflüssigen Magma entstammen.
2) „Tröpfchen", die von einem leichtflüssigen Magma herrühren und eine mehr oder minder kugelige Form haben, die durch die Spannungskräfte der Schmelze, die Auswurfgeschwindigkeit und die Reibungskräfte in der Luft bestimmt ist.
3) Eckige Fragmente, die durch Zerbrechen erstarrter Gläser bei einer phreatomagmatischen oder phreatischen Eruption entstanden sind. Sie stammen entweder von einer kogenetischen, fragmentierten Glasphase oder sind bei der Pulverisierung der Grundmassen älterer Lavaströme oder -dome entstanden. Bei recht vielen Eruptionen sind allerdings zwei der aufgeführten Glastypen gleichzeitig vorhanden.

Heiken & Wohletz (1985) veröffentlichten einen ganzen Atlas, der die große Vielfalt glasiger Aschen zeigt. Abb. 11.5 (Bardintzeff, 1985a und b) stellt die wichtigsten Varietäten vor.

Die blasenreichen Gläser – Zeugnisse eines neuen, juvenilen Magmas – entsprechen der Bims-Fraktion, die in Abschnitt 8.5 definiert wurde, während sich die eckigen Glasfragmente, deren Herkunft festzustellen problematischer ist, der lithischen Fraktion annähern. Diese Unterscheidung diente im übrigen als Grundlage für die Erkennung der pyroklastischen Bestandteile (Sheridan & Marshall, 1983) und für die Einteilung der Nuées ardentes (Bardintzeff, 1985a und b; Abschn. 9.2). Das Interesse an dieser Unterscheidung wird unmittelbar darin deutlich, daß der erste, bimsartige Typ von einer mag-

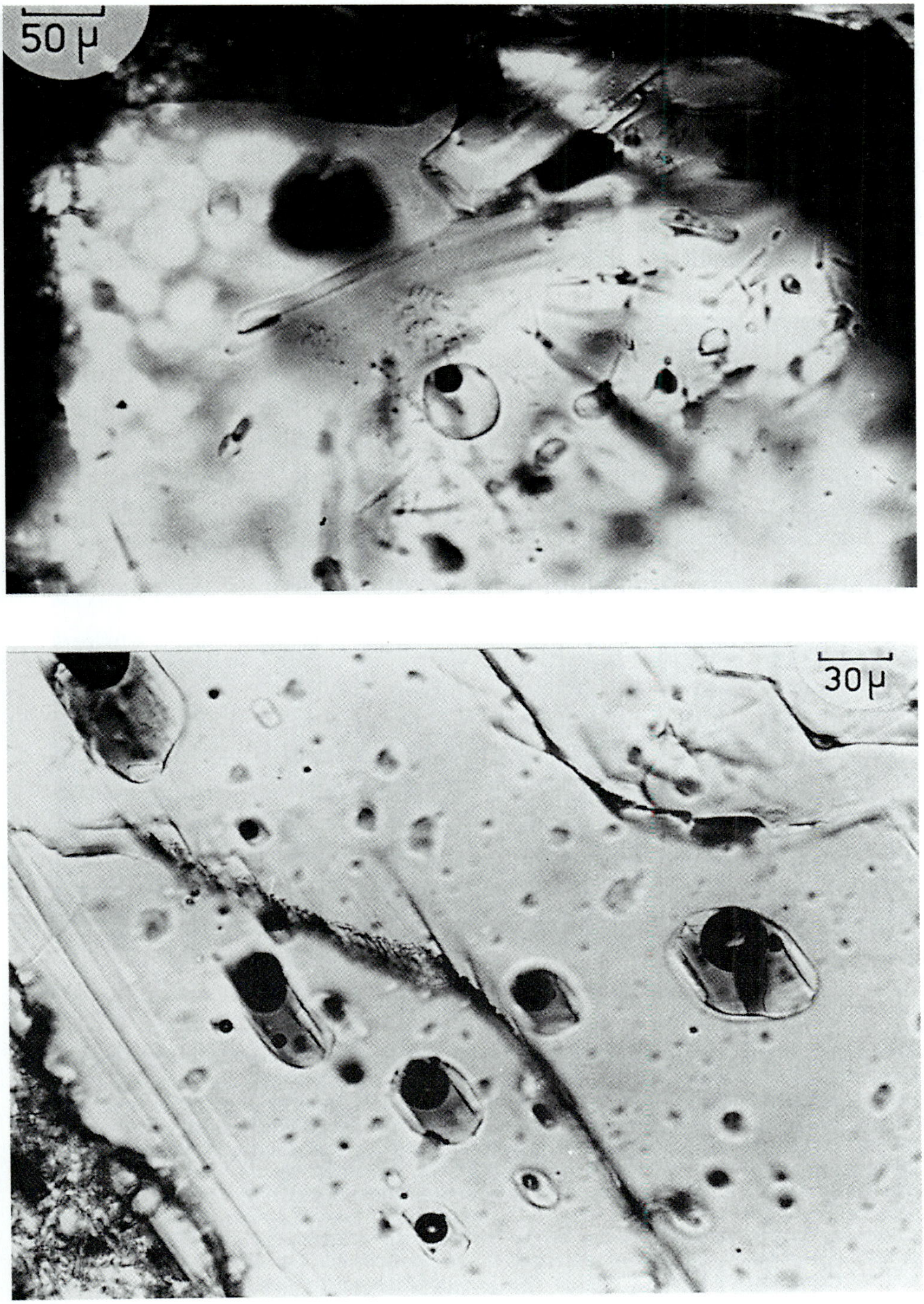

Abb. 11.4 **b)** Die Glaseinschlüsse: Photos zweier Einschlüsse wie in Abb. 11.4 a: Nr. 1 und 4 (Photos J.-M. BARDINTZEFF & J. WEISZ).

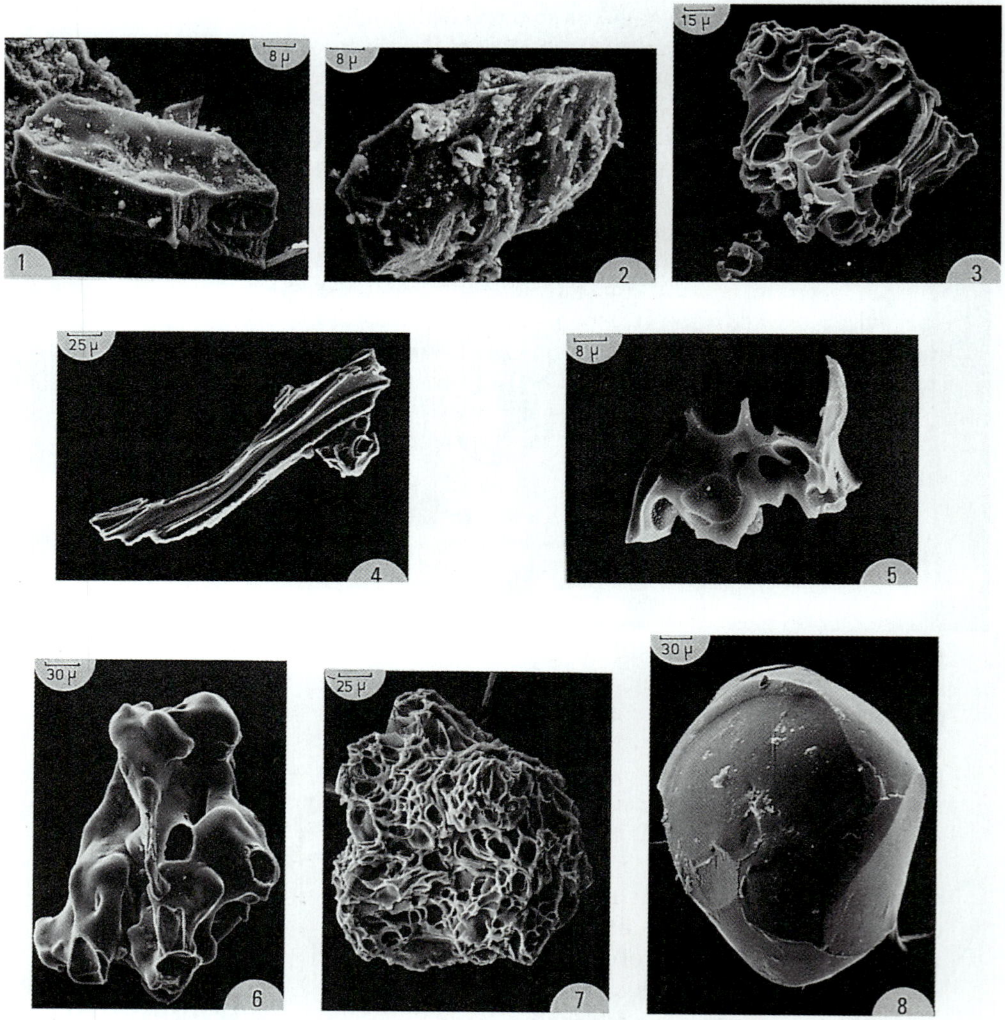

Abb. 11.5 Morphologie von Tephragläsern unter dem Rasterelektronenmikroskop (Photos J.-M. Bardintzeff & C. Jehanno, in Bardintzeff, 1985a und b). 1. Eckiges Glas vom Santiaguito, Guatemala. 2. Eckiges Glas vom Merapi, Indonesien. 3, 4 und 5. Bimsgläser und Splitter vom Mount St. Helens, 1980. Wenn das Magma sehr viskos, aber weniger als 850 °C heiß ist, bilden die sauren, wasserübersättigten Gläser Bimse mit zahlreichen feinen und röhrenartigen Hohlräumen; ist das Magma nicht so viskos, dafür aber heißer (> 850 °C), entstehen Splitter oder Scherben (*shards*; Bild 5) (Izett, 1981). 6. „Geblasenes" Glas aus der Nuée ardente von 1956 vom Besimjanny, Kamtschatka (Probe von G. Bogoyavlenskaya). Die abgerundete Form mit einer glatten Oberfläche resultiert aus Spannungsunterschieden bei der Entstehung des Glases. Durch die Entgasung im noch dickflüssigen Magma entstehen Wabenzellen, die wie Miniatur-Vulkane aussehen. 7. Bimsglas aus der Nuée ardente vom 30. August 1902 von der Montagne Pelée, Martinique (Probe von A. Lacroix, Musée d'histoire naturelle, Paris). 8. Glaskugel aus der Bimsdecke vom Pessy, Mont-Dore, Französisches Zentralmassiv. Sie ist Zeugnis der schnellen Abkühlung eines geradeso wassergesättigten Magmas ohne damit verbundenes sekundäres Sieden.

matischen Eruption und der zweite, lithische Typ von einer phreatischen Eruption herrührt (Kap. 10) – Eruptionsformen mit ziemlich verschiedenen Entwicklungen und zukünftigen Gefahren.

11.3 Die Gase

Die Vulkane stoßen vor, während und nach der Eruption in großen Mengen Gase aus (Abb. 11.6). Ein beträchtlicher Anteil dringt dabei direkt aus dem Krater; man beobachtet aber auch eine diffuse Entgasung an den Flanken des Vulkans entlang von Rissen (Fumerolen) oder ein einfaches Ausströmen aus dem Boden (vorrangig CO_2); eine Gasmenge, die ebenso groß zu sein scheint wie die am Krater austretende, auch wenn sie schwer quantitativ erfaßbar ist. Die Gase stellen mitunter eine große Gefahr für den Menschen dar, wie die Eruptionen des Dieng (Java) und des Nyos (Kamerun) zeigten. Sie gelangen in großen Mengen bis hoch in die Atmosphäre und können dadurch das Klima im Weltmaßstab spürbar verändern (Kap. 14).

Bestimmte Gase entzünden sich bei ihrem Austritt, wie z. B. H_2 (blaue Flamme) und S_2 (orange Flamme). Manche diffundieren in die Atmosphäre als gelegentlich gefärbte Wolke (SO_2, bläuliche Wolke), wieder andere bleiben unsichtbar und stellen somit eine extreme Gefahr für die umgebende Bevölkerung dar.

Ihre Analyse bereitet technische Probleme (Gefahren bei der Annäherung, Risiko der Veränderung der Gasphasen bei der Probenahme).

Abb. 11.6 Jacques-Marie Bardintzeff inmitten von schwefelhaltigen Fumarolen auf Vulcano (Äolische Inseln, Italien) (Photo I. Bardintzeff).

	T °C	H_2O	H_2	CO_2	CO, CH_4 COS, CS_2	SO_2	H_2S, S_2
1	1 020	47,1	0,8	44,6	2,7	4,8	
2	1 000	81,0	4,1	1,9	0,05	15,1	
3	1 070	79,0	0,05	4,0	0,07	16,9	0,004
4	900	94,5	0,5	3,0	0,02	2,0	$5\ 10^{-4}$

1 Nyiragongo, Zaïre: nephelinitischer Lavasee, 1959 (Chaigneau et al., 1960).
2 Ätna, Sizilien: Flankeneruption, Hawaiit, April 1976 (Allard, 1978).
3 Ardoukoba, Afar: Spalteneruption im Assal-Rift, Tholeiit-Basalt, November 1978 (Allard et al., 1979).
4 Arenal, Costa Rica: viskose andesitische Lava, 1979 (Delorme et al., 1981).

Tabelle 11.1 Chemische Zusammensetzungen (in Mol-%) von magmatischen Gasen bei hohen Temperaturen (aus Allard, 1983).

Die vulkanischen Gase bestehen aus molekularen Verbindungen einer begrenzten Anzahl von Hauptelementen (H, C, O, S, Cl, F, N) sowie Edelgasen und metallischen Komponenten in untergeordneten Mengen. Die Bestandteile vulkanischer Gase sind: H_2O mit 70 bis 99 % (in Ausnahmen 50 %), danach in veränderlichen Mengen in abnehmender Reihenfolge: CO_2, SO_2, H_2S, CO, COS, CH_4, H_2, HCl, HF, H_2, O_2, S_2, N_2, CS_2, SO_3, NH_4, B, Br, Halogenide, Metallsalze und Seltene Erden (Le Guern et al., 1979) (Tabelle 11.1). Die ausströmenden Volatilenmengen sind geschätzt (zur Übersicht siehe Le Cloarec & Marty, 1991). Menyailov & Nikitina (1980) ermittelten für den Tolbatschik (Kamtschatka) Wasser-Gas-Metall-Verhältnisse von 1 000 : 77 : 0,3. Aus dem Gipfelkrater des Merapi entweichen jeden Tag 3 000 t CO_2, 400 t SO_2, etwa 250 t HCl und 50 t HF. Der Ätna fördert mit seiner Gaswolke über dem Gipfel pro Tag 5 000 t SO_2 und 35 000 ± 7 000 t CO_2; diese Werte müssen allerdings verdoppelt werden, will man die permanente diffuse Entgasung an den Flanken des Vulkans mit berücksichtigen (Allard et al., 1991). Der Vulkan El Chichón förderte insgesamt $10 \cdot 10^6$ t SO_2 im Verlaufe seiner Eruption im Jahre 1982, bei anderen, noch stärkeren Eruptionen sogar noch 100mal mehr!

Die Menge an weltweit durch die Oberflächenvulkane freigesetztem CO_2, die über das Verhältnis CO_2/SO_2 und die Menge an SO_2 ermittelt wird, beträgt $34 \pm 24 \cdot 10^6$ t CO_2 pro Jahr durch passive Entgasung und $31 \pm 22 \cdot 10^6$ t CO_2 pro Jahr durch Vulkanausbrüche (Williams et al., 1992). Die Vulkane setzen durchschnittlich $4 \cdot 10^6$ t SO_2 pro Jahr frei, wovon ein Teil ($0{,}5 - 1 \cdot 10^6$ t) die Stratosphäre erreicht (diese Zahlen stammen aus Satellitendaten und Eisbohrungen auf Grönland). Sie stellen damit die Hauptquelle für den Schwefel in der Atmosphäre dar (Bluth et al., 1993; Chin et al., 1996; Pyle et al., 1996; s. Abschn. 14.5).

Am interessantesten sind die Gase, die mit hohen Temperaturen austreten, denn sie besitzen unumstritten einen magmatischen Charakter. Die Temperaturen erreichen Werte von 900 °C am Merapi auf Java (Allard & Tazieff, 1979) und überschreiten 1 000 °C in der Afar-Senke (1 070 °C am Ardoukoba und 1 130 °C in Erta-Ale; Allard, 1983). Am La-Fossa-Krater auf Vulcano zeigen sich beträchtliche Schwankungen in den Temperaturen der Fumarolen, die von 100 °C bis zu Maxima von 625 °C in den 20er Jahren und 675 °C im Jahre 1993 reichen (Abb. 11.7).

Umgekehrt haben die Gase mit niedrigeren Temperaturen ihren Ursprung in einem geringeren, oberflächennäheren Tiefenbereich, sie bewegen sich in einem Kreislauf. Schwe-

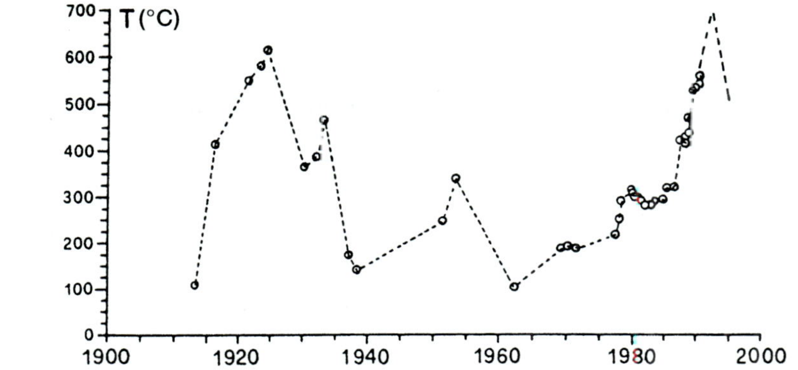

Abb. 11.7 Schwankungen der maximalen Gastemperaturen am La-Fossa-Krater auf Vulcano im Laufe des 20. Jahrhunderts (nach Barberi et al., 1991, vervollständigt).

fel wird im wesentlichen in Form von SO_2 bei hohen Temperaturen und von H_2S bei niedrigen Temperaturen emittiert. Die Herkunft speziell des Wassers (Kap. 4) stellt ein Problem dar: Handelt es sich um magmatisches Wasser, das aus dem tiefen Mantel stammt, oder um meteorisches Oberflächenwasser, das infiltriert und danach wieder emittiert wird? Die unterschiedlichen Isotopenverhältnisse des Wasserstoffs ($^1H/^2H$), des Kohlenstoffs ($^{12}C/^{13}C$), des Schwefels ($^{32}S/^{33}S/^{34}S/^{35}S$), des Stickstoffs ($^{14}N/^{15}N$) und der Edelgase Heli-

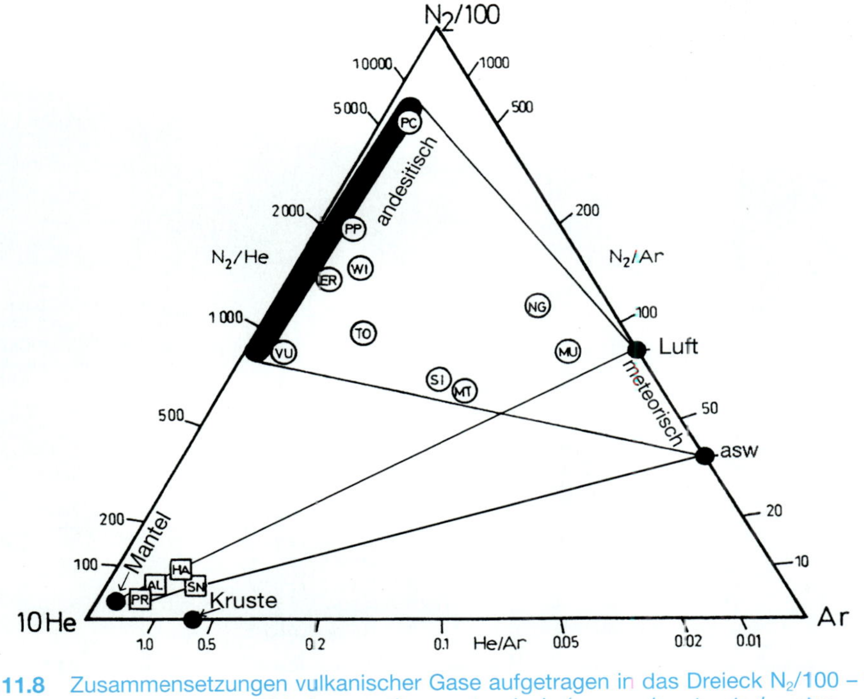

Abb. 11.8 Zusammensetzungen vulkanischer Gase aufgetragen in das Dreieck $N_2/100$ – 10 He – Ar. Vier Pole können unterschieden werden: meteorisch (asw = *air-saturated water* = Oberflächenwasser im Gleichgewicht mit der Luft, Grundwasser; MU = Mount Usu), magmatisch (im wesentlichen andesitisch; ER = El Ruiz; VU = Vulcano), aus dem Mantel (PR = Mittelatlantischer Rücken) oder aus der Kruste (ohne) (Giggenbach, 1996, geändert).

um ($^3He/^4He$), Argon ($^{40}Ar/^{36}Ar$), Xenon ($^{129}Xe/^{132}Xe/^{134}Xe/^{136}Xe$), Neon ($^{20}Ne/^{21}Ne/^{22}Ne$) und Krypton ($^{86}Kr$) können über die Vulkantätigkeit Auskunft geben.

Die Analyse ganz bestimmter Elemente (N_2, He, Ar) führt zur Unterscheidung von vier Polen, die bei der Herkunft der vulkanischen Gase eine Rolle spielen: meteorisch, magmatisch (hauptsächlich andesitisch), aus dem Mantel oder aus der Kruste (GIGGENBACH, 1996; Abb. 11.8).

Die chemischen Analysen der Gase lassen sich mitunter in Hinblick auf eine Vorhersage interpretieren (ALLARD, 1983; SABROUX, 1983). Es handelt sich bisweilen um die einzig möglichen Aussagen während einer eruptiven Phase, bevor der Vulkan schmelzflüssige oder feste Produkte fördert (oder auch nicht!). Mit geeigneten Techniken (Correlation Spectrometry = COSPEC) kann man die Gaswolke untersuchen, ohne sich dem Schlot nähern zu müssen. Die molaren Verhältnisse von CO/CO_2, H_2/H_2O und H_2S/SO_2 reagieren besonders empfindlich auf die Veränderungen der Bedingungen, die das thermodynamische Gleichgewicht der Gasphasen kontrollieren. Ebenso ermöglichen sie die Unterscheidung zwischen rein magmatischen Gasen und hydrothermalen Emissionen. Unmittelbar vor Beginn der Eruption ist eine deutliche Zunahme der Verhältnisse S/C, SO_2/CO_2, S/Cl sowie des Gesamtgehalts an HCl zu verzeichnen. Gleichzeitig nimmt das Verhältnis He/CO_2 ab. Die Verteilungen des ^{13}C zwischen CO_2 und CH_4, des Deuteriums ^2H zwischen H_2 und H_2O und des ^{34}S zwischen H_2S und SO_2 spielen die Rolle des Temperaturanzeigers.

Abb. 11.9 Der Geysir Strokkur („Buttermaschine“) in Geysir auf Island sprudelt durchschnittlich alle zwei Minuten. Die Wasser- und Dampfgarbe erreicht eine Höhe von rund 15 m. In der Aufnahme ist exakt der Moment festgehalten, in dem die überhitzte Wasserblase von 2 m Durchmesser aus der Öffnung quillt und unter Verdampfung zerplatzt (Photo J.-M. BARDINTZEFF).

Die Gase hinterlassen feste, sogenannte **sublimierte** Ablagerungen, die in ihrer Zusammensetzung und in ihren schönen Farben sehr variieren können. In Vulcano (Abb. 11.6) koexistieren reiner Schwefel, Alaun (ein Al-K-Sulfat), Halit, Gips, Realgar, Pyrit und Salmiak (NH_4Cl); anderswo beobachtet man auch Anhydrit und eine Vielfalt an Zeolithen. Diese Minerale schmücken mitunter die Wände von Hohlräumen, sogenannten **Drusen.**

Spuren dieser vulkanischen Gase sind in den Fluideinschlüssen („Salz"wasser, CO_2, NaCl manchmal als kleine kubische Kristalle) und/oder Gaseinschlüssen (CO_2, CH_4, N_2, H_2O-Dampf) der Minerale wiederzufinden. Ob ein Fluid oder ein Gas eingeschlossen wird, hängt vom Druck und der Temperatur ab, die bei der Auskristallisation des Wirtsminerals herrschten.

11.4 Die hydrothermalen Phasen

Fumarolen treten in einer späten Phase bei Temperaturen aus, die kaum 100 °C überschreiten. **Mofetten** – kalte CO_2-haltige Fumarolen (40 °C) – können noch lange nach Ende der Vulkantätigkeit austreten. Die schweren Gase sammeln sich an tiefer liegenden Stellen, wie z.B. den berühmten „Hundsgrotten" (in denen den Tieren der Erstickungstod droht, da sie sich sehr bodennah bewegen).

Die **Geysire** – Springquellen heißen Wassers und Wasserdampfes – sprudeln in etlichen Vulkangebieten. Genannt seien die berühmten Geysire Islands (30 Geysire; das Wort bedeutet im Isländischen „Sprudel, Erguß"; Abb. 11.9), Neuseelands (20 Geysire im Gebiet der Wairakei; der zwischen 1890 und 1940 aktive Geysir Waimangu hält den Höhenrekord mit 460 m und fördert alle paar Stunden jeweils 800 000 Liter Wasser), der USA (200 Geysire im Yellowstone Park; z. B. „Old Faithful", der „Alte Getreue", der über ein Jahrhundert lang alle 60 bis 90 Minuten explodierte) und Chiles (z. B. El Tatio, „der wei-

	T °C	pH	Ca^{2+}	Mg^{2+}	Na^+	K^+	Cl^-	SO_4^{2-}	TAC
1	23	7,11	0,62	0,16	0,21	0,04	0,10	0,02	0,86
2	39	6,27	4,24	4,60	4,55	0,52	3,85	5,08	5,16
3	68	6,01	13,74	11,64	4,60	0,47	9,00	18,72	2,45
4	20,3	2,8	6,56	1,33	5,92	0,40	6,91	9,06	
5	19,4	7,6	5,75	2,76	3,34	0,26	3,39	1,54	6,15
6	80	6,33	1,02	0,58	11,0	0,72	2,14	0,20	11,2

1 und 2 Arenal, Costa Rica (nach Bigot, 1986): 1 – Quelle Quebrada Platinillo auf der inaktiven Seite, 2 – Quelle Fuente Doris auf der aktiven Seite.
3 Die heiße Quelle Carbet l'Échelle, Soufrière de Guadeloupe (nach Bigot & Hammouya, 1987).
4 und 5 Brunnen in der perivulkanischen Region Volkania, Kos, Griechenland (4 sauer, 5 neutral) (nach Bardintzeff et al., 1989a).
6 Thermalquelle in Chaudes-Aigues, Aubrac (nach Cailleaux et al., 1976).
Die Konzentrationen sind angegeben in Milli-Äquivalenzen (= mmol x Wertigkeit).
TAC = *Total Alkaline Content* = „Alkalinität" = H_2CO_3 + HCO_3^- + CO_3^{2-} ; der TAC kann bei neutralen pH-Werten (um 7) mit HCO_3^- und bei sauren pH-Werten um 2 mit H_2CO_3 gleichgesetzt werden.

Tabelle 11.2 Chemische Analysen vulkanischer Wässer.

nende Vorfahre“). Die Tätigkeit eines Geysirs kann mit der Wechselbeziehung von Temperatur und Druck erklärt werden: Aufgrund des hohen Druckes kann das Wasser in der Tiefe durch einen ungewöhnlich hohen Wärmefluß bis auf 260 °C aufgeheizt werden, ohne dabei zu kochen. Dieses heiße und leichte Wasser steigt auf und verdampft, sobald der Druck genügend gefallen ist. Es wird eine Kettenreaktion ausgelöst, wobei sich Verdampfung und Druckabnahme gegenseitig unterstützen. Der Dampf dringt schließlich als Dampfwolke an die Oberfläche. Nun muß sich das unterirdische Reservoir vor dem nächsten „Sprudel“ von neuem füllen und aufheizen, was die zu beobachtende Unterbrechung erklärt.

Die Verweildauer der Fluide im Innern des Vulkangebäudes variiert deutlich; man schätzte sie für das aktive Hydrothermalsystem der Caldera Valles in New Mexico, ausgehend vom Volumen des Reservoirs und der Emissionsrate, auf 2000 Jahre (White et al., 1992).

Die Zusammensetzung des Wassers, das den Flanken des Vulkans entweicht, ändert sich im Laufe der vulkanischen Tätigkeit. Eine hydrogeochemische Bilanz erweist sich als aufschlußreich. Am Vulkan Arenal (Costa Rica) stellen die Anteile magmatischer Herkunft auf der aktiven Flanke 68 bis 92 % der Gesamtzusammensetzung der Wässer dar. Diese Bestandteile stammen von in Lösungen überführten Sinterbildungen der Fumarolen (NaCl, KCl, Na_2SO_4) und sauren vulkanischen Gasen (HCl, H_2SO_4) oder rühren von der Alteration des Nebengesteins (Ca, Mg) her (Bigot, 1986). Die Bilanz dessen, was in Verbindung mit der Eruptionstätigkeit in Lösung übergeht, wird anhand der Quellenförderrate und der Konzentration der gelösten Bestandteile aufgestellt. So setzt eine jede Quelle auf dem inaktiven Hang zwischen 1,1 und 7,1 t Elemente pro Tag frei (70 % Karbonate, 12 % Ca). Die Quellen der aktiven Flanke stoßen jeweils zwischen 10,3 und 77,7 t pro Tag aus (42 % Cl, weiterhin Karbonate und Na) (Tabelle 11.2). Wässer, die in einer erloschenen Vulkanzone oder über einem Magmenreservoir zirkulieren, weisen eine anomale Mineralisation auf. Auf Kos (Griechenland), im Gebiet von Volkania, scheinen die

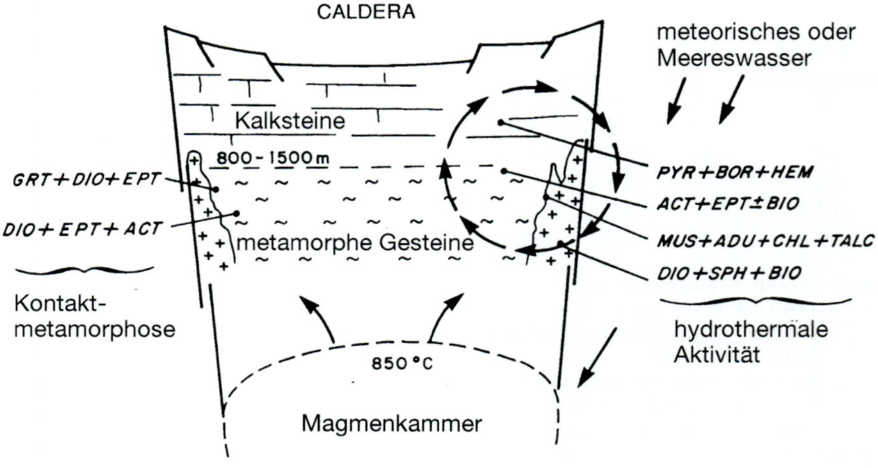

Abb. 11.10 Das konvektive Hydrothermalsystem der Region Volkania auf der Insel Kos, Griechenland (Dalabakis, 1987; Bardintzeff et al., 1989a; geändert). Die Pfeile geben die Strömungswege der Fluide an. Metamorphe und hydrothermale Paragenese: ACT = Aktinolith, ADU = Adular, BIO = Biotit, BOR = Bornit, CHL = Chlorit, DIO = Diopsid, EPT = Epidot, GRT = Granat, HEM = Hämatit, MUS = Muskovit, PYR = Pyrit, SPH = Titanit.

Abb. 11.11 **a)** Der „Boiling Lake" - ein See mit kochendem Wasser auf Dominica, Antillen. **b)** Der Kratersee des Poas in Costa Rica enthält in großem Umfang Schwefelsäure (Photos J.-M. Bardintzeff).

Abb. 11.11 **c)** Schlammpfuhl auf der Soufrière de Sainte-Lucie, Antillen (Photo J.-M. BARDINTZEFF).

bisweilen gashaltigen Wässer von einem konvektiven Hydrothermalsystem herzurühren, aus dem sie seitlich entweichen (BARDINTZEFF et al., 1989a; Abb. 11.10; Tabelle 11.2).

Die Austrittstemperatur gibt nur teilweise die Temperatur in der Tiefe wieder. So entstammen die 82 °C heißen Wässer von Chaudes-Aigues (Aubrac) einer Mischung von 190 °C heißem Tiefenwasser mit Oberflächenwasser (CAILLEAUX et al., 1976; MICHARD et al., 1981; FOUILLAC, 1983; Tabelle 11.2).

Bestimmte mineralisierte Thermalwässer schließlich besitzen wohlbekannte heilende Eigenschaften (Kap. 15).

Kraterseen weisen Besonderheiten in ihrer Temperatur oder Zusammensetzung auf, die mit dem Vulkanismus in Verbindung zu setzen sind. Sie sind mit Regenwasser gefüllt, das durch Gase und heiße Quellen mit Ionen angereichert ist. Einige Seen enthalten in großem Umfang Säuren (hauptsächlich Schwefelsäure): z. B. die Kraterseen am Poas in Costa Rica (Abb. 11.11b), am Pinatubo auf den Philippinen (pH = 1,2) und am Kawah-Idjen auf Java, Indonesien (75000 ppm SO_4^{2-}, 25000 ppm Cl-, pH = 0,2). Entgegengesetzt dazu enthält der See des Kelut in Indonesien NaCl, und sein pH-Wert von 5,5 ist fast neutral (BERNARD, 1997; DELMELLE & BERNARD, 1997). Der Kelimutu auf Flores, ebenfalls in Indonesien, besitzt zwei zwillingsgleiche Seen, der eine ist jadegrün und der andere ziegelrot, denn die verschiedenen unterseeischen Fumarolen oxidieren den zweiten, nicht aber den ersten See. Andere Seen sind einfach mit heißem Wasser (82 °C an der Soufrière de Saint-Vincent, Kap. 13; fast 100 °C im „Boiling Lake" auf Dominica) oder mit Schlamm (Soufrière de Sainte-Lucie) gefüllt (Abb. 11.11a, c).

Die Erde ist sehr schön in ihrer reichen Palette an Farben.
Sie ist umgeben von einer blassen blauen Hülle ...
Auf einmal überraschte ich mich bei dem Gedanken, daß sich irgendwo unten
der Kilimandscharo aufrichten würde.
Jurij Gagarin von Wostok 1, *Die Wege des Alls*

12 Die Vulkane der Erde in ihrem geodynamischen Kontext

12.1 Verschiedenerlei Vulkane

SIMKIN & SIEBERT (1994) haben 1511 Vulkane auf der Erde gezählt, die in den letzten 10000 Jahren aktiv waren. Pro Jahr verzeichnet man durchschnittlich 40 Ausbrüche.

Zum Teil resultiert die Formenvielfalt des Vulkanismus aus der geodynamischen Lage der Vulkanbauten. Die Plattengrenzen sind die bevorzugten Regionen der Vulkanentstehung, doch einige Vulkane treten auch innerhalb der Platten auf (Abb. 12.1).

Die Tektonik hat einen direkten Einfluß auf die Platznahme der Magmen (Abschn. 6.1). Die Schmelze steigt entlang von Brüchen auf, die sich aus Spannungsunterschieden in der Lithospäre ergeben. Die Orientierung und der Wert der Vektoren σ_1 (maximale Kompression), σ_2 und σ_3 (minimale Kompression) bedingen den Weg des Magmas je nachdem, ob die Tektonik divergent, passiv oder konvergent ist (Abb. 12.2). Die Wahrscheinlichkeit von vertikalen oder subvertikalen Brüchen ist erhöht, wenn die Minimalspannung σ_3 in der Horizontalen liegt und somit die Maximalspannung σ_1 horizontal oder vertikal wirkt. Ist das Gestein erst einmal von Brüchen durchzogen, steigt das Magma auf, sofern sein hydrostatischer Druck größer als σ_3 ist. Im Falle einer Überschiebung kann das Magma subhorizontal unter Bildung von Lagergängen wandern. Vertikale Wanderungserscheinungen sind hierbei seltener, es sei denn, im Innern der Kruste treten Inhomogenitäten auf.

Drei verschiedene Vorgänge können zu einer partiellen Aufschmelzung des Mantels (Kap. 1) führen: (1) das Aufsteigen eines „Wärmediapirs“ im Bereich der Ozeanischen Rücken bei Temperaturen um 1200 °C; (2) eine im Weltmaßstab gesehen lokale Wärmeanomalie (ein sogenannter Hot Spot) bei 1200 °C; (3) die Anwesenheit von Wasser im Bereich der Subduktionszonen, was den Schmelzpunkt bis auf rund 1000 °C erniedrigt. Vom Grad der Aufschmelzung hängen die Eigenschaften des primären Magmas ab. Anschließend ist jedes Magma in Abhängigkeit von den verschiedenen thermodynamischen Parametern Differenzierungen unterworfen (Kap. 3). Daraus ergeben sich unterschiedliche magmatische Serien – die tholeiitische, die kalkalkaline und die alkalische Serie –, die sich chemisch, insbesondere in ihrem Alkaligehalt, unterscheiden (Abb. 12.3).

Es gibt gewisse Zusammenhänge zwischen dem Typ einer petrographischen Serie und dem geodynamischen Kontext (Übersicht in GIROD et al., 1978; BROUSSE, 1984b;

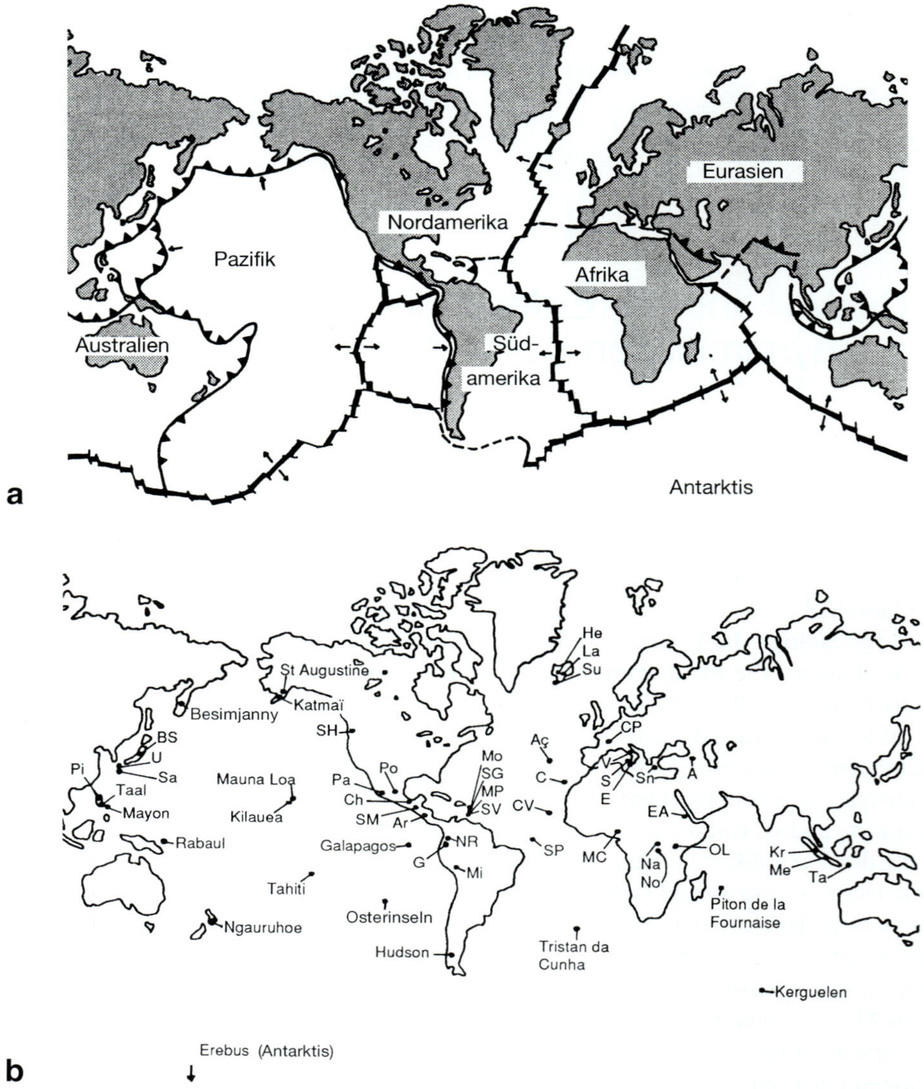

Abb. 12.1 **a)** Die sieben wichtigsten Lithospärenplatten auf der Erde. Die Mittelozeanischen Rücken sind durch einen dicken Strich, die Subduktionszonen durch Dreiecke und die Verschiebungsrichtung der Platten durch Pfeile gekennzeichnet (in BARDINTZEFF, 1986).
b) Lage von 55 Vulkanen oder Vulkangebieten. Die Vulkane der Erde befinden sich hauptsächlich im Bereich von Subduktionszonen (Feuerkreis des Pazifik und Inselbögen) und in Spreadingzonen (Island). Einige liegen innerhalb der ozeanischen (Mauna Loa) oder kontinentalen Platte (Mount Cameroun).
A = Ararat, Aç = Azoren, Ar = Arenal, BS = Bandai San, C = Kanarische Inseln, Ch = El Chichón, CP = Chaîne des Puys, CV = Kap Verde, E = Ätna, EA = Erta-Ale, G = Galeras, He = Hekla, Kr = Krakatau, La = Laki, MC = Mount Cameroun, Me = Merapi, Mi = Misti, Mo = Montserrat (Soufrière Hills), MP = Montagne Pelée, Na = Nyamuragira, No = Nyiragongo, NR = Nevado del Ruiz, OL = Ol Doinyo Langai, Pa = Paricutin, Pi = Pinatubo, Po = Popocatepetl, S = Stromboli, Sa = Sakurajima, SG = Soufrière de Guadeloupe, SH = Mount Saint-Helens, SM = Santa Maria, Sn = Santorin, SP = Saint-Paul, Su = Surtsey, SV = Soufrière de Saint-Vincent, Ta = Tambora, U = Unzen, V = Vesuv.

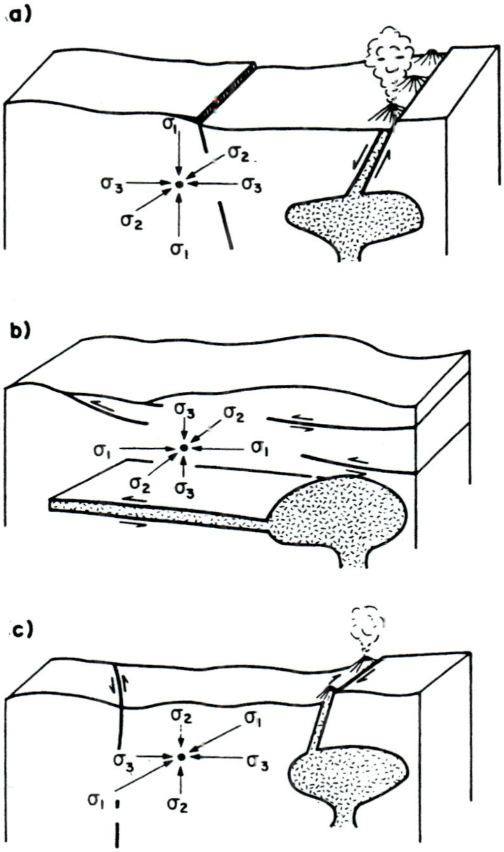

Abb. 12.2 Schematische Darstellung der Platznahme des Magmas in Abhängigkeit von den tektonischen Gegebenheiten (Cas & Wright, 1988). **a)** Abschiebung, **b)** Überschiebung, **c)** Blattverschiebung.

Wilson, 1989; Prichard et al., 1993). Was heute gültig ist, muß es auch in der Vergangenheit gewesen sein. Mit Hilfe des Paläovulkanismus (der Lehre von den erloschenen Vulkanen) kann man die Paläogeographie und Paläodynamik rekonstruieren, z.B. den Nachweis einer früheren Subduktion erbringen. Dennoch ist dabei äußerste Vorsicht angebracht (siehe Spezialausgabe „Von den Ozeanen zu den Kontinenten", *Bull. Société géologique de France*, 7, XXVI, 3, 1984).

So kann festgestellt werden:

- In ozeanischen Spreizungszonen findet man die gering differenzierte tholeiitische Serie. Die Alkali- und die Übergangsserie (letztere liegt zwischen der alkalischen und der tholeiitischen Serie) kennzeichnen die frühen Stadien.
- In Subduktionszonen findet man die andesitische (Kalkalkali-) und/oder die tholeiitische Serie. Erstere herrscht an den Kontinentalrändern vor, letztere an den Inselbögen.
- In Kollisionszonen ist der Vulkanismus seltener, existiert aber auch und weist vielseitige Affinitäten auf (kalkalkalin und oft K-reich; seltener alkalisch oder sogar übergangstholeiitisch).
- Innerhalb der Platten (Intraplattenvulkane) kann der typischen Alkaliserie eine Übergangs-, ja sogar eine tholeiitische Serie vorausgehen, die beide Folge einer erhöhten partiellen Aufschmelzung des Mantels sind.

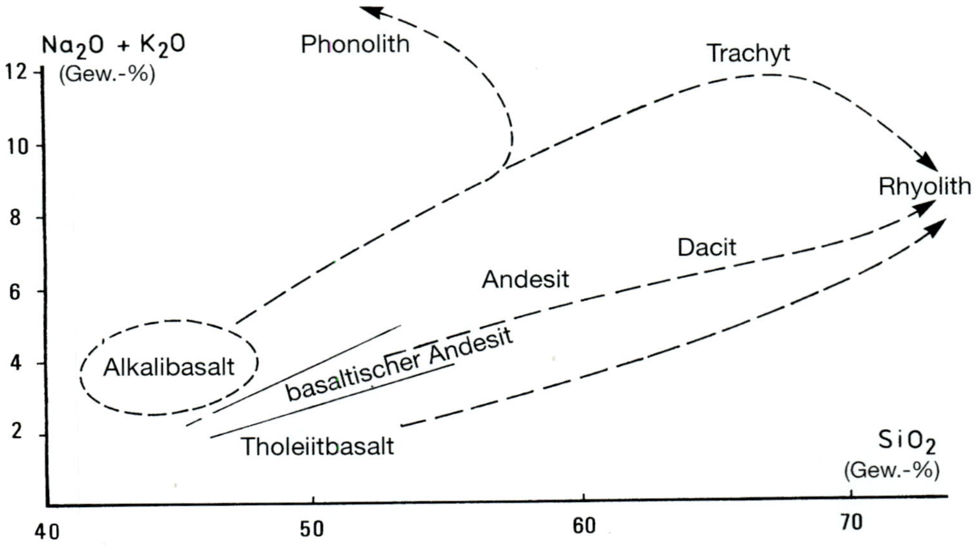

a

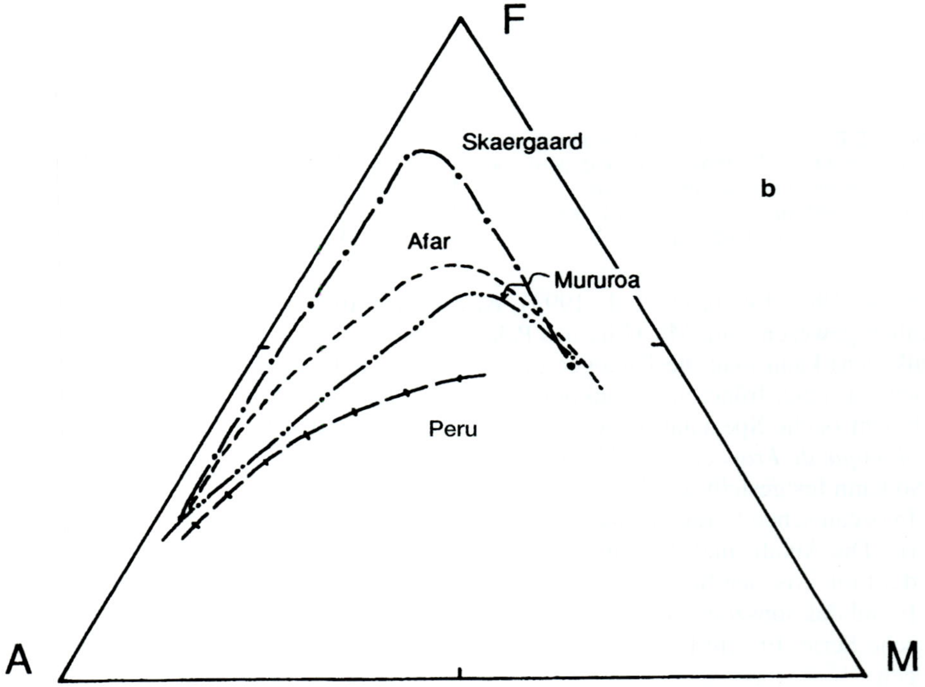

Abb. 12.3 **a)** Chemische Entwicklung (Differentiation) der verschiedenen Vulkanit-Serien (Alkali-, Andesit-, Tholeiit-Serie) in einem Alkali-SiO_2-Diagramm (BARDINTZEFF, 1986). **b)** Einige typische Serien im AFM-Diagramm: A (Alkalien) = Na_2O + K_2O, F = FeO_{Gesamt} + MnO, M = MgO. Tholeiit-Serie von Skaergaard, Grönland (Entwicklungsverlauf der Schmelze aus theoretischen Berechnungen; nach CARMICHAEL et al., 1974); Übergangsserie von Afar (nach TREUIL & VARET, 1973); miozäne Andesit-Serie aus Peru (nach LEFÈVRE, 1979); Alkaliserie aus dem ozeanischen Intraplattenvulkanismus von Mururoa (BARDINTZEFF et al., 1986).

– Außerdem kann in Kontinentalzonen (innerhalb der Platten oder in Subduktionszonen) die Erdkruste partiell aufschmelzen und Ursprung einer sauren anatektischen (rhyolithischen) Serie sein.

12.2 Ozeanische Rücken und Seafloor spreading

Divergente Regionen begünstigen in ganz besonderem Maße den Vulkanismus. Das vulkanische Geschehen – durch eine positive Wärmeanomalie in kontinentalem Bereich (Hot Spot, s. Abschn. 12.5) eingeleitet – äußert sich zu Beginn in einer Aufwölbung, der die Entstehung eines **Rifts** und daran gebundene Einsturzerscheinungen **(Gräben)** folgen. Derartige Rifts sind in Westeuropa gut bekannt (WILSON & DOWNES, 1991, 1993; ZIEGLER, 1992): die Limagne, der Rheintalgraben und die hessische Senke mit den Vulkanen Kaiserstuhl und Vogelsberg. Sie sind ab dem Jura in Verbindung mit der Öffnung des Nordatlantiks entstanden und haben sich dann während des Tertiärs in 100 – 150 km Entfernung von der Alpenfront weiterentwickelt, wobei es zu einem alkalischen bis sehr alkalischen Vulkanismus kam (BROUSSE & WIMMENAUER, 1979; BROUSSE & BELLON, 1983).

Die **Trapps** (oder **Flutbasalte),** gigantische Akkumulationen von Basaltströmen (CFB = *Continental Flood Basalt*) mit mehreren hundert Metern Mächtigkeit, sind eine Folge der Aktivität von Hot Spots in Spreizungszonen (Übersicht in STOREY et al., 1992). Trapps kennt man in Sibirien (250 Ma), in Karoo, Südafrika (180 Ma), in Parana, Brasilien, und in Etendeka, Namibia (130 Ma), sowie im nordatlantischen Tertiärgebiet (Grönland, Spitzbergen, Jan Mayen; 60 Ma). Die Trapps im Westen Indiens (Deccan), die mit 66 – 65 Mio. Jahren datiert wurden, haben ein Volumen von 2 Mio. km^3, das sich innerhalb von 500 000 Jahren auf den Kontinent ergossen hat. Dazu kommt noch eine große Menge, die unter Wasser ausgetreten ist.

Einige Rifts – wie die Limagne – brechen ihre Entwicklung ab, andere – zu denen das Rote Meer gehört – setzen den Spreadingprozeß, oft asymmetrisch, fort und können mitunter das Ozeanstadium erreichen. Das Ostafrikanische Rift befindet sich momentan in solch einem Übergangsstadium. Geht diese Entwicklung weiter, zerbricht die immer dünner werdende kontinentale Kruste vollständig und wird durch eine ozeanische Kruste ersetzt (Ozeanbildung). Die Gesamtheit der Mittelozeanischen Rücken stellt eine gleichsam durchgängige, 60 000 km lange Vulkankette dar, die an manchen Stellen aus dem Meer herausragt (Island). An ihr werden jährlich 21 km^3 Magma (18 km^3 Plutone und 3 km^3 Lava) als neues ozeanisches Krustenmaterial gefördert. Die Ozeane öffnen sich mit einer Geschwindigkeit von wenigen Zentimetern im Jahr (2 cm/a bei den langsamen Rücken atlantischen Typs, 16 cm/a bei den schnelleren Rücken pazifischen Typs). Ihr Boden setzt sich aus tholeiitischem Basalt (Tholeiiten) zusammen. Nach durchschnittlich 200 Mio. Jahren verschwinden sie, da sich der Ozean wieder schließt. Bestimmte Teile der ozeanischen Kruste entgehen mitunter der Subduktion (Abschn. 12.3) und werden durch **Obduktion** über die kontinentale Kruste geschoben. Zeugnisse hierfür sind die **Ophiolithe,** die in die Gebirgsketten tektonisch eingelagert wurden (siehe NICOLAS, 1990). So stellt die Sumail-Ophiolith-Decke im Oman mitten in einer Wüste auf fast 500 km Länge ein riesiges Fragment der Tethys, eines mesozoischen Ozeans, dar (JUTEAU, 1980).

Am Beispiel der Afar-Senke (Äthiopien und Djibouti) können verschiedene Etappen der Entwicklung des Vulkanismus gut verfolgt werden (Abb. 12.4). Hier begegnen sich

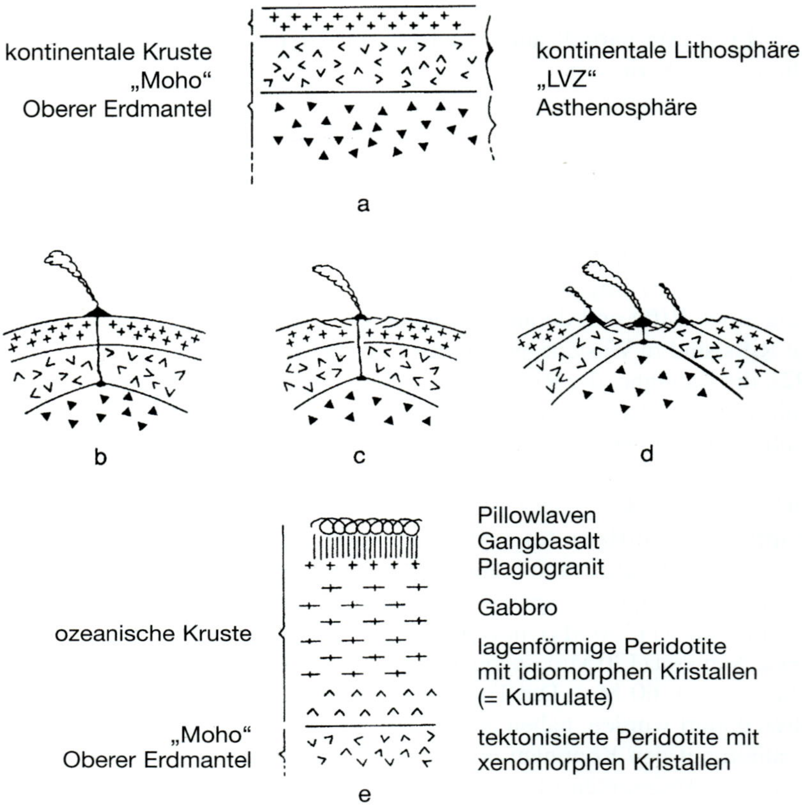

Abb. 12.4 Schematische Darstellung der Entwicklung von einem Rift (die Aufwölbung ist überhöht) bis zum Ozeanstadium. **a)** Kontinentale Lithosphäre. **b)** Aufstieg der Asthenosphäre, Aufwölbung der Kruste und Spaltenvulkanismus. **c)** Aufwölbung und Einsturz: Kontinentalrift. Die Verwerfungen sind aufgrund der Duktilität der unteren Kruste zur Tiefe hin gekrümmt (listrische Verwerfung in Löffelform). **d)** Seafloor spreading und Bildung ozeanischer Kruste. **e)** Schematisches Profil der ozeanischen Kruste.

drei Hauptachsen: das Ostafrikanische Rift, das Rote Meer und der Carlsberg-Rücken des Indischen Ozeans, der auf der Höhe des Golfs von Aden (Tadschurah-Region) auftaucht. Diese ganz besondere Situation macht diese Region zu einem vorzüglichen Untersuchungsgebiet (Tazieff et al., 1969; Treuil & Varet, 1973; Barberi et al., 1975). Die erste Phase vor 65 Mio. Jahren, die an eine Krustenaufwölbung und ein Aufdringen der Asthenosphäre gebunden war, brachte über einen Spaltenvulkanismus die Alkalibasalte Äthiopiens hervor. Danach setzte sich die Aufwölbung fort: Gleichzeitige Absenkungen führten zur Bildung eines Rifts, das mit dem heutigen Ostafrikanischen Rift vergleichbar ist (dieses fördert stark SiO_2-untersättigte Laven). Im gegenwärtigen Stadium der Afar-Region schließlich tritt überhaupt kein kontinentaler Vulkanismus mehr auf, es kommt statt dessen zur Förderung ozeanischer Olivintholeiite. Im Fall der Afar-Region handelt es sich genau gesehen um Übergangsbasalte, die zwischen den typischen Ozeantholeiiten und den Alkalibasalten einzuordnen sind. Der Ausbruch des Ardoukoba in der Republik Djibouti am 7. November 1978 und die damit verbundene vulkanisch-seis-

	1	2	3	4	5	6
Analyse der Oxide in Gewichtsprozenten						
SiO_2	50,67	45,67	59,61	49,44	43,26	60,00
TiO_2	1,28	3,95	0,85	0,77	4,00	0,20
Al_2O_3	15,45	10,80	16,67	19,02	12,83	18,95
Fe_2O_3	0	10,25	3,65	5,10	4,38	1,40
FeO	*9,67	8,42	2,48	5,40	8,61	0,45
MnO		0,19	0,10	0,20		0,20
MgO	9,05	5,56	3,00	4,44	0,83	0,40
CaO	11,72	9,35	5,53	11,10	12,74	1,80
Na_2O	2,51	3,30	3,95	2,08	2,39	8,90
K_2O	0,15	1,35	2,67	0,52	1,48	6,10
P_2O_2	0,20	0,46	0,32	0,12	0,54	
GV		1,49		1,01	0,29	1,53
Gesamt	99,05	99,90	98,83	99,20	100,35	99,93
CIPW-Norm						
Quarz	0	0	9,05	2,09	0	0
Orthoklas	0,89	7,98	15,78	3,07	8,75	36.05
Albit	21,24	21,84	33,42	17,60	3,21	36,36
Anorthit	30,45	10,67	19,87	41,03	19,91	0
Nephelin	0	3,30	0	0	9,21	14,71
Klinopyroxen						
*Ca	11,07	13,78	2,37	5,57	16,75	3,54
*Mg	6,87	5,62	1,20	2,51	10,71	1,00
*Fe	3,55	8,28	1,12	3,02	4,93	2,71
Orthopyroxen						
*Mg	10,45	0	6,27	8,55	0	0
*Fe	5,39	0	5,87	10,29	0	0
Olivin						
*Mg	3,66	5,77	0	0	9,64	0
*Fe	2,08	9,37	0	0	4,89	0
Magnetit	2,34	4,26	1,39	2,41	3,03	0
Ilmenit	2,43	5,81	1,61	1,46	7,60	0,38
Apatit	0,44	1,01	0,70	0,26	1,18	0
Wollastonit						0,19
Ägirin						0,82
Na-Metasilikat						2,53

1. Basalt (Olivintholeiit) der ozeanischen Kruste (Mittelwert von 155 Glasanalysen aus dem Atlantik; nach Best, 1982). 2. Ferrobasalt aus der tholeiitischen Übergangsserie von Boina, Afar. Man beachte den hohen Eisengehalt (nach Barberi et al., 1975). 3. Mittelwert von 40 Andesiten aus Peru (nach Lefèvre, 1973). 4. Inselbogen-Quarztholeiit von der Insel Erromango, Vanuatu, in den Neuen Hebriden (nach Marcelot et al., 1979). 5. Basanit vom Mont-Dore (nach Brousse, 1961). 6. Phonolith vom Mont-Dore (Brousse, 1961). Die Anwesenheit von normativem Ägirin und Natrium-Metasilikat belegt den agpaitischen Charakter (Na + K > Al) dieser Lava. Siehe auch Tabelle 1.1 (Alkalibasalt von Mururoa als Bsp. für ozeanischen Intraplattenvulkanismus), Tabelle 3.2 (Chaîne des Puys, SiO_2-gesättigte Alkaliserie als Bsp. für extensiven kontinentalen Intraplattenvulkanismus), und Tabellen 5.1 und 5.3 (Gesteine aus Guatemala und von Saint-Vincent als Bsp. aus einer Subduktionszone).

Tabelle 12.1 Chemische Analysen und CIPW-Normen von Vulkaniten aus unterschiedlichen geodynamischen Kontexten (GV = Glühverlust = H_2O^+ + H_2O^-; (*) bedeutet, daß sämtliches Eisen in Form von FeO analysiert wurde; die Normen wurden nach der Formel $Fe^{3+}/(Fe^{2+} + Fe^{3+}) = 0{,}15$ berechnet).

mische Aktivität führten zu einer Spreizung von bis zu 2,40 m, einer Absenkung des Riftbodens um 70 cm und einer Anhebung der Ränder um 18 cm (DEMANGE et al., 1980; KASSER et al., 1980; LE DAIN et al., 1980).

Die stratigraphische Zusammensetzung der ozeanischen Kruste ist dank großer Bruchzonen und auch dank des besonderen Falls der Gorringe-Bank vor Portugal – eines ausgedehnten Schildes jurassischer ozeanischer Lithosphäre – recht gut bekannt (JUTEAU, 1984). Zahlreiche U-Boot-Expeditionen gestatteten die direkte Beobachtung dieser Strukturen. Die ozeanische Kruste ist aus Tholeiitbasalten in Form von Pillowlaven (Abb. 10.8) zusammengesetzt, die mit Tiefseesedimenten assoziiert sind und hydrothermale Metallsulfidlagerstätten enthalten. Darunter liegen Gabbros und Peridotite (Abb. 12.4e; Übersicht in JUTEAU & MAURY, 1997). Erinnern wir uns, daß das plutonische Skaergaard-Massiv in Grönland (Abschn. 2.2) – eine erstarrte Magmenkammer aus der Zeit der Öffnung des nördlichen Atlantiks – einen Tholeiitchemismus und einen petrographischen Aufbau ähnlich der ozeanischen Kruste besitzt.

Die Ozeanbasalte werden unter der gleichzeitigen Einwirkung von erhöhter Temperatur und der Zirkulation von Fluiden teilweise zu Spiliten metamorphisiert. (Die Plagioklase wandeln sich in Albit um.) Die Spilite sind in der ozeanischen Kruste noch gering vorhanden, sie spielen aber in den Ophiolithen eine größere Rolle.

Chemisch gesehen sind die ozeanischen Tholeiite (Olivintholeiite) SiO_2-äquilibriert und arm an Alkalien (Tabelle 12.1). Die volumenmäßig geringe Differentiation weist im Bereich der intermediären Gesteine eine deutliche Anreicherung an Eisen auf (Abb. 12.3b). Diese resultiert aus einer späten Kristallisation der opaken Minerale (im wesentlichen Titanomagnetite) verbunden mit einer geringen Sauerstoffugazität.

Die Vulkane der Ozeanischen Rücken bleiben meistens unter Wasser – mit Ausnahme einiger Inseln (z.B. Island). Sie sind in ihrer großen Mehrheit durch ihre lavafördernde Aktivität gekennzeichnet.

12.3 Subduktion, Kontinentalrand und Inselbogen

Bei einer **Subduktion** taucht ozeanische Lithosphäre an **aktiven Kontinentalrändern** unter kontinentale oder an **Inselbögen** unter ozeanische Lithosphäre ab. Eine solche Konvergenz schließt jedoch Dehnungserscheinungen nicht aus (SMELLIE, 1994). Durch die zahlreichen Veränderungen der Bedingungen in diesen Bereichen (Anstieg des Wärmeflusses, Zufuhr von hydratisierten Sedimenten, ...) kommt es zu einem umfangreichen Magmatismus – Plutonismus oder Vulkanismus. Dieser oft explosive und gefährliche Vulkanismus betrifft den „Feuerkreis des Pazifiks" (Kontinentalränder Nord- und Südamerikas; Inselbögen der Philippinen, der Neuen Hebriden, ...; Japan als ein intermediärer Fall; Abb. 12.5) wie auch andere Inselbögen (Karibik, Ägäis, Tyrrhenisches Meer, Indonesien als intermediärer Fall). Zwischen diesen verschiedenen Subduktionszonen gibt es deutliche Unterschiede.

MIYASHIRO (1974) hält drei Subduktionstypen auseinander, in Abhängigkeit von den folgenden beiden Kriterien:

Subduktionsgeschwindigkeit

Die Bögen vom Typ I sind jung, aktiv und durch eine Subduktionsgeschwindigkeit von 8 – 9 cm/a, eine maximale Tiefe der Wadati-Benioff-Zone von 700 km und einen

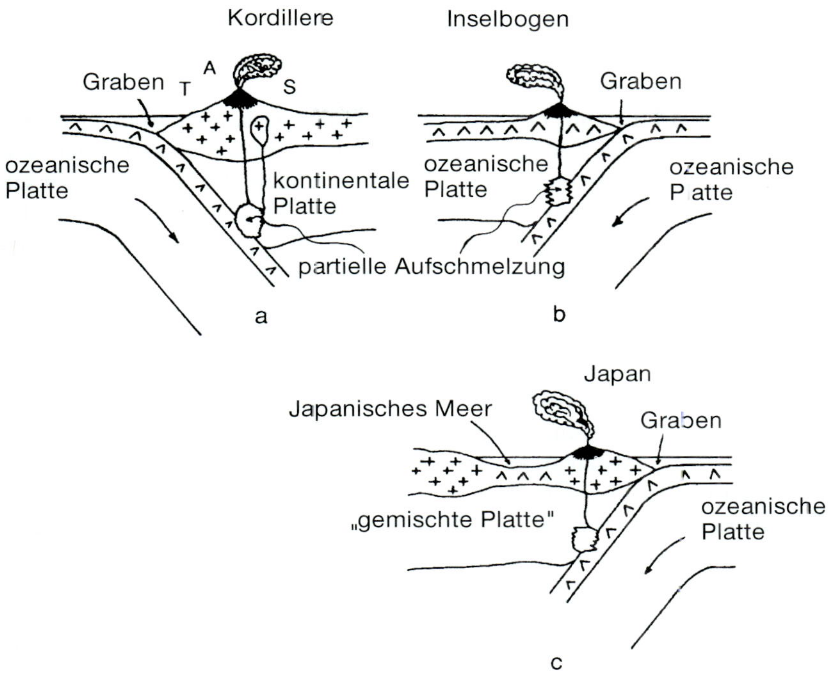

Abb. 12.5 Drei Subduktionstypen und der damit verbundene Vulkanismus. **a)** Aktiver Kontinentalrand (Kordilleren); T = Tholeiit, A = Andesit, S = Shoshonit. **b)** Inselbogen. **c)** Japan als ein intermediärer Fall.

10 – 11 km tiefen Graben gekennzeichnet. Die reifen Bögen (Typ II) tauchen mit Geschwindigkeiten von 3 – 7 cm/a ab, die Wadati-Benioff-Zone erreicht 200 bis 600 km Tiefe und der assoziierte Ozeangraben 4 – 8 km. Die alten Bögen (Typ III) besitzen nur eine geringe Geschwindigkeit von weniger als 3 cm/a, die Wadati-Benioff-Zone taucht bis in 100 – 300 km Tiefe und der Graben ist nicht besonders tief.

Typ der überschiebenden Lithosphärenplatte

Es ist üblich, zwei Fälle zu unterscheiden. Den Fall A: eine überschiebende Platte aus ozeanischer Lithosphäre mit einer typischen, weniger als 8 km dicken Kruste oder auch mit einer mittleren, bis zu 30 km mächtigen Kruste; und den Fall B: eine entwickelte, 70 km dicke kontinentale Kruste. Im ersten Fall ragen die Vulkane mitten aus den Weiten des Ozeans heraus (wie der Vulkan Matthew, siehe Abb. 8.4). Im zweiten Fall befinden sich die enormen Vulkanbauten auf hohen Plateaus und erreichen 5000 bis 7000 m Höhe.

Der Chemismus des Vulkanismus scheint direkt an seine charakteristischen Eigenschaften gebunden zu sein. Auf den Bögen vom Typ IA (Marianen, Tonga, Neue Hebriden) und IIA (Kermadec) ist die Entwicklung einer inselbogen-tholeiitischen Serie (*Island-Arc Tholeiite,* Quarz-Tholeiit) zu beobachten; kalkalkaline Produkte stellen weniger als 10 % des Ganzen dar. Im Fall IB (Nordosten Japans) treten die tholeiitischen und kalkalkalinen Produkte in ungefähr gleichen Mengen auf; der Anteil an alkalischen Vulkaniten ist gering. An den typischen Kontinentalrändern (IIB) dominiert mit 60 bis 95 % deutlich ein kalkalkaliner Chemismus (Zentralanden), der an einen alkalischen, K-betonten Vulkanismus geknüpft ist (Shoshonite). Ältere Subduktionszonen (III) sind weniger gut bekannt und waren in der Zwischenzeit Veränderungen unterworfen. Man konnte ebenfalls feststellen, daß die Subduktionsgeschwindigkeit direkten Einfluß auf die Magmenförderrate besitzt (Abschn. 6.1).

Über einen langen Zeitraum beschäftigten sich die wissenschaftlichen Diskussionen mit den jeweiligen Anteilen der partiellen Aufschmelzung der abtauchenden Kruste und jenen des sich überschiebenden Mantels. Dieser sich überschiebende Mantel scheint eine gewichtige Rolle zu spielen (Abb. 12.5). Des weiteren kann die kontinentale Kruste, sofern vorhanden, partiell aufgeschmolzen werden und einen signifikanten Vulkanismus anatektischen Ursprungs hervorbringen (Rhyolith-Ignimbrite). Man kennt zwei extreme Fälle im Zusammenhang mit einer Subduktion. Die **Boninite** entstehen bei der alleinigen partiellen Aufschmelzung von Mantelmaterial und sind folglich sehr Mg-reich (MgO > 15 %). Fluide spielen dabei eine wichtige Rolle. Die Boninite auf den Bonin- und Marianen-Inseln sind charakteristisch für das **Back-arc-Becken** (Randbecken) im Philippinenmeer. Die **Adakite** hingegen, die am Mount Saint Helens beschrieben wurden (DEFANT & DRUMMOND, 1993), entstehen bei der alleinigen partiellen Aufschmelzung von junger und noch heißer ozeanischer Kruste.

Der Vulkanismus scheint ein bis drei Millionen Jahre nach dem Beginn einer Subduktion einzusetzen. Die partielle Aufschmelzung, die durch die aus der abtauchenden Platte freigesetzten Fluide erleichtert wird, erfolgt in einer Tiefe von rund 100 km. Eine Gesteinsabfolge aus solchem Kontext ist chemisch durch eine Sättigung oder Übersättigung an SiO_2, durch hohe Gehalte an Al und niedrige Gehalte an Ti, Cr, Ni charakterisiert (MAURY, 1984). Intermediäre Gesteine (Andesit, Dacit) sind sehr häufig, insbesondere in der andesitischen Serie. Die Zusammensetzung verändert sich quer zum Inselbogen, indem mit wachsender Entfernung der K_2O-Gehalt (von Tholeiiten über Andesite bis zu Shoshoniten; Abb. 12.5a) und gleichzeitig das Subduktionsalter und die Tiefe der Wadati-Benioff-Zone zunehmen. Die für diese Magmen typischen hohen Wassergehalte verleihen ihnen einen höchst explosiven Charakter. Aus mineralogischer Sicht ist das systematische Auftreten eines Ca-armen Pyroxens (Hypersthen, Pigeonit) wie auch der Reichtum an hydratisierten Mineralphasen (Amphibol, Glimmer) zu vermerken. Die opaken Minerale (Magnetite) sind frühe Ausscheidungen, die in Verbindung mit einer sehr hohen Sauerstoffugazität und einem ebensolchen hydrostatischen Druck stehen (detaillierte Übersicht in GILL, 1981, und THORPE, 1982).

Die vulkanischen Bögen sind wie ein Band aneinandergereiht mit einem Längen-Breiten-Verhältnis von etwa 10, das von 4,1 (Süd-Sandwich) bis 21,9 (Izu-Bonin-Marianen) reicht. Die zahlreichen Vulkane stehen nicht in regelmäßigem Abstand zueinander, sondern zeigen eine eher zufällige räumliche Verteilung (DE BREMOND D'ARS et al., 1995). Sie gehören meist einem äußerst explosiven Eruptionstyp an und sind durch die Katastrophen berühmt geworden, die sie hervorgerufen haben.

12.4 Kollision

Die **Kollisionszonen** scheinen den Vulkanismus auf den ersten Blick weniger zu begünstigen, da hier die Kompression überwiegt. Dennoch gibt es auch bei einer solchen Geodynamik Zonen lokaler Extension, die den Aufstieg des Magmas ermöglichen. Die Untersuchung dieser Art von Vulkanismus ist sehr komplex, da mehrere Typen koexistieren und aufeinanderfolgen, die sich je nach Dicke der unteren Kruste, der Lage im

Raum (Vor- oder Hinterland) und dem Zeitpunkt (vor, während oder nach den verschiedenen Kollisionsphasen, die selbst wiederum auf eine Subduktion folgen) unterscheiden.

Die erloschenen bzw. tätigen Vulkane in Bulgarien, im türkischen Anatolien, im Iran und im Tibet liegen in derartigen Kollisionszonen; gleiches trifft für ihre plutonischen Äquivalente, die Granite des alpinen Zyklus in den Alpen und im Himalaya, zu.

Das Beispiel der Kollision der beiden Platten Arabien und Eurasien im Kaukasus und die anläßlich des Erdbebens vom 7. Dezember 1988 in Armenien geführten Untersuchungen veranschaulichen die Beziehungen zwischen Vulkanismus und Kollision (CISTERNAS et al., 1989). Es treten sich kreuzende Blattverschiebungen auf, die in 45° zur Schubrichtung orientiert sind, und Vulkane bilden sich an Gräben, die parallel zur Schubrichtung angeordnet sind.

Bei der Kollision Arabien-Eurasien wird der anatolische Teil (Türkei) nach Westen verschoben. Im Zusammenhang mit der Kollision trat in dieser Region im Tertiär und Quartär ein beachtlicher Vulkanismus (Kappadokien, Ararat) auf (PEARCE et al., 1990; YILMAZ, 1990). In Westanatolien setzte die Vulkantätigkeit Ende Oligozän/Anfang Miozän unter Kompressionsbedingungen mit einem kalkalkalinen Vulkanismus ein. Der relativ abrupte Wechsel von einem Kompressions- in ein Extensionsstadium im mittleren Miozän löste eine fortschreitende Entwicklung zum Alkalivulkanismus aus. In Ostanatolien setzte sich der am Ende des Miozäns beginnende Vulkanismus bis in historische Zeiten praktisch ununterbrochen fort. Ein alkaliner, ein kalkalkaliner und ein übergangstholeiitischer Vulkanismus, die je nachdem dem Mantelbereich der Asthenosphäre oder der Lithosphäre entstammten, folgten sehr schnell aufeinander. Die Vulkane befinden sich genauer gesagt im Bereich der sogenannten **Pull-apart-Becken,** die entlang einer Blattverschiebungszone entstehen. Der Vulkanismus ist auf ein Alter von 6 bis 8 Mio. Jahren datiert worden, d.h. 5 Mio. Jahre nach dem Beginn des Aufstiegs des Ostanatolischen Plateaus.

Ein typischer Kollisionsvulkanismus entwickelte sich im Paläogen in einer Zone, die im Norden von den Karpaten und dem Balkan und im Süden von den Dinariden und Helleniden begrenzt ist; sie reicht von Mazedonien (Ex-Jugoslawien) über die Rhodopen in Südbulgarien und Nordgriechenland bis in den Norden der Türkei (DABOWSKI et al., 1991; YANEV et al., 1989; YANEV & BARDINTZEFF, 1997). Die Kollision von Eurasien und Apulien im Anschluß an einen kretazischen Inselbogenvulkanismus führte zur vollständigen Schließung der Tethys und zu einer Krustenverdickung auf maximal 50 km Dicke. Die zugehörigen kalkalkalinen bis shoshonitischen Magmatite, die ab dem Priabon (vor 37 Ma) und während des Oligozäns (bis vor 30 Ma) gefördert wurden (gefolgt von Gangintrusionen vor 29 – 25 Ma), sind in den gesamten Rhodopen gut zu sehen. Mit 90 Vol.-% überwiegt der Vulkanismus deutlich gegenüber dem Plutonismus. Saure Gesteine (Dacite, Rhyolithe) findet man im Bereich der zentralen Rhodopen da, wo die Kruste eine Dicke von 40 – 45 km erreicht. In den östlichen Rhodopen (35 km mächtige Kruste) sind die Gesteine intermediär (Latite im wesentlichen und Shoshonite, die mit Basaltandesiten und Andesiten assoziiert sind) und sauer (Rhyolithe): Es ist eine chemische Bimodalität festzustellen, denn Dacite bleiben die Ausnahme. Zu jener Zeit äußerte sich die vulkanische Tätigkeit in oft höchst explosiver Form. Die große rechteckige Caldera von Borovitza (30 km × 10 km) kam so zustande. Im Wechsel hiermit brachten effusive Phasen rhyolithische Dome und autobrecciöse Laven hervor. Es stellte sich eine bedeutende Hydrothermalaktivität ein (Zeolithe, bentonitische Tone), die entweder zeitgleich mit dem Vulkanismus oder danach in Erscheinung trat; die Entstehung großer Metallagerstätten (Pb, Zn, Cu, Ag, U, Au) war hiermit verbunden.

Normalerweise hält man an einem Schema von Veränderungen des Magmatismus beim Übergang vom Ende der Subduktion zum Beginn der Kollision fest. In der Regel folgen einander drei Stadien: 1) Wenn die Subduktion einmal beendet ist, bleibt der Kalkalkalivulkanismus noch mehrere zehn Millionen Jahre aktiv. 2) Danach nimmt das Magma einen K-betonten Charakter an, ohne daß man bis heute genau den Einfluß kennt, den die Kontamination mit kontinentaler Kruste, deren partieller Aufschmelzung und die chemische Zufuhr von subkrustaler Lithosphäre unter der Einwirkung der Fluide (Metasomatose) hierbei jeweils ausüben. 3) Schließlich stellt sich ein alkaliner, zuweilen sogar tholeiitischer Vulkanismus ein, der für ein Extensionsstadium spricht. Wie in Anatolien und den Rhodopen zu sehen war, ist dieses allgemeine Modell durchaus modifizierbar.

12.5 Hots Spots und Intraplattenvulkanismus

Bestimmte Vulkane besetzen von Anfang an eine Position innerhalb einer kontinentalen oder ozeanischen Platte (und nicht an einer Plattengrenze). Seltsamerweise gibt es mehr Intraplattenvulkane inmitten der Ozeane als innerhalb der Kontinente; wahrscheinlich liegt es daran, daß die dünnere, wärmere und somit plastischere ozeanische Kruste den Magmen weniger Widerstand entgegensetzt als die kontinentale Kruste. Im Ozean entstehende Vulkane bleiben submarin (Abschn. 10.2) oder tauchen auf und bilden Inseln: Hawaii,

Abb. 12.6 Die Inseln im Atlantischen Ozean. Sie resultieren sämtlich aus der Aktivität von Hot Spots, die sich entweder unter dem Mittelozeanischen Rücken bzw. in seiner Nähe befinden und dann einen tholeiitischen Magmatismus aufweisen (Kreuze) oder weit entfernt davon liegen, dann mit einem eher alkalinen Magmatismus (Punkte) (nach Debelmas & Mascle, 1997).

Französisch-Polynesien, Réunion, Französisches Südpolarmeergebiet (Kerguelen, Crozet, Amsterdam).

Solche relativ isolierten Vulkane resultieren aus der Aktivität eines Hot Spot („heißer Fleck"), der einen Durchmesser von etwa 200 km oder mehr hat (und mitunter eine topographische Aufwölbung des Ozeanbodens mit einem Durchmesser von 1500 km verursacht) und im Gegensatz zu den beweglichen Platten relativ stationär ist. Heftig umstritten und vielfach diskutiert ist die Frage nach seiner Entstehung: Es soll sich um eine tiefe thermische Anomalie (innerhalb der Asthenosphäre oder sogar an der Kern-Mantel-Grenze in 2900 km Tiefe) handeln, die einen langsamen Aufstieg von festem, aber viskosem Material bewirkt. Dies äußert sich in Oberflächennähe in einem Riß in der Lithosphäre und in einer Aufschmelzung des Mantels, der Ursache für den Magmatismus. Die Hot Spots sind häufig innerhalb der Platten anzutreffen, einige entstehen aber auch an oder nahe der Grenze zweier Platten (Schmidt & Janle, 1994; Abb. 12.6). Auf Island begleitet die Aktivität eines Hot Spots somit die des Mittelatlantischen Rückens (Mertz et al., 1991; Abb. 12.7).

Letztlich lassen sich zwei große Typen von Hot Spots unterscheiden, die zwei Entwicklungsstadien entsprechen (Griffiths & Campbell, 1990, 1991). (1) Anfangs bestehen die Hot Spots aus einem „Kopf", der während des Aufstiegs wächst (Aufstiegsgeschwindigkeit wenige cm bis 1 m pro Jahr; es liegen also einige Mio. Jahre zwischen Entstehung und Ankunft), bis er an der Basis der Lithosphäre einen Durchmesser von ungefähr 1000 km erreicht (Abb. 12.8). Die Temperaturdifferenz zum ihn umgebenden Mantel beträgt 100 bis 400 °C. In diesem Stadium sind die Hot Spots besonders aktiv und können zur Bildung von ausgedehnten Basaltplateaus in der Art des Deccan-Pla-

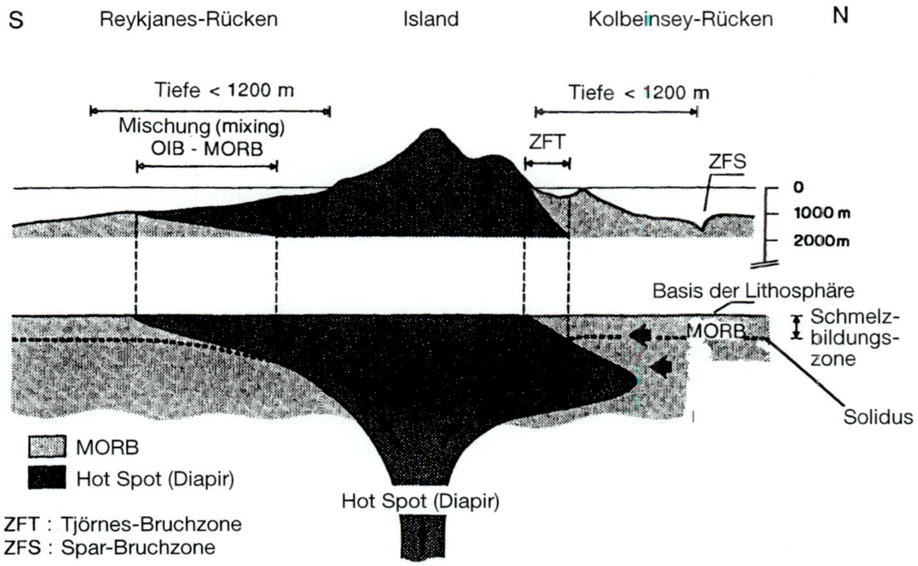

Abb. 12.7 Schematische Interpretation der Mantelquellen unter Island. Die Aktivität des Hot Spots (OIB = *Ocean Island Basalt*) begleitet die des Mittelozeanischen Rückens (MORB = *Mid Ocean Ridge Basalt*). Der obere Teil der Abbildung zeigt die an der Oberfläche beobachteten geochemischen Unterschiede, der untere Teil zeigt eine mögliche Interpretation in der Tiefe (nach Mertz et al., 1991, geändert).

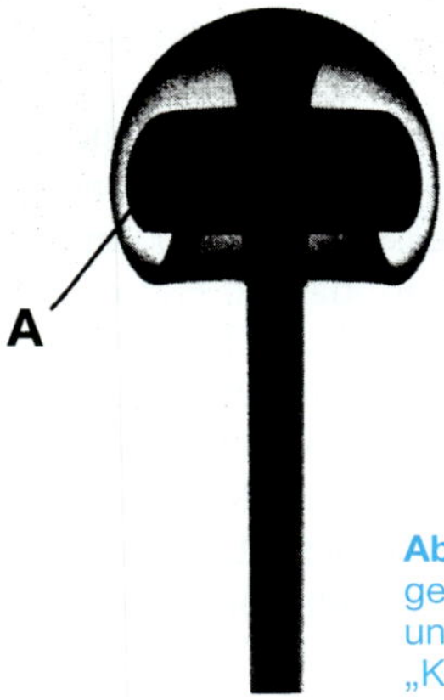

Abb. 12.8 Modellierung eines Hot Spots durch Injektion von 80 °C heißem gefärbten Glukosesirup (leichtflüssig) in den gleichen, aber nicht gefärbten und nur 21 °C heißen Sirup (höhere Viskosität). Man kann die Bildung eines „Kopfes" (A) gut erkennen (siehe Text) (GRIFFITHS & CAMPBELL, 1990).

teaus führen (Abschn. 12.2). (2) Später entwickeln sie, wenn der „Schwanz" ausgebildet wird, die Gestalt, die man für gewöhnlich kennt (und die in diesem Abschnitt besprochen wird), mit einem Durchmesser von ungefähr 200 km. Mittels Seismik hat man z. B. einen Hot Spot unter Island ausfindig gemacht, der unter dem aktivsten Teil der Insel sitzt (WOLFE et al., 1997). Es handelt sich hierbei um einen quasi vertikalen Zylinder mit einem Durchmesser von 300 km (das entspricht mehr als der halben Insellänge) in 400 bis 700 km Tiefe bei einer Temperatur, die um 200 °C über der des umgebenden Mantels liegt.

Eine Hot-Spot-Zone besteht aus mehreren aktiven Vulkanen in einem Gebiet von rund 1 000 km^2 Fläche: Im Süden der Gesellschaftsinseln in Französisch-Polynesien wurden mehrere Seamounts registriert, die jeweils mehrere zehn km voneinander entfernt sind (Abschn. 10.2).

Vulkanreihen sind im Pazifik sehr zahlreich: die Hawaii-Emperor-Kette, in Französisch-Polynesien die Marquesas-Inseln, die Tuamotu-Gambier-Inseln, die Gesellschaftsinseln, die Austral- (Tubuai-) Inseln. Sie stehen in Verbindung mit entsprechend vielen, mitunter noch aktiven Hot Spots. Es ist ein linearer Zusammenhang zwischen dem Alter der Oberflächenvulkane und der Entfernung von einem angenommenen Bezugspunkt nahe dem zugehörigen Hot Spot festzustellen. In einem Alter-Entfernungs-Diagramm entspricht der Anstieg der Geraden der Driftgeschwindigkeit der Vulkaninsel über dem (fast) stationären Hot Spot (Abb. 12.9). Die ersten Bestimmungen der Plattengeschwindigkeit in der Geschichte wurden mittels dieser Herangehensweise möglich. Die leichten Abweichungen in der Geschwindigkeit der pazifischen Platte, wie sie über die verschiedenen Vulkanreihen berechnet wurde, könnten belegen, daß die Hot Spots nicht absolut stationär sind. Sie wandern womöglich ganz langsam mit einer Geschwindigkeit unter 1 cm/a.

Auf den Kontinenten treten manchmal richtige „heiße Linien" auf, eine Reihe von gleichzeitig aktiven Vulkanen ohne räumliche oder zeitliche Abfolge. Als Beispiele können hierfür Yellowstone (SMITH & BRAILE, 1994) und Raton in den USA und die Linie Mount Cameroun – Golf von Guinea in Afrika genannt werden.

Die vulkanischen Förderprodukte haben in der Regel einen Alkalichemismus. Es treten jedoch auch Übergangschemismen in Verbindung mit einem hohen Grad der partiellen Aufschmelzung auf (Gambier, BROUSSE & GUILLE, 1974; Kerguelen, GAUTIER, 1987,

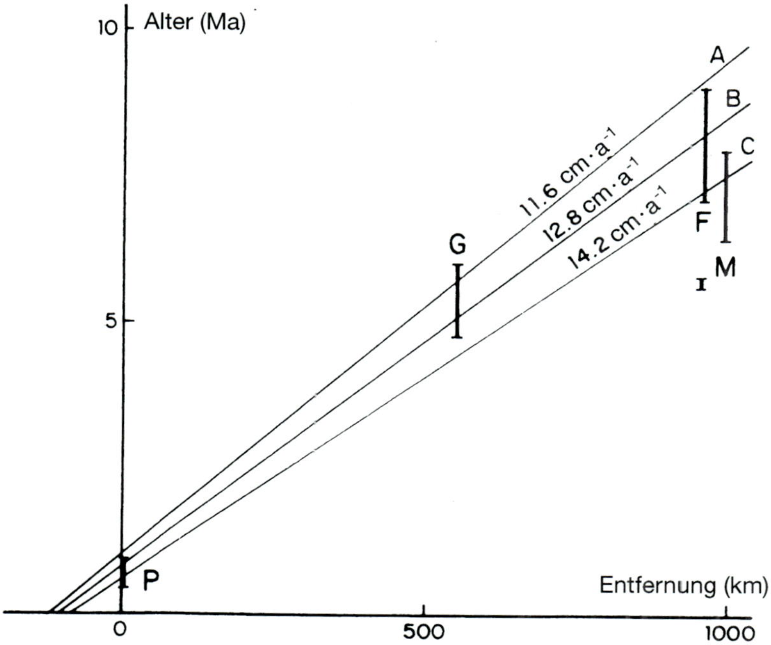

Abb. 12.9 Beispiel der Aneinanderreihung von Vulkaninseln: die Tuamotu-Gambier-Inseln in Französisch-Polynesien. Das Alter (in Mio. Jahren) des subaerischen Vulkanismus von Mururoa (M), Fangataufa (F), Gambier (G) und Pitcairn (P) – in der genannten Reihenfolge von NW nach SO gelegen – ist gegen die Entfernung (in km) zur Insel Pitcairn aufgetragen. Die gute Korrelation weist darauf hin, daß diese Inseln – mit Ausnahme von Mururoa – aus einem Hot Spot hervorgegangen sein könnten, der sich rund 100 km südöstlich von Pitcairn befände. Die Driftgeschwindigkeit der Pazifischen Platte scheint demnach zwischen 11,6 cm/Jahr (Gerade A) und 14,2 cm/Jahr (C) bei einer mittleren Geschwindigkeit von 12,8 cm/Jahr (B) zu liegen (BARDINTZEFF et al., 1986).

GAUTIER et al., 1990; LEYRIT et al., 1990) oder auch richtige Tholeiitzusammensetzungen (Fangataufa, GUILLOU et al., 1990; Hawaii, MACDONALD & KATSURA, 1964). Im vulkanischen Liegenden des Fangataufa ist der Übergang von den für eine submarine Abfolge charakteristischen Tholeiiten zu den Alkalibasalten zu beobachten, die das Ende der submarinen Aufbauphase markieren und während der subaerischen Phase auftreten. Gleichermaßen werden die anfänglich tholeiitischen Vulkanite Hawaiis schrittweise von Alkalibasalten ersetzt, wobei in einem geringmächtigen Übergangsbereich Ablagerungen der beiden Typen einander abwechseln (Diskussion in BARDINTZEFF et al., 1994).

Die Alkaliserien (reich an Na_2O, K_2O, TiO_2, Ba, Rb, Sr, Zr) sind gekennzeichnet durch deutlich SiO_2-untersättigte Basalte und normative Foide (Basanite). Ihre Differentiation (über intermediäre Hawaiite, Mugearite, Benmoreite) kann in zwei mögliche Richtungen gehen, entweder SiO_2-gesättigt (Rhyolithe) oder SiO_2-untersättigt (Phonolithe). Beide sind sehr alkalisch und werden mitunter sogar hyperalkalisch (agpaitisch). Die Kristallisation der (SiO_2-armen) Amphibole in der Magmenkammer führt zur gesättigten Serie, während umgekehrt die Ausscheidung von (relativ SiO_2-reichen) Klinopyroxenen die untersättigte Serie einleitet (Orthopyroxene sind in diesen Laven faktisch nicht vorhanden). Diese Erscheinungen spielen sich entweder in ein und derselben Magmenkammer ab, die ihre Eigenschaften entsprechend dem Öffnungs- oder Schließungszustand des Systems ändert, oder aber in zwei unterschiedlich tiefen Magmenkammern (zur Übersicht siehe BROUSSE, 1961; SØRENSEN, 1974; MAURY, 1976; MIYASHIRO, 1978).

Der tertiäre und quartäre Alkalivulkanismus im französischen Zentralmassiv stellt sich recht originell dar, denn er hat sowohl Affinitäten zu einem Hot Spot als auch zu einem Rift (BROUSSE, 1974; FROIDEVAUX et al., 1974; MAURY & VARET, 1980; BROUSSE & LEFÈVRE, 1990; BARDINTZEFF, 1993). In dieser Region konnte ein Aufstieg der Asthenosphäre, der LVZ und somit der „Moho" mittels Seismologie nachgewiesen werden (PER-

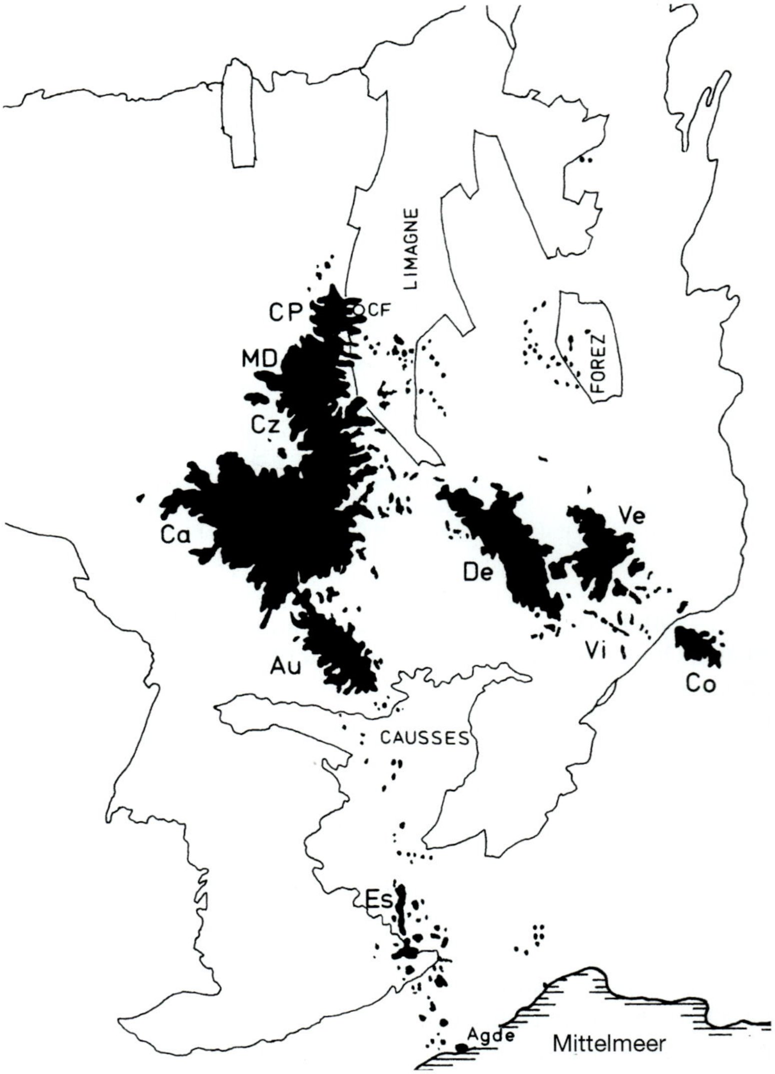

Abb. 12.10 Der tertiäre und quartäre Vulkanismus des Französischen Zentralmassivs (siehe Text). CP = Chaîne des Puys, MD = Mont-Dore, Cz = Cézallier, Ca = Cantal, Au = Aubrac, Es = Escandorgue, De = Devès, Vi = Vivarais, Ve = Velay, Co = Coirons, CF = Clermont-Ferrand.

RIER & RUEGG, 1973). Man ermittelte ebenso einen Wärmefluß von 105 $mW \cdot m^{-2}$, der über dem Durchschnitt von 25 – 30 $mW \cdot m^{-2}$ liegt, und eine negative gravimetrische Bouguer-Anomalie. Dank der seismischen Aufnahmen konnte die Geometrie des Hot Spot bis in 270 km Tiefe genau bestimmt werden (GRANET et al., 1995): Es handelt sich um eine positive Wärmeanomalie von 200 °C mit einem relativ geringen Durchmesser von 200 km. Der große, durch die Erosion freigelegte Stratovulkan im Cantal (Plomb du Cantal, 1854 m; Puy Mary) hat eine ähnliche Bedeutung wie der Ätna und muß einst eine vergleichbare Höhe von etwa 3000 m eingenommen haben. Seine ältesten Lavaströme wurden mit 11 Mio. Jahren, die jüngsten mit 3 Mio. Jahren datiert. Von hier gehen drei Achsen aus (Abb. 12.10). Die wichtigste, nach Norden gehende Achse vereint den Cézallier, den Mont-Dore und die Chaîne des Puys. Letztere ist das Ergebnis sehr junger vulkanischer Ereignisse, wie die sehr frischen Formen bezeugen. Ihre Aktivität begann vor 95000 Jahren. Die Vulkangebäude der „Pavin-Gruppe" (Pavin- und Estivadoux-Maar, Puy de Montcineyre, Puy de Montchal) sollen nur 6000 bis 8000 Jahre alt oder sogar noch jünger sein. Vielleicht haben seitdem auch noch andere Eruptionen stattgefunden, doch hinterließen diese keine zweifelsfreien Beweise. Die beiden anderen Achsen sind von geringerer Bedeutung. Es handelt sich dabei im Süden um den vereinzelten Vulkanismus des Aubrac, der Causses, der Escandorgue bis zum Cap d'Agde. Im Südosten liegen die Vulkane Devès und Vivarais. Die vulkanischen Ausläufer des Le-Puy-Beckens, des Velay und der Coirons haben eine ähnliche Bedeutung wie die Bourgogne und der Forez (Limagnes de Loire), da auch sie zu Rifts gehören, die vom Jura bis ins Quartär aktiv waren.

Intraplattenvulkane weisen eine sehr große Vielfalt an Eruptionstypen auf: In der Regel sind es Lavaeruptionen (Basaltvulkane), aber auch hochexplosive (rhyolithische) oder effusive Eruptionen (phonolithische Dome und Intrusionen) können auftreten.

12.6 Krustenmagmatismus

Die kontinentale Kruste schmilzt bisweilen unter der Einwirkung eines ausreichenden Wärmeflusses partiell auf (**Anatexis;** Übersicht in BONIN, 1995). Dabei kann der Zerfall der radioaktiven Isotope, die in einer dicken Kruste (70 km) enthalten sind, ausreichen, um ihre partielle Aufschmelzung zu erklären. Eine wichtige Rolle spielen auch das von außen zugeführte Wasser (durch Subduktion, Abschn. 4.1, oder Kollision) und das Wasser, das bei der Bildung metamorpher Minerale freigesetzt wird, da sie den Schmelzpunkt herabsetzen. Das saure und oft Al-reiche Magma kann auf vulkanischem Wege Platz nehmen. Zahlreiche saure Laven wurden anfangs als anatektisch interpretiert. Später führten Isotopenanalysen zu gewissen Präzisierungen. Die anfänglichen Isotopenverhältnisse des Strontiums $^{87}Sr/^{86}Sr$ (auch **Strontium-Initiale** genannt) bleiben bei Mantelgesteinen in der Größenordnung von 0,702, steigen aber bei Krustengesteinen auf 0,710 und mehr. Diese Analysen zeigten, daß eine Vielzahl saurer Gesteine sich von einem Prozeß der **partiellen Mantelaufschmelzung** ableiten lassen. Letztlich ist der Vorgang der Anatexis nur relativ wenig verbreitet. Man begegnet ihr in zwei Fällen: (1) Bei einer Subduktion verursacht die Anatexis des Nebengesteins am Kontakt mit großen Magmenkammern teilweise die ausgiebigen Ignimbritergüsse, wie sie in den Anden anzutreffen sind. (2) In einem (Post-)Kollisionsregime, das häufig wenig später der Subduktion folgt, löst der noch beträchtliche Wärmefluß eine magmatische Tätigkeit aus. So gibt es in Frankreich beispielsweise den 260 Mio. Jahre alten Montreuillon-Ignimbrit im Morvan, der zu einer (in einem Post-Kollisionsregime entstandenen) Caldera von 10 km Durchmesser gehört und anatektischen Ursprungs ist. Die tertiären Cordierit-Dacite und Turmalin-Rhyolithe der Toscana sind bei der Kollision der adriatischen und der eurasiatischen Platte entstanden. Die Macusanite in Peru sind rhyolithische Ignimbrite mit einem spezifischen Mineralbestand an Sillimanit, Cordierit, Turmalin sowie ein wenig Andalusit und Disthen. Sie entstanden bei der Überschiebung (Kollision) der Andenkordillere auf den Brasilianischen Schild vor rund 10 Mio. Jahren.

Allgemein kann gesagt werden, daß das Phänomen der Assimilation des Nebengesteins durch ein aufsteigendes Magma, welcher Art auch immer, nur in begrenztem Maße beobachtbar ist.

Der Krustenvulkanismus ist durch seine hohe Explosivität gekennzeichnet, die sich auf den großen Wasseranteil zurückführen läßt.

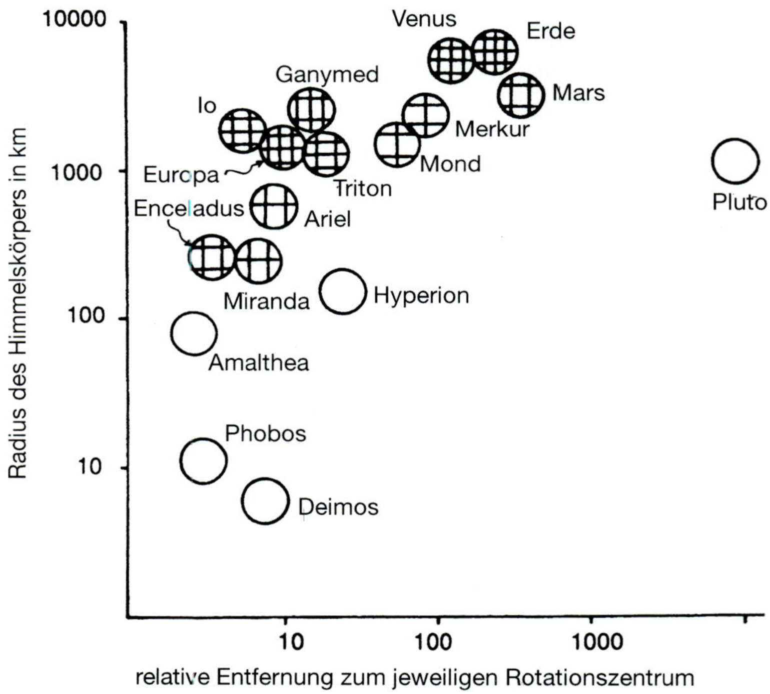

Abb. 12.11 Vulkanismus und Tektonik auf verschiedenen Himmelskörpern des Sonnensystems. Jeder Himmelskörper ist durch einen Kreis dargestellt, der je nach Eigenradius (Ordinate) und relativer Entfernung zum jeweiligen Rotationszentrum (Abszisse) im logarithmischen Diagramm eingezeichnet ist. Als Bezugsgröße wurde auf der Abszisse das Verhältnis zwischen dem Abstand des Himmelskörpers zu seinem Rotationszentrum und dem Radius dieses Rotationszentrums gewählt: Beim Mond z. B. nimmt man das Verhältnis vom Abstand Mond-Erde zum Radius der Erde, d. h. 300 000 km / 6 400 km = 47. Gleichermaßen ist die Sonne Rotationszentrum für die Erde und Jupiter Rotationszentrum für Io usw. Der Vulkanismus wird durch waagerechte Striche veranschaulicht (kein Strich = kein Vulkanismus … 3 Striche = intensiver Vulkanismus), die Tektonik durch senk-rechte Striche (nach dem gleichen Prinzip) (nach Basilevsky, 1990, vereinfacht).

12.7 Vulkanismus der Planeten

Auf den verschiedenen Planeten unseres Sonnensystems existiert ein umfangreicher und mannigfaltiger Vulkanismus, der heutzutage dank der Photos von den Raumsonden relativ gut bekannt ist (zur Übersicht siehe *Basaltic Volcanism Study Project,* 1981; MASSON et al., 1986; FRANCIS, 1993; FRANKEL, 1993).

BASILEVSKY (1990) diskutierte die Beziehungen zwischen Tektonik und Vulkanismus für die verschiedenen Planeten und Monde des Sonnensystems (Abb. 12.11). Er wies nach, daß beide Erscheinungen oft miteinander verbunden sind. Ihre Intensitäten nehmen mit der Größe des Planeten zu. (Auf der Erde und der Venus ist der Vulkanismus intensiver als auf Mars und Merkur.) Auch die Entfernung zum Bezugskörper der Rotation (die Sonne für die Erde, Jupiter für Io, ...) im Verhältnis zu dessen Radius spielt eine wesentliche Rolle: Eine geringe Entfernung zu einem großen Körper hat einen umfangreichen Vulkanismus zur Folge.

Ein Gestirn des Sonnensystems, nämlich der Jupitermond Io, legt zur Zeit eine auffällige Vulkantätigkeit an den Tag. Die US-amerikanischen Voyager-Sonden photographierten acht aktive Vulkane (Abb. 12.12). Dieses Phänomen resultiert wahrscheinlich aus einer inneren Aufheizung durch die von der Masse des Jupiters erzeugten Gezeiten und die Gravitationsstörungen durch die anderen Galileiischen Monde. Der rot-orangefarbene Io scheint eine differenzierte innere Struktur zu besitzen: Die Kruste ist silikatisch und geringmächtig, Mantel und Kern bestehen aus schwefelreichen, geschmolze-

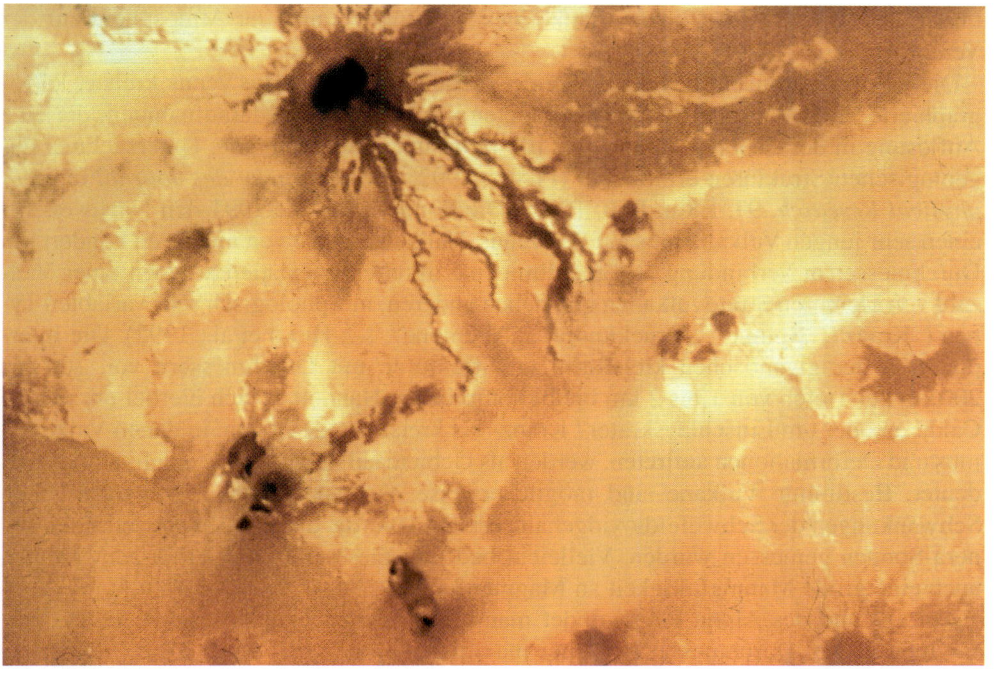

Abb.12.12 Der Vulkanismus auf Io, einem Mond des Jupiters, photographiert von Voyager 1. Die Lavaströme messen 150 bis 200 km (Photo NASA, Sammlung PH. MASSON, Photothèque planétaire Orsay).

nen Silikaten. Die Vulkanbauten sind weitaus gewaltiger als die irdischen Vulkane: Man findet Lavaströme, die mehrere hundert km lang sind; 200 Calderen mit einem Durchmesser größer als 20 km; Rauchsäulen, die einen Durchmesser von rund 1 400 km haben und bis in 300 km Höhe aufsteigen können; Auswurfgeschwindigkeiten der Partikel von 500 bis 1 000 m/s. Außerdem unterscheiden sie sich von irdischen Vulkanen sowohl in ihrer Entstehung als auch in der Art ihrer Förderprodukte. Es soll sich dabei um ein Gemisch aus 50 % Polyschwefeloxiden $(S_nO)_x$ + 25 % Basalt + 15 % S_2O + 10 % SO_2 handeln. Zwei Arten von Vulkanismus können je nach Temperatur und Viskosität des Schwefels unterschieden werden: Kleine Rauchsäulen treten auf, wenn roter, flüssiger, 130 – 160 °C heißer Schwefel in Kontakt mit flüssigem Schwefeldioxid kommt, das daraufhin verdampft; große Rauchsäulen ergeben sich aus der Umwandlung des Schwefels in Dampf beim Kontakt mit heißen Silikaten (Johnson & Soderblom, 1984; Masson et al., 1986).

Die Venus hat mit 6 052 km einen ähnlichen Radius wie die Erde. Auch die Struktur des Planeten ähnelt mit einem 3 100 km tiefen Mantel und einem inneren Kern der Erde. Eine praktisch vollständige vulkanische Erneuerung seiner Oberfläche fand vor rund 300 Mio. Jahren statt, was möglicherweise Zeugnis eines bedeutenden Ereignisses in jener Epoche ist. Die Venus muß eine thermische Geschichte, verbunden mit einer tektonischen, seismischen und vulkanischen Aktivität gehabt haben, die sich kaum von der der Erde unterscheidet. Dicke CO_2-Wolken verdecken jedoch die Oberfläche. Die extremen Temperatur- und Druckbedingungen auf der Venus (um 460 °C und 95 bar) behinderten lange Zeit die Versuche, Raumsonden in Umlauf und zur Landung zu bringen. Die sowjetischen Raumflugkörper vom Typ Venera empfingen einige Informationen über die Art des Bodens (dank eines „Tastfußes") und der Atmosphäre auf der Venus.

Die US-amerikanische Magellan-Sonde, die als Satellit um die Venus kreiste, kartographierte 99 % der Oberfläche des Planeten mit Hilfe von Radaraufnahmen, die eine Auflösung in der Größenordnung von 100 m besitzen, was eine gute Untersuchung der geologischen Strukturen ermöglicht (Plaut, 1992, u. *Sonderhefte des Journal of Geophysical Research*, 97, E8 u. E10, 1992). Die Sonde erbrachte 1991 den Nachweis für einen sehr jungen Vulkanismus auf der Venus. Vulkangebäude von mehreren hundert km Durchmesser in Verbindung mit geradlinigen Riftketten koexistieren neben einer Vielzahl von kleineren Stratovulkanen und neben anderen, morphologisch sehr variablen Typen („Kranz", „Spinne", „Druckknopf", „Anemone", …; Head et al., 1992). Die Interpretation der gigantischen kreisförmigen Strukturen mit Durchmessern von 100 bis 200 km bei Tiefen von 1 bis 2 km bleibt kompliziert: Handelt es sich hierbei um riesige Calderen oder um Einschlagskrater? Kranz- bis kreisförmige Zonen, in denen Vulkanismus und Deformationen auftreten, werden als Gebiete aufsteigenden Mantelmaterials gedeutet. Bestimmte Vulkane sind möglicherweise noch aktiv, was die beträchtlichen Schwankungen der Schwefeldioxidgehalte erklären würde, die von den sowjetischen Venera-Sonden gemessen wurden. Vielleicht bedeutet diese enorme Vielfalt an Vulkanen auch eine große Mannigfaltigkeit an Magmen?

Am Ostrand des Alpha Regio findet man sieben nebeneinanderliegende Dome (zusammen 25 km Durchmesser bei einer maximalen Höhe von 750 m; Abb. 12.13), die von den Amerikanern *pancake like volcanos* (pfannkuchenartige Vulkane) oder *honeydrop like volcanos* (honigbonbonartige Vulkane) genannt werden (Smith, 1996). Der Vulkan Sapas Mons, der sich unweit der Äquatorialschwelle Atla Regio befindet, mißt im

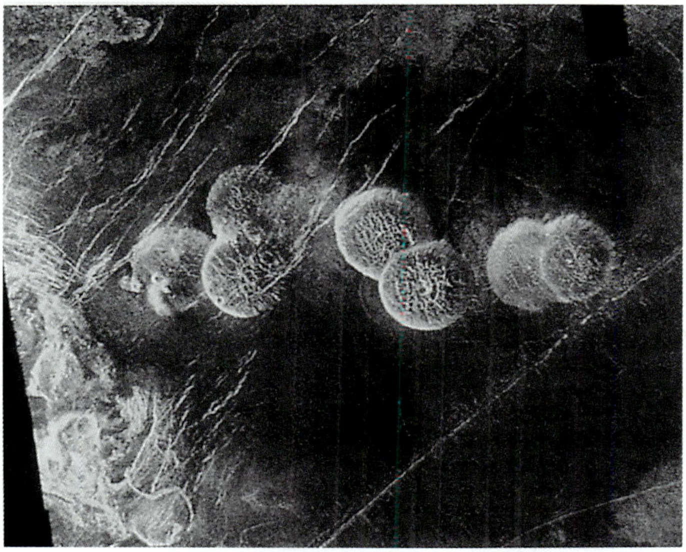

Abb.12.13 Radarbild der Venus, aufgenommen 1991 von der Magellan-Sonde. Die Aufnahme zeigt am Ostrand der Alpha Regio sieben Lavadome mit einem mittleren Durchmesser von 25 km (Photo NASA, Sammlung PH. MASSON, Photothèque Planétaire, Orsay).

Durchmesser 400 km bei einer Höhe von nur 1,5 km. Zahlreiche Lavaströme breiten sich ringsherum aus, sie entspringen meist seitlichen Rissen eher als dem eigentlichen Gipfel.

Auf dem Mars gab es vor weniger als einer Milliarde Jahren einen ausgiebigen, heute erloschenen Vulkanismus. Kurioserweise scheint dieser Planet in zwei nahezu gleich große Abschnitte geteilt zu sein, die durch eine zum Äquator um 30° geneigte Linie getrennt werden. Die südliche Hemisphäre besteht aus alten und durch die starken Meteoritenbeschüsse mit Kratern versehenen Gebieten und ähnelt dem Erdmond. Im Gegensatz dazu bedecken ausgedehnte Vulkanergüsse die Ebenen der nördlichen Hemisphäre, hauptsächlich in zwei Regionen: Elysium Planitia und Tharsis Montes. In der Zone des Tharsis-Domes, einer im Durchmesser 8 000 km großen (dies entspricht einem Viertel der Marsoberfläche) und um 10 km erhöhten Region, begann der Vulkanismus vor 3,8 Mrd. Jahren und hörte – unterschiedlichen Autoren zufolge – vor 400 bis 100 Mio. Jahren wieder auf (Olympus-Mons-Phase).

Dieser nördliche Teil ist mit zahlreichen isolierten Vulkanen übersät, die mit ihren Anhäufungen von Lavaströmen und Gipfelcalderen den Schildvulkanen auf Hawaii oder Réunion gleichen. Dabei kann man morphologisch drei Vulkan-Typen unterscheiden: (1) den „Patera"-Typ *(patera* = „weite Schale"), der durch ein sehr geringes Höhe-Durchmesser-Verhältnis gekennzeichnet ist, wie z. B. Alba Patera mit 3 km Höhe und 600 km Durchmesser oder Ulysses Patera (Abb. 12.14); (2) den „Tholus"-Typ *(tholus* = „Kuppelgebäude") mit steileren Hängen (die Typen 1 und 2 sind ältere Vulkane) und schließlich (3) den „Mons"-Typ: jüngere, große Schildvulkane wie der Olympus Mons.

Der kolossale Vulkanbau des Olympus Mons erreicht eine Höhe von 26,4 km und ist damit der höchste Berg des Sonnensystems. Die Datierungen über Meteoriteneinschläge zeigen, daß er in der Zeit von vor 3,5 Mrd. bis vor 400 – 100 Mio. Jahren aktiv war. Bei einem Durchmesser von 600 km besitzt er aufgrund der Rißbildung im Unterbau eher eine polygonale als eine kreisförmige Gestalt; seine Flanken weisen ein leichtes Gefälle (4° – 6°) und konzentrische Terrassenbildungen auf, die die Folge kompressiver,

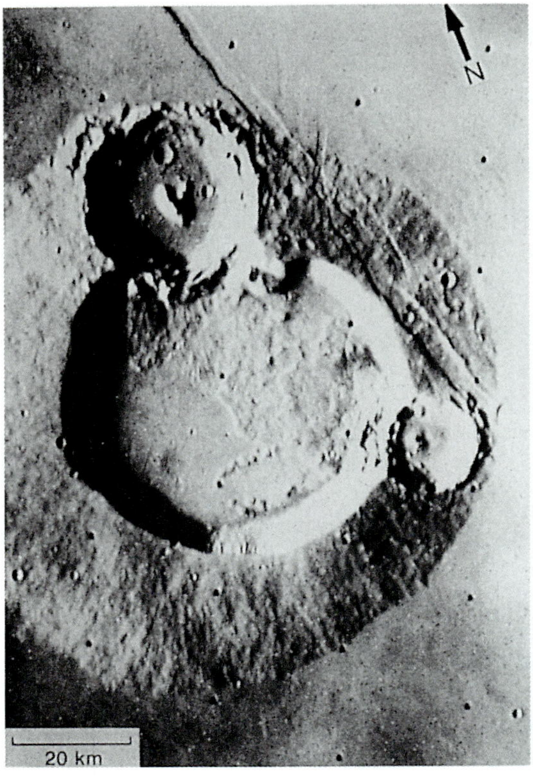

Abb. 12.14 Der Vulkan Ulysses Patera auf dem Mars, 1976 photographiert von der Viking-Sonde. Der Vulkankrater (größte Struktur in der Mitte des Photos) wird von zwei Meteoriteneinschlägen erfaßt, die an ihren zentralen Erhebungen zu erkennen sind, und von einem Graben durchquert, der N – S verläuft (Photo NASA, Sammlung Ph. Masson, Photothèque Planétaire, Orsay).

durch die Masse des Vulkangebäudes verursachter Kräfte sind. Zahlreiche Lavaströme von mehr als 100 km Länge und 25 bis 100 m Mächtigkeit stapeln sich übereinander auf. Auf dem Gipfel befindet sich eine leicht ovale Caldera (80 – 90 km Durchmesser), die aus sechs mehr oder weniger ineinanderliegenden, in einer Vorzugsrichtung angeordneten Kratern besteht (Mouginis-Mark & Robinson, 1992). Ein phänomenaler Abhang (2 – 8 km hoch), dessen Entstehung noch rätselhaft ist und an dem Rutschungen auftreten, umgibt schließlich den gesamten Vulkanbau. Eine riesige Aureole, die sich bis 700 – 1 000 km Entfernung von diesem Abhang ausbreitet, könnte entweder Asche- oder Ignimbritergüsse darstellen oder einstige, nun erodierte Lavaströme oder auch transportiertes Material. Statistisch gesehen gibt es auf dem Mars nicht so viele Vulkane wie auf der Erde; sie werden indes prinzipiell sehr viel größer, da ihnen dort – auf einer unbeweglichen Lithosphäre ohne Plattentektonik – mehr Zeit zu ihrem Aufbau zur Verfügung steht.

Die Art und Weise der einstigen Eruptionen auf dem Mars ist weiterhin kaum bekannt, sie unterscheidet sich jedoch deutlich von irdischen Eruptionen. Schließlich üben die Bedingungen, die auf diesem Planeten herrschen (eine sehr dünne Atmosphäre und ein Druck von wenigen mbar; eine reduzierte und feste Hydrosphäre; eine Schwerkraft von einem Drittel der Erdschwerkraft, denn der Mars hat einen Radius von nur 3390 km), einen anderen Einfluß auf einen sich ergießenden Lavastrom (Wadge & Lopes, 1991; Griffiths & Fink, 1992) oder auf die Flugbahn eines Aschepartikels aus als auf der Erde.

Der Vulkanismus des Erdmondes fand im wesentlichen vor 3,8 bis 3,2 Mrd. Jahren statt. Er trat vor allem in Form ausgiebiger Basaltergüsse in Erscheinung, die später die Depressionen und Becken unter Bildung der **Maria** ausfüllten.

Die Oberfläche des Merkur besteht gänzlich aus vulkanischen Gesteinen, die auf den Anfang seiner Geschichte und eine mögliche kurzzeitige Wiederaufnahme der vulkanischen Aktivität vor 3,8 Mrd. Jahren zurückgehen.

Es sei auch auf die Existenz ganz besonderer Vulkane hingewiesen, die sich auf Monden des Jupiters (Callisto und Ganymed) und des Saturns (Enceladus und Rhea) befinden. Diese Vulkane sind nicht aus silikatischen Gesteinen, sondern aus teilweise ammoniakhaltigem Eis, einem Bestandteil dieser Gestirne, zusammengesetzt. Sie entstanden vor 3,5 Mrd. Jahren, als das Eis bei etwa -100 °C schmolz und sich in Strömen flüssigen Wassers ergoß, das später wieder gefror und stromartige Strukturen hinterließ. Auf Triton, einem Mond des Neptuns, scheint ein ähnlicher Vulkanismus aufzutreten (Kinoshita, 1990).

Die vom 24. bis 26. Januar 1986 von Voyager aufgenommenen Photos des Uranusmondes Miranda zeigen rätselhafte Spuren einer Aktivität, die noch nicht geklärt werden konnte.

Die Vulkane der übrigen Planeten versprechen uns für die kommenden Jahre neue, ungewöhnliche Entdeckungen. Sie werden uns zweifellos helfen, unsere irdischen Vulkane besser zu begreifen.

3. Teil

Die Vulkane und der Mensch

13 Autopsie einer Eruption: die eruptive Phase der Soufrière de Saint-Vincent von April bis Mai 1979

Der medizinisch klingende Titel dieses Kapitels mag überraschen. Es ist aber so: Die Beobachtung eines aktiven Vulkans durch einen Vulkanologen und die eines Kranken durch einen Arzt weisen gewisse Ähnlichkeiten auf. In beiden Fällen bedarf es für eine Diagnose dreier einander ergänzender Informationen: Man muß den Zusammenhang kennen (Geodynamik), über die Geschichte (des Vulkans) – sowohl die ältere wie auch die jüngere – Bescheid wissen und das gegenwärtige Erscheinungsbild der Krise genau verfolgen. Jede dieser Angaben ist von entscheidender Bedeutung und sollte mit größter Genauigkeit bekannt sein.

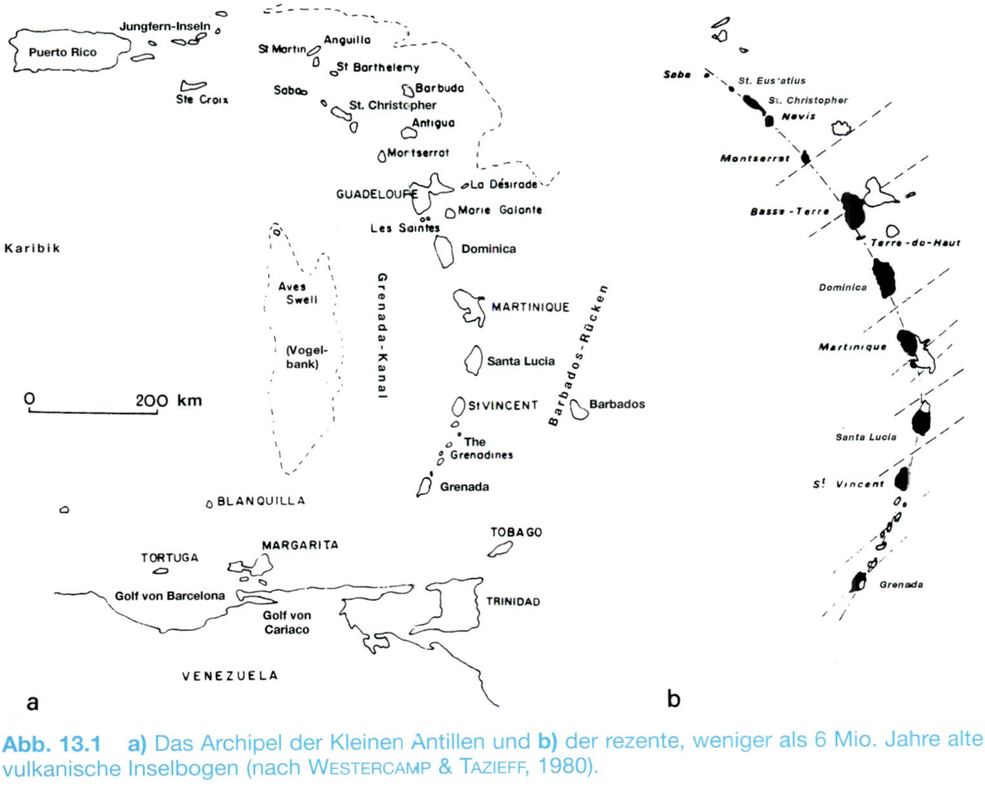

Abb. 13.1 **a)** Das Archipel der Kleinen Antillen und **b)** der rezente, weniger als 6 Mio. Jahre alte vulkanische Inselbogen (nach WESTERCAMP & TAZIEFF, 1980).

13.1 Saint-Vincent im Bogen der Kleinen Antillen

Die Insel Saint-Vincent ist ein Glied im aktiven Vulkanbogen der Kleinen Antillen. Dieser ist bei der Subduktion der Atlantischen Platte entstanden, die unter die Karibische Platte mit einer Geschwindigkeit von 2 cm/a abtaucht (WADGE, 1984). Er erstreckt sich zwischen den Großen Antillen und Südamerika von Nord nach Süd über 900 km. Die jüngste Aktivität, von vor 6 Mio. Jahren bis in die Gegenwart, konzentriert sich auf den inneren Teil dieser Zone (Abb. 13.1). Mehrere Vulkane des Archipels der Kleinen Antillen gelten als aktiv: der Mount Misery auf Saint-Kitts (= St. Christopher), der Vulkan Soufrière-Hills auf Montserrat (seit dem 18. Juli 1995 in Eruption), die Soufrière de Guadeloupe, die Gruppe Valley of Desolation (Tal der Verwüstung) – Vulkan Microtin – Boiling Lake („Kochender See“) auf Dominica, die Montagne Pelée auf Martinique, die Soufrière de Sainte-Lucie (St. Lucia), die Soufrière de Saint-Vincent und der Kick em Jenny, ein im Norden Grenadas liegender submariner Vulkan (WESTERCAMP & TAZIEFF, 1980).

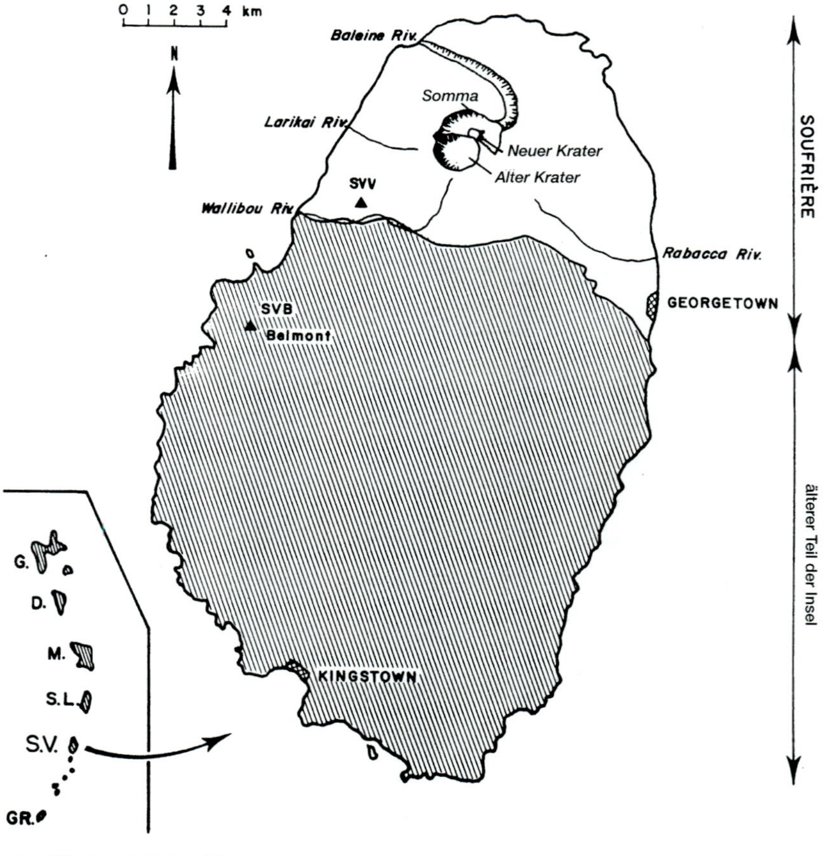

Abb. 13.2 Die Insel Saint-Vincent im Bogen der Kleinen Antillen (von Nord nach Süd: G = Guadeloupe, D = Dominica, M = Martinique, S.L. = Santa Lucia, S.V. = Saint-Vincent, GR = Grenada). Das Soufrière-Massiv nimmt den nördlichen Teil der Insel ein. Die Standorte der Seismographen (SVV und SVB) sind angegeben (nach BARDINTZEFF, 1986).

13.2 Die Soufrière de Saint-Vincent: ein tätiger Vulkan

Die Soufrière ist der jüngste der plio-pleistozänen Vulkane auf Saint-Vincent und ruht auf Schichten des unteren Tertiärs. Sie nimmt den nördlichen Teil der Insel ein, ihre Förderprodukte aus dem oberen Pleistozän bedecken 55 % der Insel (ROWLEY, 1978a); sie zeugen davon, daß ihre Aktivität schon sehr früh begonnen hat.

Auf ihrem Gipfel lassen sich drei Krater unterscheiden (Abb. 13.2). Der älteste unter ihnen ist die Somma mit 2,2 km Durchmesser. Ihre Nordwand, die den höchsten Punkt des Massivs bildet (1 220 m), ist das einzige, was davon noch erhalten ist, denn die Somma wurde seitdem von weiteren vulkanischen Produkten ausgefüllt und in ihrem Südteil von den jüngeren Kratern verdeckt. Der „Alte Krater" mit 1,6 km Durchmesser, der 1718 und dann erneut 1902 und 1979 aktiv war, ist häufig von einem See ausgefüllt gewesen. Im Nordosten des „Alten Kraters" entstand beim Ausbruch von 1812 der „Neue Krater", der viel kleiner (450 m Durchmesser, 60 m Tiefe) und seitdem nicht mehr aktiv ist.

Vier Flüsse leiten das Wasser von dem Vulkan ab: Rabacca River und seine Nebenflüsse im Osten, Wallibou River im SW, Larikai River im NW und Baleine River im Norden. Bei Eruptionen sind es vorrangig ihre Täler, die die pyroklastischen Ströme und die Schlammströme kanalisieren.

Die früheren Eruptionen: Wechsel von Nuées ardentes und Lavaextrusionen

Die prähistorische Aktivität der Soufrière wird in drei Phasen eingeteilt (ROBSON & TOMBLIN, 1966). Zuerst entstand ein Stratovulkan, der aus alternierenden Lavaströmen und Pyroklastiten (Tephren) zusammengesetzt war. Er gipfelte in 900 m Höhe, und noch heute treten Zeugnisse von ihm im Norden der Insel zutage. Ein zweiter Kegel, der 1,5 km südlich des vorhergehenden lag, soll eine Höhe von 1 500 m erreicht haben: Explosionen vernichteten ihn und ließen vor vielleicht 4 000 Jahren den Somma-Krater entstehen (SIGURDSSON, 1981). Dieser wiederum wurde in einer dritten Phase von Pyroklastiten, Lavaströmen und Intrusionen (Dikes) ausgefüllt.

Nach einer gewissen Ruhephase begann die pyroklastische Aktivität vor 1 300 Jahren von neuem und setzte sich bis in unsere Tage fort (Altersbestimmungen über ^{14}C in verkohltem Holz; ROWLEY, 1978b). Es wurden drei explosive Phasen festgestellt (1718, 1812, 1902), die mit drei effusiven Phasen alternierten (Bildung eines Lavadoms, 1780, 1880?, 1971).

Von den jüngeren Eruptionen soll die erste im Jahre 1718 – die Insel wird inzwischen von Karibikindianern bewohnt – drei Tage gedauert haben, der „Alte Krater" soll hierbei entstanden sein.

Dem Ausbruch von 1812 gehen elf Monate lang (seit Mai 1811) Erdbeben voraus. Er beginnt am 27. April mittags, große Mengen Dampf und Pyroklastite werden gefördert. Am 30. April um 19 Uhr wird eine Nuée ardente ausgestoßen. Dieses dichte Gemisch aus Schmelze, Feststoffen und Gasen, das sehr heiß und beweglich ist, stellt eine äußerst große Gefahr dar (Kap. 9). Die Nuée tritt senkrecht aus dem Krater aus, bricht dann auseinander und rast die Flüsse Larikai, Wallibou und Rabacca River herunter, wobei sie 56 Menschen tötet und bis zu 20 m mächtiges Material in den Tälern ablagert. Auf Georgetown gehen 20 bis 30 cm Asche nieder. Bei dieser Eruption entsteht der „Neue Krater", während der „Alte Krater" von 1718 von einem See ausgefüllt wird.

Die Nuées von 1902: der Typ Saint-Vincent

Auch der Eruption von 1902 geht eine lange (seit März 1901) seismische Aktivität voraus (Anderson & Flett, 1903; Lacroix, 1904). Am 6. Mai 1902, um 10 Uhr, entfärbt sich der See, während Fumarolen austreten. Um 11 Uhr ereignet sich die erste Dampfexplosion, ihr folgt um 16.30 Uhr eine Eruption glühender Materie. Am 7. Mai stürzen zahlreiche Schlammströme (kleine Lahare) die Flanken des Vulkans herab. Um 14 Uhr rast eine **paroxysmale Nuée ardente** die großen Täler entlang und tötet 1565 Menschen. Die Eruptionssäule steigt bis auf etwa 9 km (dieser Wert scheint jedoch im Vergleich zu den späteren Beobachtungen im Jahre 1979 zu gering geschätzt). Die Explosion ist noch in fast 700 km Entfernung zu vernehmen. $1{,}7 \cdot 10^6$ t Asche gehen auf der Insel Barbados nieder, die 160 km entfernt ist. Die Aschen erreichen sogar ein 1 300 km entferntes Schiff. Das geschätzte Volumen an geförderten Pyroklastiten liegt zwischen 0,4 km^3 (Hay, 1959; Carey & Sigurdsson, 1978) und 1,4 km^3 (Robson, 1965). Weitere Dampfexplosionen, Schlammströme und Nuées ardentes folgen (am 13. und 14. Oktober 1902 mit einem Volumen kleiner als 0,4 km^3 und am 21. März 1903 mit einem Volumen kleiner als 0,2 km^3). Aufschlüsse dieser Ablagerungen sind heute noch an der Mündung des Wallibou Dry River (700 m nördlich des Wallibou River) sichtbar (Abb. 13.3). Die Eruption hört am 30. März 1903, eine Woche nach der letzten Nuée ardente, auf.

Diese charakteristischen Nuées ardentes, die aus einem offenen Krater ausgestoßen und von einer vertikalen Eruptionssäule begleitet werden, die mehrere km Höhe erreicht, bevor sie in mehrere Richtungen zusammenstürzt, nennt man Nuées ardentes vom Typ Soufrière de Saint-Vincent (Lacroix, 1904; Macdonald, 1972; Kap. 9).

Die Periode zwischen den Nuées von 1903 und 1979

Aus der Zeit von 1903 bis 1945 ist keinerlei vulkanische Erscheinung zu vermelden. In der Zeit zwischen November 1945 und Februar 1946 werden einige Erdbeben registriert,

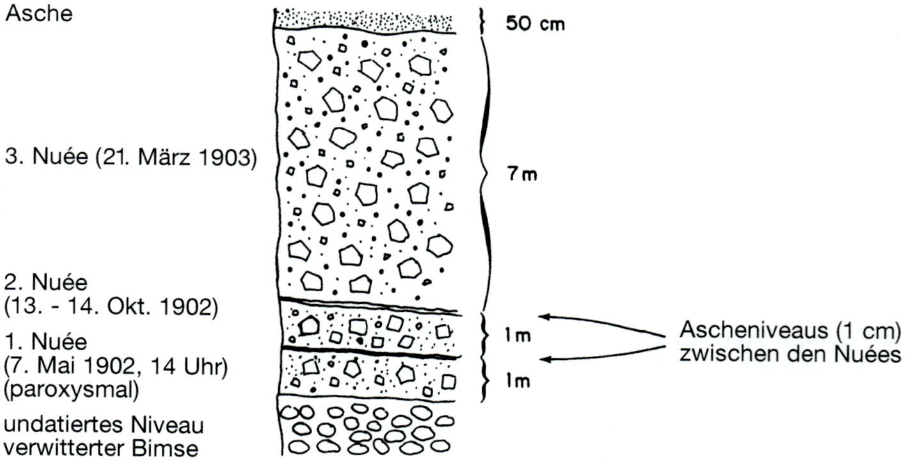

Abb. 13.3 Stratigraphisches Profil der Abfolge von Nuée-ardente-Ablagerungen bei der Eruption der Soufrière de Saint-Vincent 1902 – 1903 (Mündung des Wallibou Dry River, 700 m nördlich des Wallibou River) (nach Bardintzeff, 1985a).

und ein gelber Fleck, der auf Gasemissionen hindeutet, wird im Kratersee sichtbar (SENN, 1946). Die Wassertemperatur des Sees steigt 1948/49 auf 28 °C, geht bis 1954 auf ihren Normalwert zurück (23 – 26 °C), bevor sie 1960 einen erneuten leichten Anstieg erfährt. Im folgenden nimmt das Volumen des Sees geringfügig zu und erreicht im Jahre 1971 $75 \cdot 10^6$ m^3 (das entspricht einer maximalen Tiefe von 180 m).

Ab Oktober 1971 entweichen dem See Fumarolen mit einem leichten Schwefelgeruch (TOMBLIN et al., 1972). Die Temperatur steigt auf 82 °C an (SHEPHERD & SIGURDSSON, 1978), und der Spiegel des Sees liegt 26 m über Normal. Inselartig erscheint am 20. November 1971 ein Dom inmitten des Sees und wächst anfangs um 2 bis 3 m pro Tag (ASPINAL et al., 1973).

Rund um den Krater stirbt die Vegetation ab. Am 20. März 1972 besteht der neue Dom, der inzwischen aufgehört hat zu wachsen, aus $80 \cdot 10^6$ m^3 basaltischem Andesit. Dieser Lavaaustritt wird von keiner wirklich seismischen Aktivität begleitet; nur **Tremors** – Signale mit geringer Amplitude, aber hoher Frequenz, mögliche Anzeichen für Bewegungen des Magmas in der Tiefe – werden registriert. Das Volumen des Sees ist auf ein Drittel gesunken ($25 \cdot 10^6$ m^3), aber 50 000 t Ionen sind in ihm gelöst (SIGURDSSON, 1977b).

Während kurzer Abschnitte zwischen 1974 und 1978 werden Erdbeben und Temperaturanstiege des Sees vermeldet. Im März 1974 erscheint von neuem ein gelber Fleck im See, der erst 1979 verschwindet. Zwischen Oktober 1978 und April 1979 werden 150 seismische Ereignisse registriert (SHEPHERD & SIGURDSSON, 1982b). Die Temperatur des Sees bleibt bei Werten zwischen 27 und 30 °C.

13.3 Die Eruptionsphase im Jahre 1979

(Der Ablauf wurde zusammengestellt nach: Berichten der *Seismic Research Unit*, University of the West Indies; TOMBLIN, *Le Monde*, 27. Juni 1979; Lokalzeitungen: *Caribbean contact, The Star, The Vincentian; S.E.A.N.* Bulletin N° 4-4 bis 4-11; BARDINTZEFF & BOUDON, 1979; SHEPHERD et al., 1979; BARDINTZEFF, 1985a).

In der Nacht vom 11. zum 12. April 1979 registrieren seismographische Stationen auf dem Vulkan, die über Funk mit dem Laboratorium auf Trinidad verbunden sind, einige Erdbeben mit geringer Magnitude, deren Hypozentren (Herde) unter der Soufrière liegen. Erdbeben dieser Art fanden schon in den vorangegangenen Monaten statt und erscheinen deshalb nicht ungewöhnlich. Diesmal werden sie von zwei Stationen aufgezeichnet (SVV 2 km und SVB 9 km vom Krater entfernt, siehe Abb. 13.2), nicht aber von der dritten (19 km vom Krater entfernt). Am 12. April zwischen 18 und 20 Uhr Ortszeit (22 und 24 Uhr GMT) ereignet sich alle 15 Minuten ein Erdbeben. Zwischen 20 und 21 Uhr wird ein ununterbrochener vulkanischer Tremor registriert (Abschn. 14.4), dessen Amplitude kontinuierlich zunimmt. Um Mitternacht benachrichtigen die Verantwortlichen der Seismic Research Unit von Saint Augustine (Trinidad) den Premierminister von Saint-Vincent, der die Evakuierung des Nordteils der Insel veranlaßt; 22 000 Einwohner, ein Fünftel der Bevölkerung, sind betroffen.

Die Abbildung 13.4 zeigt die Reihenfolge der Ereignisse und die Entwicklung der vulkanisch-seismischen Parameter im Verlaufe der Eruptionsphase von April bis Mai 1979. In der Abbildung 13.5 sind die Schwankungen des Bodenniveaus aufgetragen (Tiltmetrie).

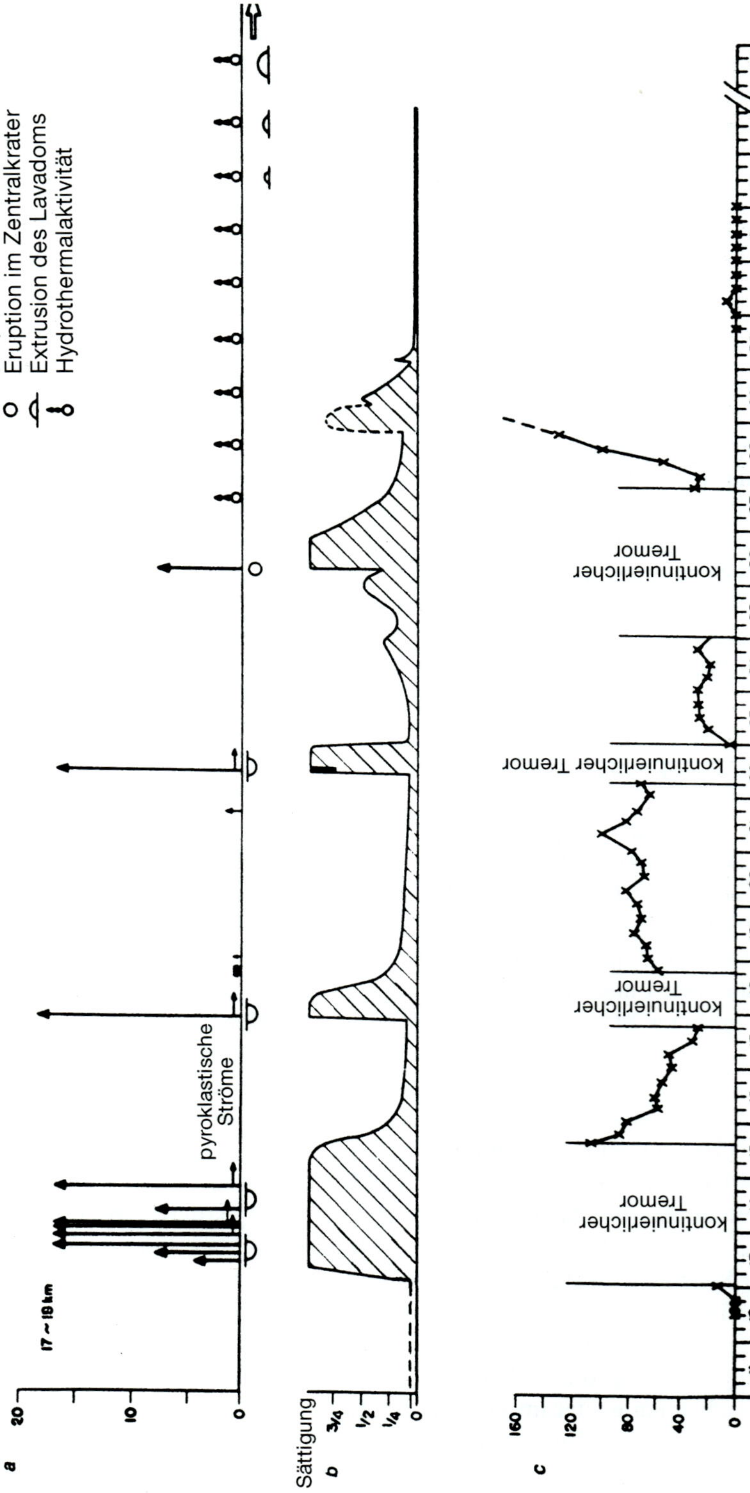

Abb. 13.4 Chronologie der vulkanischen Ereignisse während der Eruption der Soufrière der Saint-Vincent im April/Mai 1979. **a)** Höhe der Eruptionssäule (in km) und Art der Vulkantätigkeit (6 Typen werden unterschieden: „normale" Eruption, pyroklastischer Strom, Eruption im Kratersee, Eruption im Zentralkrater, Extrusion des Lavadoms, Hydrothermalaktivität); **b)** vulkanische Tremors; **c)** Anzahl seismischer Ereignisse pro Stunde (nach Shepherd et al., 1979, geändert).

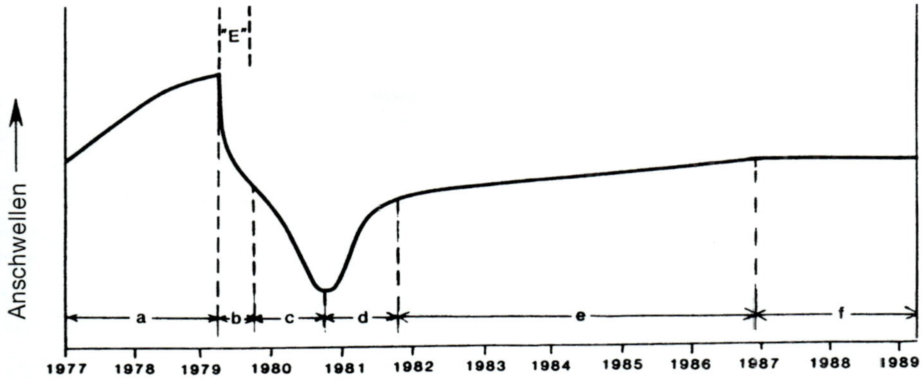

Abb. 13.5 Vereinfachte Kurve der Schwankungen des Bodenniveaus (Tiltmetrie) vor, während und nach der Eruption der Soufrière de Saint-Vincent. Man erkennt (a) ein präeruptives Anschwellen, das mit der Ankunft des Magmas im Reservoir verbunden ist; (b) ein plötzliches Abschwellen (bis auf 5 – 8 µrad pro Woche zwischen dem 12. und 23. April 1979) aufgrund des Magmenaustritts während der Eruption (E); (c) ein weiteres Abschwellen nach der Eruption, da das Magma die tieferen Zufuhrkanäle auf Kosten des Reservoirs weiterhin füllt; (d) ein schnelles Anschwellen 1980/81 und dann (e) ein deutlich langsameres Anschwellen (1 – 2 µrad pro Jahr), Ausdruck dafür, daß das Reservoir erneut – wenn auch in sinkendem Maße – aufgefüllt wird (Fiske & Shepherd, 1990).

Die eigentliche Eruption setzt am Freitag, den 13. April 1979, um 4 Uhr morgens (8 Uhr GMT) ein: Die Rauchwolke ist über 100 km weit zu sehen. Um 11.15 Uhr schießt bei einer vertikalen Explosion eine Aschewolke heraus, die bis in 6 km Höhe aufsteigt – die Partikel gehen noch 10 km weit entfernt nieder. Am Nachmittag werden von Belmont aus vier Eruptionen beobachtet: Die erste von 16.05 bis 16.30 Uhr, die zweite von 17.08 bis 17.59 Uhr – die Säule ist inzwischen 17 km hoch. Um 17.29 Uhr fällt vulkanische Asche auf Belmont nieder – die Dicke der Schicht nimmt pro Minute um 1 mm zu –, während über der Soufrière ein Gewitter losbricht. Die dritte Eruption um 19.50 Uhr ist etwas schwächer, doch die vierte Eruption von 21.08 bis 21.59 Uhr erweist sich als die stärkste. Der Krater wirft glühende, „kirschrote bis orangefarbene" Materie aus, die in der Mitte des Vulkanhanges herabstürzt (eine kleine Nuée ardente). An jenem Nachmittag fallen bis zu 7 cm große Schlacken auf das 9 km südöstlich des Kraters gelegene Georgetown nieder, die Ascheschicht ist in 7 km Entfernung vom Krater 4 cm mächtig. Selbst auf der 160 km weit entfernten Insel Barbados gehen noch Aschen nieder.

Am 14. April stößt bei einer kleinen Eruption zwischen 3.06 und 3.46 Uhr eine 1 km hohe Säule hervor. Um 12.09 Uhr kommt es zu einer paroxysmalen Eruption: Eine Nuée ardente rast das Tal des Larikai River herab (Abb. 13.6 und 13.7). Sie erreicht das Meer und breitet sich bis 8 km vor der Larikai Bay aus. Die Ablagerungen an der Flußmündung sind 1,5 m mächtig, 250 m breit und enthalten Blöcke, die bis zu 60 cm groß sind und in einer Matrix aus Asche (Korngröße < 2 mm) und Lapilli (zwischen 2 und 64 mm) lagern. Noch 28 Stunden danach beträgt die Temperatur der Ablagerungen 100 °C. Ein Teil dieser Nuée ardente hat sich im Südosten über 2,5 km in den Rabacca River ergossen.

Während der beiden folgenden Tage (15. und 16. April) werden zahlreiche Erdbeben registriert. Am 17. April kommt es um 16.57 Uhr zu einer **paroxysmalen Eruption** (Abb. 13.4). Die Eruptionssäule steigt bis in 18,7 km Höhe auf, ihr oberster Teil mißt einen

a

b

c

d

e

Abb. 13.6 Der Ausbruch der Soufrière de Saint-Vincent im April/Mai 1979. **a)** Durch die Nuée ardente abgeknickte Baumstämme. **b)** Der zerstörte und von Aschen bedeckte Wald in der Nähe der Nuée ardente. **c)** Nuée-ardente-Ablagerungen im Larikai River: Erste Schritte auf einem jungfräulichen Boden! **d)** Die Ablagerungen der Nuée ardente, die in der Larikai Bay das Meer erreichte. **e)** Anfang Mai, also etwa 10 Tage nach der letzten Glutwolke, entsteht ein Dom (im Bild 50 m hoch) inmitten des Gipfelkraters (Caldera), dessen Wand im Hintergrund zu erkennen ist und aus dem viele Fumarolen austreten (H_2O, CO_2, SO_2, H_2S, ...) (Photos J.-M. BARDINTZEFF, außer **c)**: G. BOUDON).

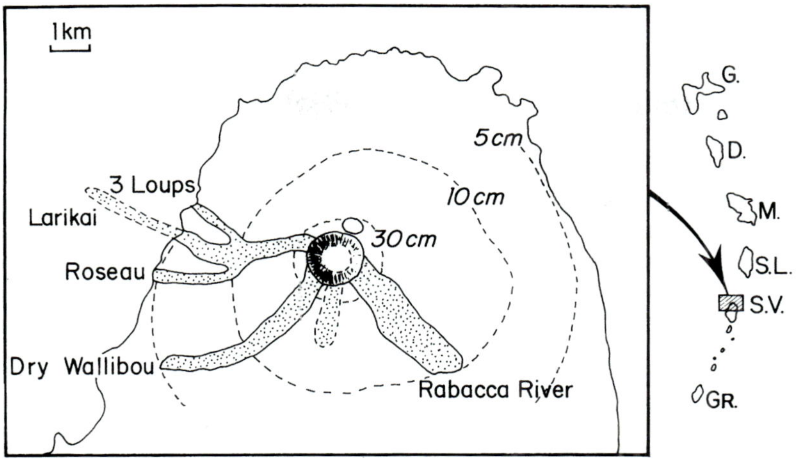

Abb. 13.7 Verbreitung der Eruptionsablagerungen der Soufrière de Saint-Vincent vom April/Mai 1979. Gepunktete Fläche = Glutwolken; gestrichelt = Mächtigkeit der Airfall-Ablagerungen (Isopachen) (Bardintzeff & Boudon, 1979).

Durchmesser von 140 km. Drei Minuten nach Beginn dieser eruptiven Phase wird eine Nuée ardente ausgestoßen. Sie rast wieder den Larikai River herab und erreicht nach 3 km die Küste: Die ersten beiden Kilometer legt sie in 2 Minuten zurück, das entspricht einer Geschwindigkeit von 60 km/h. Es folgen weitere Glutwolken. Um 17.10 Uhr fallen Aschen auf das Meer östlich des Vulkans; Hunderte von Blitzen erleuchten die Aschewolke. Doch in der folgenden Nacht bleibt die Soufrière ganz ruhig.

Die Erdbeben setzen am Morgen des 18. April wieder ein. Am 20. April nimmt ihre Frequenz ab (30 anstatt 50 Erdbeben pro Stunde). Eine ziemlich starke Explosion ereignet sich am 21. April um 10.15 Uhr.

Die heftige Explosion vom 22. April (6.35 bis 7.15 Uhr) fördert eine 16 km hohe Säule und eine kleine Nuée ardente. Ihr folgen zwei schwächere Eruptionen um 9.30 Uhr und um 11 Uhr. Am 24. April werden lediglich zwei kurze Tremor-Perioden von 14.37 bis 14.39 Uhr und von 17.14 bis 17.16 Uhr aufgezeichnet.

Eine erneute, starke Eruption ereignet sich am 25. April um 23.55 Uhr; die Säule erreicht 8 – 10 km Höhe; ihre Wolke wird von anomalen Winden nicht nach Osten, sondern nach Süden getrieben. In der Nacht vom 25. zum 26. April gehen die Aschen in ziemlich großer Entfernung und in großen Mengen bis hin zur 20 km entfernten Hauptstadt Kingstown und sogar auf der etwa 30 km südlich der Soufrière gelegenen Nachbarinsel Bequia (The Grenadines) nieder.

Durch diese Serie von Eruptionen wird der Dom von 1971 zu drei Vierteln weggesprengt.

Die seismische Aktivität hört am 29. April um 3 Uhr fast gänzlich auf. Die Soufrière geht somit in eine neue Eruptionsphase über. Sechs kleine Erdbeben werden in der Nacht zum 3. Mai registriert. Seit Beginn des Monats taucht ein kleiner Dom aus zähflüssiger Lava in der Mitte der Caldera auf, die jetzt etwa 1,5 km breit und 200 m tief ist (Abb. 13.6 und 13.8). Der Dom erlebt kleinere seismische Erschütterungen, er stürzt häufig ein, einige der seitlichen „Nadeln“ zerbrechen, darunter tritt glühende Lava zutage. Die Auswürfe mehrerer kleiner Explosionen gehen nicht über den Rand des Kraters hinaus. Ga-

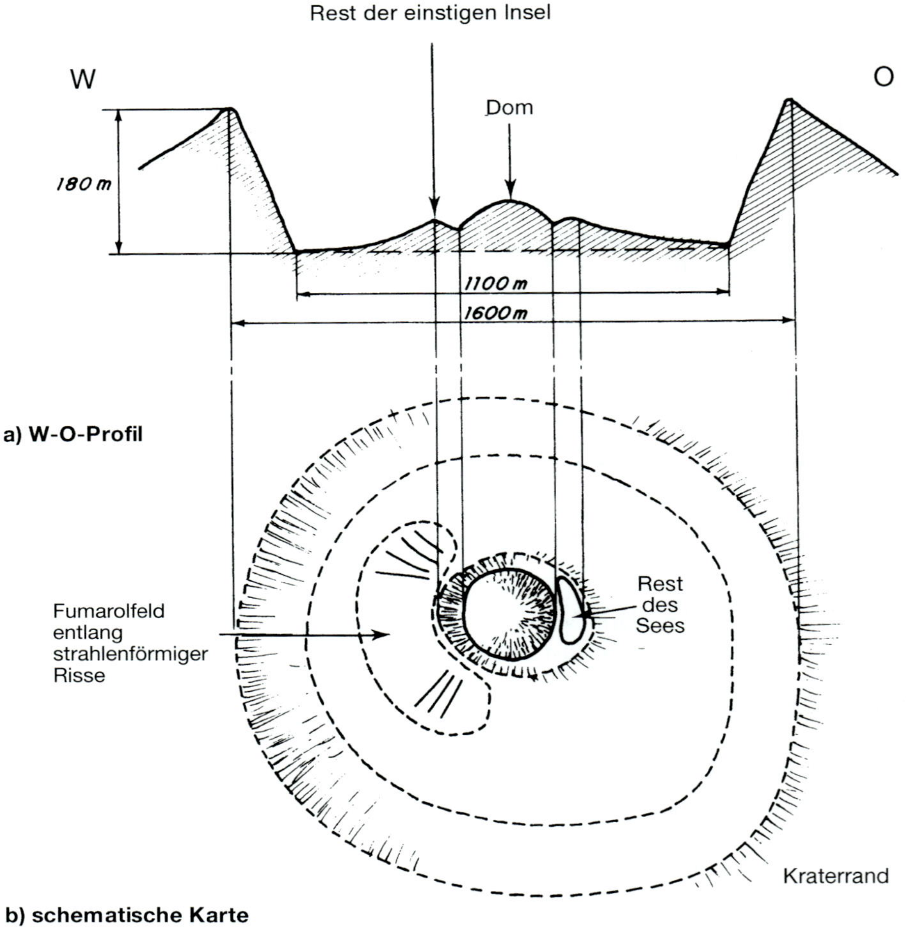

Abb. 13.8 Der Krater (Caldera) und der Dom der Soufrière de Saint-Vincent Anfang Mai 1979 (nach BARDINTZEFF, 1985a).

se (im wesentlichen CO_2, aber auch beachtliche Mengen an SO_2 und H_2S, die eine bläuliche Färbung hervorrufen; HOFF & GALANT, 1980; ALLARD, 1981) entweichen dem Dom mit einer Temperatur von über 500 °C, während weiße Fumarolen (im wesentlichen Wasserdampf) entlang radialer Risse um den Dom herum austreten (Abb. 13.8). SIGURDSSON (1981) weist auf das Auftreten aktiver Verwerfungen hin.

Der größte Teil der evakuierten Bevölkerung (17 000 Menschen) kann ab dem 14. Mai in seine Behausungen zurückkehren. Einige von den Juniregen verursachte Schlammströme werden in den Tälern kanalisiert und stellen keine besondere Gefahr dar.

Der Dom wächst von innen heraus durch Zufuhr von Lava aus der Tiefe, ohne daß diese an die Oberfläche gelangt. Der Dom ist am 7. Mai 30 m, am 18. Juni 100 m und am 2. Oktober 133 m hoch bei einem Durchmesser von 860 m. Er nimmt merklich genau die gleiche Position ein wie der Dom von 1971, von dem nur ein peripheres, sichelförmiges Stück übrigbleibt.

Ende Oktober 1979 ist die Eruption vorbei.

13.4 Bilanz der Eruption von 1979

Chronologie

Dieser eruptive Abschnitt begann plötzlich und dauerte nur kurze Zeit: Die explosive Phase dauerte 15 Tage, die Heraushebung des Doms 5 Monate. Es ereigneten sich elf Eruptionen, davon sieben Haupteruptionen (Tabelle 13.1).

Die Haupteruptionen folgten anfangs dicht aufeinander, später wurden die Abstände größer (Abb. 13.4). Die paroxysmalen Nuées ardentes ereigneten sich 24 Stunden nach Beginn des eruptiven Zyklus, das Stadium maximaler Intensität (Klimax) setzte sich über 4 Tage fort (bis zum 17. April). Diese Nuées ardentes, die von einem offenen Krater ausgestoßen wurden, scheinen für Saint-Vincent typisch zu sein (MACDONALD, 1972). Die Eruption war von Anfang an magmatisch (d. h., das Magma gelangte an die Oberfläche). Das Wasser des Sees verdampfte und erhöhte am Anfang der Eruption die Explosivität, die dadurch einen phreatomagmatischen Charakter annahm (JÉRÉMIE & BONNETON, 1979; SHEPHERD et al., 1979; Kap. 10).

Vulkanologische Parameter

Fördermenge

Die Mächtigkeit der Airfall-Ablagerungen erreichte ihr Maximum mit 40 cm in der Nähe des Kraters (BARDINTZEFF & BOUDON, 1979; BRAZIER et al., 1982). Die 5-cm-Isopache lag im Küstenbereich (Abb. 13.7). Es sei daran erinnert, daß die maximale Mächtigkeit der Aschen bei der Eruption von 1902 6 m betrug. In Georgetown waren es diesmal 0,6 cm gegenüber 40 cm von 1902 und auf Barbados 0,2 mm anstatt 5 mm. So soll das 1979 geförderte Volumen, das ungefähr 5 % des Volumens von 1902 ausmachte, zwischen 0,01 km^3 (TOMBLIN, 1979) und 0,038 km^3 (SIGURDSSON, 1982) gelegen haben. Zweifelsohne ist dies untertrieben, da es geringer ist als das Volumen des einzigen Domes von 1971 (0,08 km^3), der indes zum großen Teil durch die Eruption weggesprengt wurde. In der Tat sehr schwierig zu bestimmen ist die Menge an pyroklastischem Material, das in den Krater zurückfiel (28 m mächtige Ablagerungen, nach SHEPHERD & SIGURDSSON, 1982a).

			Dimensionen der Eruptionssäule (in km)	
Datum		**Nuée ardente**	**Höhe**	**Durchmesser**
13. April	17.08 Uhr	+	17	60
- -	21.08 Uhr	–		40
14. April	12.09 Uhr	++	17	100
17. April	16.57 Uhr	++	18,7	140
- -	?	++		
22. April	6.35 Uhr	+	16	
25. April	23.55 Uhr	–	9	

Tabelle 13.1 Die sieben Haupteruptionen während der Eruptionsphase der Soufrière de Saint-Vincent 1979 (+ = Nuée ardente, ++ = paroxysmale Nuée ardente, – = keine Glutwolke). Die Dimensionen der Eruptionssäule wurden mittels Infrarotaufnahmen des Satelliten NOAA-SMS-1 berechnet (in *Global Volcanism Network*, 4-4, 1979).

Geschwindigkeit der Nuées ardentes

Die Geschwindigkeit der Nuée ardente vom 17. April wurde mit 60 km/h gemessen. Dieser Wert ist relativ niedrig im Vergleich zu den Geschwindigkeiten der Glutwolken der Montagne Pelée im Jahre 1902, die auf bis zu 500 km/h geschätzt wurden (Lacroix, 1904; Kap. 9).

Ablagerungstemperaturen und Einfluß auf die Vegetation

Die Ablagerungstemperaturen der Nuées ardentes konnten anhand des Infrarotspektrums verkohlter Hölzer bestimmt werden (Kap. 9). Die Untersuchung beruhte auf drei Holzproben, die von den Glutwolken am Roseau River verkohlt wurden. Die ermittelten Temperaturen liegen zwischen 275 und 325 °C (Bardintzeff & Boudon, 1979). Sie sind bedeutend geringer als jene, die von Lacroix (1904) für die Montagne Pelée vorgeschlagen wurden (250 – 450 °C).

Die Glutwolken zerstörten unterwegs vollständig die Vegetation (Abb. 13.6): Auf dem Grunde der Täler waren noch dickere (30 cm breite) Baumstümpfe stehengeblieben, die aber exakt 1 m über dem Erdboden abgetrennt waren. Andere Bäume waren genau in derselben Höhe abgeknickt und lagen in Richtung zum Meer und ganz selten, vielleicht aufgrund einer Gegenströmung, auch in Richtung zum Krater. Da die Stümpfe einen konstanten Durchmesser besitzen, sind ihre Bruchstellen ein Beweis dafür, daß die Kraft der Nuée ardente an diesem Ort in 1 m Höhe über dem Boden am größten war.

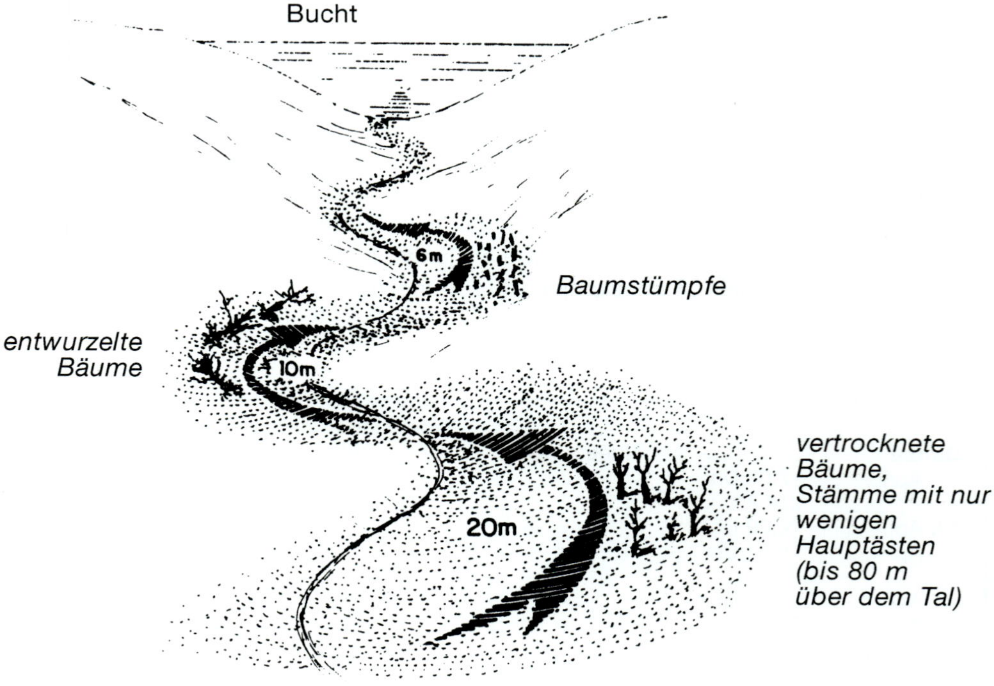

Abb. 13.9 Wegstrecke und Auswirkungen der Nuée ardente im Larikai River. Die Nuées wurden in den Flußbiegungen durch die Zentrifugalkraft nach außen abgelenkt (die Ablenkhöhe ist neben den Pfeilen angegeben) (nach Bardintzeff, 1985a).

Datum	Durchmesser (m)	Höhe (m)	Volumen (m^3)
07 .05. 1979	60	30	$8{,}5 \times 10^4$
17. 05. 1979	300	69	$2{,}3 \times 10^6$
25. 05. 1979	550	82	$11{,}9 \times 10^6$
18. 06. 1979	726	100	$26{,}2 \times 10^6$
02. 07. 1979	756	117	$31{,}2 \times 10^6$
14. 08. 1979	826	131	$41{,}4 \times 10^6$
02. 10. 1979	868	133	$47{,}3 \times 10^6$

Tabelle 13.2 Das Wachstum des Doms der Soufrière de Saint-Vincent (nach Huppert et al., 1982). Ab dem 14. August scheint es praktisch abgeschlossen zu sein.

Ein bißchen höher an den Hängen der Täler (Abb. 13.9) wurden die Bäume entwurzelt; bis zu 6 m lange und 40 cm breite Stümpfe wurden von der Nuée transportiert. Noch weiter oben (80 m über der Talsohle) sind die Bäume im wahrsten Sinne des Wortes „zerfetzt" worden, und nur ihre Stümpfe und einige Hauptäste sind übriggeblieben. Die noch stehenden Stümpfe waren an ihrer Oberfläche verbrannt und häufig von Aschen bedeckt, die sich stets auf der dem Krater zugewandten Seite ansammelten.

Etwas weiter, ungefähr 8 km vom Krater entfernt, ließen die Ascheniederschläge die Blätter, die Palmenzweige und die Früchte von den Bäumen fallen. Die Bananenproduktion auf der Insel wurde beträchtlich in Mitleidenschaft gezogen. Ab Mitte Juni begann sich die Vegetation wieder zu erholen.

Der Dom

Die Errichtung des Doms erfolgte innerhalb von fünf Monaten. Er besteht aus fünf Lavaschichten (Sigurdsson, 1981), sein Volumen ($47{,}3 \cdot 10^6$ m^3) ist wenig mehr als halb so groß wie das des Doms von 1971 ($80 \cdot 10^6$ m^3). Die Tabelle 13.2 konkretisiert einige Etappen seines Wachstums. Seine Form gleicht dem Typ eines abgeflachten Lavadoms (Abschn. 7.3, Abb. 7.16). Blake (1990) wies nach, daß das Wachstum des Doms folgender Gleichung folgte:

$$H = 5{,}75\ R^{1/2}$$

mit H = Höhe und R = Radius des Doms.

Die Wechselfolge Nuée ardente – Dom

Seit drei Jahrhunderten alternieren an der Soufrière de Saint-Vincent heftige Explosionen und Lavadomextrusionen. (Seit 1718 folgten einander acht Eruptionen.) Die Ereignisse von 1979 bildeten den vierten Zyklus dieser Art (Tabelle 13.3).

Diese Wechselfolge kann erklärt werden, indem man dem Dom die Rolle eines „Pfropfens" zuschreibt, der einen späteren Magmenerguß behindert. Die dadurch bedingte Ansammlung des Magmas in der Magmenkammer und seine Abkühlung begünstigen so-

Jahr		t_1	t_2
*1718	Explosion		
1780	Extrusion		62 Jahre
*1812	Explosion	32 Jahre	
1880	Extrusion?		68 Jahre?
*1902	Explosion	22 Jahre	
1971	Extrusion		69 Jahre
*1979	Explosion	8 Jahre	
1979	Extrusion		0 Jahre

Tabelle 13.3 Der Wechsel Explosion/Extrusion auf der Soufrière de Saint-Vincent. t_1 = Zeit zwischen Extrusion eines Doms und Ausstoßen einer Nuée ardente. t_2 = Zeit zwischen dem Ausstoßen einer Nuée ardente und der Extrusion des nächsten Doms.

mit solche komplexen Erscheinungen wie magmatische Schichtung, Magmenmischung (BARDINTZEFF, 1983, 1984) und Ansammlung von Fluiden (Kapitel 4 und 5). Nur eine gewaltige Explosion wird die Widerstandskraft des Doms überwinden können. Umgekehrt hinterlassen die Nuées ardentes einen „offenen" Krater, der für die explosiven Eruptionen vom Typ Saint-Vincent typisch ist: Während der nächsten Eruption tritt das Magma dann gemächlicher in Form eines Doms aus.

Der Vergleich der Zeitintervalle zwischen den beiden Eruptionsarten gibt Anlaß zu mehreren Kommentaren (Tabelle 13.3).

Der Zeitabstand t_1 zwischen der Platznahme des Doms und der darauffolgenden Nuée ardente liegt zwischen 8 und 32 Jahren. Das kurze Intervall (8 Jahre) zwischen dem Heraustreten des Doms 1971 und der letzten Nuée 1979 könnte das deutlich geringere Ausmaß dieser letzten Eruption im Vergleich zu der von 1902 erklären, die erst 22 Jahre nach dem Erscheinen eines Doms erfolgte. Auch die magmatische Schichtung und Fluidanreicherung könnten somit geringer ausgefallen sein.

Die Zeit t_2 bis zur Errichtung eines Doms nach der Glutwolkenphase bleibt auffallend konstant (62 bis 69 Jahre bei den letzten drei Zyklen). Dies könnte als die Zeit interpretiert werden, die zur Neuauffüllung der durch die Nuées ardentes völlig oder teilweise entleerten Magmenkammer notwendig ist. Das Volumen jener Magmenkammer könnte rund 1 km^3 betragen – genau das Volumen, das 1902 gefördert wurde. Die Dome, die erst mehr als 60 Jahre nach den Nuées ardentes hervortreten, werden wohl nicht mehr aus demselben Magma wie diese gebildet. Der Zyklus von 1979 scheint sich in dieser Hinsicht von den drei vorhergehenden Zyklen zu unterscheiden, denn zum ersten Mal folgte die Domextrusion **unmittelbar** auf die explosive Phase. In diesem speziellen Fall ist der Dom als der verspätete Austritt einer entgasten Schmelze aus der Magmenkammer anzusehen, die bei der explosiven Phase nur unvollständig entleert wurde: Dom und Glutwolke stammten 1979 vom selben Magma ab. Das geförderte Gesamtvolumen ($37{,}5 \cdot 10^6$ m^3 Tephren und $47{,}3 \cdot 10^6$ m^3 Dom) ist deutlich geringer als das vermutete Volumen der Magmenkammer und beweist, daß diese nur zum Teil entleert wurde.

Letztlich war die Eruptionsphase der Soufrière de Saint-Vincent im Jahre 1979 nur von relativ bescheidenem Ausmaß im Vergleich zu jener todbringenden Eruption von 1902. Weist sie auch gewisse Ähnlichkeiten zu vorangegangenen Ausbrüchen am selben Vulkan auf, so weicht sie von diesen in anderen Punkten wiederum ab. Diese Eruption konnte genau verfolgt und mit Hilfe von berechneten Parametern quantifiziert werden. Durch eine wirksame und richtige Vorhersage konnte jegliches Menschenopfer vermieden werden.

Besser überhaupt nicht als spät.
In Anlehnung an Jean de la Fontaine

14 Vulkanische Gefahren und Vorhersagen

14.1 Vulkane und Naturkatastrophen

Der Mensch hatte schon immer ein zwiespältiges Verhältnis zu den Naturkatastrophen: Furcht vor dem Unbegreiflichen, Zorn auf das Unvermeidliche und trotzdem die Hoffnung, die Elemente eines Tages zu beherrschen.

Es ist bekannt, daß die Zahl der Opfer von Naturkatastrophen von Jahr zu Jahr um 6 % zunimmt, das ist dreimal so schnell wie das Bevölkerungswachstum. Die Bevölkerung ist nun mal in den Städten konzentriert, die sich völlig ungeordnet ausbreiten und sich damit einer verhältnismäßig größeren Gefahr aussetzen. Die Vereinten Nationen haben beschlossen, das Jahrzehnt 1990 – 2000 der Kenntnis dieser Naturkatastrophen, zur

Abb. 14.1 **a)** Vorderfront der Fort-Kirche in St. Pierre auf Martinique, die am 8. Mai 1902 zerstört wurde (Photo J.-M. Bardintzeff).

Abb. 14.1 b) Das „Piccolo Refugio" auf den Flanken des Ätna, das am 28. April 1983 zerstört und von den Lavaströmen von 1985 nochmals betroffen wurde (Photo J.-M. Bardintzeff).

Information der bedrohten Bevölkerungsteile und, im Rahmen des Möglichen, der Schadensminderung zu widmen. In Genf kümmert sich ein Büro in ständiger Bereitschaft um die Koordinierung der Hilfsaktionen im Katastrophenfall.

Vulkanausbrüche stellen zuweilen, wenn auch weniger als Wirbelstürme und Erdbeben, tödliche Katastrophen dar. Die UNESCO ermittelte rund einhundert Vulkane in der Welt, die ein besonders hohes Risiko darstellen, die große Mehrheit davon in Entwicklungsländern rund um den Pazifik („Feuerkreis").

Seit dem Jahre 1700 verfügt man über relativ genaue und vollständige Statistiken (Tabelle 14.1). Man zählte 27 Eruptionen, die jeweils mehr als 1 000 Opfer forderten, insgesamt über 250 000. Die übrigen, zwar weniger bedeutenden, doch zahlreicheren Eruptionen verursachten im selben Zeitraum 10 000 zusätzliche Todesopfer. So kann man sagen, daß ein Vulkan zwar selten tötet – wenn aber, dann in dramatischer Weise. Pro Jahrhundert kommt es durchschnittlich zu zwei kataklysmalen Vulkanausbrüchen. In unserem Jahrhundert forderten 1985 der Nevado del Ruiz in Kolumbien 25 000 und 1902 die Montagne Pelée auf Martinique 29 000 Todesopfer (Abb. 14.1 a). Im 19. Jahrhundert war besonders Indonesien betroffen, denn dort waren 1883 am Krakatau 36 000 und 1815 am Tambora 92 000 Tote zu beklagen. Die Überreste von Pompeji (Vesuv, 79 u. Z.; Abb. 8.17) und von Santorin (Ägäis, 17. Jahrhundert v. u. Z.; Abb. 8.13) zeugen von zerstörerischen Katastrophen in historischen Zeiten.

Man muß die primären Gefahren, die direkt mit dem Vulkan verknüpft sind, klar von den sekundären Gefahren unterscheiden, die sich aus dem Zusammenwirken von meh-

Vulkan	Land	Jahr	Pyroklastischer Strom	*Schlammstrom	Tsunami	Hungersnot	Gas
Awu	Indonesien	1701		3000			
Oshima-Oshima	Japan	1741			**1475		
Cotopaxi	Equador	1741		1000	1000		
Makian	Indonesien	1760		2000			
Papandayan	Indonesien	1772		**2957			
Laki	Island	1783				9336	
Asama	Japan	1783	**1151				
Unzen	Japan	1792			**15188		
Mayon	Philippinen	1814	1200				
Tambora	Indonesien	1815	12000			80000	
Galunggung	Indonesien	1822		4000			
Mayon	Philippinen	1825		1500			
Awu	Indonesien	1856		3000			
Cotopaxi	Equador	1877		1000			
Krakatau	Indonesien	1883			36417		
Awu	Indonesien	1892		1532			
Soufrière	St. Vincent	1902	1565				
Montagne Pelée	Martinique	1902	29000				
Santa Maria	Guatemala	1902	6000				
Taal	Philippinen	1911	1332				
Kelut	Indonesien	1919		5110			
Merapi	Indonesien	1930	1300				
Lamington	Papua-Neuguinea	1951	**2942				
Agung	Indonesien	1963	1900				
El Chichon	Mexiko	1982	1700				
N. del Ruiz	Kolumbien	1985		25000			
Nyos	Kamerun	1986					***1746
Gesamtzahl der Opfer			**60090**	**50099**	**54080**	**89336**	**1746**

* Schließt Opfer von assoziierten pyroklastischen Strömen mit ein, die aber nicht speziell erwähnt wurden, sowie von posteruptiven Schlammströmen, die durch die Regengüsse ausgelöst wurden.

** Eruptionen, die beträchtliche Rutschungen („Lawinen") vom Typ St. Helens nach sich ziehen (Abb. 9.7).

*** Das vom Nyos-See ausgestoßene Gas rührt eher aus der Freisetzung von vorher gelöstem vulkanischen CO_2 her als von einer Eruption im eigentlichen Sinne.

Tabelle 14.1 Alle seit dem Jahre 1700 erfaßten Vulkankatastrophen der Welt, die mehr als 1 000 Todesopfer forderten (IAVCEI, 1990). Hierzu müssen insgesamt 10 000 Opfer von Eruptionen geringeren Ausmaßes hinzugerechnet werden.

reren äußeren, räumlich und/oder zeitlich verschobenen Faktoren ergeben (Schlammströme aufgrund von Wolkenbrüchen, Feuerbrünste, Hungersnot).

14.2 Die sieben vulkanischen Gefahren

Die IAVCEI (International Association of Volcanology and Chemistry of the Earth's Interior) hat sieben vulkanische Hauptgefahren festgehalten (als Pendant zu den sieben Todsünden?). Es sind dies Lavaströme, Airfalls von Aschen und Blöcken, pyroklastische Ströme, Gase, Lahare (Schlammströme), Bergstürze („Lawinen") und Tsunamis (Flutwellen). Die ersten vier stellen primäre Gefahren, die drei anderen sekundäre Gefahren dar.

Lavaströme

Als Schmelzen ergießen sie sich auf die Flanken des Vulkanbaus, und später, weiter unten, sammeln sie sich in den Tälern an (Kap. 7). Ihre Geschwindigkeit bleibt gering (einige km/h bis auf lokale Ausnahmen). Lavaströme stellen für den Menschen keine wirkliche Gefahr dar, denn die Bevölkerung hat in der Regel genügend Zeit, sich zu entfernen; sie zerstören hingegen alle Anbauflächen und Bebauungen, die auf ihrem Weg liegen (Abb. 14.1b). Bemühungen, sie durch von Bulldozern aufgeschüttete Erdwälle oder mit Hilfe von Sprengungen umzuleiten, zeigten nur mäßigen Erfolg.

Ein Versuch gelang im Februar/März 1973 auf der isländischen Insel Heimaey. Ein Lavastrom trat aus den Flanken des Helgafell hervor und bedrohte die Stadt und ihren Hafen. Mit Hilfe von Pumpen spritzte man Meerwasser (bis zu 12 000 t pro Stunde) gegen die Lavafront und stoppte so ihr Vordringen (KRAFFT & DE LAROUZIÈRE, 1991). Auch am 11. Mai 1983 erwies sich der Versuch, einen Lavastrom des Ätna umzulenken, als äußerst wirkungsvoll, als man die abgekühlte Lavafront mit Dynamit sprengte und so die Lava ablenkte (TAZIEFF & DERRUAU, 1990).

Weitere Versuche, Lavaströme umzulenken, wurden im Verlauf der „letzten Eruption des Jahrhunderts“ am Ätna unternommen, die vom 14. Dezember 1991 bis zum 30. März

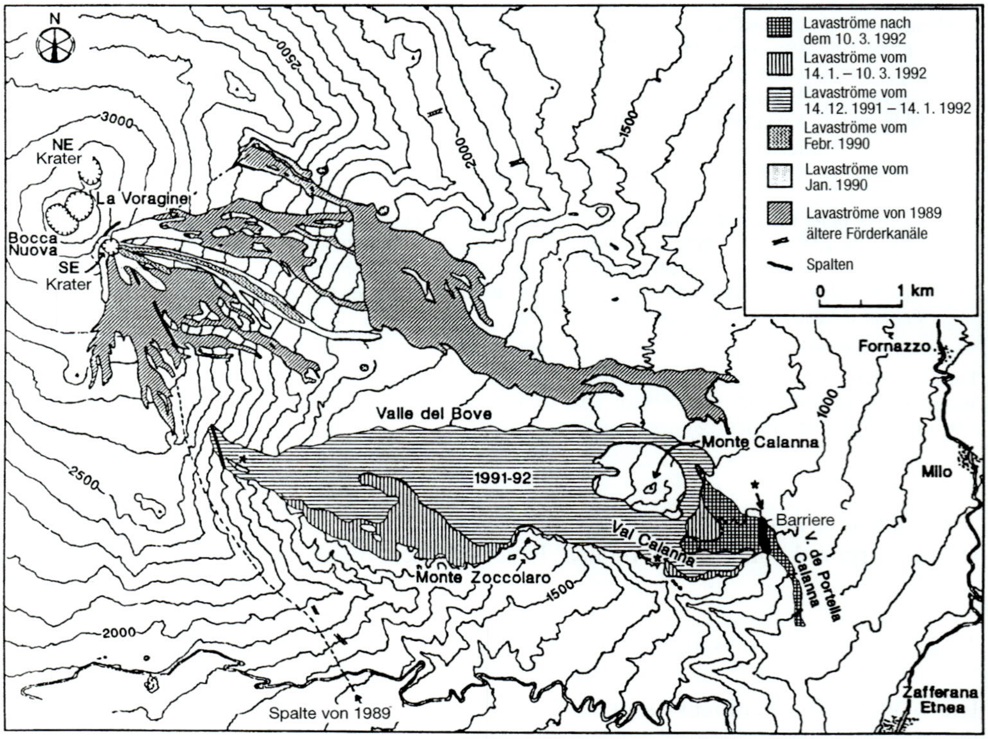

Abb. 14.2 Die Lavaströme des Ätna im Dezember 1991 und 1992. Sie ergossen sich aus einer Förderspalte in 2 200 - 2 400 m Höhe nach Osten in die Valle del Bove und näherten sich dem Ort Zafferana Etnea bis auf weniger als 2 km. Die Lage der Barriere, die zwischen dem 2. und dem 12. Januar 1992 errichtet und am 8. April vom Lavastrom überströmt wurde, ist eingezeichnet (nach ROMANO et al., 1992).

1993, also 473 Tage dauerte und mehr als 250 Mio. m^3 Lava (durchschnittlich 6 m^3 pro Sekunde) auf eine Fläche von ungefähr 7 km^2 förderte. Am 2. Januar 1992 erreichte ein besonders gewaltiger, 10 m mächtiger Lavastrom in 5,5 km Entfernung vom Austrittspunkt aus der Förderspalte die Höhe von 950 m im Val Calanna. Hier beschlossen Ar-

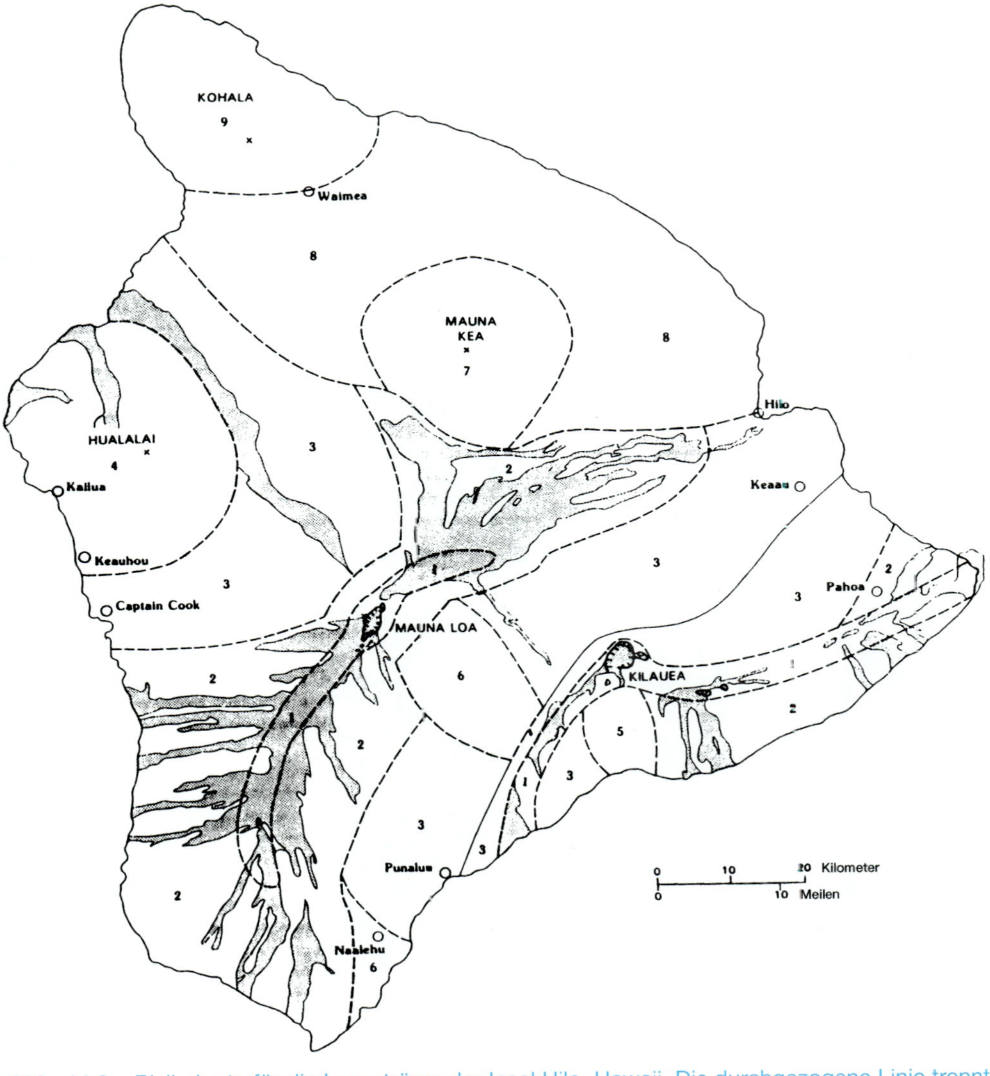

Abb. 14.3 Risikokarte für die Lavaströme der Insel Hilo, Hawaii. Die durchgezogene Linie trennt die Vulkanbauten von Mauna Loa und Kilauea. Gepunktet sind die Flächen, die von früheren Lavaströmen (vor 1975) überdeckt wurden. Neun Zonen – durch gestrichelte Linien getrennt – werden unterteilt, die – von 1 bis 9 – jeweils geringeren Gefahren ausgesetzt sind. Die Zone 1, die die Gipfel und die aktiven Rifts des Mauna Loa und des Kilauea umfaßt, stellt den größten Gefahrenbereich dar, wenn man von der Erkenntnis ausgeht, daß 25 % ihrer Oberfläche von früheren Lavaströmen der letzten beiden Jahrhunderte überdeckt sind. Die Zone 9 betrifft den Vulkan Kohala: Seit 60 000 Jahren hat hier keine Eruption stattgefunden, aber der Vulkan sollte dennoch nicht als erloschen angesehen werden (nach Mullineaux et al., 1987).

mee und Feuerwehr den Bau einer schützenden Barriere. Sie arbeiteten zehn Tage ununterbrochen: Am Ende war die Barriere 234 m lang und 21 m hoch, 370 000 m^3 Steine und Sand wurden aufgeschüttet; die Lava war inzwischen nur noch 150 m weit entfernt. Am 14. März erreichte die Schmelze den Fuß der Barriere und füllte nach und nach jeden freien Raum aus. Am 7. April umfloß sie die Barriere im südlichen Teil, am 8. floß sie über sie hinweg (Abb. 14.2; Romano et al., 1992). Die Lava drang nun schnell voran, legte wegen des starken Gefälles 1 km in fünf Tagen zurück und bedrohte die Stadt Zafferana Etnea mit ihren 7 000 Einwohnern. Sechs nachfolgende Versuche, Barrieren aus Sand zu errichten, erwiesen sich als erfolglos. Ab dem 13. April bemühte man sich, mit Sprengstoff das Netz der Zufuhrtunnel zu verstopfen oder es zu verändern. Am 14. April überwand die Lava die letzte Barriere, zerstörte die ersten beiden freistehenden Häuser von Zaffarena und drang in die Obstgärten ein. Am 15. erreichte die bedrohliche Lavafront die Höhe von 750 m – inzwischen 7,5 km von der Förderspalte entfernt. Da sie jedoch aufhörte voranzuschreiten, wurde die geplante Evakuierung der Bevölkerung ver-

Abb. 14.4 Die Überreste von Pompeji zeugen noch von der Katastrophe im Jahre 79 (Photo J.-M. Bardintzeff). Der Vesuv förderte zuerst plinianische Airfalls und dann Surges (vgl. Abb. 8.17).

schoben. Vom 15. April bis zum 6. Mai unternahm man verschiedene Versuche im Dachbereich der Lavatunnel: Ob mit Sprengstoff, mit von Hubschraubern abgeworfenen Betonblöcken oder sogar Lavablöcken, es blieb schwierig, die Wirkungen abzuschätzen (Barberi & Villari, 1994). Am 27. Mai gelang schließlich die Umleitung eines Lavatunnels mit Hilfe von 7 t Sprengstoff. All dies zeigt die enormen Komplikationen, mit denen man es zu tun bekommt, will man eine Lavaflut eindämmen oder gar zum Stillstand bringen.

Der Weg, den die Lavaströme nehmen, ist relativ leicht vorhersehbar, sofern man die Viskosität der Lava und das Relief der bedrohten Region in Betracht zieht. Simulationen in Laboratorien wurden nachträglich durch die Fakten bestätigt (Abb. 7.9). In Abbildung 14.3 ist eine Risikokarte dargestellt, die für Hawaii angefertigt wurde (Mullineaux et al., 1987). Man erkennt, daß sich in einem kleinen Bereich um den Mauno Loa und den Kilauea ein Risikomaximum konzentriert.

Airfall-Ablagerungen

Die Fläche der betroffenen Gebiete hängt sowohl vom geförderten Volumen als auch von der Fragmentierung und der Dispersion der Förderprodukte ab (Kap. 8). Ausdruck dafür ist die Lage der Isopachen. Eine schematische Rekonstruktion einer früheren Eruption könnte als Modell für den Ablauf eines künftigen Ereignisses dienen.

Extrem gefährlich sind die Bomben, die in der Nähe des Vulkans einschlagen. Bei der Eruption des Arenal in Costa Rica 1968 schätzte man den Anteil der bis in 4 km Entfernung vom Krater mit Bomben bedeckten Oberfläche auf 130 %, d. h., es wurde die gesamte Oberfläche vollständig und manche Bereiche sogar ein zweites Mal von Bomben getroffen. Die Lapillischichten erreichen manchmal Mächtigkeiten von mehreren Metern und begraben ganze Städte (Abb. 14.4). Auch die feinen Aschen stellen eine große Gefahr dar, denn wenn sie inhaliert werden, können sie die Atemwege verstopfen (eine Staubkonzentration von rund 0,1 kg/m^3 reicht aus, um einen Menschen zu ersticken). Wo sie das Gras bedecken, können sie den Gaumen und die Verdauungskanäle der pflanzenfressenden Tiere schwerwiegend verletzen und diese sogar vergiften.

Pyroklastische Ströme

Sie stellen eine besonders große Gefahr dar, egal, ob es sich um Nuées ardentes oder um Ignimbrite handelt (Kap. 9). Gefährdet ist eine betroffene Zone deshalb, weil die ersten Explosionen häufig in eine Hauptrichtung gehen. Die Energie ist auf einen kleinen Winkel konzentriert, was die Zerstörungskraft noch erhöht. Von der Morphologie des Vulkangebäudes hängen die Wege und Bahnen der Ströme ab (Vorhandensein eines Doms, Neigung, Höhenunterschiede; Abb. 9.2). Die Nuées ardentes können sogar hangaufwärts (entlang ihrer „Energielinie", s. Abschn. 9.1) strömen. Eine Vorhersage stellt sich als vornehmliche Aufgabe, denn jegliche Flucht erweist sich als unmöglich. Die Glutwolkeneruption auf der Soufrière de Saint-Vincent im Jahre 1979 ist in Kapitel 13 Gegenstand einer „Autopsie" gewesen. Die Gründe für den Verlust von Menschenleben sind vielfältig: Schockwellen, Einschläge von Bomben und fortgerissenen Gegenständen, Hitzeeinwirkung, Ersticken (Baxter, 1990).

Gase

Manche Gase sind giftig und oft unsichtbar; sie stellen eine Gefahr höchsten Ranges dar (Abschn. 11.3). Zum Beispiel reagiert SO_2 (wie es 1783 am Laki in Island in großen Mengen austrat) beim Kontakt mit atmosphärischem oder vulkanischem Wasser zu schädlicher Schwefelsäure. Fluor, ein starkes Gift, kann das Wasser verseuchen (Gefahr der Fluorvergiftung). So haben einige Bewohner vulkanischer Gegenden rötliche Zähne, weil der in den Zähnen vorhandene Apatit sich in Fluorapatit umgewandelt hat (z. B. am Furnas auf den Azoren).

Das CO_2, unsichtbar und schwerer als Luft, ergießt sich als heimtückischer Schwaden in die Täler der Umgebung. Die Bewohner und das Vieh sterben unmittelbar am Erstickungstod. Am 20. Februar 1979 töteten 0,1 km^3 eines solchen Gases, das während einer schwachen phreatischen Eruption in nahezu reinem Zustand austrat, 142 Menschen auf dem Dieng-Plateau auf Java (Le Guern et al., 1982; Allard et al., 1989). Eine ähnliche CO_2-Emission am 18. März 1992 an selber Stelle forderte einen Toten und zwei Verletzte.

Das Land Kamerun scheint besonders solchen vulkanischen Gefahren ausgesetzt zu sein, denn hier entweichen Exhalationen von CO_2 den Süßwasserseen, die die alten Krater ausfüllen. Legenden erzählen von Hexen und Dämonen und von Wassergeistern, die die unheilvollen Seen bewohnen; andere Seen wiederum gelten als heilsam (Shanklin, 1989). Die gefährlichen Seen sind entlang von Spalten anzutreffen, die an die regionale Tektonik gebunden sind und so bevorzugte Orte für die Entstehung von Vulkanen darstellen.

Ein derartiger CO_2-Ausstoß infolge eines Einsturzes der östlichen Uferwand des 96 m tiefen Monoum-Sees forderte am 15. August 1984 37 Todesopfer (Sigurdsson et al., 1987).

Das Geschehen vom 21. August 1986 am Nyos-See, der sich oberhalb des Dorfes Wum befindet, hatte noch ernstere Folgen (Sigurdsson, 1987a; Sigvaldason, 1989; Spezialausgaben des *J. Volc. Geoth. Res.*, 39/2-3, 1989 und 42/4, 1990). Es handelt sich hierbei um einen ellipsenförmigen See (große Hauptachse 1 800 m lang) im Krater eines scheinbar untätigen Vulkans mit einem ebenen Grund in maximal 208 m Tiefe, dessen Spiegel durch einen natürlichen Abfluß reguliert wird. Der Austritt einer CO_2-Wolke an jenem Tag forderte 1 746 Todesopfer (1 200 direkt in Nyos und mehr als 500 in den bis 16 km entfernt talabwärts gelegenen Dörfern Cha, Subum und Fang), tötete sämtliche Tiere (3 000 Stück Vieh, Vögel, Insekten usw.); die Pflanzen blieben selbstverständlich verschont. Die Körper der Toten wiesen kaum Verletzungen auf, die gestapelten Teller in den Häusern waren stehengeblieben. Dennoch waren bestimmte Bäume umgeknickt. Außer einigen mechanischen Schäden stellte man weder chemische noch Hitzeschäden fest. Die Verteilung der toten Tiere beweist, daß die tödliche Gaskonzentration bis 120 m über den Seespiegel reichte. Die schwere Wolke (1 km^3) folgte der Topographie und legte 25 km zurück (Abb. 14.5). Man schätzte die Menge an Kohlendioxid auf 0,15 km^3 bis sogar 0,6 km^3, wobei man davon ausging, daß ein 10-20%iger CO_2-Gehalt in der Luft tödlich ist (Faivre Pierret et al., 1992). Der Spiegel des Sees senkte sich um einen Meter, und in seiner Mitte wurde eine rostbraune Färbung beobachtet. Die 845 Überlebenden haben seitdem Lungen- und Augenleiden (Ödem, Bindehautentzündung). Ein ähnlicher Vorfall ereignete sich am 30. Dezember 1986 (Chevrier, 1990).

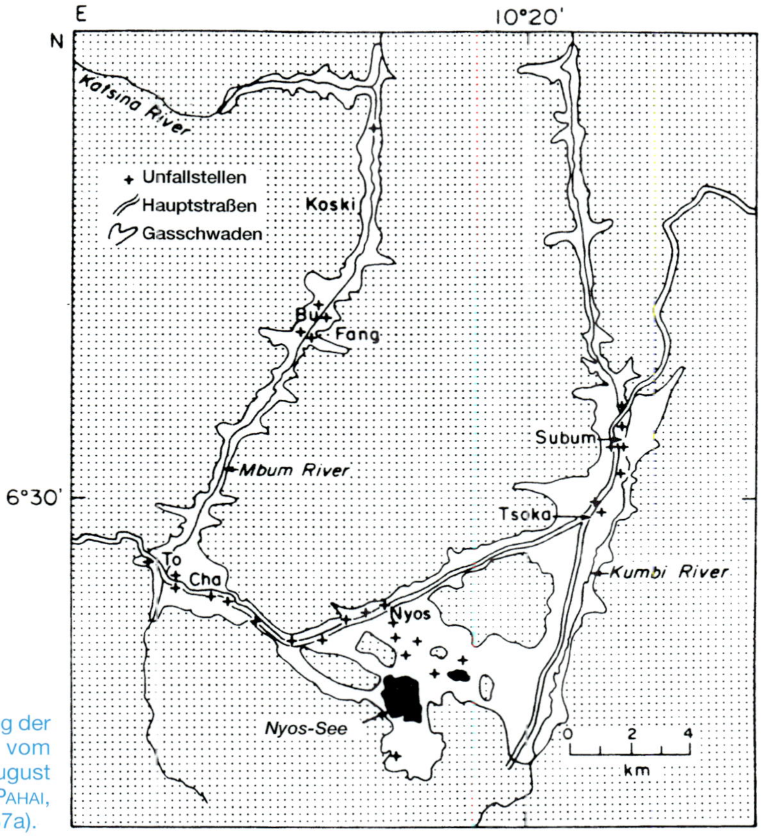

Abb. 14.5 Ausbreitung der tödlichen Gaswolke vom Nyos-See am 21. August 1986 (nach MORIN & PAHAI, 1987; SIGURDSSON, 1987a).

Vier Hypothesen konnten zunächst aufgestellt werden, um das mögliche Geschehen zu erklären. Es hätte sich gehandelt haben können:

- um eine vom Menschen angelegte Müllkippe mit chemischen und/oder explosiven Materialien,
- um einen limnischen Prozeß, der zur organischen Zersetzung führte und eine bakterielle „Atmung“ ermöglichte,
- um eine plötzliche größere Injektion von vulkanischem Gas in der Tiefe oder
- um magmatisches oder hydrothermales CO_2, das gelöst oder als Hydrogenkarbonat oder gar Siderit (Reaktion mit Fe^{2+}) gebunden war. Eine Erschütterung könnte die Wasserschichtung durcheinandergebracht und die Nukleation und Freisetzung von CO_2 verursacht haben. Dies würde die gelegentlich rostbraunen Färbungen des Sees erklären, die für das Auftreten eisenhaltigen Wassers sprechen.

Von dieser letzten Hypothese wurde schließlich ausgegangen. Die Erscheinung lief folglich in zwei Etappen ab: Einer langen und gleichmäßigen Phase, in der sich das CO_2 im Tiefenwasser des Sees anstaute, folgte eine plötzliche Instabilität, die das Gas plötzlich und auf einmal freisetzte.

Die Gefahr bleibt aber weiterhin bestehen: Schätzungen zufolge enthält der See noch 265 Mio. m^3 gelöstes CO_2, und jährlich kommen 5 Mio. m^3 hinzu. Diese Art von Gefahr, die erst seit kurzem bekannt ist, muß in Zukunft bedacht werden, vor allem wenn man bedenkt, daß durch einen Bruch des natürlichen Damms, der das Nordufer des Nyos-Sees verschließt, die CO_2-Wolke 108 km zurücklegen könnte, Nigeria erreichen und somit 10 000 Menschen bedrohen würde (LOCKWOOD et al., 1988). Die wichtigsten Seen Kameruns wurden daher begutachtet: Nicht alle stellen das gleiche Risiko dar. Der nicht sehr tiefe Bambuluwe-See (58 m) z. B. besitzt nicht die Kapazität für eine folgenschwere Gasansammlung.

Diese Art von Gefahr wurde auch in der Auvergne in Erwägung gezogen und führte zur Begutachtung einiger Seen (CAMUS et al., 1993). Solche Seen, die sehr tief sind und ein relativ hohes Verhältnis von Tiefe zu Durchmesser haben, sind in der Tat aufgrund der thermischen und chemischen Schichtung ihrer Wässer in der Lage, Gase anzusammeln. Man unterscheidet ein konvektives und sauerstoffhaltiges Mixolimnion im oberen Teil und ein sauerstofffreies Monimolimnion im unteren Teil des Sees. Eine saisonale Umverteilung der Wässer kann die Freisetzung der gelösten Gase bewirken. Im Französischen Zentralmassiv gibt es zwei Seen, die hierfür in Frage kommen: die Seen des Issarlès und des Pavin. Der See des Issarlès wird regelmäßig von den Elektrizitätswerken „Électricité de France" gereinigt und hat daher keine Zeit für eine Ansammlung der Gase. Im Wasser des Pavin-Sees findet gegenwärtig keinerlei feststellbare CO_2-Konzentrierung statt, sein Monimolimnion enthält allerdings bis zu 4 Liter Methan organischen Ursprungs pro Liter Wasser. Da Methan aber leichter als Luft ist, würde es bei seiner Freisetzung in die Atmosphäre entweichen und könnte sich daher nicht in die Täler ergießen.

Am Sénèze-Maar (Devès) hingegen könnte vor 1,5 Mio. Jahren ein Ereignis vom Typ Nyos stattgefunden haben, wovon eine anomale Konzentration der Fauna zeugt: Hier findet man wahre Fossillagerstätten (Elephanten, Bären, Büffel, Pferde usw., die alle auf einmal, zweifellos an Erstickung, starben) (COUTHURES, 1989).

Es scheint möglich zu sein, sich im voraus vor solchen künftigen Katastrophen zu sichern, indem man die Tiefenwässer regelmäßig ansaugt, so daß sie an der Oberfläche ihr Gas in ungiftigen Dosen nach und nach abgeben. In einem Experiment wurde einmal versucht, die Tiefenwässer des Monoun-Sees mit einem 53 mm dicken und 90 m langen, ein zweites Mal mit einem 141 mm dicken und 65 m langen, senkrecht eingebrachten Rohr anzusaugen (HALBWACHS et al., 1993). Es zeigte sich, daß ein solches Unternehmen durchführbar ist: Der mit einer Handpumpe in Gang gebrachte Aufstieg der Wässer setzt sich danach durch die Entgasung von allein fort; bei den beiden Versuchen betrug die Entgasung erst 15, dann 151 l/s. Mit drei 141 mm dicken Rohren würde die komplette Abführung der 10 Mio. m^3 CO_2-Gas aus dem Monoun-See weniger als ein Jahr dauern. Diese Methode wurde 1995 in großem Stil am Nyos-See mit seiner imposanten Menge an gelöstem Gas angewandt. Dank eines 205 m langen und 141 mm dicken, senkrecht eingebrachten Rohres steigen die Wässer nach oben und schießen mit 100 km/h bis in 20 m Höhe. Dieses System („Nyos-Orgel" getauft) könnte über Jahre ohne Energiezufuhr funktionieren, bis das tödliche Gas vollständig verschwunden ist. Vorsicht ist jedoch geboten, keine neue Katastrophe auszulösen. Man könnte aber auch an eine mögliche Nutzung dieses so geförderten Gases denken!

Lahare

Lahare bzw. Schlammlawinen resultieren aus dem Zusammenwirken von lockerem vulkanischen Material, der Zufuhr von Wasser unterschiedlichster Herkunft und einer Instabilität (Abschn. 9.5). Der indonesische Ursprung dieses Begriffs zeigt, wie sehr gerade dieses Land den Gefahren von Laharen ausgesetzt ist (in der Tabelle 14.1 sind fünf Vulkane aufgeführt).

Die letzte große Katastrophe dieses Typs fand am 13. November 1985 in Kolumbien am Nevado del Ruiz statt und führte zum Tod von 25 000 Menschen. Dieser Vulkan hat eine 1,8 Mio. Jahre andauernde, wechselvolle Geschichte, für die letzten 11 000 Jahre sind 12 eruptive Ereignisse belegt (THOURET et al., 1990). Die Bewohner der Umgebung aber, die ihn als eher ruhig erlebten, hatten ihm den Namen „León Dormido" („Schlafender Löwe") gegeben. Seine jüngste Eruptionsphase ist besonders gut verfolgt worden (WILLIAMS, 1990; BARBERI et al., 1990; VOIGHT, 1990; Spezialausgaben des *J. Volc. Geoth. Res.*, 41/1-4 und 42/1-2, 1990).

Im November 1984, also ein Jahr vor dem paroxysmalen Ausbruch, ist eine erste seismische Aktivität zu verzeichnen. Im Februar 1985 verstärken sich die Aktivitäten der Fumarolen. Am 11. September dauert ein Regen feiner Aschen sechs Stunden, 1 m große Blöcke gehen in einer Entfernung von bis zu 1 km nieder. Eine kleine Lawine phreatischen Ursprungs legt im Azufrado-Canyon 27 km zurück. Gutachten und Risikokarten, die zwischen Oktober und November von einheimischen und ausländischen Forschungsgruppen angelegt werden, schließen auf die Gefahr von Laharen. Der Ausbruch vom 13. November besteht in einer relativ unbedeutenden plinianischen Eruption, doch vor allem in vier Haupt-Laharen, die durch die Schmelze eines Teils der Gipfelgletscher (der Vulkan gipfelt in 5389 m Höhe) und durch plötzlich frei werdende Wassertaschen unter den Gletschern verursacht werden. 16 % (4,2 km^2) der Oberfläche der Schnee- und Eismassen, das entspricht 9 % (0,06 km^3) des Volumens, schmelzen auf (THOURET, 1990). Die Lahare erreichen um 22.30 Uhr die 60 km westlich gelegene Stadt Chinchina (und fordern 2000 Todesopfer), um 23.35 Uhr die Stadt Armero (23 000 Tote) und die Stadt Mariquita, indem sie über die sehr steilen Ost- und Nordostflanken des Vulkans 60 bis 80 km zurücklegen, und schütten diese Städte mit Schlamm zu (Abb. 14.6). Im Rio Azufrado beträgt die durchschnittliche Geschwindigkeit 10 m/s (72 km in 2 Stunden) bei einer mittleren Volumenführung von 25 000 – 30 000 m^3/s (Höchstwert 48 000 m^3/s in 10 km Entfernung vom Ausgangspunkt, wo die Schlammwoge 40 m Höhe erreicht). Später, bei Armero, ist die Woge bei einer Geschwindigkeit von 8 m/s immer noch 2 – 5 m mächtig, was die totale Zerstörung der Stadt erklärlich macht (PIERSON et al., 1990). Heute arbeitet in Manizales ein vulkanologisches Observatorium zur Überwachung des Nevado del Ruiz.

Die Zerstörungskraft eines Lahars hängt von der Fließfähigkeit der bewegten Massen und vom Profil des durchlaufenen Abhanges ab. Anwesende Personen laufen Gefahr, niedergeworfen zu werden, sich zu verwunden und schnell zu infizieren. Der Gefahr eines Lahars kann teilweise durch einfache optische Überwachung begegnet werden. In bestimmten Fällen können die Bewohner alarmiert werden und so noch rechtzeitig fliehen und sich auf Anhöhen in Sicherheit bringen.

Während der gewaltigen Eruptionsphase des Pinatubo auf den Philippinen 1991/1992 und der folgenden Jahre wurden zu jeder Regenzeit zahlreiche Lahare erzeugt (Abschn. 9.5). Das philippinische Institut für Vulkanologie richtete ein Warnsystem ein, bei dem vorausgeschickte Beobachter die Bewohner der tieferliegenden Städte und Dörfer vor der Ankunft eines Lahars warnen können. Diesen steht dann lediglich eine halbe bis dreiviertel Stunde Zeit zur Evakuierung zur Verfügung. Zudem befindet sich ein ganzes Damm-System im Bau. Dies alles sind Maßnahmen, die das Leben der Menschen schützen sollen, wenn auch die materiellen Schäden noch immer beträchtlich sein werden. Ein geschätztes Gesamtbudget von 4 Mrd. US-Dollars wäre nötig, um die vier gefährlichsten Täler vollständig abzudämmen (*Global Volcanism Network*, Juli 1995).

Als sich 1919 die $38 \cdot 10^6$ m³ Säure, die der Kratersee des Kelut in Indonesien enthielt, auf brutale Weise als tödliche Lahare ergossen, waren 5 110 Opfer zu beklagen (Tabelle 14.1). Seitdem hat sich ein noch größerer See neu gebildet, und eine ähnliche Kata-

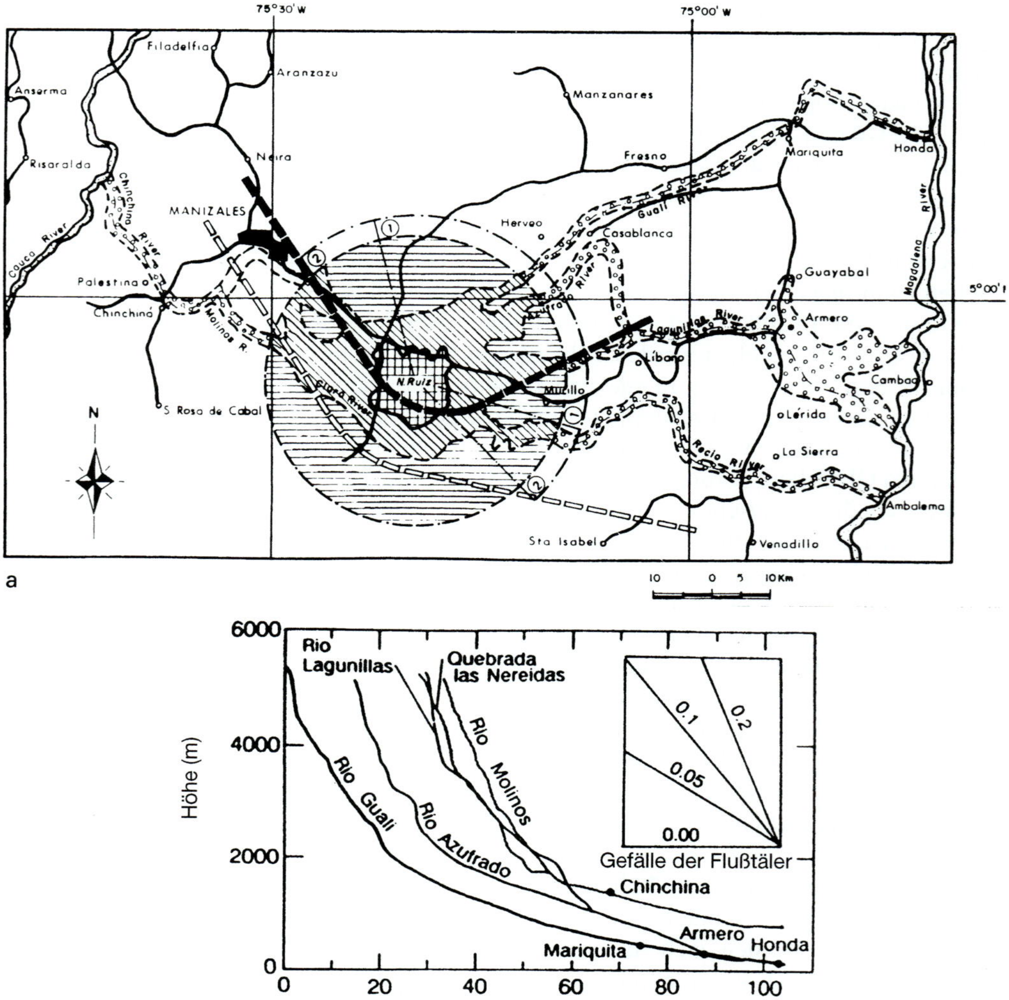

Abb. 14.6 **a)** Risikokarte des Nevado del Ruiz, fertiggestellt am 12. November 1985, also einen Tag vor Ausbruchsbeginn. Es wurden fünf Gefahrentypen ausgewiesen: Lavaströme (Bereich erhöhter Gefahr, kariert), pyroklastische Ströme (Bereiche erhöhter Gefahr in Schrägschraffur, mäßiger Gefahr in waagerechten Strichen dargestellt), Lahare (erhöhte Gefahr, kleine Kreise), gerichtete Druckwellen (erhöhte Gefahr im Kreisbogen 1, mäßige Gefahr im Kreisbogen 2), Aschefälle (Bereich erhöhter Gefahr begrenzt von schwarzer dickgestrichelter Linie, Bereich mäßiger Gefahr begrenzt von weißer dickgestrichelter Linie) (nach Cepeda et al., 1985; Parra & Cepeda, 1990).
b) Längsprofile der vom Nevado del Ruiz ausgehenden Flußtäler, die den verschiedenen Laharen als Kanäle dienten. Die betroffenen Städte sind eingetragen (nach Pierson et al., 1990).

strophe droht sich zu wiederholen. Die Holländer, die Indonesien zu jener Zeit kolonisiert hatten, erdachten 1926 ein geschicktes System von seitlichen, mit Dynamit erbauten Tunnels, um diesen gefährlichen See zu entleeren. Sie konnten den Seespiegel um 56 m und das Volumen von $65 \cdot 10^6$ auf $3 \cdot 10^6$ m^3 senken. Der Ausbruch von 1951 kostete keine Menschenleben. Da die Tunnel dabei verstopft wurden, hatte man 1966 wieder Hunderte Tote zu beklagen. Ein neuer, von den Indonesiern 1967 erbauter Tunnel hält den See seitdem auf einem Niveau, das keinerlei Gefahr darstellt.

Erdrutsche und Lawinen

Es handelt sich hierbei um Rutschungen vulkanischen Ursprungs durch beispielsweise eine Aufblähung des Vulkangebäudes, wie man sie am Mount St. Helens beobachtet hat (Abschn. 9.3; Abb 8.7, 8.8 und 9.7).

Allgemein betrachtet haben viele asymmetrische Vulkane einen instabilen Bereich: der Ätna (Valle del Bove), der Stromboli (Sciara del Fuoco), die Montagne Pelée, der Piton de la Fournaise, der Kilauea (Übersicht in McGuire et al., 1996). Alle Vulkane sind wesentlich instabiler als Gebirge vergleichbarer Größe. Die verschiedenen Brüche und die hydrothermalen Niveaus stellen jeweils bevorzugte Bereiche für Rutschungen dar, die zudem von (kleinsten) Erschütterungen begünstigt werden. Hier spielen sich häufige Bewegungen des Erdreiches von zeitlich unterschiedlicher Länge ab, in der Größenordnung von einer Minute bis über mehrere Jahrhunderte. Zwischen den Wendekreisen (also in den Tropen) sind vulkanische Gebiete – da stark verwittert – solchen Gefahren noch weit mehr ausgesetzt. In Risikokarten muß man jedoch auch die Höhenunterschiede, das Gefälle und dessen Orientierung, die Lithologie, Diskontinuitäten, das Klima und die Vegetation in Betracht ziehen (als Beispiel siehe die Risikostudie für Tahiti, Gelugne et al., 1991; Guillande et al., 1993).

In allen Fällen bestimmt das Verhältnis der zurückgelegten Strecke zum Höhenunterschied (das deutlich kleiner ist als bei den pyroklastischen Strömen), wie groß die betroffene Fläche ist. Erdrutsche können die Täler zuschütten, können künstliche Stauseen schaffen und neue Instabilitäten erzeugen. Siebert et al. (1987) zählten sechs wichtige Ereignisse dieser Art seit Beginn dieses Jahrhunderts und schätzten die Zahl der Opfer während der letzten 400 Jahre auf 20000.

Tsunamis

Eine explosive Eruption unweit einer Küste (submarin oder auf einer Insel), die die örtliche Topographie abrupt verändert, verursacht hohe Wellen. Diese können an einem nahegelegenen Ufer mit einer enormen Zerstörungskraft anbranden. Ihre Amplitude nimmt dabei auf dem ansteigenden Meeresgrund immer mehr zu. Man nennt diese Erscheinung **Tsunami** (aus dem Japanischen), eine Flutwelle vulkanischen (oder seismischen) Ursprungs.

Der Ausbruch des Santorin in der Ägäis (Abschn. 8.4; Abb. 8.13), der auf 1645 ± 20 v. u. Z. datiert wurde, kann ein Grund für das Verschwinden der minoischen Zivilisation und möglicherweise Ursprung der Legende von Atlantis gewesen sein, von der Platon berichtete. In der Tat ist die heutige Insel nur noch ein fragmentartiger Ring um eine

8 km × 5 km große und 600 m tiefe (200 m unter- und 400 m oberhalb des Meeresspiegels), elliptische Caldera (Abb. 8.18), die die einstige Insel Strongyli ersetzt. Die Eruptionsprodukte bedeckten die Insel Kreta und die ganze Ägäis, einige Aschen erreichten sogar Ägypten. Das geförderte Volumen könnte bis zu 100 km^3 (30 km^3 DRE) betragen haben. Das Meer, das die gigantische, durch die Explosion entstandene Depression ausfüllte, bildete im folgenden eine riesige Flutwelle (Tsunami), die selbst das 120 km entfernte Kreta erreichte. Die Welle hatte eine Höhe von 200 m, was z. B. dadurch belegt wird, daß auf einigen benachbarten Inseln Lagen von Bimsen gefunden wurden, die im Wasser getrieben waren.

Am 27. August 1883 führte die Eruption des Krakatau auf einer Insel der Sundastraße zu einem Tsunami, der die etwa 40 km entfernte Insel Java erreichte, wo Tausende Menschen ertranken. Insgesamt waren 36417 Opfer zu beklagen. Ein Dampfschiff, die *Berouw,* wurde 2,5 km weit aufs Festland getragen. Barometer im 5863 km entfernten Tokio registrierten einen Druckanstieg um 1,45 mbar. Die durch die Eruption erzeugten Wellen durchquerten den Pazifik und den Atlantik und wurden noch von Gezeitenmessern im Golf von Gascogne 17000 km entfernt vom Ausbruchsort nachgewiesen (Francis & Self, 1984). Die Deutung dieser Eruption ist vielfach besprochen worden (Self & Rampino, 1981; Camus & Vincent, 1983; Francis, 1985; Yokoyama, 1987; Self, 1992; Carey et al., 1996; Mandeville et al., 1996). Drei Phasen scheinen einander gefolgt zu sein: 1) eine plinianische Eruption, 2) um 10 Uhr morgens ein großer Tsunami, der von einer akustischen Welle begleitet wurde und 3) eine ignimbritische Eruption. Der Tsunami soll von einer Lawine vom Typ Mount St. Helens, die plötzlich ins Meer stürzte, ausgelöst worden sein. Zahlreiche Flutwellen und akustische Wellen geringerer Amplitude sollen ihn begleitet haben.

Ebenfalls im Jahre 1883 erzeugte eine Lawine, die vom Mount St. Augustine in Alaska (Abschn. 9.3) herrührte, einen Tsunami auf gleiche Weise. Während der Eruption des Mount St. Helens im Jahre 1980 erzeugte eine Lawine bei ihrem Sturz in den Spirit Lake (Abb. 8.7, 8.8) eine 260 m hohe Welle und hob den Wasserspiegel des Sees um 60 m an (Voight et al., 1981).

Für die verschiedenen Risikoarten sind zahlreiche Fallstudien veröffentlicht worden (Tazieff & Sabroux, 1983; Blong, 1984; Allègre, 1987b; Latter, 1989; Tazieff & Derruau, 1990; Bourdier, 1994; Barberi et al., 1996; Scarpa & Tilling, 1997).

14.3 Risikoabschätzung

Risiken und Zufälligkeiten

Die Höhe eines Risikos – welches man auch immer betrachten möge – hängt direkt von der Intensität und der Häufigkeit des jeweiligen Phänomens ab. Im Falle vulkanischer Risiken müssen die glücklicherweise höchst seltenen kataklysmalen Eruptionen (eine bis zwei pro Jahrhundert), aber auch die viel häufigeren kleineren Ereignisse in Betracht gezogen werden (die Ostküste der Insel Réunion z. B. wird regelmäßig in einem Zeitintervall von einigen Jahren von Lavaströmen erreicht, die aus dem Piton de la Fournaise austreten). Diese beiden Grenzfälle, wie auch all die Zwischenstufen, stellen Risiken dar, die die Verantwortlichen beachten müssen. Im allgemeinen unterscheidet man sehr genau zwischen der Wahrscheinlichkeit, daß es zu einer heftigen Eruption kommt, sei es auch in einer menschenleeren Gegend (hierfür verwendet man im Engl. den Begriff *hazard* = Zufälligkeit), und den mitunter dramatischen Auswirkungen, die eine Eruption für die Bevölkerung haben kann (im Engl. *risk* = Risiko). Die Höhe eines Risikos entspricht dem potentiellen Verlust in einer der Zufälligkeit ausgesetzten Zone. Mengenmäßig könnte man dies mit dem folgenden Produkt ausdrücken:

Höhe des Risikos = Wert × möglicher Schaden × Zufälligkeit

Der Wert läßt sich über die Bevölkerungszahl, die Gesamtheit an Mobilien und Immobilien und die Produktionskapazitäten, die gefährdet sind, abschätzen, wobei die enormen psychologischen Folgen nicht zu vernachlässigen sind. Der mögliche Schaden (im Engl. *vulnerability)* entspricht der Möglichkeit, daß ein teilweiser oder vollständiger Schaden auftritt (Entwertung = möglicher Verlustwert in Prozent).

Von einem Risiko spricht man in mehreren Zusammenhängen: 1) zum eigentlichen Zeitpunkt eines Vulkanausbruchs und in seiner direkten Folge; 2) anläßlich durch den Ausbruch verursachter Sekundärerscheinungen (Lahare, Tsunamis); schließlich werden die Ausmaße noch durch Umstände verstärkt, die 3) mit der Besiedlung durch den Menschen und mit seinem Wirken und Treiben zusammenhängen (Dammbrüche, Feuerbrünste, Hungersnöte usw.). Eine Eruption vermag das ökologische Gleichgewicht zu verändern, wie es während des Ausbruchs des Santa Maria im Jahre 1902 zu beobachten war: Nachdem hunderttausende Vögel gestorben waren, kam es zu einer rasanten Vermehrung der Mücken, da ihr natürlicher Feind nun fehlte. Sie lösten eine verheerende Malaria-Epidemie aus, die mehr Todesopfer forderte als die Eruption selbst. Die verschiedenen Zivilschutz-Dienste müssen all diese Informationen berücksichtigen (Abschn. 14.5).

Es erweist sich immer wieder als schwierig, die Gesamtsumme der Schäden zu beziffern, die eine Eruption anrichtet. Die Kosten, die die Folgen dreier jüngerer Eruptionen mittlerer Stärke in Japan verursachten, sind bekanntgegeben worden: 18 Mio. US-$ beim Ausbruch des Izu-Oshima (15. – 22. November 1986), 190 Mio. US-$ beim Ausbruch des Miyakejima (3. – 4. Oktober 1983) und 210 Mio. US-$ beim Ausbruch des Usu (6. August – 27. Oktober 1978) (ARAMAKI, 1991). Die mit der Eruptionskrise des Rabaul in Papua-Neuguinea im Jahre 1994 und in den folgenden Jahren verbundenen Schäden sind auf 200 Mio. US-$ angewachsen. Die Eruption des Pinatubo 1991 kostete in den ersten beiden Jahren 708 Mio. US-$, Kosten, die im Zeitraum 1991 – 2005 wahrscheinlich die Gesamtsumme von einer Mrd. Dollar übersteigen werden (LEONE, 1996; MERCADO et al., 1997)

Zyklen und Rhythmen

Jeder Vulkanbau hat seine Besonderheit. Wie ein Mediziner muß auch der Vulkanologe die Vorgeschichte kennen. Er muß die früheren Produkte untersuchen, die Art und Weise der Entstehung ergründen und schließlich das Alter des Vulkans bestimmen. Das Holz, das unter Luftabschluß durch die Aschen oder Nuées ardentes verkohlte, kann mit der ^{14}C-Methode datiert werden und läßt eine gute Tephrochronologie für die letzten 50 000 Jahre zu. Für frühere Zeitabschnitte kann man mit Methoden der absoluten Altersbestimmung (Kalium/Argon) Laven von mehreren hunderttausend Jahren datieren. Auch die durch das ^{238}U-Isotop hervorgerufenen Spaltspuren *(Fission Tracks)* in den Mineralen und Gläsern sowie die Thermolumineszenz einiger Minerale bei deren Aufheizung erlauben eine verläßliche Altersbestimmung. (Einen Überblick über die verschiedenen Methoden der Altersbestimmung gibt die *Géologie de la Préhistoire*, MISKOVSKY, 1987.)

Während im geologischen Maßstab eine Vulkaneruption geradezu ein Augenblicksereignis zu sein scheint, so scheint ihre Ursache doch eine kontinuierliche Erscheinung (die thermische und geodynamische Aktivität der Erde) zu sein (Kap. 6; Abb. 14.7).

Ein großer Vulkan kann mehrere hunderttausend Jahre „leben" (die Montagne Pelée ist mehr als 300 000 Jahre alt) oder sogar mehrere Millionen Jahre (der Cantal war während 8 Mio. Jahren, von vor 11 bis vor 3 Mio. Jahren, aktiv). Man nimmt an, daß eine Magmenkammer in der Tiefe ebenfalls über einen Zeitraum von einer oder mehreren Millionen Jahren bestehen bleibt: Das Magma wird hier angesammelt, gehalten und verändert. Bei jeder Eruption leert sich eine Magmenkammer um höchstens ein Zehntel ihres Volumens. Bis der Vulkan einmal erlischt und durch Absenkung oder Erosion verschwindet.

Zeigt die Aktivität eines Vulkans im Laufe seines Lebens eine generelle Abnahme, eine Periodizität, Rhythmizität oder zumindest eine Regelmäßigkeit? Zahlreiche Vulkane weisen tatsächlich eine zyklische Aktivität in unterschiedlichen Zeiträumen auf. MORIYA

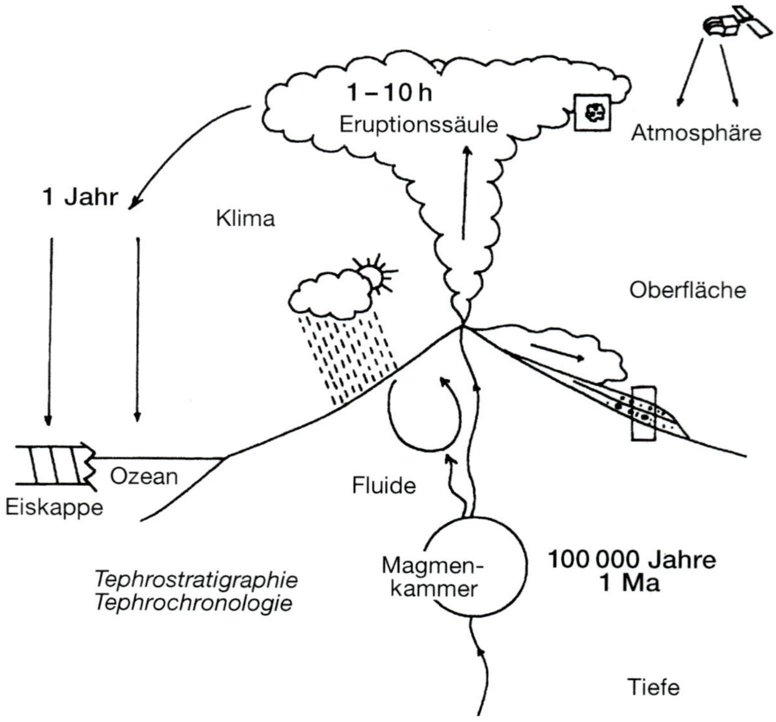

Abb. 14.7 Der Vulkanismus und der Energie- und Stoffaustausch zwischen Tiefe und Oberfläche in verschiedenen Zeiträumen. Im Falle der dargestellten explosiven Eruption steigt die Eruptionssäule in weniger als einer Stunde auf und breitet sich aus. Die Förderprodukte verweilen mehrere Jahre in der oberen Atmosphäre, während das Magma in der Magmenkammer über mehrere hunderttausend Jahre angesammelt bleibt. In der Darstellung wurden der horizontale und der vertikale Maßstab nicht berücksichtigt (BARDINTZEFF, 1993, geändert).

Klasse	Eruptionshäufigkeit	Beispiele
A	$1/10^0$ Jahr	Ätna, Kilauea, Piton de la Fournaise
B	$1/10^1$ Jahre	Ruapehu, Sangay, Arenal
C	$1/10^2$ Jahre	Usu, Izu-Oshima, Tokachi
D	$1/10^3$ Jahre	Fuji, Hakusan, Yotei
E	$1/10^4$ Jahre	Norikura, Tateyama
F	$1/10^5$ Jahre	Shiga, Yatsugataki

Tabelle 14.2 Die sechs Vulkanklassen in Abhängigkeit von der Eruptionshäufigkeit der Vulkane (Moriya, 1992).

(1992) teilt die Vulkane in sechs Klassen entsprechend ihrer Eruptionshäufigkeit ein, die von 1 Eruption in 1 Jahr ($1/10^0$) bis 1 Eruption in 100.000 Jahren ($1/10^5$) reichen (Tabelle 14.2).

Über einen langen Zeitraum (10.000 Jahre – 1 Ma)

Zyklen von 100 000 Jahren oder mehr enden jeweils meist in einer heftigen Explosionsphase und in der Bildung einer Einsturzcaldera, bevor der nächste Zyklus beginnt. Moriya (1992) erkannte eine allgemeine Evolution der quartären japanischen Stratovulkane in vier Hauptstadien:

1) strombolianisch (Basalte, Basaltandesite);
2) vulkanianisch (Andesite);
3) plinianisch und peleanisch (Andesite, Dacite);
4) Lavadom und Caldera (Dacite, Rhyolithe).

Die Stadien 1, 2 und 3 zeigen eine zunehmende Explosivität, das Endstadium (4) hingegen äußert sich in der Förderung einer viskosen Lava und im allgemeinen Einsturz des Vulkangebäudes. Jede Episode dauert ungefähr 100 000 Jahre, das bedeutet eine Zykluslänge von 400 000 – 500 000 Jahren. Im Detail ist eine Unterteilung in neun Teilstadien genauer (der Vulkan Asama befindet sich dabei zur Zeit im Teilstadium 7). Unter anderem ist auch eine abnehmende Förderrate zu verzeichnen, die von 0,6 auf 0,3 und schließlich 0,2 km^3/1 000 Jahre sinkt.

Somit ereignen sich auch an den lavabetonten Vulkanen (Ätna, Teide auf den Kanarischen Inseln, Piton des Neiges auf Réunion) alle zehntausend bis hunderttausend Jahre große pyroklastische Eruptionen in Verbindung mit der möglichen Entstehung einer Caldera.

Die Montagne Pelée weist ebenfalls eine Evolution auf. Ihre erste Tätigkeit mit einem Wechsel von Laven und Tephren liegt 300 000 – 400 000 Jahre zurück. Danach folgte vor 25 700 – 22 300 Jahren eine Episode mit Nuées ardentes vom Typ Saint-Vincent. Das aktuelle Stadium schließlich begann vor 13 500 Jahren mit einem Wechsel von Nuées ardentes und plinianischen Airfalls.

Die Chaîne des Puys ging zwischen 95 000 und 6 000 Jahren vor heute von einer ausschließlich Lava fördernden bzw. schwach explosiven Tätigkeit (Kegel) in deutlich heftigere Abschnitte über (Dome und damit verbundene Nuées ardentes 8 000 Jahre vor heute), auch wenn seitdem weiterhin Kegel entstanden. Eine stochastische Untersuchung der vulkanischen Krisen belegt Häufigkeitsmaxima in der Chaîne des Puys vor 82 000, 62 000, 35 000 und 10 000 Jahren (Berger et al., 1994).

Über einen kurzen Zeitraum (1 – 10 000 Jahre)

Verfügt man über genaue Kenntnisse der letzten Eruptionen, kann man statistische Analysen und eine ungefähre Extrapolation in die Zukunft anstellen.

Die Montagne Pelée zeigt beträchtliche Schwankungen in ihrer Eruptionstätigkeit. In den letzten 5 000 Jahren wurden 23 magmatische Ereignisse festgestellt (TRAINEAU, 1982; WESTERCAMP & TRAINEAU, 1983a und b; TRAINEAU et al., 1983, 1989) mit einem Wechsel, im Zeitraum von mehreren Jahrhunderten, von plinianischen Airfalls (die letzte Eruption P1 fand 1300 u. Z. statt, s. Kap. 8) und typischen peleanischen Nuées ardentes. Die letzten Krisen dieser Art in jüngerer Zeit dauerten jeweils ein dreiviertel Jahr (zwischen 1902 und 1904, LACROIX, 1904; danach zwischen 1929 und 1932, PERRET, 1937).

Die Soufrière de Saint-Vincent in den Antillen fördert seit mehreren Jahrhunderten abwechselnd Dome und Nuées ardentes (Tabelle 13.3).

Der Piton de la Fournaise, der durchschnittlich einmal pro Jahr ausbricht (d. h. alle paar Monate oder Jahre), weist eine recht gute Regelmäßigkeit auf. Zwischen 1930 und 1987 zählte man 64 Eruptionen des Piton de la Fournaise, deren Dauer von wenigen Stunden bis acht Monaten variierte. Die Fraktalanalyse zeigt, daß nach einer Eruptionsphase die Wahrscheinlichkeit für eine zwei Monate dauernde Ruheperiode bei 73 % liegt, für eine ein Jahr dauernde Ruheperiode bei 18 % und für drei Jahre bei 8 % (DUBOIS & CHEMINÉE, 1993). Dabei unterscheiden sich die Zyklen mit einer Dauer von weniger als 10 Monaten von jenen mit einer Dauer zwischen 10 und 48 Monaten. Zwei unabhängige Oszillatoren scheinen demnach in die Statistik einzugreifen: Handelt es sich um zwei Phasen, eine erste, die ein Magmenreservoir füllt, und eine zweite, die es leert? Oder etwa um zwei Magmenkammern in unterschiedlicher Tiefe? Oder gar um zwei tektonische Regimes?

Am Vesuv liegt die mittlere Magmenförderung seit dem Ausbruch im Jahre 79 bei 1,5 bis 2 Mio. m^3 pro Jahr. Setzt man die Kontinuität des Systems seit der letzten Eruption im Jahr 1944 voraus, so stellt sich heraus, daß gegenwärtig ein Volumen von 40 – 70 Mio. m^3 „zur Verfügung“ steht. Der Austritt einer derartigen Menge an Magma bei einem einzigen Ausbruch wäre die größte Eruption seit jener subplinianischen Eruption von 1631 (MACEDONIO et al., 1990).

Die statistische Wickmann-Methode (1966) berücksichtigt den Abstand zwischen zwei Ereignissen und die seit der letzten Eruption vergangene Zeit. Jeder Vulkan besitzt zu einem Zeitpunkt t seine **„survivor function“**, die Wahrscheinlichkeit F(t), daß eine Ruhephase nach der seit der letzten Eruption abgelaufenen Zeit t noch nicht beendet ist:

$F(t) = N_d(t) / N_0$,
wobei $N_d(t)$ = Anzahl der Ruheperioden, die länger als t sind, und
N_0 = Gesamtanzahl der Ruheperioden ist.

Bei einigen Vulkanen, wie beim Popocatepetl in Mexiko, sind die Eruptionen vollkommen zufällig verteilt, was durch eine Poisson-Verteilung beschrieben werden kann (DE LA CRUZ-REYNA, 1991). Andere Vulkane, wie die Montagne Pelée, erscheinen wesentlich komplexer (Abb. 14.8).

Wie kann man sicher sein, daß ein Vulkan endgültig erloschen ist? Woran erkennt man einen tätigen Vulkan (SZAKACS, 1994)? Es gilt, die lebenden, aktiven Vulkane von den toten, erloschenen Vulkanen zu unterscheiden. Dabei muß man im Auge behalten, daß ein aktiver Vulkan zwischen relativ kurzen Aktivitätsphasen und viel längeren Ruhephasen

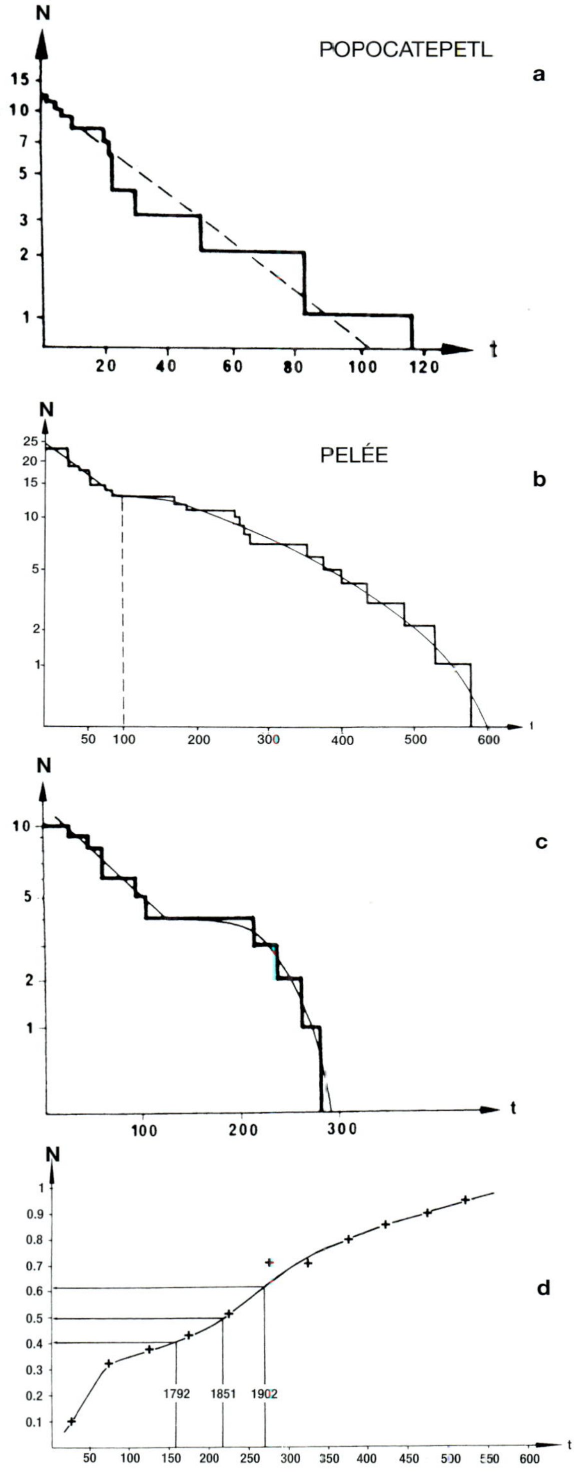

Abb. 14.8 Statistische Analysen zur Verteilung der Eruptionen eines Vulkans. Anhand der Dauer der Ruhephasen kann eine „survivor function" aufgestellt werden (WICKMANN, 1966). N = Anzahl der Ruhephasen, die länger als eine gegebene Zeitdauer oder genauso lang sind, t = Dauer einer solchen Phase in Jahren. **a)** Diagramm für den Popocatepetl. **b)** Diagramm für die letzten 5 000 Jahre der Montagne Pelée. Die Wahrscheinlichkeit einer neuen Eruption in dem Jahrhundert, das auf die letzte Eruption folgt, ist relativ hoch; sie nimmt danach bis auf 200 Jahre ab und steigt dann von neuem. **c)** Dieses Diagramm für die letzten 5 000 Jahre der Montagne Pelée berücksichtigt lediglich Glutwolkeneruptionen. Die Wahrscheinlichkeit ist über 125 Jahre konstant hoch, das bedeutet, bezüglich der letzten Eruption von 1930 besteht diese Wahrscheinlichkeit bis ins Jahr 2055. **d)** Kumulative Häufigkeitskurve der Dauer von Ruhephasen (in Jahren) zwischen zwei magmatischen Eruptionen für die Montagne Pelée. Die Wahrscheinlichkeit einer magmatischen Reaktivierung betrug bei der Eruption von 1792 0,4 (die letzte Eruption reichte demnach bis etwa ins Jahr 1630 zurück), bei der von 1851 0,5 und bei der von 1902 0,6; aber einzig die Eruption von 1902 war magmatisch, die beiden vorhergehenden verblieben im phreatischen Stadium. Im Jahr 2000 (70 Jahre nach 1930), ist diese Wahrscheinlichkeit recht gering und kleiner als 0,3.
[a) nach WICKMANN, 1966; b), c), d) nach WESTERCAMP & TRAINEAU, 1983]

wechselt. Ein seit mehreren Jahrtausenden schlafender Vulkan kann schnell erwachen. Er kann nur dann als definitiv erloschen angesehen werden, wenn er seit mehreren zehntausend Jahren keine Aktivität mehr gezeigt hat (d. h. mehrere „Nächte" hintereinander schläft). Die französischen Vulkane der Chaîne des Puys und der Auvergne, die vor 6 000 Jahren noch tätig waren, müssen folglich als potentiell aktiv angesehen werden und dazu in der Lage, wieder zu erwachen.

In der abschließenden Phase einer Vulkanuntersuchung gilt es, Risikokarten (Abb. 14.6a) aufzustellen, die die folgenden Daten mit einbeziehen: Handelt es sich um einen einzeln stehenden Vulkan oder um ein Vulkan„feld"? Mit welchem Verlauf ist für jeden Eruptionstyp (Airfalls, Glutwolken usw.) zu rechnen? Welche meteorologischen Faktoren beeinflussen das Geschehen (Windrichtung beeinflußt die Zerstreuung der Aschen, Niederschläge lösen Lahare aus usw.)? Mit welchem Risikofaktor oder mit welcher Kombination von mehreren Faktoren wird welche Fläche zerstört? Wie verliefen frühere oder jüngere Eruptionen in der Geschichte des Vulkans?

14.4 Die Überwachungsobservatorien

Ein Überwachungsobservatorium – errichtet in der Nähe eines gefährlichen Vulkans, jedoch in einer relativ wenig gefährdeten Gegend – erweist sich als ideale Anlage zur Kontrolle und Vorhersage. Das erste vulkanologische Observatorium wurde 1841 am Vesuv errichtet, es folgten jene an der Montagne Pelée 1903 und auf Hawaii 1912. Heutzutage genießt man bei der Mehrheit der gefährlichen Vulkane in der Welt den Vorzug derartiger Observatorien – trotz der erheblichen Kosten, die ihr Betrieb verursacht. Frankreich schneidet dabei recht gut ab mit drei Observatorien in den Überseedepartements nahe den aktiven Vulkanen Soufrière auf Guadeloupe, Montagne Pelée auf Martinique und Piton de la Fournaise auf Réunion. Erforderlich ist nicht nur die instrumentelle, sondern eine visuelle Überwachung, die bereits nützliche Informationen liefern kann: Schwache Erdstöße können wahrgenommen, Deformationen und Erdrutsche erkannt werden, das Auftreten von Fumarolen, der Anstieg des Wasserspiegels an Quellen und Flüssen, Veränderungen in der Vegetation und ein anomales Verhalten der Tiere z. B. können beobachtet werden. Doch ein ununterbrochenes Gesamtbild wird erst durch die instrumentelle Überwachung mittels der auf dem Vulkan verteilten Meßstationen möglich, die ihre Daten über Funk an das Observatorium weiterleiten.

Seismische Aktivität

Mehrere seismographische Stationen sind auf den Flanken eines Vulkangebäudes verteilt (Abb. 13.2) und registrieren die geringsten Bewegungen. Die **Tremors** (englischer Begriff, der soviel wie „Zittern, Schauder" bedeutet) sind charakteristische seismische Ereignisse, die sehr schnell, in zeitlich kurzen Abständen von ein bis zwei Minuten aufeinanderfolgen. Ihre Magnituden sind zwar gering, aber ausreichend, um die in der Nähe stehenden Seismographen ansprechen zu lassen. Sie zeugen von oberflächennahen Erschütterungen und genauer besehen vom Aufstieg des Magmas im Aufstiegsschlot. Die Registrierung der Tremors, die im allgemeinen der Eruption nur um weniges vorausgehen, ist besonders für die Vorhersage von Nutzen. Auf dem Piton de la Fournaise lagen am 4. Dezember 1985 nur 17 Minuten zwischen dem seismischen Signal und dem Austritt des nahe der Oberfläche angestauten Magmas. Auf der Soufrière de Saint-Vincent ermöglichte die Registrierung der seismischen Aktivität eine sehr gute Vorhersage (Kap. 13, Abb. 13.4). Vor der Eruption des Kelut in Indonesien zwischen dem 10. und 12. Februar 1990 verzeichnete man im Durchschnitt acht seismische Ereignisse pro Tag, was für einen andesitischen Vulkan sehr wenig ist. Doch 24 Stunden vor dem Ausbruch ereigneten sich eine große Anzahl von kleinen Erdstößen mit geringer Energie, die sich zunehmend zu einem durchgehenden Tremor verstärkten. Parallel dazu registrierte man einen Anstieg der Temperatur des Kratersees und anomale akustische Wellen (LESAGE & SURONO, 1990).

Diese relativ oberflächennahen, schwachen, direkt mit der Eruption in Verbindung stehenden Erschütterungen unterscheiden sich völlig von den tiefen Erdstößen (0 – 40 km) großen Ausmaßes (Stärken über 5), die an Spannungen gebunden sind wie das Erdbeben in Kalapana auf Hawaii am 29. November 1975 am Südhang des Kilauea (Stärke 7,1) (ZOBIN, 1979, 1988).

Deformationen der Erdoberfläche

Die regelmäßige Messung der Deformationen des Vulkangebäudes (Tiltmetrie) liefert kostbare Informationen. Mehrere Methoden ergänzen sich gegenseitig (DUBOIS & CHEMINÉE, 1989):

a) Mit Klinometern[1] (Neigungsmessern) kann man Änderungen des Neigungswinkels in der Größenordnung eines Mikroradiant aufzeichnen (dies entspricht der Neigung, die ein 1 km langer, gerader Balken hat, wenn unter sein eines Ende zwei Geldstücke gelegt werden). Die Klinometerstationen sind über Telemetrie mit dem Observatorium verbunden.

b) Messungen der Entfernung mit geodätischen Lasermeßgeräten zwischen festen, mit Mikroreflektoren versehenen Baken weisen Schwankungen im mm-Bereich über mehrere km Entfernung nach. In einem eher lokalen Maßstab wird das Auseinanderrücken divergenter Verwerfungen durch Extensiometer festgestellt. So zeugt die Aufblähung des Vulkanbaus häufig von einer Auffüllung mit Magma, und wenn dieses einmal ausgetreten ist, sinkt der Vulkanbau wieder in sich zusammen. Der Krafla auf Island ist im Durchschnitt dreimal pro Jahr Schauplatz solcher Zyklen von Aufblähung und Zusammensinken.

c) Durch topographische und geodätische Geländeaufnahmen, die anhand eines abgesteckten Netzes von Meßpunkten alle paar Jahre wiederholt werden, lassen sich die gesamten Deformationen des Vulkangebäudes in den letzten Jahren feststellen. Am Kilauea äußerten sich Deformationen, die von den Aufstockungsbereichen des Magmas in der Tiefe (9 km) herrührten, an der Oberfläche in Extensionen oder Hebungen um bis zu 0,5 m auf einer riesigen Fläche von 500 km^2 (DELANEY et al., 1990). Auch an der Soufrière de Saint-Vincent wurden derartige Deformationen bei der Eruption von 1979 registriert (Abb. 13.5).

d) Immer häufiger wird das GPS-System verwendet, das mit Satellitenhilfe arbeitet (siehe weiter unten).

---

1 vom Typ Blum-Klinometer: Quarz-Pendel mit horizontaler Achse, dessen Schwingung durch eine photoelektrische Zelle ausgelöst wird.

Die Deformationen der Vulkanbauten sind zudem Gegenstand numerischer Modelle, die von einem Spannungszustand ausgehen, der stetig, isotrop und elastisch ist (PAUL et al., 1987; CHEVALIER & VERWOERD, 1988).

Magnetische, elektrische und gravimetrische Variationen

Durch ständige Messungen der Intensität des geomagnetischen Feldes am Piton de la Fournaise auf Réunion, das 38 000 nT (Nanotesla) beträgt, konnten Variationen von einigen nT bis mehr als 10 nT nachgewiesen werden (bei einer Genauigkeit von 0,25 nT). Diese Schwankungen dauern weniger als eine Minute bis mehrere Monate. Sie sind in direkten Zusammenhang mit vulkanisch-seismischen Krisen zu stellen, denn es wurden bei mehreren Eruptionen Schwankungen bis zu 5 nT jeweils wenige Tage vor dem Ausbruch festgestellt. Man mißt dabei die Differenz in der Intensität des magnetischen Feldes zwischen zwei Meßnetzpunkten, die etwa 1 km auseinanderliegen, um andere, allgemeinere Anomalien auszuschließen. Diese Beobachtungen sind an Variationen des Spannungszustands geknüpft, die den natürlichen oder induzierten Magnetismus der Gesteine, den spezifischen Widerstand der Gesteine und des Bodens sowie die Wasserzirkulation verändern (ZLOTNICKI & LE MOËL, 1988; ZLOTNICKI et al., 1993). Vor der Eruption des Izu-Oshima in Japan im Jahre 1986 hatte das magnetische Gesamtfeld seit 1983 begonnen, signifikant schwächer zu werden: von 4040 nT (1983) auf 4020 nT (1986). Am Aso, ebenfalls in Japan, war die Aktivität von 1989/90 durch fünf unterschiedliche Stadien gekennzeichnet. Abhängig davon, ob neue Eruptionsschlünde entstanden oder ein See einen Krater füllte, erfuhr der Vulkan jedesmal einen Anstieg bzw. eine Abnahme des magnetischen Feldes (TANAKA, 1993).

In gleicher Weise trägt die Beobachtung der Variationen des Gravitationsfeldes (RYMER, 1994) und des elektrischen Potentials im Erdboden („spontane Polarisierung"; LANE & GILBERT, 1992; AUBERT & DANA, 1994; MALENGREAU et al., 1994) zur Kenntnis der Eruptionszyklen bei. Auch eine akustische Überwachung mit Hilfe von Geophonen, die die Tiefengeräusche im Vulkangebäude aufnehmen, und von Hydrophonen, die in den Kraterseen plaziert werden, ist in Betracht zu ziehen.

Temperatur und Chemismus der Fluide

Die Schwankungen in der Temperatur und in der chemischen Zusammensetzung der vulkanischen Gase (Abschn. 11.3, Abb. 14.9) erweisen sich als wirksame Indikatoren für die Aktivität eines Vulkans. Ein Anstieg des Verhältnisses F/Cl (mit zunehmender Temperatur) und eine Abnahme des Verhältnisses B/NH_4 zeigen zum Beispiel eine deutliche Zunahme des Dampfdruckes in der Tiefe an, was ein wichtiger Hinweis auf die Gefahr eines Ausbruches ist (M. MARTINI, pers. Mitt.). Am Ätna wurde regelmäßig das Verhältnis Cl/S gemessen. Es ist stets größer als 1 und erreicht in nichteruptiven Zeiten sogar Werte von 3,5, was in Verbindung steht mit einer ständigen Entgasung in der Tiefe bei einem Druck über 100 MPa, bei dem die Löslichkeit von Chlor größer ist als die von Schwefel. Das Verhältnis sinkt in eruptiven Zeiten auf etwa 0,1 aufgrund der Entmischung von Schwefel, wenn das Magma in Oberflächennähe bei einem Druck unter 20 MPa entgast, bis der atmosphärische Druck erreicht ist (PENNISI & LE CLOAREC, 1998).

Abb. 14.9 Jacques-Marie BARDINTZEFF bei der Vorbereitung von Messungen der Fumarolentemperaturen auf dem Ätna (Photo J. WEISZ).

Auch die Bodengase (CO_2, He, Rn), die in 70 cm Tiefe entnommen werden, liefern hilfreiche Informationen.

Schließlich ist es mitunter möglich, über die Fluide der Kraterseen und die den Vulkan durchströmenden Wässer den Tätigkeitszyklus des Vulkans zu bestimmen (Abschn. 11.4). Zum Beispiel sank ganz plötzlich der Gehalt an thionischen Homopolyaciden $H_2S_xO_6$ (mit $4 \leq x \leq 6$) im Kratersee des Poas in Costa Rica drei Monate vor den phreatischen Eruptionen im Juni 1987 (ROWE et al., 1992). Beim Kelut in Indonesien stieg die Temperatur an der Oberfläche des Kratersees regelmäßig, von 30 °C im Oktober 1989 auf 38 °C am 10. Februar 1990, der Tag, an dem der Vulkan ausbrach. Die Temperatur am Grund des Sees stieg im November 1989 rasant von 40 °C auf 59 °C, wo sie dann stehen blieb (SUKANDAR, 1993). Vor der Eruption des Arenal in Costa Rica 1968 reicherte sich der Fluß Guillermina anomal mit Kohlendioxid an, woraufhin zehn Jahre lang Kalkstein im Fluß abgelagert wurde.

Überwachung durch künstliche Satelliten

Satelliten, die unermüdlich um die Erde kreisen, liefern uns kostbare Informationen – sowohl augenblickliche als auch kontinuierliche – über die Vulkane: über morphologische Veränderungen (CHOROWICZ et al., 1992), zur Kartographie der Ablagerungen (VANDEMEULEBROUCK et al., 1993), zu Zonen mit Fumarolentätigkeit (ABRAMS et al., 1991), über die Höhe einer Eruptionssäule (siehe Pinatubo, Abschn. 14.6), zum Wachstum eines Lavadomes, sie überwachen Kraterseen (OPPENHEIMER, 1993), den SO_2-Gehalt in der Atmosphäre usw.

Multispektralbilder, insbesondere Infrarotaufnahmen, lassen Temperaturänderungen in bestimmten Bereichen des Vulkans oder Gas- und Aschewolken erkennen (wie beim Vulkan Sakurajima, Abb. 14.10). Außerdem übertragen die *Argos-Meßstationen*, die auf oder nahe dem Vulkan stationiert sind, ihre Informationen mittels Satelliten direkt in das Laboratorium, das mit der Untersuchung beauftragt ist. Derart werden alle Parameter empfangen, die digitalisiert werden sollen: Seismik, Tiltmetrie, Temperatur, chemische Analysen. Meßstationen, die mit GPS *(Global Positioning System)* über ein Netz von Satelliten arbeiten, ermöglichen mit extremer Genauigkeit die Zuordnung (Länge, Breite, Höhe) eines jeglichen Punktes auf der Erdoberfläche. Es wird so z. B. möglich, die Deformationen der Erdkruste praktisch kontinuierlich zu messen. So konnte am 13. Juli 1989 eine untermeerische Eruption des Vulkans Teishi, der sich einige km vor der Küste der japanischen Halbinsel Izu-Oshima befindet, besonders gut verfolgt werden. Die Verschiebungen, die vor und nach der Öffnung der Eruptionsspalte zwischen zwei Statio-

Abb. 14.10 SPOT-Bild vom 4. August 1986 in Falschfarben mit einer Auflösung von 20 m. Es zeigt den Vulkan Sakurajima (1060 m hoch und 9 km Durchmesser) auf der japanischen Insel Kyushu und seine Asche- und Gaswolke. Rezente Lavaströme erscheinen in Hellblau. Einige km westlich des Vulkans (links im Bild) erkennt man die geometrischen Formen (in Blau) der Stadt Kagoshima, die heute 500 000 Einwohner hat (davon wohnen 7 000 auf der Insel selbst). Diese Stadt wurde am 12. Januar 1914 durch eine Eruption des Vulkans zerstört. Seitdem werden regelmäßig zum Jahrestag des Ausbruchs Alarm- und Evakuierungsübungen durchgeführt. Außerdem sind auf dem Bild die Reisfelder (blau gemischt mit hellbraun), die Trockenkulturen (rot) und die Wälder (dunkelbraun) zu erkennen (© CNES 1986, Distribution SPOT-Image).

nen gemessen wurden, betrugen in der Horizontalen 14,5 cm (3 mm Meßgenauigkeit) und in der Vertikalen 5 cm (10 mm Meßgenauigkeit) (SHIMADA et al., 1990).

Die mit Radar ausgestatteten europäischen ERS-Satelliten ermöglichen es, selbst das Relief eines von Wolken verhangenen Gebietes zu rekonstruieren. Dies ist besonders für sehr wolkenreiche Vulkanzonen wie z. B. Island von Interesse (CHOROWICZ et al., 1997). Man kann so auch während einer Eruption unter die Eruptionswolke „schauen“, um die Veränderungen in der Morphologie zu verfolgen.

Eine Überwachung aus der Luft kann von zusätzlichem Nutzen sein. So wird die Insel Vulcano vom Erdboden und vom Flugzeug aus mittels Infrarotthermometrie überwacht (BRIVIO et al., 1989). Durch Subtraktion der Effekte der Tag-Nacht-Schwankungen kann man die Fähigkeit des Systems zur Wärmeaufnahme und -speicherung bestimmen – insbesondere im Bereich von La Fossa, dem Hauptsitz von Fumarolen. Die Wärmeanomalien können interpretiert werden als das an der Oberfläche erscheinende Ergebnis einer Wärmeerzeugung in der Tiefe. Dieses Modell ist mitunter jedoch wesentlich komplexer, und eine Deutung wird dann problematisch.

Letzten Endes läßt sich der Leitgedanke bei den Problemen von Vorhersage und Vorbeugung in dem Satz zusammenfassen: „Zuordnen, beobachten, begreifen, vorhersagen!“ Es geht darum, die Vulkane herauszufinden, die aktiv sind oder es werden können, ohne einen dabei zu vergessen! Auf der von der UNESCO 1984 veröffentlichten Liste der 80 gefährlichen Vulkane war der Nevado del Ruiz nicht verzeichnet, der ein Jahr später 25 000 Opfer forderte. Ferner kann man durch die Überwachung physikalisch-chemischer Parameter in Ruheperioden eine Zunahme der Tätigkeit bemerken. Das Verständnis der Mechanismen der großen Eruptionen bereitet noch einige Probleme, denn bestimmte Typen (z. B. Ignimbrit-Eruptionen) sind noch unbekannt, weil sie noch nicht oder nur schlecht beobachtet wurden. Kurzum, „es wird Zeit, sich entschlossen an die kurz- und mittelfristige Vorhersage der irdischen Katastrophen zu wagen“, wie FRANK PRESS, Präsident der Akademie der Wissenschaften der USA und Initiator der „UNO-Dekade der Naturkatastrophen“, erklärte. Es bleibt dabei, daß weniger als 5 % der quartären Vulkane einwandfrei untersucht sind. Die nächste kataklysmale Eruption könnte dort stattfinden, wo man sie am wenigsten erwartet (LATTER, 1989).

14.5 Der Zivilschutz

Um so gut wie möglich das Ausbrechen von Panik bei einer Katastrophe zu vermeiden, ist eine Aufklärung der bedrohten Bevölkerungsgruppen notwendig – darüber, was genau ein Vulkan ist, über die verschiedenen Gefahren, die er darstellt, schließlich darüber, was im Falle einer Eruption zu tun und was zu lassen ist. In verschiedenen Ländern werden Bücher und Hefte verteilt, die in anschaulicher Weise – meist in Zeichnungen und Bildern – Ratschläge aufführen, die es zu befolgen gilt: auf die Anweisungen im Rundfunk zu hören, Proviant, Trinkwasser und Kleidung zusammenzupacken, nicht in die Schule zu gehen, um die Kinder zu holen, denn es wird sich um sie gekümmert, das Telefonnetz nicht unnötig zu überlasten usw.

Die verschiedenen Zivilschutz-Dienste müssen sämtliche Informationen verarbeiten und in die Planung und Kontrolle mit einbeziehen. Es geht um die Untersuchung und mögliche Vorbeugung eines Ausbruchs, die Koordinierung der zur Verfügung stehenden Mittel, um notwendige Rettungs- und Evakuierungsmaßnahmen, die Lebensmittelversorgung und schließlich auch um sanitäre und soziale Fürsorge. Die Alarmierungs-, Hilfs- und Evakuierungspläne müssen die unterschiedlichen Szenarien berücksichtigen, die bei einem Ausbruch ablaufen können und von den Wissenschaftlern zusammengestellt wurden (für die französischen Überseedepartements sind die ORSEC = „ORganisation des SECours" solche Pläne).

Japan, ein von den irdischen Wutausbrüchen besonders betroffenes Land, ist in dieser Hinsicht perfekt organisiert. Die Stadt Kagoshima, am Fuße des Vulkans Sakurajima gelegen (Abb. 14.10), wurde am 12. Januar 1914 heimgesucht. Seitdem findet jedes Jahr am Jahrestag der Katastrophe zur Übung eine Evakuierung der 500 000 Einwohner mit Hilfe aller verfügbaren Transportmittel statt.

Auch müssen spezielle medizinische Schnelldienste bereit stehen, um an den Orten der Eruption zur Rettung von Verletzten eingreifen zu können. Dabei handelt es sich um ganz spezifische Verletzungsarten: schwerwiegende Verbrennungen der Haut und der Schleimhäute, Augen und Lungenödeme, Infektion der Wunden, Verstopfung der Atem- und Verdauungswege durch die Ascheregen. In den ärmsten Ländern kann die Verschmutzung des Wassers zudem Epidemien herbeiführen.

14.6 Im globalen Maßstab: Vulkane und Klima

Vulkane schleudern große Mengen an Material in Form von festen Aschepartikeln und Gasen in die Atmosphäre. Diese erreichen bisweilen die untere Grenze der Stratosphäre (die Tropopause), die sich in einer variablen Höhe von 10 km (in gemäßigten Breiten) bis 17 km (in den Tropen) befindet (Abb. 14.11), und steigen sogar weit darüber hinaus (bis zu über 50 km beim Taupo; Walker, 1980; Abschn. 8.6). Jakosky (1986) zählte 28 Eruptionen seit 1883, deren Eruptionswolken bis in die Stratosphäre gelangten. Aschen, die solche Höhen erreichen, können dann von den Strömungen der oberen Atmosphäre mitgeführt werden *(jet-streams)*. Die Aschewolke, die der Krakatau in Indonesien 1883 ausstieß, verblieb über drei Jahre in der Erdumlaufbahn, wie Augenzeugen berichteten – war sie doch regelmäßig am Himmel über Paris zu sehen.

Aerosole, die eine Suspension mikroskopisch kleiner Flüssigkeitspartikel in einem Gas darstellen, entstehen bei einer photochemischen Reaktion zwischen schwefelhaltigen Gasen und dem Wasserdampf in der Stratosphäre. Sie bilden eine Art Schleier, der die Sonnenstrahlen absorbiert und/oder reflektiert und auch die von der unteren Atmosphäre ausgesandte Infrarotstrahlung absorbiert.

Im lokalen Maßstab stellen die Aschewolken eine Behinderung für den Flugverkehr dar (Casadevall, 1994). Die Aschen machen die Scheiben der Flugzeuge undurchsichtig; sie können im Innern der Triebwerke sogar schmelzen und sich als keramische Schicht absetzen. Zwischen 1978 und 1991 waren 23 Zwischenfälle mit Flugzeugen zu beklagen, die durch vulkanische Gaswolken verursacht wurden. Während der Eruption des Galunggung 1982/83 fielen bei zwei Flugzeugen vom Typ Boeing 747 jeweils die vier Triebwerke aus; die Flugzeuge sanken im Gleitflug etwa 8 000 m, bevor es den Piloten gelang, die Motoren neu zu starten und die Maschinen wieder in die normale Position zu bringen (Gourgaud et al., 1985). In gleicher Weise waren fünf Linienflugzeuge während der Eruption des Vulkans Redoubt in Alaska zwischen Dezember 1989 und Februar 1990 betroffen: Am 15. Dezember 1989 blieben beim Landeanflug einer Boeing 747 auf Anchorage plötzlich die vier Triebwerke stehen. Sie segelte mit ausgeschalteten Motoren

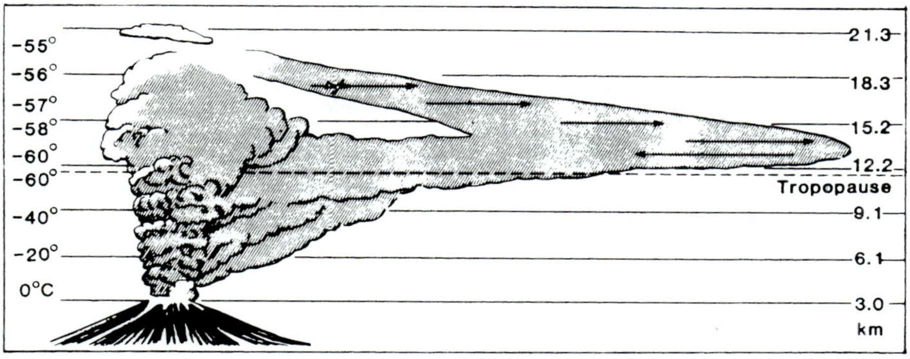

Abb. 14.11 Ausbreitung der Wolke des Mount St. Helens oberhalb der Tropopause (W-O-Profil) (vgl. auch Abb. 8.6). Die Temperaturen sind in °C und die Höhe in km angegeben (aus DANIELSEN, 1981).

aus 8 534 m in 4 267 m Höhe, bevor diese – nur 1 219 m über den umliegenden Gipfeln – zur Notlandung neu gestartet werden konnten. Es gab zwar keine Opfer, aber der verursachte Schaden wurde auf 80 Mio. Dollar geschätzt. Während der Krise des Pinatubo im Jahre 1991 gerieten 16 Passagierflugzeuge in Kontakt mit einer Aschewolke, davon eines in 1 200 km Entfernung vom Vulkan, bei sechs wurden die Motoren beschädigt, doch Opfer waren zum Glück erneut nicht zu beklagen. Gelegentlich müssen internationale Flughäfen geschlossen werden, wie z. B. im Juni 1991 in Manila (80 km entfernt südöstlich vom Pinatubo) oder im Juli 1997 in Mexiko-Stadt (60 km östlich vom Popocatepetl). Eine bessere Kommunikation zwischen den Vulkanologen und den Luftfahrtbehörden erscheint notwendig, um Unfälle in Zukunft zu vermeiden.

Im Weltmaßstab können alle in der oberen Atmosphäre schwebenden Teilchen einen Einfluß auf das Klima haben. BENJAMIN FRANKLIN, der Erfinder des Blitzableiters, war der erste, der den besonders harten Winter 1783/84, den er in Europa verbrachte, mit der kurze Zeit vorher stattgefundenen Eruption des Laki in Island in Verbindung brachte. Diese Eruption dauerte neun Monate, von Juni 1783 bis Februar 1784. Die Erde öffnete sich in einer gigantischen Spalte von 25 km Länge, noch heute zählt man hier 115 Krater. Lavaströme bewegten sich über 60 km fort; insgesamt ergossen sich 14,7 ± 1 km^3 Lava (Rekord unter den bis heute bekannten Lavaeruptionen) auf einer Fläche von 565 km^2. Außerdem wurden 0,4 km^3 DRE Tephra ausgestoßen (THORDARSON & SELF, 1993). Innerhalb von acht Monaten wurden 122×10^6 t SO_2 emittiert (davon 60 % in den ersten anderthalb Monaten), die in ungefähr 250×10^6 t H_2SO_4-Aerosole umgewandelt wurden (THORDARSON et al., 1996). Für die Insel war es eine Katastrophe. Aschen über Aschen bedeckten die Weideplätze. Das Vieh wurde durch die Einnahme dieser fluorreichen Aschen vergiftet und stark dezimiert: Die Hälfte der Rinder und ein Viertel der Schafe und Pferde gingen zugrunde. Darauf folgte eine schreckliche Hungersnot. 9 336 Menschen starben – ein Viertel der damals auf Island lebenden Bevölkerung, und eine Massenflucht folgte. Island wäre beinahe menschenleer gewesen. Der Ausbruch des Laki verursachte ein Absinken der Temperatur im gesamten Europa, wie die meteorologischen Dokumente jener Zeit belegen. Es folgten finstere Jahre des Elends und der Entbehrungen für die damals vorwiegend ländliche Bevölkerung.

Die Eruption des Tambora im Jahre 1815 führte zum Absinken der Temperatur in seiner Umgebung um 1 °C und örtlich zweifellos noch mehr. Das Jahr 1816 wurde das „Jahr

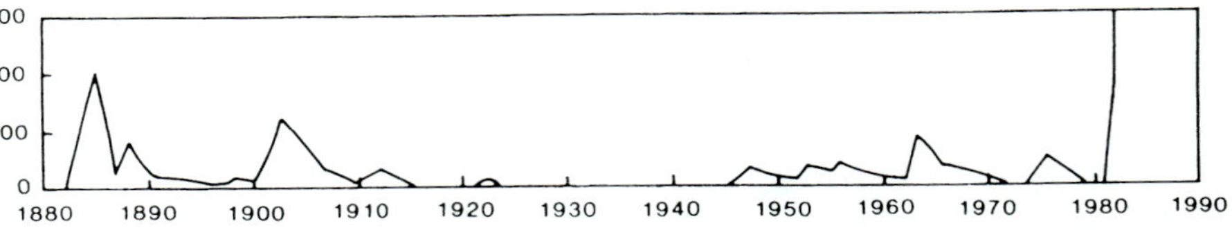

Abb. 14.12 Entwicklung des von LAMB (1970) definierten Index des „vulkanischen Staubschleiers" seit 1883 (JAKOSKY, 1986).

ohne Sommer" genannt, sowohl in Nordamerika als auch in Westeuropa: Völlig anomal regnete, schneite und gefror es fast überall auf der Welt.

Beim Ausbruch des Krakatau im Jahre 1883 offenbarten Messungen in den meisten Teilen der Erde eine Abnahme der Sonnenstrahlung um 10 % und ein Absinken der Temperaturen um 0,4 °C während dreier Jahre – das ist ganz beträchtlich. In jüngerer Zeit, während der Monate nach der Eruption des Vulkans El Chichón im Jahre 1982, als in drei explosiven Phasen zwischen dem 28. März und dem 4. April Aschen in 17 bis 31 km Höhe geschleudert wurden (MATSON, 1984), sank die mittlere Temperatur auf der Erde um 0,25 °C. LAMB (1970) definierte einen Index des „vulkanischen Staubschleiers", der sich aus den Eruptionssäulen bildet (Abb. 14.12). Die Folgen der klimatischen Auswirkungen sind noch beim Wachstum der Bäume festzustellen, deren Stämme Anomalien aufweisen. Diese Tatsache ermöglicht es mitunter, bestimmte Altersdatierungen mittels Dendrochronologie[2] zu bestätigen (LAMARCHE & HIRSCHBOECK, 1984).

SIGURDSSON (1987b) zeigte, daß die Aerosole die Sonnenstrahlen in der oberen Atmosphäre noch mehr filtern, als es die schwebenden Aschepartikel tun. Schwefel (SO_2, das in H_2SO_4 und H_2S umgewandelt wird) spielt dabei eine wesentliche Rolle, wie auch in geringerem Maße Chlor und Fluor. Es sei darauf hingewiesen, daß einige Spalteneruptionen von Lava mit einer starken Entgasung (z. B. der Laki und der Eldgja auf Island) einen größeren Einfluß auf das Klima haben können als bestimmte explosive Eruptionen. Die Mengen an geförderten Volatilen können für heutige Eruptionen durch direkte Beobachtungen ermittelt werden. Bei historischen Eruptionen besteht im nachhinein die Möglichkeit, Säureanreicherungen in Eiskernen zu bestimmen, die im Polareis er-

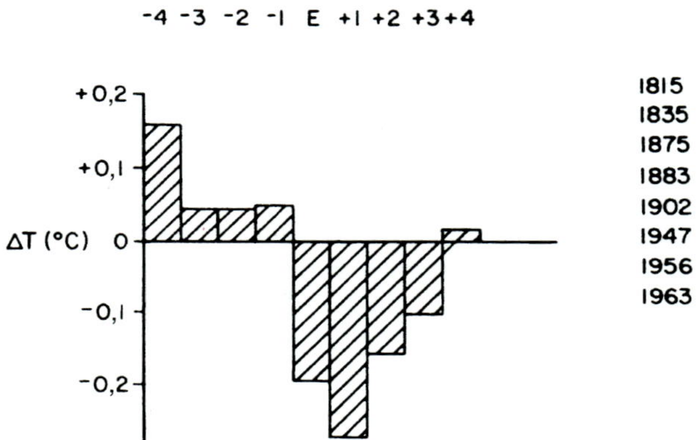

Abb. 14.13 Relative Änderung der mittleren Jahrestemperaturen in der nördlichen Hemisphäre 4 Jahre vor und 4 Jahre nach einem eruptiven Ereignis (E). Diese statistische Analyse berücksichtigt die Jahre 1815 (Tambora), 1835 (Cosiguina, Nikaragua), 1875 (Askja), 1883 (Krakatau), 1902 (fünf Eruptionen innerhalb von neun Monaten, darunter jene des Santa-Maria, Guatemala, der Soufrière de Saint-Vincent und der Montagne Pelée), 1947 (Hekla), 1956 (Besimjanny) und 1963 (Agung, Bali) (aus SELF et al., 1981).

2 Bestimmung des Alters durch Auszählung der Jahresringe im Holz der Baumstämme

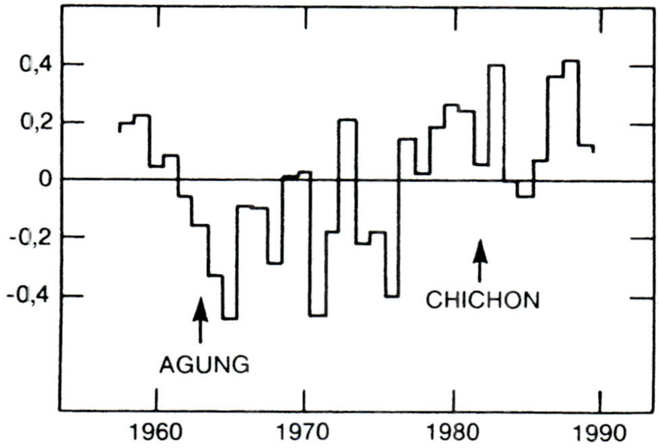

Abb. 14.14 a) Veränderung der globalen Troposphärentemperaturen (Schicht von 850 - 300 mbar) zwischen 1958 und 1989. Die jährlichen Werte sind als Abweichungen von der durchschnittlichen Temperatur zwischen 1958 und 1989 in Grad Kelvin angegeben.

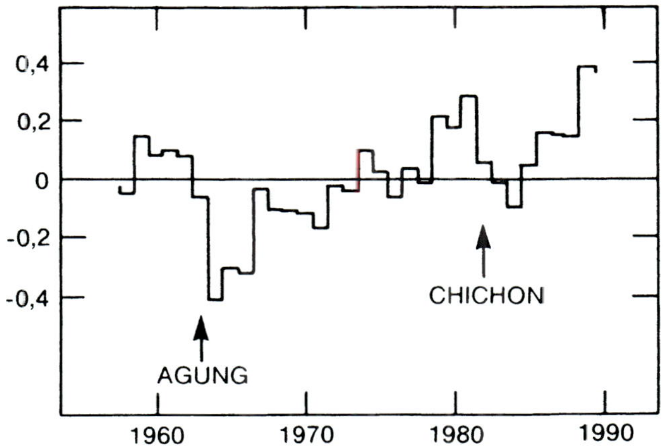

Abb. 14.14 b) Das gleiche Diagramm nach Korrektur mit den jährlichen Schwankungen. Die Auswirkungen der Ausbrüche des Agung (1963) und des El Chichón (1982) sind deutlich zu erkennen. Diese beiden Eruptionen haben ein nur relativ geringes Volumen an Feststoffen gefördert (weniger als 0,5 km³), setzten aber große Mengen an Aerosolen frei (aus ANGELL, 1990).

bohrt werden, oder den Chemismus von Gaseinschlüssen im vulkanischen Material zu analysieren. Der Einfluß auf das Klima hängt gleichfalls davon ab, wie lange die Aerosole in der Stratosphäre verweilen, bevor sie Tröpfchen bilden und niedersinken, sowie von ihrer Dispersion durch die vorherrschenden Winde (z. B. W-O-Richtung beim Mt. St. Helens und O-W-Richtung beim Tambora). Vier historische Eruptionen vor allem beeinflußten deutlich spürbar das Klima des Planeten. Dies waren in abnehmender Reihenfolge ihrer Bedeutung: der Tambora 1815, der Laki 1783, der Eldgja 934 und der Katmai 1912. Ausgehend von einem Vergleich der Temperaturveränderungen vor und nach acht „eruptiven Jahren" wiesen SELF et al. (1981) systematische Abkühlungen von 0,2 bis 0,5 °C im Verlauf von 1 bis 5 Jahren nach (Abb. 14.13). Um den Einfluß des Vulkans zu präzisieren, müssen die Temperaturen in Wirklichkeit noch mit den systematischen jährlichen Schwankungen abgeglichen werden (ANGELL, 1990; Abb. 14.14).

Die Aschewolken des Pinatubo auf den Philippinen erreichten im Verlaufe der langen Eruptionsphase im Jahre 1991 beträchtliche Höhen (maximal 40 km) und veränderten die Stratosphäre. Die Entwicklung der bei der Haupteruption vom 15. Juni 1991 aufgestiegenen Wolke konnte dank des geostationären japanischen meteorologischen Satelliten Himawari 4 Stunde für Stunde verfolgt werden (KOYAGUCHI & TOKUNO, 1993). Nach

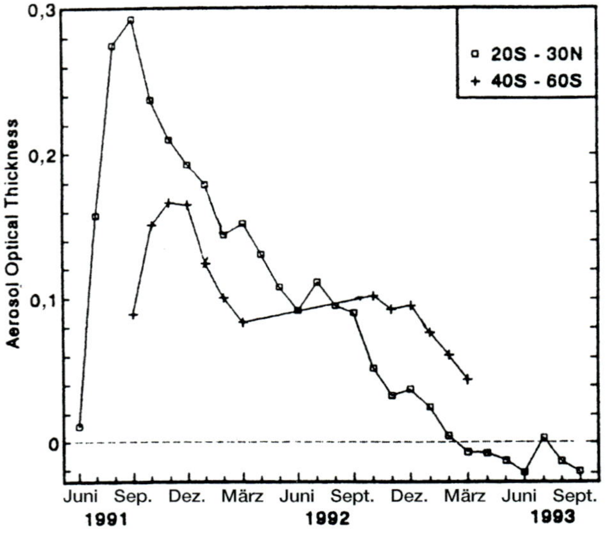

Abb. 14.15 Schwankungen des Parameters AOT = *Aerosol Optical Thickness* = „Optische Aerosoldicke", Zeugnis für die Konzentration schwebender Partikel in der Oberen Atmosphäre, gemittelt über zwei Jahre von Juni 1991 und September 1993. In den Breiten zwischen 30° N und 20° S ist über dem Pazifischen Ozean ein Peak in der Zeit Juli/August 1991 festzustellen, der vom Ausbruch des Pinatubo auf den Philippinen herrührt; das Maximum im November 1991 über sämtlichen Ozeangebieten zwischen 40° S und 60° S resultiert zum großen Teil aus der Tätigkeit des Hudson in Chile (nach Stowe, 1993).

den Haupteruptionen des Pinatubo (Philippinen) im Juni 1991 und des Hudson (Chile) im August desselben Jahres wurden vom Satelliten NOAA 11 aus direkte Messungen der Qualität der Atmosphäre (des AOT-Koeffizienten = *Aerosol Optical Thickness* = „Optische Aerosoldicke") durchgeführt. Die Wolke des Pinatubo beendete ihre erste Umrundung der Erde am 7. Juli, danach kreiste sie hauptsächlich in den Breiten zwischen 30° N und 20° S weiter um die Erde, wobei der AOT-Koeffizient im August und September ein Maximum von fast 0,3 erreichte. Ab Oktober wurde der gleiche Effekt dann auch zwischen 40° und 60° südlicher Breite spürbar, zum großen Teil aufgrund der Aktivität des Hudson, mit einem AOT-Koeffizienten von nahe 0,2. Danach nahmen die Werte dieser Parameter wieder ab (Stowe, 1993; Abb. 14.15).

Seit dieser Eruption des Pinatubo verfügt man erstmalig über einen kompletten Satz von Daten zum Ablauf und zu den Folgen einer Eruption (Fiocco et al., 1996) – Daten, die am Boden (vom Äquator bis zu den Polen) gesammelt oder in Flugzeugen, Ballons, Raketen oder mit Hilfe von Satelliten aufgenommen wurden: 1) Die Aerosolwolke (15 – 30 × 10^6 t SO_2; Brasseur & Granier, 1992) verbleibt während der ersten sechs Monate im Reservoir der tropischen Stratosphäre, bevor sie weit dispers zerstreut wird. 2) Die Auswirkungen auf die Temperatur sind vielfältig: Aufheizung (um 0,5 – 0,9 °C) in der unteren Stratosphäre (12 – 30 km), doch Absenkung in Bodennähe um rund 0,2 bis 0,3 °C zwei bis drei Jahre lang. 3) Die Auswirkungen auf die Ozonschicht dürfen nicht vernachlässigt werden: Auf einen zeitweiligen Anstieg der Ozonkonzentration folgt eine generelle Abnahme (um 2 – 5 %). Im Januar 1993 wurde in 17 km Höhe über dem Südpol eine Abnahme der Ozonkonzentration um etwa 30 % festgestellt.

Allgemein betrachtet übt der Vulkanismus wahrscheinlich einen Einfluß auf das „Ozonloch" und den „Treibhauseffekt" aus, doch läßt sich dieser mengenmäßig noch nicht erfassen.

Konnten bzw. können Vulkaneruptionen in vergangenen bzw. zukünftigen Zeiten „vulkanische Winter" auslösen, ja sogar zur Auslöschung von Arten führen (Rampino et al., 1988; Rampino & Self, 1992)?

Eine mysteriöse Wolke lag im Jahre 536/37 über Europa, dem Mittleren Orient und Asien. Die Sonne im Zenit soll zehnmal blasser gewesen sein als gewöhnlich! Dieses Phänomen könnte mit einer Vulkaneruption in der südlichen Hemisphäre verbunden gewesen sein, wie jene des Rabaul in Neuguinea 540 ± 90 u. Z. Die Eruption des Roza in der Region des Columbia River im Nordwesten der USA vor 14,7 Mio. Jahren, die rund zehn Jahre andauerte, förderte 1 300 km^3 vulkanische Produkte, die eine Fläche von 40 300 km^2 einnahmen. Sie setzte zugleich 12 420 × 10^6 t SO_2, 710 × 10^6 t HCl und 1 780 × 10^6 t HF frei (THODARSON & SELF, 1996). Eine Temperaturabnahme um 5 bis 15 °C während eines Jahrzehnts müßte die Folge gewesen sein. Der Anteil des Sonnenlichts, der bis auf die Erdoberfläche durchdrang, dürfte $^1/_{10\,000}$, vielleicht sogar $^1/_{100\,000}$ des normalen Tageslichts nicht überschritten haben. Das entspricht der Helligkeit bei Vollmond (RAMPINO et al., 1988)!

Der Streit um die Ursache der biologischen Krise am Ende der Kreidezeit (vor 66 Mio. Jahren) ist noch immer aktuell. Handelte es sich um den Einschlag eines Kometen oder Meteoriten in Chicxulub in Yucatan, Mexiko, oder im Pazifischen Ozean (ALVAREZ, 1986; ROBIN et al., 1993) oder um die Emission beträchtlicher Mengen an vulkanischen Produkten und Gasen im indischen Deccan und möglicherweise im Nordatlantik (COURTILLOT & CISOWSKI, 1987)? Es könnte auch sein, daß die verschiedenen Erscheinungen miteinander verknüpft waren. Eine statistische Untersuchung der Einschlagskrater, der Phasen des Aussterbens und der Zeitpunkte des Ergusses von Trapps auf die Erdoberfläche zeigt für die letzten 600 Mio. Jahre eine deutliche Korrelation und eine Periodizität von 28 bis 32 Mio. Jahren. Dieses Intervall entspricht ziemlich genau einer halben Schwingungsperiode der Sonne senkrecht zur Ebene der Milchstraße. Bei jedem Durchgang durch diese Ebene ist die Erde einer intensiven Bombardierung durch Meteoriten ausgesetzt. Berechnungen zeigen, daß die großen Einschläge genügend Energie haben, um im Erdmantel Störungen auszulösen. Diese Hypothese würde eine Erklärung für bestimmte Hot Spots geben (RAMPINO & STOTHERS, 1987).

Es lohnt sich, auch die umgekehrte Frage zu stellen: Kann nicht auch ein rapider Klimawechsel, der zu Veränderungen der Eismassen, der Rotationsgeschwindigkeit des Planeten und somit der Spannungszustände in den Gesteinen führt, das vulkanische Potential erhöhen (RAMPINO et al., 1979)?

Wir erben die Erde nicht von unseren Vorfahren, wir leihen sie uns von unseren Kindern.
Antoine de Saint-Exupéry

Geologists are charming company ...

15 Der Nutzen des Vulkanismus

15.1 Der Vulkanismus als Quelle von Rohstoffen und Energie

In den Anfangszeiten der Erdgeschichte stießen die geradezu ständig aktiven Vulkane Unmengen an Gasen aus. So veränderte sich ganz allmählich die primitive Atmosphäre und reicherte sich an mit Stickstoff, Kohlendioxid, Argon … Wasserdampf kondensierte und ließ die Ozeane entstehen. Submarine Vulkanausbrüche veränderten deren chemische Zusammensetzung. Derartige Bedingungen waren unentbehrlich, damit die ersten Formen des Lebens entstehen konnten. Noch heute sprechen die aktiven Vulkane für einen lebenden Planeten Erde, im Unterschied zu seinem toten Satelliten, dem Mond.

Die ersten Menschen kennt man aus Ostafrika, der „Wiege der Menschheit", und es ist womöglich kein Zufall, daß dies eine vulkanische Region ist. An verschiedenen Stellen wurden mehrere Lagen mit verschweißten vulkanischen Aschen gefunden, die auf 4 bis 1 Mio. Jahre datiert wurden: Sowohl im Becken des Turkana-Sees in Kenia, als auch im Omo-Tal in Äthiopien und in den Sedimenten des Albert-Sees in Uganda bis in den Golf von Aden sind sie Zeugnisse bedeutender Vulkaneruptionen. Im Detail betrachtet liegen in diesen Gegenden mindestens 120 Lagen mit vulkanischen Aschen übereinander, die im Laufe der letzten zwei Mio. Jahre niedergegangen sind; dies stimmt mit der Anzahl an Paläokatastrophen unterschiedlicher Tragweite in dieser Zeit überein. Ein jedes Mal bauten sich die veränderten oder sogar vernichteten Lebensmilieus wieder neu auf (SENUT et al., 1991). In Laetoli im Norden Tansanias entdeckte man in solchen Aschen fossile Spuren der Schritte von drei Australopithecinen, die auf 3,5 bis 3,7 Mio. Jahre datiert wurden (LEAKEY & HAY, 1979; HAY & LEAKEY, 1984).

Vulkane spucken Unmengen an Feststoffen aus. Sie schaffen auf diese Art mitunter neues Land, wobei die Fläche der über das Wasser herausragenden Gebiete auf Kosten der Fläche von Meeren und Seen anwächst. Man hat auch schon Vulkaninseln entstehen sehen, wie die Insel Surtsey vor Island am 14. November 1963, die 3 km^2 neue Landoberfläche hervorbrachte. Gegenwärtig ist der Vulkan Macdonald im Südosten des Austral- (Tubuai-) Archipels im Begriff aufzutauchen (Abschn. 10.2). Pflanzen- und Tierarten besiedeln schnell diese neue ökologische Nische, und eines Tages wird sich vielleicht der Mensch dort niederlassen.

Seit prähistorischen Zeiten bis in unsere Tage sind unterschiedliche Formen der Behausung an Vulkane gebunden (BROUSSE & BARDINTZEFF, 1987; BARDINTZEFF, 1991). Die verfestigten und durch die Erosion freigelegten Lavaströme bilden in der Landschaft ein

Abb. 15.1 In verschweißte vulkanische Aschen gegrabene Höhlenbehausungen in Üçhisar, Kappadozien (Türkei) (Photo J.-M. BARDINTZEFF).

Relief (Reliefumkehr); an ihrem Fuße bieten die freigelegten Säulen einen Unterstand, der schon einst vom Urmenschen genutzt wurde, um sich zu schützen und zugleich seine Umgebung zu überwachen. Beispiele für dieses „Obdach unterm Strom" kennt man von den Hochtälern der Loire und der Allier, die durch die vulkanischen Massive Devès und Velay fließen: so im Departement Haute-Loire die Unterstände von Le Rond in Saint-Arcons d'Allier und Le Rond du Barry in Polignac, die von DE BAYLE DES HERMENS (1971) untersucht wurden. In zwar gehärtete, doch relativ lockere Pyroklastitlagen konnte man leicht Höhlenwohnungen graben, die zugleich wärmedämmend und wasserundurchlässig waren (Kappadozien in der Türkei [Abb. 15.1], Sahand im Iran, Jonas-Grotte im Mont-Dore). Vulkanische Gesteine dienen als Baumaterial, wie der berühmte Volvic-Stein, der hart und zugleich blasenreich und somit wärmedämmend ist. Die typischen Städte der Auvergne (Clermont-Ferrand, La Bourboule, Saint-Nectaire, Salers, ...) sind aus schwarzer Lava und hellem Bims erbaut. Die Lapilli schließlich bilden eine wichtige Quelle für Granulate (Puzzolan, ital. *Pozzolana;* auch als Düngemittel im Garten): Vulkane der Chaîne des Puys werden hierfür abgebaut (Puy de Lemptégy). Auch Bimse werden in großen Steinbrüchen (Auvergne, Lipari) für vielfältige Zwecke gewonnen. In der Bildhauerei entstehen aus vulkanischem Material Kunstwerke (Basalt-Tikis in Polynesien, Moai auf der Osterinsel, Obsidian-Statuetten).

Die an diversen chemischen Elementen (Ca, Mg, K, Na, P, S …, aber auch Selen) reichen vulkanischen Aschen bilden natürliche Dünger, die den Anbau intensiver Kulturen gestatten (Reis in SO-Asien). Das durch die Auslaugung der Böden nährstoffreiche Wasser benachbarter Seen und Meere ist übervoll von Fischen. So wird auch die hohe Bevölkerungsdichte in Vulkangebieten verständlich.

Zahlreiche Erzlagerstätten (Cu, Fe, Au, Ag, Pb, Sn, Zn, Mo, U, Hg) sind an einen früheren Vulkanismus gebunden. In Indonesien bauen die Einwohner am Kawah-Idjen reinen Schwefel vulkanischer Herkunft ab. Bestimmte Kraterseen (Kap. 11) enthalten bedeutende Mengen an gelösten Ionen (Säuren, Borax, Kupfer, ...).

Die **geothermische Energie** des Untergrundes kann nutzbar gemacht werden. Gebiete um tätige oder erloschene Vulkane stellen sich hierbei als besonders günstig heraus (Coudert & Jaudin, 1989; Wohletz & Heiken, 1992).

Der anomal hohe geothermische Gradient ermöglicht eine Ausbeutung der Wärme in drei Verfahrensweisen: Geothermie mit hohem Wärmeinhalt (Temperaturen > 150 °C), mit mittlerem Wärmeinhalt (80 – 150 °C) und mit niedrigem Wärmeinhalt (< 80 °C). Im ersten Fall tritt das Wasser in Form von Wasserdampf aus, während im zweiten Fall ein zwischengeschaltetes Fluid verwendet wird (Isobutan, Freon), das besondere thermodynamische Eigenschaften besitzt und bei seiner Verdampfung zum gleichen Ergebnis führt, nämlich eine Turbine anzutreiben und die geothermische Energie in Elektrizität umzuwandeln; im dritten Fall kann das heiße Wasser lediglich zur Heizung benutzt werden.

Die Geothermalfelder mit hohem Wärmeinhalt sind immer dynamisch (konvektiv), während die Felder mit niedrigem Wärmeinhalt dynamisch oder statisch (konduktiv) sind (Übersicht in Nicholson, 1993). Ein Geothermalfeld mit hohem Wärmeinhalt setzt sich aus drei Abschnitten zusammen (Abb. 15.2). Eine Wärmequelle – in der Regel eine einstige Magmenkammer, die jedoch nicht älter als 500 000 Jahre ist und einige km tief liegt – erzeugt einen hohen geothermischen Gradienten (bisweilen 5 K auf 10 m im Vergleich zum durchschnittlichen Gradienten von 3 K auf 100 m). Das Grundwasser dient als Transportmittel (Verweilzeit des Wassers zwischen 100 und 10 000 Jahren). Das überhitzte Wasser tritt als Dampf aus der Gesteinsdecke – häufig sind es die Wurzeln eines erloschenen Vulkans – aus. Calderen und zugehörige Spalten begünstigen häufig das Auftreten

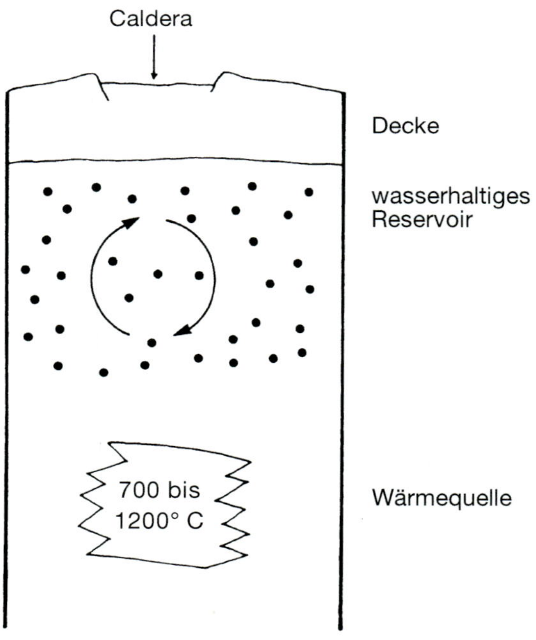

Abb. 15.2 Vereinfachtes Schema eines konvektiven Geothermalfeldes mit hohem Wärmeinhalt (Bardintzeff, 1986).

eines Geothermalsystems (Pozzola in Italien, Kos in Griechenland [Abb. 11.10], Long Valley in Kalifornien [Abb. 8.19], Valles im Vulkangebiet von Jemez in New Mexico).

Es kann danach vielfach genutzt werden: in Kraftwerken, als Heizung, aber auch in Schwimmhallen, zur Fischzucht und in Treibhäusern (Island ist das einzige Land in Europa, das Bananen anbaut!). Selbstverständlich ist die Errichtung einer geothermischen Installation von einer Vielzahl von technischen wie wirtschaftlichen Kriterien abhängig: Fläche des Geothermalfeldes, Volumen der Wärmeanomalie, Bruchbildung im Nebengestein, Bilanzierung (voraussichtliche Energieverluste bei der Gewinnung und mögliche Neuzufuhr), minimale natürliche Risiken, Gestehungspreis und schließlich die rationelle Nutzung der produzierten Energie. Es darf nicht vergessen werden, daß über die mineralsalzhaltigen Wässer auch die geothermische Energie, wie alle Energieformen, zur Umweltverschmutzung beiträgt. Denn wenn die Mineralsalze bei ihrer Ablagerung die Rohre und Leitungen korrodieren und verstopfen, erhöht dies den Gestehungspreis des Betriebes.

Mehrere Länder auf der Welt nutzen geothermische Energie in großem Umfang: Italien (548 MW), Island (935 MW = 5 % der Landesproduktion), Rußland, die USA (in Kalifornien werden rund 1 000 MW produziert dank 700 Bohrungen, die sich auf zehn Stellen verteilen), Mexiko, Japan, die Philippinen, Neuseeland (180 WM in Wairakei und 160 MW in Ohaaki-Braadlands). Die Nutzung der geothermischen Energie macht 0,5 % der Weltenergieproduktion aus, ein signifikanter Anteil liegt dabei in den Ländern der

Abb. 15.3 Die geothermischen Kraftwerke in Larderello in der Toscana produzieren 412 MW Energie: Im Vordergrund der Brunnen N° 120, der 1955 erbohrt wurde. Er ist 740 m tief und stößt 220 °C heißen Wasserdampf aus. Der Traum des dauphinischen Grafen DE LARDEREL, der 1827 als erster die Möglichkeit der Nutzung von Erdwärme erahnte, ist Wirklichkeit geworden! (Photo J.-M. BARDINTZEFF)

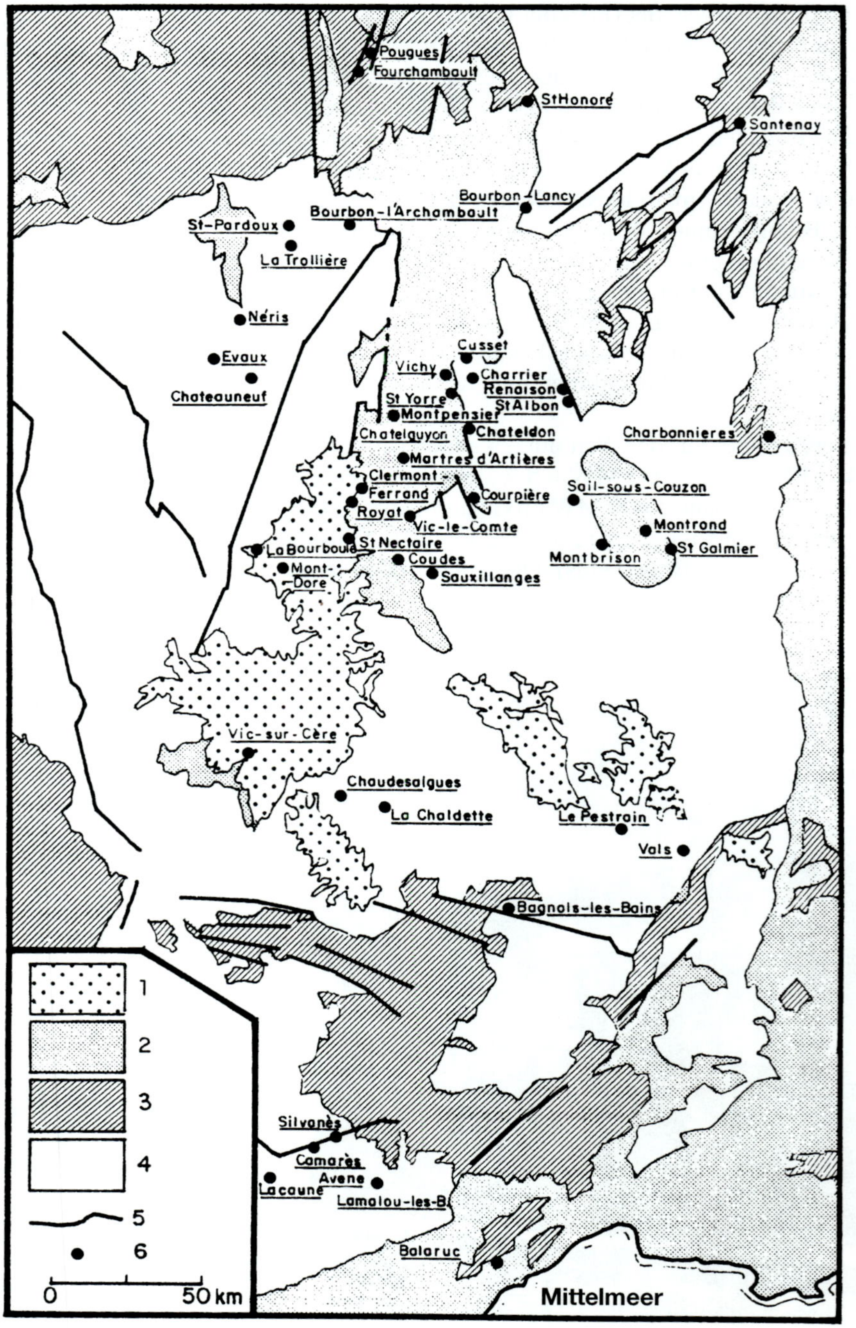

Abb. 15.4 Die Thermalquellen im französischen Zentralmassiv befinden sich in drei unterschiedlichen geologischen Situationen: Einsturzbecken bzw. Rifts (Vichy), Vulkane (Mont-Dore, Vic-sur-Cère) oder in der Nähe großer Brüche des granitischen und metamorphen Unterbaus (Évaux-les-Bains). 1 = Vulkane, 2 = Rifts, 3 = sedimentäre Gebiete des Mesozoikums, 4 = Unterbau aus Graniten und metamorphen Gesteinen (Brousse, 1986).

Dritten Welt (BOWEN, 1989; dieses Buch enthält eine Liste aller geothermischen Lokalitäten der Welt). Die Stadt Larderello in der Toscana erzeugt ihre sämtliche Energie geothermisch (Abb. 15.3): Ihren Namen erhielt sie zu Ehren ihres Wohltäters, FRANÇOIS LARDEREL, eines dauphinischen Edelmannes, der (zur Konzentrierung von Borsäure) 1827 als erster die enormen Möglichkeiten der Wärme im Untergrund erahnte. Er wurde daraufhin vom Großfürsten der Toscana, Leopold II., in den Adelsstand erhoben. 1904 wurde erstmalig in der Welt in Larderello Elektrizität mit natürlichem Dampf hergestellt. In Frankreich arbeitet zu Demonstrationszwecken in Chaudes-Aigues im Aubrac ein Kraftwerk für Geothermie mit mittlerem Wärmeinhalt. Ein Kraftwerk für Geothermie mit hohem Wärmeinhalt befindet sich in Bouillante auf Guadeloupe.

15.2 Der Vulkanismus als Quelle für Gesundheit und Freizeit

Die Thermalwässer vulkanischen Ursprungs sind seit dem Altertum bekannt und begehrt für die heilende Wirkung, die man ihnen nachsagt. HIPPOKRATES nutzte sie bereits im 5. Jh. v. Chr. auf der Insel Kos.

Es handelt sich dabei in den meisten Fällen um in die Tiefe gesickertes Niederschlagswasser. Es durchtränkt anschließend das Nebengestein, bildet mit diesem ein Gleichgewicht aus und nimmt eine mineralogische Zusammensetzung an, die von den Austauschgesetzen zwischen Feststoffen und Flüssigkeiten bestimmt ist, bevor es einige Jahre bis Jahrhunderte später wieder an die Oberfläche tritt. Es enthält vielerlei Kationen (Ca^{2+}, Mg^{2+}, $Fe^{2+/3+}$, Na^{+}, K^{+} ...) und Anionen (HCO_3^-, SO_4^{2-} Cl^-, F^-...). Außerdem können Gase aus einem Magma in der Tiefe hinzukommen. Die Austrittstemperaturen entsprechen den ursprünglichen Temperaturen in der Tiefe jedoch nur teilweise (82 °C anstatt 190 °C in Chaudes-Aigues, Abschn. 11.4).

Thermalquellen (peri-)vulkanischen Ursprungs sind in Frankreich sehr zahlreich im Zentralmassiv zu finden: in der Limagne (Royat, Châtel-Guyon, Vichy), im Mont-Dore (La Bourboule, Le Mont-Dore, Saint-Nectaire), im Cantal (Vic-sur-Cère), in der Ardèche (Vals-les-Bains) (Abb. 15.4; BROUSSE, 1986). Hier werden Rheumatismus, der Verdauungsapparat, gynäkologische und arterielle Störungen, Atmungs- und Hautallergien sowie Nierenerkrankungen behandelt. Auf Vulcano werden schwefelhaltige Schlammbäder zur Heilung von Asthma und Hautkrankheiten empfohlen.

Schließlich stellen Vulkankomplexe oft wunderschöne und abwechslungsreiche Landschaften dar, die durch die Kombination von Aufbau und Zerstörung (Erosion und Abtragung, Verwitterung und Bodenbildung) der Vulkangebäude entstanden sind (TAZIEFF & DERRUAU, 1990; REFFAY, 1990; BARDINTZEFF, 1991, 1997; BAROIS, 1994; DECOBECQ, 1997; GAUDRU, 1997). Die umliegenden Regionen werden mitunter zu Naturparks erklärt (Chaîne des Puys, Yellowstone, Neuseeland). Sie entwickeln sich zu Quellen der Freude und Entdeckungen, zu natürlichen Sportarenen, in denen die klassischen Sportarten wie Wandern, Bergsteigen, Skifahren oder „angesagtere" wie BMX und Drachenfliegen betrieben werden können.

16 Vulkanismus in Deutschland

In Deutschland erstreckt sich eine bedeutende vulkanisch geprägte Zone über 600 km Länge mit rund 10 verschiedenen Schwerpunkten in mehr oder weniger großer Entfernung entlang des Rheintals. Von Norden nach Süden sind dabei folgende Gebiete zu nennen: Odenwald, Spessart, Taunus, Westerwald, Siebengebirge, Osteifel, Westeifel, Vogelsberg, Frankfurt, Katzenbuckel, Schwäbische Alb, Kaiserstuhl und Hegau (KRAFFT & DE LAROUZIÈRE, 1991). Die Vulkane sind sämtlich im Tertiär und Quartär tätig gewesen, vom Paläozän vor 60 Mio. Jahren bis zum Holozän vor nur 10 000 Jahren.

Ein alkalischer Intraplattenvulkanismus entwickelte sich im Zusammenhang mit Dehnungstektonik in einer Region, die von Horsten und Gräben geprägt ist. Er reiht sich zusammen mit dem Französischen Zentralmassiv in das an die känozoischen Extensionen Westeuropas gebundene vulkanische Geschehen ein (BROUSSE, WIMMENAUER et coll., 1979).

Das Erscheinungsbild der Eruptionen ist sehr vielfältig: Es treten sowohl Lavaströme als auch Tephren auf (Airfalls und pyroklastische Asche- und Bimsströme mit gelegentlich zusätzlichem hydrovulkanischen Charakter) (siehe Kap. 7 bis 10).

Daraus resultiert eine eigenständige Morphologie, wie z. B. die berühmten Maare. Hierbei handelt es sich um Depressionen, die von lateralen phreatischen oder phreatomagmatischen Explosionen herrühren und häufig von einem See oder von Sümpfen ausgefüllt sind (Kap. 10); das deutsche Wort „Maar“ ist von der internationalen Wissenschaftlergemeinschaft als gebräuchlicher Terminus angenommen worden.

Verschiedene petrographische Typen werden unterschieden (siehe Klassifikation in Abb. 11.1). SiO_2-untersättigte Laven dominieren in großem Maße: Basanite, Basalte, Tephrite und Phonolithe; bestimmte Laven sind sogar besonders reich an Foiden, so daß Leucitite, Nephelinite und Melilithite auftreten. Der **Limburgit** ist ein nach den Ruinen von Limburg (Kaiserstuhl) benannter spezieller Basanit, in dem die Mesostasis sehr stark SiO_2-untersättigtes Glas enthält, das potentielle Foide darstellt, die nicht zur Auskristallisation kamen. Die Essexite und Theralithe werden als die plutonischen Äquivalente der Tephrite und Basanite angesehen. Man verzeichnet hingegen auch einige SiO_2-gesättigte Gesteine wie Trachyte und Latite.

Außerdem stehen am Kaiserstuhl die auf der ganzen Welt sehr seltenen und höchst ungewöhnlichen Karbonatite an (Kap. 1 und 4)! Diese aus Calcit zusammengesetzten Plutonite ähneln einem Kalkstein und wurden früher auch dafür gehalten.

In heutiger Zeit ist im Rheintalgraben noch immer ein anomal hoher geothermischer Gradient von 12 K/100 m anstelle des Mittelwertes von 3 K/100 m festzustellen. Auch sind in diesem Gebiet Thermalquellen bekannt (Baden-Baden). Im Laacher See kann der Aufstieg kleiner CO_2-Bläschen beobachtet werden.

Die für einen Besuch interessanten Gebiete sind die Ost- und die Westeifel, der Vogelsberg und der Kaiserstuhl.

Eifel (nach SCHMINCKE et al., 1990)

Hier werden zwei Provinzen mit jeweils zahlreichen Eruptionszentren unterschieden (Abb. 16.1).

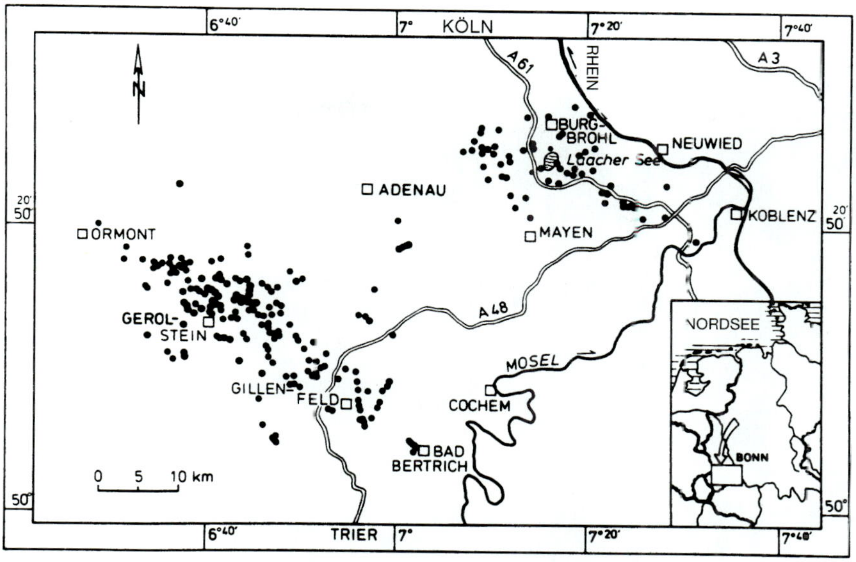

Abb. 16.1 Die verschiedenen Eruptionszentren der Ost- und Westeifel (nach SCHMINCKE & MERTES, 1979; MERTES & SCHMINCKE, 1983).

	1	2	3	4	5
Analyse der Oxide in Gew.-%					
SiO_2	41,70	41,80	57,00	43,02	1,27
TiO_2	2,94	2,45	0,82	2,99	0,16
Al_2O_3	11,60	11,90	18,80	13,23	0,54
Fe_2O_3	5,25	4,16	2,10	4,36	2,24*
FeO	5,62	6,89	1,30	6,20	
MnO	0,19	0,18	0,13		0,32
MgO	10,10	13,10	0,70	10,03	0,58
CaO	14,30	12,50	3,50	11,25	52,36
Na_2O	2,50	3,17	5,60	2,88	0,12
K_2O	3,69	1,56	7,00	0,88	0,05
P_2O_5	0,54	0,98	0,22	0,85	1,47
GV	0,70	0,42	1,60	3,76	1,85
CO_2					37,40
Gesamt	99,13	99,11	99,77	99,45	98,36

1. Leucitit-Nephelinit, Westeifel (MERTES & SCHMINCKE, 1985); 2. Basanit, Westeifel (MERTES & SCHMINCKE, 1985); 3. Phonolith, Obere Laacher-See-Tuffe, Laacher See, Osteifel (WÖRNER & SCHMINCKE, 1984); 4. Basanit, Hungen-Langd, Vogelsberg (EHRENBERG, 1981); 5. Karbonatit, Lapilli in Form von „Peles Tränen", Henkenberg, Kaiserstuhl (KELLER, 1981).
* = Gesamteisen, GV = Glühverlust = H_2O^+ + H_2O^- + Fluide (CO_2, Cl, F, S ...); beim Karbonatit wurde der CO_2-Gehalt bestimmt.

Tabelle 16.1 Einige chemische Analysen der Förderprodukte des Vulkanismus in Deutschland.

Abb. 16.2 Die Schichtfolge am Laacher See (Photo J.-M. BARDINTZEFF).

Westeifel

Sie erstreckt sich in NW-SO-Richtung über 50 km Länge und umfaßt 240 Eruptionszentren, darunter rund 50 Maare (SCHMINCKE & MERTES, 1979; SCHMINCKE, 1982). Die anderen Zentren sind Schlackenkegel, etwa 50 von ihnen haben Lavaströme gefördert. Die Aktivität setzte vor ungefähr 700 000 Jahren ein; das Ulmener Maar ist mit einem Alter von nur 10 000 Jahren der jüngste Vulkan in Deutschland. Insgesamt wurden 0,5 km^3 DRE vulkanischen Gesteins gefördert. Es handelt sich im wesentlichen um Leucitite und Nephelinite, einige Basanite und selten um Tephrite und Phonolithe (MERTES & SCHMINCKE, 1985; Tabelle 16.1).

Osteifel

Dieses etwas kleinere Gebiet ist bei einer Längserstreckung von 35 km und einer Breite von 5 bis 20 km ebenfalls NW – SO orientiert. Es wurden 60 Eruptionszentren gezählt (SCHMINCKE & MERTES, 1979; SCHMINCKE, 1982). Es handelt sich hauptsächlich um Vulkankegel (45 an der Zahl), von denen etwa 40 Lavaströme förderten. Ebenso wurden drei angrenzende Calderen registriert (Rieden, Wehr und Laacher See).

Die ältesten Vulkane besitzen ein Alter von 700 000 Jahren, doch die meisten waren zwischen 500 000 und 200 000 Jahre vor heute aktiv. Die Gesteine sind vorrangig Basanite, lokal treten Leucitite, Nephelinite, Tephrite und Phonolithe auf.

Am Laacher See ereignete sich eine äußerst heftige Eruption, die auf 11 000 Jahre datiert wurde (16 Datierungen zwischen 10 600 und 11 400 Jahren!) und die eine Folge explosiver plinianischer und phreatomagmatischer Episoden darstellte (Abb. 16.2). Das geförderte Gesamtvolumen wurde auf 16 km³ geschätzt, d. h. 5 km³ DRE. Es handelte sich hierbei um die bedeutendste plinianische Eruption Mitteleuropas im Quartär (Abb. 16.3). Sie hinterließ ein Maar, das teilweise vom heutigen See eingenommen wird (Abb. 16.4). An seinen recht geheimnisvollen Ufern kann man, wenn man Glück hat, das Knistern und Sprudeln der CO_2-Bläschen erleben. Die komplexen Ablagerungen von Asche-Airfalls, pyroklastischen Strömen, phreatomagmatischen Explosionen und von Ignimbriten sind Gegenstand zahlreicher Untersuchungen gewesen (BOGAARD & SCHMINCKE, 1984, 1985; WÖRNER & SCHMINCKE, 1984 a und b; FREUNDT & SCHMINCKE, 1985; SCHUMACHER & SCHMINCKE, 1990; Tabelle 16.1). Sie sind phonolithischer Zusammensetzung, und man findet mehrere mm große Phänokristalle von blauem Hauyn.

Vogelsberg (EHRENBERG, in BROUSSE, WIMMENAUER et coll., 1979; EHRENBERG & HICKETHIER, 1985; EHRENBERG, 1986)

Dieses Massiv liegt im äußersten Norden des Rheintalgrabens südlich der hessischen Senke. Der Vogelsberg nimmt eine Fläche von 2 500 km² ein, sein Zentrum gipfelt in 773 m Höhe (Taufstein im Oberwald). Er war zwischen 18,5 und 10 Mio. Jahren vor

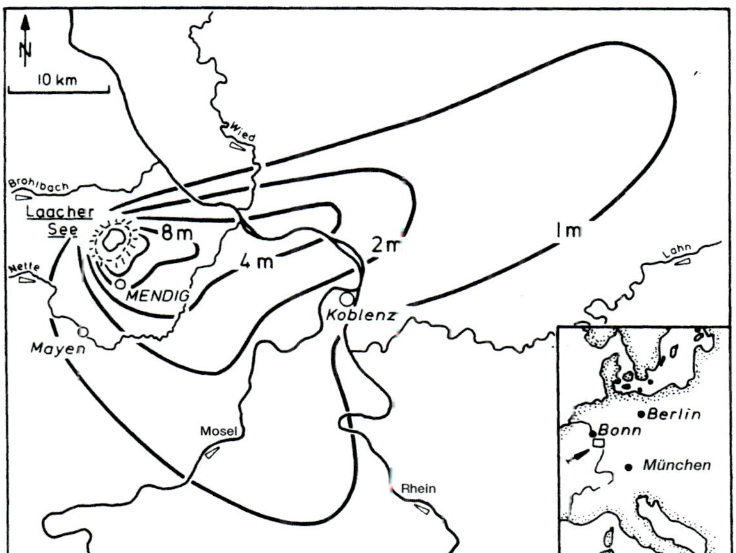

Abb. 16.3 Die Mächtigkeit der Tephraablagerungen (Isopachen in m) am Laacher See. In weiten Teilen Europas sind die Ablagerungen wiederzufinden (BOGAARD & SCHMINCKE, 1984).

Abb. 16.4 Das Laacher-See-Maar (Photo J.-M. BARDINTZEFF).

heute aktiv. Die hier anzutreffenden Gesteine sind mehr oder weniger SiO_2-untersättigte Basalte, die sich zu Hawaiiten, Mugeariten, Latiten und Trachyten differenzierten. Man verzeichnet ebenfalls das Auftreten von Basaniten, Nepheliniten, Analcimiten und Leucititen. Dabei handelt es sich sowohl um Laven als auch um pyroklastische Gesteine. Der Komplex ist durchsetzt von einigen Lager- und Gangintrusionen. In der Nähe von Hungen-Langd sind noch die Überreste eines Kraters sichtbar (EHRENBERG, 1981).

Kaiserstuhl

Dieses 12 km × 13 km große Massiv befindet sich im Oberrheingraben 15 km nordwestlich von Freiburg im Breisgau. Ein ziemlich großer Teil ist leider von Löß überdeckt. Der Kaiserstuhl ist recht komplex aufgebaut (WIMMENAUER, 1963; Abb. 16.5): Es handelt sich um einen Stratovulkan, der hauptsächlich aus Laven und Pyroklastiten leucittephritischer Zusammensetzung aufgebaut ist, deren Platznahme im wesentlichen während des mittleren Miozäns (19 bis 16 Ma) erfolgte. Basanite, Limburgite, Nephelinite und Phonolithe als Laven und/oder Gänge sind ebenfalls bekannt. KELLER (1981) beschreibt Lapilli karbonatischer Zusammensetzung (Tabelle 16.1), die mitunter tropfenförmig sind und daher auch „Peles Tränen“ genannt werden (Abschn. 7.1).

Im Inneren des Massivs findet man auf einer 1 km^2 großen Fläche Essexite und Theralithe als subvulkanische Zeugnisse sowie auch intrudierte Karbonatite.

Genauere Informationen zu den umfangreichen Problemen von Mineralogie und Genese der Karbonatite findet man in STRECKEISEN (1979) und BELL (1989).

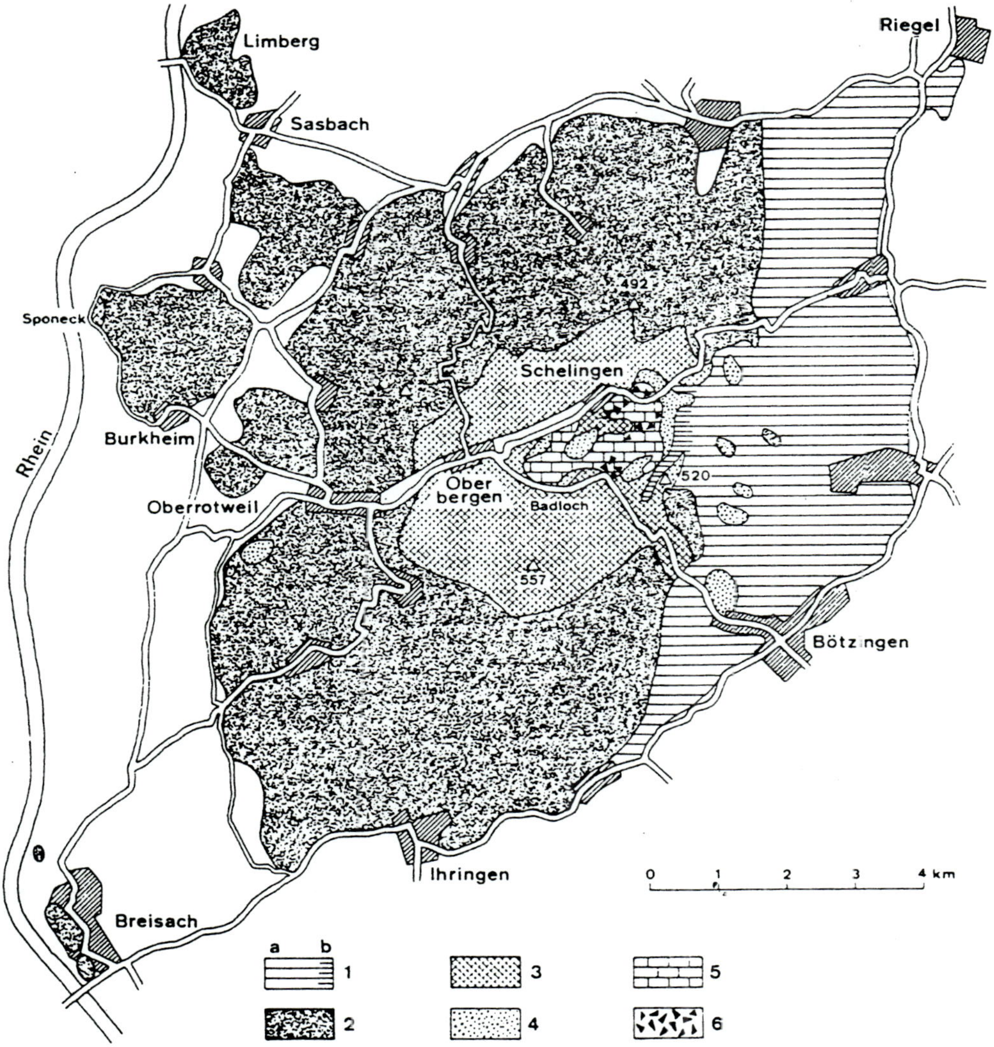

Abb. 16.5 Geologische Karte des Kaiserstuhls. Die Lößüberdeckung ist nicht dargestellt (WIMMENAUER, 1963; auch in BROUSSE, WIMMENAUER et coll., 1980).
1a) Sedimentärer Sockel (Oligozän und Jura). – 1b) Kontaktmetamorphes Oligozän. – 2) Laven und Pyroklastite. – 3) Subvulkanische Gesteine der Essexit-Serie. – 4) Phonolithe, Ledmorite, Alkalisyenite. – 5) Karbonatite. – 6) Subvulkanische Breccien.

Literaturverzeichnis

ABRAMS, M., GLAZE, L. & SHERIDAN, M. (1991): Monitoring Colima volcano, Mexico, using satellite data. Bull. Volc., **53:** 571 – 574.

AISSAOUI, D.-M. (1990): Datations par magnétostratigraphie du sondage Françoise, atoll de Mururoa: deuxième phase (section entre 100 et 200 m). Rapport CEA-LPSP, 90 – 001: 1 – 15.

ALBARÈDE, F. (1992): How deep do common basaltic magmas form and differentiate? J. Geophys. Res., **97,** B7: 10997 – 11009.

ALLARD, P. (1978): Composition isotopique et origine des constituants majeurs des gaz volcaniques. Thèse doctorat 3e cycle, Université Paris VII.

ALLARD, P. (1981): Composition chimique et isotopique des gaz émis par le nouveau dôme andésitique de la Soufrière de Saint-Vincent (Antilles). C. R. Acad. Sc., Paris, **293,** II: 721 – 724.

ALLARD, P. (1982): Stable isotope composition of Hydrogen, Carbon and Sulphur in magmatic gases from rift and island arc volcanoes. Bull. Volc. **45:** 269 – 271.

ALLARD, P. (1983): The origin of Hydrogen, Carbon, Sulphur, Nitrogen and rare gases in volcanic exhalations: evidence from isotope geochemistry. In: Tazieff, H. & Sabroux, J.-C. (Eds.): Forecasting volcanic events. Amsterdam (Elsevier): 337 – 386.

ALLARD, P., CARBONNELLE, J., DAJLEVIC, D., LE BRONEC, J., MOREL, P., ROBE, M. C., MAURENAS, J.-M., FAIVRE-PIERRET, R., MARTIN, D., SABROUX, J. C. & ZETTWOOG, P. (1991): Eruptive and diffuse emissions of CO_2 from Mount Etna. Nature, **351:** 387 – 391.

ALLARD, P., CARBONNELLE, J., MÉTRICH, N., LOYER, H. & ZETTWOOG, P. (1994): Sulphur output and magma degassing budget of Stromboli volcano. Nature, **368:** 326 – 330.

ALLARD, P. & TAZIEFF, H. (1979): Phénoménologie et cartographie thermique des principales zones fumerolliennes du volcan Mérapi (Indonésie). C.R. Acad. Sc. Paris, D, **288:** 747 – 750.

ALLARD, P., TAZIEFF, H. & DAJLEVIC, D. (1979): Observations of sea floor spreading in Afar during the november 1978 fissure eruption. Nature, **279:** 30 – 33.

ALLÈGRE, C.-J. (1987a): Isotope geodynamics. Earth Planet Sc., Let., **86:** 175 – 203.

ALLÈGRE, C.-J. (1987b): Les fureurs de la Terre. Paris (Odile Jacob).

ALLÈGRE, C.-J., BRÉVARD, O., DUPRÉ, B. & MINSTER, J.-F. (1980): Isotopic and chemical effects produced in a continuously differentiating convecting Earth mantle. Phil. Trans. R. Soc. London, A, **297:** 447 – 477.

ALLÈGRE, C.-J. & CONDOMINES, M. (1982): Basalt genesis and mantle structure studied through Thisotopic geochemistry. Nature, **299:** 21 – 24.

ALLÈGRE, C.-J. & TURCOTTE, D. L. (1986): Implications of a two-component marble-cake mantle. Nature, **323** (6084): 123 – 127.

ALLEN, J. C., MODRESKI, P. J., HAYGOOD, C. & BOETTCHER, A. L. (1972): The role of water in the mantle of the earth: the stability of amphiboles and micas. 24th Internat. Geol. Congress, Montréal, **2:** 231 – 240.

ALVAREZ, W. (1986): Toward a theory of impact crises. EOS, Trans. Am. Geophys. Union, **67:** 649 – 658.

ANDERSON, A. T. (1976): Magma mixing: petrological process and volcanological tool. J. Volc. Geoth. Res., **1:** 3 – 33.

ANDERSON, A. T. (1979): Water in some hypersthenic magmas. J. Geol , **87** (5): 509 – 531.

ANDERSON, T. & FLET, J. S. (1903): Report on the eruption of the Soufrière on St. Vincent in 1902 and a visit to Montagne Pelée in Martinique: Part I. Phil. Trans. R. Soc., London, A, **200:** 353 – 553.

ANGELL, J. K. (1990): Variation in global tropospheric temperature after adjustment for the El Nino influence, 1958 – 89. Geophys. Res. Lett., **17** (8): 1093 – 1096.

ARAMAKI, S. (1991): Hazardous volcanic eruptions in Japan. Episodes, **14,** (3): 264 – 268.

ASPINALL, W. P., SIGURDSSON, H. & SHEPHERD, J. B. (1973): Eruption of Soufrière Volcano on St. Vincent island, 1971 – 72. Science, **181** (4095): 117 – 124.

AUBERT, M. & CAMUS, G. (1974): Structure profonde de la chaîne des Puys. Bull. Volc., **38:** 445 – 457.

AUBERT, M. & DANA, I.-N. (1994): Interprétation des profils radiaux de polarisation spontanée (PS) en volcanologie. Possibilités d'application de la méthode PS à la surveillance des volcans actifs. Bull. Soc. Géol. France, **165,** 2: 113 – 122.

BAKUMENKO, I. T., KOLYAGO, S. S. & SOBOLEV, V. S. (1967): Problem of interpreting temperature measurements on vitreous inclusions and the first results of tests on artificial inclusions. Dokl. Akad. Nauk. SSSR, **175** (5): 1127 – 1130 (in russisch).

BARBERI, F., BERTAGNINI, A., LANDI, P. & PRINCIPE, C. (1992): A review on phreatic eruptions and their precursors. J. Volc. Geoth. Res., **52:** 231 – 246.

BARBERI, F., CASALE, R. & FANTECHI, R. (Eds.) (1996):

The mitigation of volcanic hazards, European Commission, Bruxelles.

BARBERI, F., FERRARA, G., SANTACROCE, R., TREUIL, M. & VARET, J. (1975): A transitional basaltpantellerite sequence of fractional crystallization, the Boina centre (Afar rift, Ethiopia). J. Petrol., **16:** 22 – 56.

BARBERI, F., MARTINI, M. & ROSI, M. (1990): Nevado del Ruiz volcano (Colombia): pre-eruption observations and the November 13, 1985 catastrophic event. J. Volc. Geoth. Res., **42:** 1 – 12.

BARBERI, F., NERI, G., VALENZA, M. & VILLARI, L. (1991): 1987 – 1990 unrest at Vulcano. Acta Vulcanologica, **1:** 95 – 106.

BARBERI, F. & VILLARI, L. (1994): Volcano monitoring and civil protection problems during the 1991 – 1993 Etna eruption. Acta Vulcanologica, **4:** 157 – 165.

BARDINTZEFF, J.-M. (1983): Les verres et les magmas de l'éruption de 1979 de la Soufrière de Saint-Vincent (Antilles). Bull. Soc. Géol. France, **7,** XXV (6): 811 – 818.

BARDINTZEFF, J.-M. (1984a): Les pyroxènes et leurs inclusions, marqueurs privilégiés des nuées ardentes (Saint-Vincent, Antilles, 1979). Bull. Minéral., **107:** 41 – 54.

BARDINTZEFF, J.-M. (1984b): Merapi volcano (Java, Indonesia) and Merapi type nuée ardente. Bull. Volc., **47-3:** 433 – 446.

BARDINTZEFF, J.-M. (1985a): Les nuées ardentes: pétrogenèse et volcanologie. Thèse doctorat d'État, Université Paris-Sud, Orsay und Bull. PIRPSEV CNRS, **109 b**.

BARDINTZEFF, J.-M. (1985b): Calc-alkaline nuées ardentes: a new classification. J. Geodynamics, **3:** 303 – 325.

BARDINTZEFF, J.-M. (1986): Volcans et magmas. Paris, Monaco (Le Rocher).

BARDINTZEFF, J.-M. (1987): Les nuées ardentes. La Recherche, **18** (194): 1462 – 1470.

BARDINTZEFF, J.-M. (1988): Les éruptions explosives, de la chambre magmatique à l'émission. Géochronique, **26:** 15 – 18.

BARDINTZEFF, J.-M. (1991): L'Homme et... les volcans. Le Léopard d'or, Paris und Muséum Guimet d'histoire naturelle, Lyon.

BARDINTZEFF, J.-M. (1992): Magma mixing processes in volcanic contexts, a thermodynamical approach with the examples of St. Vincent Soufrière volcano. West Indies and Cero Chiquito, Guatemala. Terra Nova, **4:** 553 – 566.

BARDINTZEFF, J.-M. (1993): Volcans. Paris (Armand Colin).

BARDINTZEFF, J.-M. (1997): Connaître et découvrir...les volcans. Genève, Paris (Liber).

BARDINTZEFF, J.-M., BELLON, H., BONIN, B., BROUSSE, R. & MCBIRNEY, A. R. (1988): Plutonic rocks from Tahiti Nui caldera (Society Archipelago, French Polynesia): a petrological, geochemical and mineralogical study. J. Volc. Geoth. Res., **35:** 31 – 53.

BARDINTZEFF, J.-M. & BONIN, B. (1986): L'effet amphibole: des dômes aux nuées ardentes. C.R. Acad. Sc. Paris, **303, II:** 159 – 162.

BARDINTZEFF, J.-M. & BONIN, B. (1987): The amphibole effect: a possible mechanism for triggering explosive eruptions. J. Volc. Geoth. Res., **33:** 255 – 262.

BARDINTZEFF, J.-M. & BOUDON, G. (1979): Nuées ardentes de l'éruption d'avril-mai 1979 de la Soufrière de Saint-Vincent (Antilles). C. R. Acad. Sc. Paris, D, **289:** 891 – 894.

BARDINTZEFF, J.-M., BROUSSE, R., CLOCCHIATTI, R. & WEISS, J. (1980): Évolution des phénocristaux et de leurs inclusions magmatiques dans la „dacite" du dôme du Santiaguito (Guatemala). C. R. Acad. Sc. Paris, D, **290:** 743 – 746.

BARDINTZEFF, J.-M., BROUSSE, R. & GACHON, A. (1985): Conditions of building of coral reefs on a volcano: Mururoa in Tuamotu and Rurutu in Australes (French Polynesia). Proceedings of the Fifth International Coral Reef Congress, Tahiti, **6:** 401 – 405.

BARDINTZEFF, J.-M., & CLOCCHIATTI, R. (1980): Les inclusions vitreuses des plagioclases des dépôts de nuée ardente de l'éruption d'avril 1979 de la Soufrière de Saint-Vincent (Antilles): un apport à la compréhension du dynamisme. C. R. Acad. Sc. Paris, D, **291:** 529 – 532.

BARDINTZEFF, J.-M., DALABAKIS, P., TRAINEAU, H. & BROUSSE, R. (1989a): Recent explosive volcanic episodes on the island of Kos (Greece): associated hydrothermal parageneses and geothermal area of Volcania. Terra nova, **1,** (1): 75 – 78.

BARDINTZEFF, J.-M., DEMANGE, J. & GACHON, A. (1986): Petrology of the volcanic bedrock of Mururoa atoll (Tuamotu archipelago, French Polynesia). J. Volc. Geoth. Res., **28:** 55 – 83.

BARDINTZEFF, J.-M. & DENIEL, C. (1992): Magmatic evolution of Pacaya and Cerro Chiquito volcanological complex, Guatemala. Bull. Volc., **54:** 267 – 283.

BARDINTZEFF, J.-M., LEYRIT, H., GUILLOU, H., GUILLE, G., BONIN, B., GIRET, A. & BROUSSE, R. (1994): Transition between tholeiitic and alkali basalts: petrographical and geochemical evidences from Fangataufa, Pacific Ocean, and Kerguelen, Indian Ocean. Geoch. J., **28:** 6, 489 – 515.

BARDINTZEFF, J.-M. & MISKOVSKY, J.-C. (1984): Identité granulométrique des tephra. Bull. Ass. Fr. Étude Quaternaire, **1984-4:** 221 – 231 und Bull. PIRPSEV, **86:** 1 – 20.

BARDINTZEFF, J.-M., MISKOVSKY, J.-C., TRAINEAU, H. & WESTERCAMP, D. (1989b): The recent pumice eruptions of Mt. Pelée volcano, Martinique. Part II: Grain-size studies and modeling of the last Plinian phase P1. J. Volc. Geoth. Res., **38:** 35 – 48.

BAROIS, P. (1994): Les volcans du monde. Dans le feu de l'action. Hem (Gabriande).

BASALTIC VOLCANISM STUDY PROJECT (1981): Basaltic volcanism on the terrestrial plantes. New York (Pergamon Press).

BASILEVSKY, A. T. (1990): Volcanism and tectonics on the Solar system planets and satellites: dependence on the body radius and distance to the central body. Twelfth Soviet-American microsymposium, Moscow: 16-17.

BAUDRY, N., DIAMENT, M. & ALBOUY, Y. (1987): Precise location of unsurveyed seamounts in the Austral archipelago area using SEASAT data. Geophys. J. R. astr. Soc., **89:** 869 – 888.

BAXTER, P. J. (1990): Medical effects of volcanic eruptions, I. Main causes of death and injury. Bull. Volc., **52:** 532 – 544.

BAYLE DES HERMENS, R. DE (1971): Le Magdalénien final de la couche E du gisement du Rond du Barry. L'Anthropologie, **75:** 7 – 8.

BÉBIEN, J., GAGNY, C. & TANANI, S. S. (1987): Les associations de magmas acides et basiques: des objets fractals? C. R. Acad. Sc. Paris, **305,** II: 277 – 280.

BEGET, J. E. & KIENLE, J. (1992): Cyclic formation of debris avalanches at Mount St. Augustine volcano. Nature, **356:** 701 – 704.

BELL, K. (Ed.) (1989): Carbonatites, genesis and evolution. London (Unwin Hyman).

BELL, K. & KELLER, J. et al. (Eds.) (1995): Carbonatite volcanism, Oldoinyo Lengai and the petrogenesis of natrocarbonatites. Berlin (Springer).

BELLIER, O. & SÉBRIER, M. (1994): Relationship between tectonism and volcanism along the Great Sumatran Fault Zone deduced by SPOT image analyses. Tectonophysics, **233:** 215 – 231.

BENNETT, F. D. (1974): On volcanic ash formation. Amer. J. Sc., **274-6:** 648 – 661.

BERG, G.W. (1986): Evidence for carbonate in the mantle. Nature, **324:** 50 – 51.

BERGER, E.-T. (1985): Hétérogénéités pétrographiques du manteau sud-pacifique, sous l'archipel des Australes: mise en évidence et interprétation par l'étude des enclaves ultramafiques. Bull. Soc. Géol. France, **8,** I, (2): 207 – 216.

BERGER, E.-T., LAURENT, I. & VANNIER, M. (1994): Approche stochastique des crises volcaniques. Exemple du massif central français. Colloque Géoprospective, UNESCO, Paris, Résumés, 33 – 34.

BERNARD, A. (1997): Recent increase in temperature of the crater lake of Kelut volcano in Indonesia. IAVCEI General Assembly, Puerto Vallarta, Mexico, January 19-24, abstracts, 42.

BERRINO, G., RYMER, H., BROWN, G. C. & CORRADO, G. (1992): Gravity-height correlations for unrest at calderas. J. Volc. Geoth. Res., **53:** 11 – 26.

BERTHOMMIER, P.-C., BAHAR, I., BOUDON, G., CAMUS, G., GOURGAUD, A., LAJOIE, J. & VINCENT, P.-M. (1992): Le Merapi et ses éruptions: importance des mécanismes phréatomagmatiques. Bull. Soc. Géol. France, **163,** (5): 635 – 644.

BEST, M. G. (1982): Igneous and metamorphic petrology. New York (Freeman & Co.).

BIGOT, S. (1986): Contribution de l'activité éruptive au bilan hydrogéochimique du volcan Arenal (Costa-Rica). C. R. Acad Sc. Paris, **302,** II, (2): 97 – 100.

BIGOT, S. & HAMMOUYA, G. (1987): Surveillance hydrogéochimique de la Soufrière de Guadeloupe, 1979 – 1985: diminution d'activité ou confinement? C. R. Acad. Sc. Paris, **304,** II, (13): 757 – 760.

BLAKE, S. (1984): Volatile oversaturation during the evolution of silicic magma chambers as an eruption trigger. J. Geoph. Res., **89,** B 10: 8237 – 8244.

BLAKE, S. (1990): Viscoplastic models of lava domes. In: FINK, J. (Ed.): Lava flows and domes. Berlin (Springer): 88 – 126.

BLAKE, S. & CAMPBELL, I. H. (1986): The dynamics of magma mixing during flow in volcanic conduits. Contr. Mineral. Petrol., **94:** 72 – 81.

BLONG, R. J. (1984): Volcanic hazards. Orlando, Florida (Academic Press).

BLUTH, G. J. S., SCHNETZLER, C. C., KRUEGER, A. J. & WALTER, L. S. (1993): The contribution of explosive volcanism to global atmospheric sulphur dioxide concentrations. Nature, **366:** 327 – 329.

BOGAARD, P. V. D. & SCHMINCKE, H. U. (1984): The eruptive center of the late Quaternary Laacher See tephra. Geol. Rundschau, **73:** 933 – 980.

BOGAARD, P. V. D. & SCHMINCKE, H. U. (1985): Laacher see tephra: a widespread isochronous late quaternary tephra layer in central and northern Europe. Geol. Soc. Am. Bull., **96:** 1554 – 1571.

BONATTI, E. & TAZIEFF, H. (1970): Exposed guyot from the Afar rift, Ethiopia. Science, **168:** 1087 – 1089.

BONIN, B. (1986): Ring complex granites and anorogenic magmatism, Studies in geology. North Oxford Academic, Oxford.

BONIN, B. (1995): Pétrologie endogène. Paris (Dunod).

BONIN, B. & BARDINTZEFF, J.-M. (1989): Plutonic rocks from Tahiti- Nui caldera (French Polynesia). II. Evolution of thermodynamical parameters during magma differentiation and emplacement. Applications to other alkaline magmatic provinces. Bull. Soc. Géol. France, **8,** V, (6): 1091 – 1099.

BORGIA, A., LINNEMAN, S., SPENCER, D., MORALES, L. D. & ANDRE, J. B. (1983): Dynamics of lava flow fronts, Arenal volcano, Costa-Rica. J. Volc. Geoth. Res., **19:** 303 – 329.

BOTTINGA, Y. & WEILL, D. F. (1970): Densities of liquid silicate systems calculated from pratical molar volumes of oxides components. Amer. J. Sc., **269:** 169 – 182.

BOUDON, G., BOURDIER, J. L., GOURGAUD, A. & LAJOIE, J. (1990): The May 1902 eruptions of Mount Pelée: high-velocity directed blasts or column-collapse nuées ardentes? reply. J. Volc. Geoth. Res., **43,** 359 – 364.

BOUDON,G., SEMET, M. P. & VINCENT, P. M. (1984): Flank failure-directed blast eruption at Soufrière, Guadeloupe, French West Indies: a 3,000 yr. old Mt. St. Helens? Geology, **12:** 350 – 353.

BOURDIER, J.-L. (Ed.) (1994): Le volcanisme, Manuels et méthodes. BRGM, Orléans.

BOURDIER, J.-L., BOUDON, G. & GOURGAUD, A. (1989): Stratigraphy of the 1902 and 1929 nuée ardente deposits, Mt. Pelée, Martinique. J. Volc. Geoth. Res., **38:** 77 – 96.

BOURDIER, J.-L., GOURGAUD, A. & VINCENT, P. M. (1985): Magma mixing in an main stage of formation of Montagne Pelée: the Saint-Vicent-type scoria flow sequence (Martinique, F.W.I.). J. Volc. Geoth. Res., **25:** 309 – 332.

BOWEN, N. L. (1928): The evolution of the igneous rocks. Princeton, New Jersey (Princeton University Press).

BOWEN, R. (1990): Geothermal resources. 2. Aufl. London (Elsevier).

BRASSEUR, G. & GRANIER, C. (1992): Mount Pinatubo aerosols, chlorofluorocarbons, and ozone depletion. Science, **257:** 1239 – 1242.

BRAZIER, S., DAVIS, A. N., SIGURDSSON, H. & SPARKS, R. S. J. (1982): Fall-out and deposition of volcanic ash during the 1979 explosive eruption of the Soufrière of St. Vincent. J. Volc. Geoth. Res., **14:** 335 – 359.

BREMOND D'ARS DE, JAUPART, C. & SPARKS, R. S. (1995): Distribution of volcanoes in active margins. J. Geophys. Res., **100,** B10: 20 421 – 20 432.

BRIVIO, P. A., LO GUIDICE, E. & ZILIOLI, E. (1989): Thermal infrared surveys at Vulcano island: an experimental approach to the thermal monitoring of volcanoes. In: LATTER, J. H. (Ed.): Volcanic hazards. Berlin (Springer): 357 – 371.

BROOKS, C. K. & PRINTZLAU, I. (1978): Magma mixing in mafic alkaline volcanic rocks: the evidence from relict phenocryst phases and other inclusions. J. Volc. Geoth. Res., **4:** 315 – 331.

BROUSSE, R. (1961): Analyses chimiques des roches volcaniques tertiaires et quaternaires de la France. Bull. Serv. Carte Géol. France, **58,** (263): 1 – 160.

BROUSSE, R. (1971): Magmatologie du volcanisme néogène et quaternaire du Massif Central. Symposium Jean Jung, Plein Air Service, Clermont-Ferrand: 377 – 478.

BROUSSE, R. (1974): Le volcanisme en France. Revue de la Haute-Auvergne, **44:** 221 – 242.

BROUSSE, R. (1984a): Le volcan sous-marin actif „Moua Pihaa" à l'extrémité sud-est de l'archipel de la Société (Polynésie française). C. R. Acad. Sc. Paris, **299,** II: 995 – 998.

BROUSSE, R. (1984b): Des océans aux continents: place et part du volcanisme. Bull. Soc. Géol. France, **7,** XXVI, (3): 443 – 469.

BROUSSE, R. (1986): Le thermalisme en régions volcaniques françaises. Presse thermale et climatique, **123,** (4): 165 – 172.

BROUSSE, R. & BARDINTZEFF, J.-M. (1987): Le volcanisme quaternaire, influence sur le cadre de vie. In: MISKOVSKY, J.-C. (Ed.): Géologie de la Préhistoire, Paris, GEOPRE: 241 – 249.

BROUSSE, R. & BELLON, H. (1983): Réflexions chronologiques et pétrologiques sur le volcanisme associé au développement des rifts de France. Bull. Centres Rech. Explor.-Prod. Elf-Aquitaine, **7,** (1): 409 – 424.

BROUSSE, R., DELIBRIAS, G., LABEYRIE, J. & RUDEL, A. (1969): Éléments de chronologie de la chaîne des Puys. Bull. Soc. Géol. France, **7,** (11): 770 – 793.

BROUSSE, R. & GUILLE, G. (1974): Géologie et pétrologie des îles Gambier. Cahiers du Pacifique, **18,** (I): 159 – 244.

BROUSSE, R. & LEFÈVRE, C. (1990): Le volcanisme en France et en Europe limitrophe. Paris (Masson).

BROUSSE, R. & LÉOTOT, C. (1988): Modèle d'édification de l'archipel de la Société (Polynésie française). C. R. Acad. Sc. Paris, **307,** (II): 533 – 536.

BROUSSE, R. & RICHER DE FORGES, B. (1980): Laves alcalines et différenciées du volcan sous-marin Macdonald (Australes, Pacifique). C. R. Acad. Sc. Paris, D, **290:** 1055 – 1057.

BROUSSE, R., WIMMENAUER W. et coll. (1979): Le volcanisme alcalin lié aux distensions cénozoïques de l'Ouest Européen (Massif Central, Fossé Rhénan), livret-guide de l'excursion 105A du 26e Congrès géologique International, Paris, 1980, Sciences de la Terre, **XXIII** (3), 3 – 60.

BUDDINGTON, A. F. & LINDSLEY, D. H. (1964): Iron titanium oxides minerals and synthetic equivalents. J. Petrol., **5:** 310 – 357.

BUDKEWITSCH, P. & ROBIN, P. Y. (1994): Modelling the evolution of columnar joints. J. Volc. Geoth. Res., **59:** 219 – 239.

BUNSEN, R. W. (1851): Über die Prozesse der vulkanischen Gesteinsbildungen Islands. Ann. Phys. Chem., Leipzig, **83:** 197 – 272.

BURNHAM, C. W. (1979): The importance of volatile constituents. In: YODER, H. S. JR. (Ed.): The evolution of the igneous rocks. Princeton, New Jersey (Princeton University Press): 439 – 482.

CAILLEAUX, P., FOUILLAC, C., MICHARD, G. & OUZOUNIAN, G. (1976): Étude géochimique des sources thermales de Chaudes-Aigues (Cantal). Conséquences géochimiques. C. R. Acad. Sc. Paris, D, **282:** 1237 – 1240.

CALVACHE, M. L. & WILLIAMS, S. N. (1997): Emplacement and petrological evolution of the andesitic dome of Galeras volcano, 1990 – 1992. J. Volc. Geoth. Res., **77:** 57 – 69.

CAMBRAY, H. & CADET, J.-P. (1994): Testing global synchronism in peri-Pacific arc volcanism. J. Volc. Geoth. Res. **63:** 145 – 164.

CAMUS, G., GOER DE HERVÉ, A. DE, KIEFFER, G., MERGOIL, J. & VINCENT, P. M. (1975): Volcanologie de la chaîne des Puys. Parc naturel régional volcans d'Auvergne. Imp. moderne, Aurillac.

Camus, G., Michard, G., Olive, P., Boivin, P., Desgranges, P., Jezequel, D., Meybeck, M., Peyrus, J.-C., Vinson, J.-M., Viollier, E. & Kornprobst, J. (1993): Risques d'éruption gazeuse carbonique en Auvergne. Bull. Soc. Géol. France, **164,** (6): 767 – 781.

Camus, G. & Vincent, P. M. (1983): Discussion of a new hypothesis for the Krakatau volcanic eruption in 1883. J. Volc. Geoth. Res., **19:** 167 – 173.

Carey, S. & Sigurdsson, H. (1978): Deep sea evidence for distribution of tephra from the mixed magma eruption of the Soufrière on St. Vincent, 1902: Ash turbidite and air fall. Geology, **6:** 271 – 274.

Carey, S. & Sigurdsson, H. (1985): The May 18, 1980 eruption of Mount St. Helens. 2. Modeling of dynamics of the plinian phase. J. Geophys. Res., **90,** (B4): 2948 – 2958.

Carey, S. & Sigurdsson, H. (1987): Temporal variation in column height and magma discharge rate during the 79 A.D. eruption in the Vesuvius. Geol. Soc. Am. Bull., **99:** 303 – 314.

Carey, S., Sigurdsson, H., Mandelville, C. & Bronto, S. (1996): Pyroclastic flows and surges over water: an example from the 1883 Krakatau eruption. Bull. Volc., **57:** 493 – 511.

Caron, J.-M., Gauthier, A., Schaaf, A., Ulysse, J. & Wozniak, J. (1995): Comprendre et enseigner la planète Terre. 3. Aufl. Paris (Ophrys)

Cas, R. A. F. & Wright, J. V. (1988): Volcanic successions, modern and ancient. London (Chapman & Hall).

Casadevall, T. J. (Ed.) (1994): Volcanic ash and aviation safety: Proceedings of the first International Symposium, Seattle, juillet 1991, US Geol. Survey Bull., 2047.

Cawthorn, R. G. (Ed.) (1996): Layered intrusions. Amsterdam (Elsevier).

Cepeda, H., James, R., Murcia, L. A., Parra, E., Salinas, R. Y. & Vergara, H. (1985): Mapa de riesgos volcanicos potenciales del Nevado del Ruiz, esc. 1/100 000. Memoria explicativa: 1 – 28.

Chaigneau, J., Tazieff, H. & Fabre, R. (1960): Composition des gaz volcaniques du lac de lave permanent du Nyiragongo (Congo belge). C. R. Acad. Sc. Paris, **250:** 2482 – 2485.

Cheminée, J.-L., Hekinian, R., Talandier, J., Albarède, F., Dewey, C. W., Francheteau, J. & Lancelot, Y. (1989): Geology of an active hot spot: Teahitia-Mehetia region in the south central Pacific. Marine Geophys. Res., **11:** 27 – 50.

Cheminée, J.-L., Stoffers, P., McMurtry, G., Richnow, H., Puteanus, D. & Sedwick, P. (1991): Gas-rich submarine exhalations during the 1989 eruption of Macdonald seamount. Earth Planet. Sc. Let., **107:** 318 – 327.

Chesner, C. A. & Rose, W. I. (1991): Stratigraphy of the Toba tuffs and the evolution of the Toba caldera complex, Sumatra, Indonesia. Bull. Volc., **53:** 343 – 356.

Chevalier, L. & Verwoerd, W. J. (1988): A numerical model for the mechanical behavior of intraplate volcanoes. J. Geophys. Res., **93,** B5: 4182 – 4198.

Chevrier, R. M. (1990): Lake Nyos: phenomenology of the explosive event of December 30, 1986. J. Volc. Geoth. Res., **42:** 387 – 390.

Chin, M., Jacob, D. J., Gardner, G. M., Foreman-Fouler, M. S. & Spiro, P. A. (1996): A global three-dimensioal model of tropospheric sulfate. J. Geophys. Res., **101:** D13, 18667 – 18690.

Chorowicz, J., Bardintzeff, J.-M., Rasamimanana, G., Chotin, P., Thouin, C. & Rudant, J.-P. (1997): An approach using SAR ERS images to relate extension fractures to volcanic vents: examples from Iceland and Madagascar. Tectonophysics, **271:** 263 – 283.

Chorowicz, J., Deffontaines, B., Huaman-Rodrigo, D., Guillande, R., Le Guern, F. & Thouret, J.-C. (1992): SPOT satellite monitoring of the eruption of Nevado Sabancaya volcano (Southern Peru). Remote Sens. Environ., **42:** 43 – 49.

Chrétien, S. & Brousse, R. (1988): La montagne Pelée se réveille. Paris (Boubée).

Christiansen, R. L. & Peterson, D. W. (1981): Chronology of the 1980 eruptive acitivity. In: Lipman, P. W. & Mullineaux, D. R. (Eds.): The 1980 eruptions of Mount St. Helens. Washington, US Geol. Survey Prof. Paper, **1250:** 17 – 30.

Cigolini, C., Borgia, A. & Casertano, L. (1984): Intra-crater activity, aa-block lava, viscosity and flow dynamics: Arenal volcano, Costa-Rica. J. Volc. Geoth. Res., **20:** 155 – 176.

Cisternas et al. (1989): The Spitak (Armenia) earthquake of 7 december 1988: field observations, seismology and tectonics. Nature, **339** (6227): 675 – 679.

Clague, D. A. (1987): Hawaiian alkaline volcanism. In: Fitton, J. G. & Upton, B. G. J. (Eds.): Alkaline igneous rocks. Geol. Soc. Sp. Pub., London, **30:** 227 – 252.

Clocchiatti, R. (1974): Les inclusions vitreuses des cristaux de quartz: étude optique, thermo-optique et chimique. Applications géologiques. Thèse doctorat d'État, Université Paris-Sud, Orsay, France, Mémoire Soc. Géol. **122.**

Clocchiatti, R. (1979): Découverte dans la mésostase des laves à affinité andésitique du Monte Arci (Sardaine occidentale) de verres riches en titane et phosphore et élargissement du domaine d'immiscibilité entre liquides silicatés. C. R. Acad. Sc. Paris, D, **289:** 607 – 610.

Clocchiatti, R. & Krasov, N. (1979): Cristallisation fractionnée et immiscibilités dans les liquides silicatés calco-alcalins piégés dans les phénocristaux de plagioclases des laves du volcan Karimski (Kamchatka, URSS): C. R. Acad. Sc. Paris, D, **289:** 1 – 4.

COMPARE, D. (1981): Étude structurale et pétrographique des dykes de la Valle del Bove (Etna, Sicile, Italie). Thèse de doctorat de spécialité. Bull. PIRPSEV-CNRS, **119 bis.**

COUDERT, J.-M. & JAUDIN, F. (1989): La géothermie, du geyser au radiateur. BRGM, Orléans.

COULON, C., CLOCCHIATTI, R., MAURY, R. C. & WESTERCAMP, D. (1984): Petrology of basaltic xenoliths in andesitic to dacitic host lavas from Martinique (Lesser Antilles): evidence for magma mixing. Bull. Volc., **47-4,** (1): 705 – 734.

COURTILLOT, V. E. & CISOWSKI, S. (1987): The Cretaceous-Tertiary boundary events: external or internal causes? Eos, Trans. Am. Geophys. Union, **68:** 193 – 200.

COUTHURES, J. (1989): The Sénèze maar (French Massif central): Hypothesis regarding a catastrophe occuring about 1.5 million years ago. J. Volc. Geoth. Res., **39:** 207 – 210.

CREIG, J. W. (1927): Immiscibility in silicate melts. Am. J. Sci., **13:** 1 – 44, 133 – 154.

CRISP, J. A. (1984): Rates of magma emplacement and volcanic output. J. Volc. Geotherm. Res., **20:** 172 – 211.

DABOVSKI, H., HARKOVSKA, A., KAMENOV, B., MAVROUDCHIEV, B., STANISCHEVA-VASSILEVA, G., TCHOUNEV, D. & YANEV, Y. (1991): A geodynamic model of the Alpine magmatism in Bulgaria. Geol. Balcanica, **21,** (4): 3 – 15.

DALABAKIS, P. (1987): Le volcanisme récent de l'île de Kos (Grèce). Thèse de doctorat, Université Paris-Sud, Orsay.

DANIELSEN, E. F. (1981): Trajectories of the Mount St. Helens eruption plume. Science, **211:** 819 – 821.

DEBELMAS, J. & MASCLE, G. (1997): Les grandes structures géologiques, 3. Aufl., Paris (Masson).

DECOBECQ, D. (1997): Les volcans. Les comprendre, les observer, les visiter. Paris (Éditions du Chêne, Hachette Livre).

DEFANT, M. J. & DRUMMOND, M. S. (1993): Mount St. Helens: Potential example of the partial melting of the subducted lithosphere in a volcanic arc. Geology, **21:** 547 – 550.

DEICHA, G. (1955): Les lacunes des cristaux et leurs inclusions fluides. Paris (Masson).

DE LA CRUZ-REYNA, S. (1991): Poisson-distributed patterns of explosive eruptive activity. Bull. Volc., **54:** 54 – 67.

DELANEY, P. T., FISKE, R. S., MIKLIUS, A., OKAMURA, A. T. & SAKO, M. S. (1990): Deep magma body beneath the summit and rift zones of Kilauea volcano, Hawaii. Science, **247:** 1311 – 1316.

DELMELLE, P. & BERNARD, A. (1997): Kawah Ijen volcano, Indonesia, shows excessive degassing and a low probability as an ore-forming environment. IAVCEI General Assembly, Puerta Vallarta, Mexico, 19. – 24. Januar, abstracts, 50.

DELORME, H., JAVOY, M., CHEMINÉE, J.-L. & PINEAU, F. (1981): Chemical and isotopic compositions of volcanic gases from island arc and continental margins. Terra cognita, **1:** 79.

DEMANGE, J., STIELTJES, L. & VARET, J. (1980): L'éruption d'Asal de novembre 1978. Bull. Soc. Géol. France, **7**, XXII, (6): 837 – 843.

DENIEL, C. & BARDINTZEFF, J.-M. (1989): Pacaya volcanological complex (Guatemala): petrological and geochemical evolution. Fifth European Union of Geosciences meeting, Strasbourg. Terra abstracts, **1,** (1): 323.

DETOURBET, C., BELLIER, O. & SÉBRIER, M. (1993): La caldeira volcanique de Toba et la Grande Faille de Sumatra (Indonésie) vues par l'imagerie SPOT. C. R. Acad. Sc. Paris, **316:** II, 1439 – 1445.

DEVINE, J. D. & SIGURDSSON, H. (1983): The liquid composition and crystallization history of the 1979 Soufrière magma, St. Vincent, West Indies. J. Volc. Geoth. Res., **16:** 1 – 31.

DIAMENT, M. & BAUDRY, N. (1987): Structural trends in the Southern Cook and Austral archipelagoes (South Central Pacific) based on an analysis of SEASAT data: geodynamic implications. Earth Planet. Sc. Let., **85:** 427 – 438.

DIDIER, J. & BARBARIN, B. (1991): Enclaves and granite petrology. Amsterdam (Elsevier).

DRUITT, T. H. (1985): Vent evolution and lag breccia formation during the Cape Riva eruption of Santorini, Greece. J. Geol. **93:** 439 – 454.

DRUITT, T. H. & SPARKS, R. S. J. (1984): On the formation of calderas during ignimbrite eruptions. Nature, **310:** 679 – 681.

DUBOIS, J. & CHEMINÉE, J.-L. (1989): Volcans sous surveillance. La Recherche, suppl. **212:** 22 – 25.

DUBOIS, J. & CHEMINÉE, J.-L. (1993): Les cycles éruptifs du Piton de la Fournaise: analyse fractale, attracteurs, aspects déterministes. Bull. Soc. Géol. France, **164,** (1): 3 – 16.

DUNBAR, N. W. & HERVIG, R. L. (1992): Petrogenesis and volatile stratigraphy of the Bishop Tuff: evidence from melt inclusion analysis. J. Geophys. Res., **97:** B11, 15129 – 15150.

DUPRÉ, B. & ALLÈGRE, C.-J. (1983): Pb-Sr isotope variation in Indian ocean basalts and mixing phenomena. Nature, **303:** 142 – 146.

DZURISIN, D., YAMASHITA, K. M. & KLEINMAN, J. W. (1994): Mechanisms of crustal uplift and subsidence at the Yellowstone caldeira, Wyoming. Bull. Volc., **56:** 261 – 270.

EATON, J. P. & MURATA, K. J. (1960): How volcanoes grow. Science, **132:** 925 – 938.

EGGERS, A. A. (1972): The geology and petrology of the Amatitlan quadrangle, Guatemala. Ph. D. dissert, Hannover, New Hampshire, Dartmouth College.

EGGERS, A. A. (1975): Geologic map of Amatitlan, Guatemala, 1/50 000. Instituto Geografico Nacional, Guatemala.

EHRENBERG K. H. (1981): Ein tertiärer Vulkankrater bei Hungen-Langd (Vogelsberg). Geol. Jb. Hessen, **109:** 103 – 113.

EHRENBERG K. H. (1986): Vulkanische Bildungen im Vogelsberg. Fortschr. Miner. Bd., **64, 2:** 1 – 34.

EHRENBERG K. H. & HICKETHIER H. (1985): Die Basaltbasis im Vogelsberg. Geol. Jb. Hessen, **113:** 97 – 135.

EICHELBERGER, J. C. (1975): Origin of andesite and dacite: evidence of mixing at Glass Mountain in California and at other circum-pacific volcanoes. Geol. Soc. Am. Bull., **86:** 1381 – 1391.

EICHELBERGER, J. C. (1980): Vesiculation of mafic magmas during replenishment of silicic magma reservoirs. Nature, **288:** 446 – 450.

FAIVRE PIERRET, R.-X., BERNE, P., ROUSSEL, C. & LE GUERN, F. (1992): The lake Nyos disaster: model calculations for the flow of carbon dioxide. J. Volc. Geoth. Res., **51:** 161 – 170.

FENNER, C. N. (1920): The Katmaï region, Alaska, and the great eruption of 1912. J. Geol., **28:** 596 – 606.

FENNER, C. N. (1926): The Katmaï magmatic province. J. Geol., **34:** 673 – 772.

FICHAUT, M., MAURY, R.-C., COULON, C., DUPUY, C., GOURGEAUD, A., TRAINEAU, H. & WESTERCAMP, D. (1985): Magmatologie de la montagne Pelée. Bull. PIRPSEV, **101:** 1 – 94.

FIERSTEIN, J. & HILDRETH, W. (1992): The plinian eruptions of 1912 at Novarupta, Katmaï National Park, Alaska. Bull. Volc., **54:** 646 – 684.

FIERSTEIN, J. & NATHENSON, M. (1992): Another look at the calculation of fallout tephra volumes. Bull. Volc., **54:** 156 – 167.

FINK, J. H. & KIEFFER, S. W. (1993): Estimate of pyroclastic flow velocities resulting from explosive decompression of lava domes. Nature, **363:** 612 – 615.

FIOCCO, G., FUA, D. & VISCONTI, G. (Eds.) (1996): The Mount Pinatubo eruption. Effects on the atmosphere and climate. Berlin (Springer).

FISCHER, R. V. (1961): Proposed classification of volcaniclastic sediments and rocks. Geol. Soc. Amer. Bull., **72:** 1409 – 1414.

FISCHER, R. V. (1964): Maximum size, median diameter and sorting of tephra. J. Geophys. Res., **69-2:** 341 – 355.

FISCHER, R. V. & HEIKEN, G. (1982): Mt. Pelée, Martinique: may 8 and 20, 1902, pyroclastic flows and surges. J. Volc. Geoth. Res., **13:** 339 – 371.

FISCHER, R. V. & HEIKEN, G. (1990): Discussion of four papers in the Mount Pelée special issue. J. Volc. Geoth. Res., **43:** 353 – 358.

FISCHER, R. V. & SCHMINCKE, H. U. (1978): Les ignimbrites. In: GIROD, M. (Ed.): Les roches volcaniques: pétrologie et cadre structural. Paris (Doin): 193 – 209.

FISCHER, R. V. & SCHMINCKE, H. U. (1984): Pyroclastic rocks. Berlin (Springer).

FISKE, R. S. & SHEPHERD, J. B. (1990): Twelve years of ground-tilt measurements on the Soufrière of St. Vincent, 1977 – 1989. Bull. Volc., **52:** 227 – 241.

FLOOD, T. P., SCHURAYTZ, B. C. & VOGEL, T. A. (1989): Magma mixing due to disruption of a layered magma body. J. Volc. Geoth. Res., **36:** 241 – 255.

FOUILLAC, C. (1983): Chemical geothermometry in CO_2-rich thermal waters. Example of the French Massif Central. Geothermics, **12:** 2/3, 149 – 160.

FOURNET, J. (1846): Géologie lyonnaise. Lyon (De Barret).

FRANCIS, P. W. (1984): Les caldeiras volcaniques géantes. In: Les volcans. Bibliothèque pour la Science, Belin: 69 – 81.

FRANCIS, P. W. (1985): The origin of the 1883 Krakatau tsunamis. J. Volc. Geoth. Res., **25:** 349 – 363.

FRANCIS, P. W. (1993): Volcanoes. A planetary perspective. New York (Oxford University Press).

FRANCIS, P. W. & BAKER, M. C. W. (1977): Mobility of pyroclastic flows. Nature, **270:** 164 – 165.

FRANCIS, P. W., OPPENHEIMER, C. & STEVENSON, D. (1993): Endogenous growth of persistently active volcanoes. Nature, **366:** 554 – 557.

FRANCIS, P. W., ROOBOL, M. J., WALKER, G. P. L., COBBOLD, P. R. & COWARD, M. (1974): The San Pedro and San Pablo volcanoes of northern Chile and their hot avalanches deposits. Geol. Rundschau, **63-1:** 357 – 389.

FRANCIS, P. W. & SELF, S. (1984): L'éruption du Krakatao. Bibliothèque pour la Science, Belin: **75:** 72 – 83.

FRANKEL, CH. (1993): Les volcans du système solaire. Paris (Armand Colin).

FREUNDT A. & SCHMINCKE H. U. (1985): Hierarchy of facies of pyroclastic flow deposits generated by Laacher See-type eruptions. Geology, **13:** 278 – 281.

FRIDRICH, C. J. & MAHOOD, G. A. (1987): Compositional layers in the zoned magma chamber of the Grizzly Peak Tuff. Geology, **15,** (4): 299 – 303.

FROIDEVEAUX, C., BROUSSE, R. & BELLON, H. (1974): Hot spot in France? Nature, **248** (5451): 749 – 751.

FUCHS, K. (1878): Les volcans et les tremblements de terre. Paris (Germer Baillière).

FUDALI, R. F. & MELSON, W. C. (1972): Ejecta velocities, magma chamber pressure and kinetic energy associated with the 1968 eruption of Arenal volcano. Bull. Volc., **35:** 383 – 401.

GAUDRU, H. (1997): Les 101 plus beaux volcans du monde. 2. Aufl., Lausanne (Delachaux & Niestlé).

GAUTIER, I. (1987): Les basaltes des îles Kerguelen (Terres australes et antarctiques françaises). Thèse Univ. Paris VI, mém. 87-9.

GAUTIER, I., WEISS, D., MENNESSIER, J.-P., VIDAL, P., GIRET, A. & LOUBET, M. (1990): Petrology and geochemistry of the Kerguelen archipelago basalts (South Indian ocean): evolution of the mantle sources from ridge to intraplate position. Earth Planet. Sci. Let., **100:** 59 – 76.

GELUGNE, P., BARDINTZEFF, J.-M., GUILLANDE, R., BROUSSE, R., CHOROWICZ, J. & PARROT, J.-F. (1991): Imagerie satellite SPOT et modèle numérique de terrain. Application aux problèmes d'environnement et à la reconnaissance des risques d'instabilité de terrain sur l'île de Tahiti. Actes Journées Internationales Pix-îles, Nouméa, Papeete.

GERBE, M.-C., GOUGAUD, A., BOUDAL, C. & PRATOMO, I. (1988): Téphrostratigraphie de l'éruption de 1982 – 1983 du Galunggung (Java, Indonésie). C.R. Acad. Sc. Paris, **307,** II: 89 – 94.

GERBE, M.-C., GOURGAUD, A., SIGMARSSON, O., HARMON, R. S., JORON, J. L. & PROVOST, A. (1992): Mineralogical and geochemical evolution of the 1982 – 1983 Galunggung eruption (Indonesia), Bull. Volc., **54:** 284 – 298.

GERLACH, D. C. & GROVE, T. L. (1982): Petrology of Medicine Lake Highland volcanics: characterisation of endmembers of magma mixing. Contr. Mineral. Petrol., **80:** 147 – 159.

GÈZE, B. (1964): Sur la classification des dynamismes volcaniques. Bull. Volc., **27:** 237 – 257.

GIBERTI, G., JAUPART, C. & SARTORIS, G. (1992): Steady-state operation of Stromboli volcano, Italy: constraints on the feeding system. Bull. Volc., **54:** 535 – 541.

GIGGENBACH, W. F. (1996): Chemical composition of volcanic gases. In: SCARPA, R. & TILLING, R. I. (Eds.): Monitoring and mitigation of volcano hazards. Berlin (Springer), 221 – 256.

GILL, J. (1981): Orogenic andesites and plate tectonics. Berlin (Springer).

GILLET, P. (1993): L'eau du manteau terrestre. La Recherche, **255,** (24): 676 – 685.

GIRET, A. (1979): Genèse des roches feldspathoïdiques par la déstabilisation des amphiboles: massif des montagnes Vertes, Kerguelen (T.A.A.F.). C. R. Acad. Sc. Paris, **289:** 379 – 382.

GIROD, M. (Ed.) (1978): Les roches volcaniques, pétrologie et cadre structural. Paris (Doin).

GLICKEN, H. (1989): Rockslide-debris avalanche of May 18, 1980, Mount St. Helens volcano, Washington. US Geol. Survey Prof. Paper: **1488.**

Global Volcanism Network – monatl. Bulletin seit 1975, Smithsonian Institution, Washington.

GORSHKOV, G. S. (1959): Gigantic eruption of the volcano Bezymianny. Bull. Volc., **II-20:** 77 – 109.

GORSHKOV, G. S. (1963): Directed volcanic blasts. Bull. Volc., **II-26:** 83 – 88.

GOURGAUD, A. (1985): Mélanges de magmas dans les séries alcalines et calco-alcalines: leur rôle dans la genèse des laves intermédiaires et leur influence sur les mécanismes eruptifs. Exemples pris dans le Massif Central français (Mont-Dore, chaîne des Puys), à la Martinique (montagne Pelée, fissure Burgos-Diamant) et au Mexique (Pico de Orizaba). Thèse doctorat d'État, Annales scientifiques de l'Université de Clermont-Ferrand, **II/86.**

GOURGAUD, A., FICHAUT, M. & JORON, J.-L. (1989): Magmatology of Mt. Pleée (Martinique, F.W.I.). I: Magma mixing and triggering of the 1902 and 1929 Pelean nuées ardentes. J. Volc. Geoth. Res., **38:** 143 – 169.

GOURGAUD, A. & MAURY, R.-C. (1984): Magma mixing in alkaline series: an example from the Sancy volcano (Mont-Dore, Massif central, France). Bull. Volc., **47-4,** (1): 827 – 847.

GOURGAUD, A., TJETJEP, W., RAMLI, L., SUDRADJAT, A., VINCENT, P. M. & CAMUS, G. (1985): Risques volcaniques et circulation aéronautique: causes des perturbations provoquées par l'éruption de 1982 – 83 du Galunggung (Java, Indonésie). C. R. Acad. Sc. Paris, **301,** II (5): 351 – 353.

GRAHAM, A. M. & THIRLWALL, M. F. (1981): Petrology of the 1979 eruption of Soufrière volcano, St. Vincent, Lesser Antilles. Contr. Mineral. Petrol., **76:** 336 – 342.

GRANET, M., WILSON, M. & ACHAUER, U. (1995): Imaging a mantle plume beneath the French Massif Central. Earth Planet. Sc. Let., **136:** 281 – 296.

GREEN, D. H., EDGAR, A. D., BEASLEY, P., KISS, E. & WARE, N. G. (1974): Upper mantle source for some hawaiites, mugearites and benmoreites. Contrib. Mineral. Petrol., **48:** 33 – 43.

GREEN, D. H. & RINGWOOD, A. E. (1967a): The stability fields of aluminous pyroxene peridotite and garnet peridotite and their relevance in upper mantle structure. Earth Planet. Sc. Let., **3:** 151 – 160.

GREEN, D. H. & RINGWOOD, A. E. (1967b): The genesis of basaltic magmas. Contrib. Mineral. Petrol., **15:** 103 – 190.

GREEN, N. L. (1988): Basalt – basaltic andesite mixing at Mount Baker volcano, Washington, I. Estimation of mixing conditions. J. Volc. Geoth. Res., **34:** 251 – 265.

GRIFFITHS, R. W. & CAMPBELL, I. H. (1990): Stirring and structure in mantle starting plumes. Earth Planet. Sc. Let., **99:** 66 – 78.

GRIFFITHS, R. W. & CAMPBELL, I. H. (1991): On the dynamics of long-lived plume conduits in the convecting mantle. Earth Planet. Sc. Let., **103:** 214 – 227.

GRIFFITHS, R. W. & FINK, J. H. (1992): The morphology of lava flows in planetary environments: predictions from analog experiments. J. Geophys. Res., **97,** B13: 19 739 – 19 748.

GUERIN, G. (1983): La thermoluminescence des plagioclases, méthode de datation du volcanisme. Applications au domaine volcanique français: chaîne des Puys, Mont-Dore et Cézaillier, Bas-Vivarais. Thèse de doctorat d'État, Université Pierre et Marie Curie, Paris.

GUICHARD, F., CAREY, S. N., ARTHUR, M. A., SIGURDSSON, H. & ARNOLD, M. (1993): Tephra from the Minoan eruption of Santorini in sediments of the Black Sea. Nature, **363:** 610 – 612.

GUILLANDE, R., GELUGNE, P., BARDINTZEFF, J.-M., BROUSSE, R., CHOROWICZ, J., DEFFONTAINES, B. & PARROT, J.-F. (1993): Cartographie automatique de zones à aléas de mouvements de terrain sur l'île de

Tahiti à partir de données digitales. Bull. Soc. Géol. France, **164,** (4): 577 – 583.

GUILLOU, H. (1990): Le soubassement volcanique de Fangataufa (géologie, pétrologie). Thèse de doctorat, Université Paris-Sud, Orsay.

GUILLOU, H., GUILLE, G., BROUSSE, R. & BARDINTZEFF, J.-M. (1990): Évolution de basaltes tholéiitiques vers des basaltes alcalins dans le substratum volcanique de Fangataufa (Polynésie française). Bull. Soc. Géol. France, **8,** VI, (3): 537 – 549.

HALBWACHS, M., GRANGEON, J., SABROUX, J.-C. & VILLEVIELLE, A. (1993): Purge par auto-siphon du gaz carbonique dissous dans le lac Monoum (Cameroun): premiers résultats expérimentaux. C. R. Acad. Sc. Paris, **316,** II: 483 – 489.

HAMILTON, D. L., FREESTONE, I. C., DAWNSON, J. B. & DONALDSON, C. H. (1979): Origin of carbonatites by liquid immiscibility. Nature, **279:** 52 – 54.

HAMMER, C. U., CLAUSEN, H. B., FRIEDRICH, W. L. & TAUBER, H. (1987): The Minoan eruption of Santorini in Greece dated at 1645 B.C.? Nature, **328,** (6130): 515 – 519.

HART, S. R. (1984): A large-scale isotope anomaly in the southern hemisphere mantle. Nature, **309:** 753 – 757.

HAY, R. L. (1959): Formation of the crystal-rich glowing avalanche deposits on St. Vincent, West Indies. J. Geol., **67:** 65 – 87.

HAY, R. L. & LEAKEY, M. D. (1984): Les empreintes de pas fossiles de Laetoli. Pour la Science (Belin), Sonderheft „Les animaux disparus“, 152 – 160.

HEAD, W., CRUMPLER, L. S., AUBELE, J. C., GUEST, J. E. & SAUNDERS, R. S. (1992): Venus volcanism: classification of volcanic features and structures, associations, and global distribution from Magellan data. J. Geophys. Res., **97,** E8: 13253 – 13197.

HEDERVARI, P. (1963): On the energy and magnitude of volcanic eruptions. Bull. Volc., **25:** 373 – 385.

HEIKEN, G. (1972): Morphology and petrography of volcanic ashes. Geol. Soc. Am. Bull., **83:** 1961 – 1988.

HEIKEN, G. & WOHLETZ, K. (1985): Volcanic ash. Berkeley, Kalifornien (University of California Press).

HESS, H. (1946): Drowned ancient volcanic islands of the Pacific bassin. Am. J. Sci., **244:** 772 – 791.

HILL, D. P., BAILEY, R. A. & RYALL, A. S. (1985): Active tectonic and magmatic processes beneath Long Valley caldera, Eastern California: an overview. J. Geophys. Res., **90,** B13: 11111 – 11120.

HOBLITT, R. P., MILLER, C. D. & WALLACE, J. W. (1981): Origin and stratigraphy of the deposit produced by the May 18 directed blast. In: LIPMAN, P.W. & MULLINEAUX, D. R. (Eds.): The 1980 eruptions of Mount St. Helens. Washington, US Geol. Survey Prof. Paper, **1250:** 401 – 419.

HOFF, R. M. & GALLANT, A. J. (1980): Sulfur dioxide emissions from La Soufrière volcano, St. Vincent, West Indies. Science, **209:** 923 – 924.

HOLLOWAY, J. R. & BURHAM, C. W. (1972): Melting relations of basalt with equilibrium water pressure less than total pressure. J. Petrol., **13:** 1 – 29.

HONNOREZ, J. (1963): Sur l'origine des hyaloclastites. Bull. Volc., **25:** 253 – 258.

HUNTER, R. H. & SPARKS, R. S. J. (1987): The differentiation of the Skaergaard intrusion. Contr. Mineral. Petrol., **95:** 451 – 461.

HUNTER, R. H. & SPARKS, R. S. J. (1990): The differentiation of the Skaergaard intrusion, Replies. Contr. Mineral. Petrol., **104:** 248 – 254.

HUPPERT, H. E., SHEPHERD, J. B., SIGURDSSON, H. & SPARKS, R. S. J. (1982): On lava dome growth, with application to the 1979 lava extrusion of the Soufrière of St. Vincent. J. Volc. Geoth. Res., **14:** 199 – 222.

HUPPERT, H. E., SPARKS, R. S. J. & TURNER, J. S. (1982): Effects of volatiles on mixing in calc-alkaline magma systems. Nature, **297:** 554 – 557.

HUPPERT, H. E. & TURNER, J. S. (1981): A laboratory model of a replenished magma chamber. Earth Planet. Sc. Let., **54:** 144 – 152.

IAVCEI (International Association of Volcanology and Chemistry of the Earth's Interior) (1990): Reducing volcanic disasters in the 1990's. Bull. Volc. Soc. Japan, **2,** 35 (1): 80 – 95.

INMAN, D. L. (1952): Measures for describing the size distribution of sediments. J. Sed. Petrol., **22-3:** 125 – 145.

ISHIHARA, K., IGUCHI, M. & KAMO, K. (1990): Numerical simulation of lava flows on some volcanoes in Japan. In: FINK, J. (Ed.): Lava flows and domes. Berlin (Springer): 174-207.

IVERSON, R. M. (1990): Lava domes modeled as brittle shells that enclose pressurized magma, with application to Mount St. Helens. In: FINK, J. (Ed.): Lava flows and domes. Berlin (Springer): 47-69.

IZETT, G. A. (1981): Volcanic ash beds: recorders of Upper Cenozoic silicic pyroclastic volcanism in the western United States. J. Geophys. Res. **86:** 10 200 – 10 222.

JAKOSKY, B. M. (1986): Volcanoes, the stratosphere, and climate. J. Volc. Geoth. Res., **28:** 247 – 255.

JAUPART, C. (1990): Eruption rate and gas content in silicic eruptions. International Volcanological Congress, Mainz, Abstracts.

JAUPART, C., BRANDEIS, G. & ALLÈGRE C.-J. (1984): Stagnant layers at the bottom of convecting magma chambers. Nature, **308:** 535 – 538.

JAUPART, C. & VERGNIOLLE, S. (1988): Laboratory models of hawaiian and strombolian eruptions. Nature, **331:** 58 – 60.

JENDRZEJEWSKI, N., JAVOY, M. & TRULL, T. (1996): Mesures quantitatives de carbone et d'eau dans les verres basaltiques naturels par spectroscopie infrarouge. Partie I: le carbone, partie II: l'eau. C. R. Acad. Sc. Paris, **322:** IIa, 645 – 652, 735 – 742.

JÉRÉMIE, J.-J. & BONNETON, J.-R. (1979): L'éruption volcanique de la Soufrière de Saint-Vincent en avril

1979, proposition d'un modèle de fonctionnement d'un volcan. C. R. Acad. Sc. Paris, D, **289:** 265 – 268.

JOHNSON, R. H. (1970): Active submarine volcanism in the Austral islands. Science, **167:** 977 – 979.

JORDAN, T. H., MENARD, H. W. & SMITH, D. K. (1983): Density and size distribution of seamounts in the eastern Pacific inferred from wide beam sounding data. J. Geophys. Res., **88:** 10508 – 10518.

JORON, J.-L. & TREUIL, M. (1977): Utilisation des propriétés des éléments fortement hygromagmatophiles pour l'étude de la composition chimique et de l'hétérogénéité du manteau. Bull. Soc. Géol. France, **7,** XIX, (6): 1197 – 1205.

JUTEAU, T. (1984): De la croûte océanique aux ophiolites. Bull. Soc. Géol. France, **7,** XXVI, (3): 471 – 488.

JUTEAU, T. & MAURY, R. (1997): Géologie de la croûte océanique, Pétrologie et dynamique endogènes. Paris (Masson).

KASSER, M., LEPINE, J.-C., RUEGG, J.-C. & TARANTOLA, A. (1980): Nouvelles mesures géométriques sur le rift d'Asal-Ghoubbet. Bull. Soc. Géol. France, **7,** XXII, (6): 823 – 824.

KATILI, J. A. & SUDRADJAT, A. (1984): Galunggung. VSI, Bandung.

KELLER, J. (1981): Carbonatitic volcanism in the Kaiserstuhl alkaline complex: evidence for highly fluid carbonatitic melts at the Earth's surface. J. Volc. Geoth. Res., **9:** 423 – 431.

KELLER, J. & KRAFFT, M. (1990): Effusive natrocarbonatite activity of Oldoinyo Lengai, June 1988. Bull. Volc., **52:** 629 – 645.

KINOSHITA, J. (1990): Neptune. Pour la Science, **147:** 42 – 51.

KOYAGUCHI, T. (1985): Magma mixing in a conduit. J. Volc. Geoth. Res., **25:** 365 – 369.

KOYAGUCHI, T. & TOKUNO, M. (1993): Origin of the giant eruption cloud of Pinatubo, Juni 15, 1991. J. Volc. Geoth. Res., **55:** 85 – 96.

KRAFFT, M. & KELLER, J. (1989): Temperature measurements in carbonatite lava lakes and flows from Oldoinyo Lengai, Tanzania. Science, **245:** 168 – 170.

KRAFFT, M. & KRAFFT, K. (1983): La réapparition du lac de lave dans le cratère du volcan Nyiragongo du juin à septembre 1982 (Kivu-Zaïre). Histoire, dynamisme, débits et risques volcaniques. C. R. Acad. Sc. Paris, **296,** II: 797 – 802.

KRAFFT, M. & DE LAROUZIÈRE, F.-D. (1991): Guide des volcans d'Europe et des Canaries. Lausanne (Delachaux & Niestlé).

KUDO, A. M. & WEILL, D. F. (1970): An igneous plagioclase thermometer. Contr. Mineral. Petrol., **25:** 52 – 65.

KUNO, H. (1960): High-alumina basalt. J. Petrol., **1,** (2): 121 – 145.

KUSHIRO, I. (1972): Effect of water on the composition of magmas formed at high pressures. J. Petrol., **13,** (2): 311 – 334.

KUSHIRO, I. (1973): Origin of some magmas in oceanic and circum-oceanic regions. Tectonophysics, **17:** 211 – 222.

KUSHIRO, I. & KUNO, H. (1963): Origin of primary basalt magmas and classification of basaltic rocks. J. Petrol., **4,** (1): 75 – 89

KUSHIRO, I., YODER, H. S. JR. & MYSEN, B. O. (1976): Viscosities of basalt and andesite melts at high pressures. J. Geophys. Res., **81:** 6351 – 6356.

KYSER, T. K. & O'NEILL, J. R. (1984): Hydrogen isotope systematics of submarine basalts. Geoch. Cosm. Acta, **48:** 2123 – 2133.

LACROIX, A. (1904): La montagne Pelée et ses éruptions. Paris (Masson).

LACROIX, A. (1930): Remarques sur les matériaux de projection des volcans et sur la genèse des roches pyroclastiques qu'ils constituent. Soc. Géol. France, Livre Jubilaire du Centenaire, **II**, 431 – 472.

LAFFORGUE, T. (1987): Prévention de risques volcaniques: simulation numérique de l'écoulement des laves et des boues. Rapport I.M.R.G: BRGM, Orléans.

LAMARCHE, V. C. JR. & HIRSCHBOECK, K. K. (1984): Frost rings in trees as records of major volcanic eruptions. Nature, **307:** 121 – 126.

LAMB, H. H. (1970): Volcanic dust in the atmosphere: with a chronology and assessment of its meteorological significance. Phil. Trans. R. Soc. London, A, **266:** 425 – 533.

LANE, S. J. & GILBERT, J. S. (1992): Electric potential gradient changes during explosive activity at Sakurajima volcano, Japan. Bull. Volc., **54:** 590 – 594.

LATTER, J. H. (Ed.) (1989): Volvanic hazards. Berlin (Springer).

LAVE (L'Association volcanologique européenne), zweimonatliches Bulletin seit 1986.

LEAKEY, M. D. & HAY, R. L. (1979): Pliocene footprints in the Laetolil Beds at Laetoli, Northern Tanzania, Nature, **278, (**5702): 317 – 323.

LE CLOAREC, M.-F. & MARTY, B. (1991): Volatile fluxes from volcanoes. Terra Nova, **3:** 17 – 27.

LE DAIN, A.-Y., ROBINEAU, B. & TAPPONNIER, P. (1980): Les effets tectoniques de l'évènement sismique et volcanique de novembre 1978 dans le rift d'Asal-Ghoubbet. Bull. Soc. Géol. France, **7,** XXII, (6): 817 – 822.

LEEMANN, W. P. & SCHEIDEGGER, K. F. (1977): Olivine liquid distribution coefficients and a test for crystal-liquid equilibrium. Earth Planet. Sc. Let., **35:** 245 – 257.

LEFÈVRE, C. (1973): Les caractères magmatiques du volcanisme plio-quaternaire des Andes dans le sud du Pérou. Contr. Mineral. Petrol., **41:** 259 – 272.

LEFÈVRE, C. (1979): Un exemple de volcanisme de marge active dans les Andes du Pérou (sud) du Miocène à l'Actuel. Thèse doctorat, Université des sciences et techniques du Languedoc.

LEFÈVRE, C. (1988): Modèles de chambres magmatiques, de la théorie à l'expérience et de l'expérience à la réalité. Ann. Soc. Géol. Nord., **CVI:** 323 – 341.

LEFÈVRE, C. & COCUSSE, P. (1985): Etude pétrographique et minéralogique des laves du Massif volcanique Madeleine-Soufrière de Guadeloupe (Petites Antilles). Implications magmatologiques. Bull. Minéral., **108:** 189 – 208.

LE GUERN, F., BICOCCHI, P., NOHL, A. & TAZIEFF, H. (1979): Analyse directe des gaz volcaniques. C. R. Acad. Sc. Paris, D, **288:** 867 – 870.

LEONE, F. (1996): Impacts et gestion des crises liés à l'éruption et aux lahars du volcan Pinatubo (1991 – 1996). Contribution à l'analyse du systyème institutionnel philippin de réponse aux catastrophes volcaniques, Pangea, **26:** 13 – 34.

LÉOTOT, C. (1988): Cycles éruptifs et géochronologiques du volcan de Taravao (archipel de la Société). Modèle du hot spot tahitien et de l'alignement de la Société (Polynésie française). Thèse doctorat, Université Paris-Sud, Orsay.

LÉOTOT, C. & BROUSSE, R. (1987): Entre les deux îles de Tahiti, la région de Taravao est un volcan autonome à deux caldeiras ouvertes au sud-ouest (archipel de la Société, Polynésie française). C. R. Acad. Sc. Paris, **304,** II: 99 – 102.

LÉOTOT, C., GILLOT, P.-Y., GUICHARD, F. & BROUSSE, R. (1990): Le volcan de Taravao (Tahiti): un exemple de volcanisme polyphasique associé à une structure d'effondrement. Bull. Soc. Géol. France, **8,** VI, (6): 951 – 961.

LE PENNEC, J.-L. & FERNANDEZ, A. (1992): Fragmental lava versus welded ignimbrite on Mount Etna: arguments inferred from crystal preferred orientation. J. Volc. Geoth. Res., **51:** 323 – 337.

LERBEKMO, J. F., WESTGATE, J. A., SMITH, D. G. W. & DENTON, G. H. (1975): New data on the character and history of the White River volcanic eruption, Alaska. In: SUGGATE, R. P. & CRESSWELL, M. M. (Eds.): Quaternary studies. The Royal Society of New Zealand, Wellington, 203 – 209.

LESAGE, P. & SURONO (1995): Seismic precursors of the February 10, 1990 eruption of Kelut volcano, Java. J. Volc. Geoth. Res., **65:** 135 – 146.

LEYRIT, H., BARDINTZEFF, J.-M., VERDIER, O., GIRET, A. & BROUSSE, R. (1990): Les presqu'îles Jeanne d'Arc et Ronarch: zone-test pour une cartographie géologique au 1/100 000 des îles Kerguelen. C. R. Acad. Sci. Paris, **311,** II: 561 – 566.

LIPMAN, P. W. & MULLINEAUX, D. R. (Eds.) (1981): The 1980 eruptions of Mount St. Helens. Washington, US Geol. Survey Prof. Paper, **1250.**

LOCKWOOD, J. P., COSTA, J. E., TUTTLE, M. L., NNI, J. & TEBOR, S. G. (1988): The potential for catastrophic dam failure at lake Nyos maar, Cameroon. Bull. Volc., **50:** 340 – 349.

LOFGREN, G. (1974): An experimental study of plagioclase crystal morphology: isothermal crystallisation. Am. J. Sc., **274:** 243 – 273.

LORENZ, V. (1986): On the growth of maars and diatremes and its relevance to the formation of tuff rings. Bull. Volc., **48:** 265 – 274.

LUHR, J. F. & SIMKIN, T. (1993): Paricutin, the volcano born in a Mexican cornfield. Phoenix, Arizona (Geoscience Press).

LUTH, W. C. (1974): Resorption of silicate minerals. In: SORENSEN, H. (Ed.): The alkaline rocks. New York (John Wiley & Sons): 500 – 515.

MACDONALD, G. A. (1972): Volcanoes. Englewood Cliffs, New Jersey (Prentice-Hall Inc.).

MACDONALD, G. A. & KATSURA, T. (1964): Chemical composition of Hawaiian lavas. J. Petrol., **5:** 82 – 133.

MACEDONIO, G., PARESCHI, M. T. & SANTACROCE, R. (1990): Renewal of explosive activity at Vesuvius: models for the expected tephra fallout. J. Volc. Geoth. Res., **40:** 327 – 342.

MALENGREAU, B., LÉNAT, J.-F. & BONNEVILLE, A. (1994): Cartographie et surveillance temporelle des anomalies de polarisation spontanée (PS) sur le piton de la Fournaise. Bull. Soc. Géol. France, **165,** (3): 221 – 232.

MANDEVILLE, C. W., CAREY, S. & SIGURDSSON, H. (1996): Sedimentology of the Krakatau 1883 submarine pyroclastic deposits. Bull. Volc., **57:** 512 – 529.

MANGAN, M. T. (1990) Crystal size distribution systematics and the determination of magma storage times: The 1959 eruption of Kilauea volcano, Hawaii. J. Volc. Geoth Res., **44:** 295 – 302.

MANHES, G., DUPRÉ, B., HAMELIN, B. & ALLÈGRE, C.-J. (1977): Composition isotopique du plomb des roches basaltiques et hétérogénéités du manteau à diverses échelles. Bull. Soc. Géol. France, **7,** XIX, (6): 1189 – 1195.

MARCELOT, G., BARDINTZEFF, J.-M., MAURY, R.-C. & RANÇON, J.-P. (1988): Chemical trends of early-formed clinopyroxenes from some alkaline and orogenic lavas. Bull. Soc. Géol. France, **8,** IV, (5): 851 – 859.

MARCELOT, G., LEFÈVRE, C., MAILLET, P. & MAURY, R.-C. (1979): Contribution à l'étude du volcanisme de l'arc des Nouvelles-Hébrides: caractérisation de deux séries magmatiques de l'île d'Erromango. Bull. Soc. Géol. France, **7,** XXI, (5): 631 – 641.

MARIANELLI, P., MÉTRICH, N., SANTACROCE, R. & SBRANA, A. (1995): Mafic magma batches at Vesuvius: a glass inclusion approach to the modalities of feeding stratovolcanoes. Contr. Mineral. Petrol., **120:** 159 – 169.

MARSH, B. D. (1981): On the cristallinity, probability of occurence, and rheology of lava and magma. Contr. Mineral. Petrol., **78:** 85 – 98.

MARSH, B. D. (1982): The Aleoutians. In: THORPE, R. S. (Ed.), Andesites: Orogenic andesites and related rocks. Chichester (John Wiley & Sons): 98 – 114.

MARSHALL, L. A. & SPARKS, R. S. J. (1984): Origin

of some mixed-magma and netveined ring intrusions. J. Geol. Soc. London, **141:** 171 – 182.

MARSHALL, P. (1935): Acid rocks of the Taupo-Rotorua district. Roy. Soc. New Zealand Trans., **64:** 323 – 366.

MARTEL, C., LÉNAT, J.-F. & PROVOST, A. (1993): Croissance des volcans: l'effet de la mise en place des systèmes intrusifs. C. R. Acad. Sc. Paris, **316,** II: 677 – 683.

MASSARE, D. (1979): Étude des inclusions vitreuses de quelques minéraux de roches volcaniques acides: thermométrie, barométrie, compositions chimiques et éléments volatils dissous. Thèse doctorat 3e cycle, Université Pierre et Marie Curie, Paris.

MASSON, P., CAZENAVE, A. & THOMAS, P. (1986): Relief et structure des planètes telluriques et des satellites naturels. Encyclopédie scientifique de l'Univers, II. Les étoiles, le système solaire, 4, B.D.L. Gauthier-Villars.

MAURY, R.-C. (1971): Application de la spectrométrie infrarouge à l'étude des bois fossilisés dans les formations volcaniques. Bull. Soc. Géol. France, **7,** XIII, (5 – 7): 532 – 538.

MAURY, R.-C. (1976): Contamination (par l'encaissant et les enclaves) et cristallisation fractionnée de séries volcaniques alcalines continentales (Massif central français) et océaniques (Pacifique central): l'origine des laves acides. Thèse doctorat d'État, Université Paris-Sud, Orsay.

MAURY, R.-C. (1978): La contamination magmatique. In: GIROD, M. (Ed.): Les roches volcaniques, pétrologie et cadre structural. Paris (Doin): 58 – 73.

MAURY, R.-C. (1984): Les conséquences volcaniques de la subduction. Bull. Soc. Géol. France, **7,** XXVI, (3): 489 – 500.

MAURY, R.-C., BROUSSE, R., VILLEMANT, B., JORON, J.-L., JAFFREZIC, H. & TREUIL, M. (1980): Cristallisation fractionnée d'un magma basaltique alcalin: la série de la chaîne des Puys (Massif central, France). I. Pétrologie. Bull. Minéral., **103:** 250 – 266.

MAURY, R.-C. & VARET, J. (1980): Le volcanisme tertiaire et quaternaire en France. Géologie de la France, Congrès géologique international, Paris, **C7:** 138 – 159.

MCBIRNEY, A. R. (1973): Factors governing the intensity of eplosive andesitic eruptions. Bull. Volc., **37:** 443 – 453.

MCBIRNEY, A. R. (1980): Mixing and unmixing of magmas. J. Volc. Geoth. Res., **7:** 357 – 371.

MCBIRNEY, A. R. (1989): The Skaergaard layered series: I. Structure and average compositions. J. Petrol., **30,** (2): 363 – 397.

MCBIRNEY, A. R. (1984): Igneous petrology. 2. Aufl., London (Jones & Bartlett).

MCBIRNEY, A. R. (1995): Mechanisms of differentiation in the Skaergaard intrusion. J. Geol. Soc. London, **152:** 421 – 435.

MCBIRNEY, A. R., BAKER, B. H. & NILSON, R. H. (1985): Liquid fractionation. Part I: basic principles and experimental simulations. J. Volc. Geoth. Res., **24:** 1 – 24.

MCBIRNEY, A. R. & MURASE, T. (1970): Factors governing the formation of pyroclastics rocks. Bull. Volc., **34-2:** 372 – 384.

MCBIRNEY, A. R. & MURASE, T. (1984): Rheological properties of magmas. Ann. Rev. Earth Planet. Sc., **12:** 337 – 357.

MCBIRNEY, A. R. & NICOLAS, A. (1997): The Skaergaard layered series. Part II. Magmatic flow and dynamic layering. J. Petrol., **38:** 569 – 580.

MCBIRNEY, A. R. & NOYES, R. M. (1979): Crystallization and layering of the Skaergaard intrusion. J. Petrol., **20,** (3): 487 – 554.

MCGARVIE, D. W. (1984): Torfajökull: a volcano dominated by magma mixing. Geology, **12:** 685 – 688.

MCGUIRE, W. J., JONES, A. P. & NEUBERG, J. (Eds.) (1996): Volcano instability on the Earth and other planets. Geol. Soc. Sp. Publ., London, **110**.

MCTAGGART, K. C. (1960): The mobility of nuées ardentes. Amer. J. Sc., **258:** 369 – 382.

MENYAILOV, I. A. & NIKITINA, L. P. (1980): Chemistry and metal contents of magmatic gases: the new Tolbachik volcanoes gas (Kamchatka). Bull. Volc., **43:** 197 – 207.

MENZIES, M. A. & HAWKESWORTH, C. J. (Eds.) (1987): Mantle metasomatism. London (Academic Press).

MERCADO, R. A., LACSAMANA, J. B. T. & PINEDA, G. L. (1997): Socioeconomic impacts of the Mount Pinatubo eruption. In: NEWHALL, C. & PUNONGBAYAN, R. S. (Eds.): Fire and mud: eruptions and lahars of Mount Pinatubo, Philippines. Univ. Washington State Press, 1063 – 1069.

MERTES H. & SCHMINCKE H. U. (1983): Age distribution of volcanoes in the West Eifel. Neues Jahrb. Geol. Paläontol. Abh., **166:** 260 – 293.

MERTES H. & SCHMINCKE H. U. (1985): Mafic potassic lavas of the Quatemary West Eifel volcanic field. I. Major and trace elements. Contrib. Mineral. Petrol., **89:** 330 – 345.

MERTZ, D. F., DEVEY, C. W., TODT, W., STOFFERS, P. & HOFMANN, A. W. (1991): Sr-Nd-Pb isotope evidence against plume-asthenosphere mixing north of Iceland. Earth Planet. Sc. Let., **107:** 243 – 255.

MICHARD, G., FOUILLAC, C., GRIMAUD, D. & DENIS, J. (1981): Une méthode globale d'estimation des températures des réservoirs alimentant les sources thermales. Exemple du Massif Central français. Geoch. Cosm. Acta, **45:** 1199 – 1207.

MISKOVSKY, J.-C. (Éd.) (1987): Géologie de la Préhistoire. GEOPRE, Paris.

MIYASHIRO, A. (1974): Volcanic rock series in island arcs and active continental margins. Am. J. Sci., **274:** 321 – 355.

MIYASHIRO, A. (1978): Nature of alkalic volcanic rock series. Contrib. Mineral. Petrol., **66:** 91 – 104.

MOORE, B. N. (1934): Deposits of possible nuée ardente origin in the Crater Lake region, Oregon. J. Geol., **42:** 358 – 375.

MOORE, J. G. & ALBEE, W. C. (1981): The 1980 eruptions of Mount St. Helens, Washington, Topographic and structural changes, March – July 1980. - Photogrammetric data: In: LIPMAN, P. W. & MULLINEAUX, D. R. (Eds.): The 1980 eruptions of Mount St. Helens, Washington. US Geol. Survey Prof. Paper, **1250:** 123 – 134.

MOORE, J. G., NORMARK, W. R. & SZABO, B. J. (1990): Reef growth and volcanism on the submarine southwest rift zone of Mauna Loa, Hawaii. Bull. Volc., **52:** 375 – 380.

MOORE, J. G., PHILLIPS, R. L., GRIGG, R. W., PETERSON, D. W. & SWANSON, D. A. (1973): Flow of lava into the sea, 1969 – 1971, Kilauea volcano, Hawaii. Geol. Soc. Am. Bull., **84:** 537 – 546.

MOORE, J. G. & SISSON, T. W. (1981): Deposits and effects of the May 18 pyroclastic surge. In: LIPMAN, P. W. & MULLINEAUX, D. R. (Eds.): The 1980 eruptions of Mount St. Helens, Washington. US Geol. Survey Prof. Paper, **1250:** 421 – 438.

MORIN, S. & PAHAI, J. (1987): La catastrophe de Nyos (Cameroun). Rev. Géogr. Cameroun, **6:** 81.

MORIYA, I. (1992): Andesite volcanism; its eruption mode, products and morphology. 29th International Geological Congress, Kyoto, abstracts, **2:** 500.

MOUGINIS-MARK, P. J. & ROBINSON, M. S. (1992): Evolution of the Olympus Mons caldera, Mars. Bull. Volc., **54:** 347 – 360.

MULLINEAUX, D. R., PETERSON, D. W. & CRANDELL, D. R. (1987): Volcanic hazards in the hawaiian islands. US Geol. Survey Prof. Paper, **1350:** 599 – 621.

MYSEN, B. O., ARCULUS, R. J. & EGGLER, D. H. (1975): Solubility of carbon dioxide in melts of andesite, tholeiite and olivine nephelinite composition at 30 kbar pressure. Contr. Mineral. Petrol., **53:** 227 – 239.

MYSEN, B. O. & BOETTCHER, A. L. (1975a): Melting of a hydrous mantle: I. Phase relations of natural peridotite at high pressures and temperatures with controlled activities of water, carbon dioxide, and hydrogen. J. Petrol., **16,** (3): 520 – 548.

MYSEN, B. O. & BOETTCHER, A. L. (1975b): Melting of a hydrous mantle: II. Geochemistry of crystals and liquids formed by anatexis of mantle peridotite at high pressures and high temperatures as a function of controlled activities of water, hydrogen and carbon dioxide. J. Petrol., **16,** (3): 549 – 593.

NAIRN, I. A. & SELF, S. (1978): Explosive eruptions and pyroclastic avalanches from Ngauruhoe in February 1975. J. Volc. Geoth. Res., **3:** 39 – 60.

NAKADA, S. (1991 – 1993): Unzen. Bull. Global Volcanism Network, Smithsonian Institution, **16, 17, 18.**

NAKADA, S. & FUJII, T. (1993): Preliminary report on the activity at Unzen Volcano (Japan), November 1990 – November 1991: Dacite lava domes and pyroclastic flows. J. Volc. Geoth. Res., **54:** 319 – 333.

NARANJO, J. A. (1985): Sulphur flow at Lastarria volcano in the north Chilean Andes. Nature, **313:** 778 – 780.

NEWHALL, C. & PUNONGBAYAN, R. S. (Eds.) (1997): Fire and mud: eruptions and lahars of Mount Pinatubo, Philippines. Univ. Washington State Press.

NEWHALL, C. G. & SELF, S. (1982): The volcanic explosivity index (V.E.I.): an estimate of explosive magnitude for historical volcanism. J. Geophys. Res., **87,** C2: 1231 – 1238.

NICHOLSON, K. (1993): Geothermal fluids. Chemistry and exploration techniques. Berlin (Springer).

NICOLAS, A. (1990): Les montagnes sous la mer. BRGM, Orléans.

NINKOVICH, D., SPARKS, R. S. J. & LEDBETTER, M. T. (1978): The exceptional magnitude and intensity of the Toba eruption, Sumatra: an exemple for the use of deep-sea tephra layers as a geological tool. Bull. Volc., **41-3:** 286 – 298.

NORRIS, A. & JOHNSON, R. H. (1969): Submarine volcanic eruptions recently located in the Pacific by sofar hydrophones. J. Geophys. Res., **74:** 650 – 664.

OBA, Y., KATSUI, Y., KURASAWA, H., IKEDA, Y. & UDA, T. (1983): Petrology of historic rhyolite and dacite from Usu volcano, North Japan. J. Fac. Sc., Hokkaido Univ., **IV, 20, 4:** 275 – 290.

O'HARA, M. J. (1965): Primary magmas and the origin of basalts. Scot. J. Geol., **1,** (1): 19 – 40.

OPPENHEIMER, C. (1993): Infrared surveillance of crater lakes using satellite data. J. Volc. Geoth. Res., **55:** 117 – 128.

PARKER, A. J., RICKWOOD, P. C. & TUCKER, D. H. (Eds.) (1990): Mafic dykes and emplacement mechanisms. Rotterdam (Balkema).

PARRA, E. & CEPEDA, H. (1990): Volcanic hazard maps of the Nevado del Ruiz volcano, Colombia. J. Volc. Geoth. Res., **42:** 117 – 127.

PAUL, A., GRATIER, J.-P. & BOUDON, J.-A. (1987): A numerical model for stimulating deformation of Mount St. Helens volcano. J. Geophys. Res., **92:** 10299 – 10312.

PEARCE, J. A. et al. (1990): Genesis of collision volcanism in eastern Anatolia, Turkey. J. Volc. Geoth. Res., **44:** 189 – 229.

PECCERILLO, A. & TAYLOR, S. R. (1976): Geochemistry of eocene calc-alkaline volcanic rocks from the Kastamonu area, northern Turkey. Contr. Mineral. Petrol., **58:** 63 – 81.

PECK, D. (1978): Cooling and vesiculation of Alae lava lake, Hawaii. US Geol. Survey Prof. Paper, **935** B.

PECK, D., WRIGHT, T. & DECKER, R. (1984): Les lacs de lave du Kilauea. In: Les volcans. Bibliothèque pour la Science (Belin): 48 – 57.

PENNISI, M. & LE CLOAREC, M.-F. (1998): Variations of Cl, F, and S in Mount Etna's plume, Italy, between 1992 and 1995. J. Geophys. Res., im Druck.

PERRET, F. A. (1937): The eruption of Mt. Pelée 1929 – 1932. Carnegie Inst., Washington, **458.**

PERRIER, G. & RUEGG, J.-C. (1973): Structure profonde du Massif central français. Ann. Géophys., **29,** (4): 435 – 502.

PETERSON, D. W., HOLCOMB, R. T., TILLING, R. I & CHRISTIANSEN, R. L. (1994): Development of lava tubes in the light of observations at Mauna Ulu, Kilauea volcano, Hawaii. Bull. Volc., **56:** 343 – 360.

PETERSON, D. W. & TILLING, R. I. (1980): Transition of basaltic lava from pahoehoe to aa, Kilauea volcano, Hawaii: field observations and key factors. J. Volc. Geoth. Res., **7:** 271 – 293.

PETERSON, T. D. (1990): Petrology and genesis of natrocarbonatite. Contrib. Min. Petrol., **105:** 143 – 155.

PHILPOTTS, A. R. (1979): Silicate immiscibility in tholeiitic basalts. J. Petrol., **20:** 99 – 118.

PIERSON, T. C., DAAG, A. S., DELOS REYES, P. J., REGALADO, M. T. M., SOLIDUM, R. U. & TUBIANOSA, B. S. (1997): Flow and deposition of posteruption hot lahars on the east side of Mount Pinatubo, Juli – October 1991. In: NEWHALL, C. & PUNONGBAYAN, R. S. (Eds.): Fire and mud: eruptions and lahars of Mount Pinatubo, Philippines. Washington State Univ. Press, 921 – 950.

PIERSON, T. C., JANDA, R. J., THOURET, J. C. & BORRERO, C. A. (1990): Perturbation and melting of snow and ice by the 13 November 1985 eruption of Nevado del Ruiz, Colombia, and consequent mobilization, flow and deposition of lahars. J. Volc. Geoth. Res., **41:** 17 – 66.

PLAUT, J. J. (1992): Results from the Magellan mission to Venus. EOS, **73,** (2): 22.

POIRIER, J.-P. (1996): Les profondeurs de la Terre, Paris (Masson).

POREDA, R. (1985): Helium-3 and Deuterium in back arc basalts: Lau Basin and the Mariana Trough. Earth Planet. Sc. Let., **73:** 244 – 254.

PRICHARD, H. M., ALABASTER, T., HARRIS, N. B. W. & NEARY, C. R. (Eds.) (1993): Magmatic processes and plate tectonics. Geol. Soc. Sp. Publ., London: **76.**

PYLE, D. M., BEATTIE, P. D. & BLUTH, G. J. S. (1996): Sulphur emissions to the stratosphere from explosive volcanic eruptions. Bull. Volc., **57:** 663 – 671.

RAMPINO, M. R. & SELF, S. (1992): Volcanic winter and accelerated glaciation following the Toba supereruption. Nature, **359:** 50 – 52.

RAMPINO, M. R., SELF, S. & FAIRBRIDGE, R. W. (1979): Can rapid climatic change cause volcanic eruptions? Science, **206:** 826 – 829.

RAMPINO, M. R., SELF, S. & STOTHERS, R. B. (1988): Volcanic winters. Ann. Rev. Earth Planet. Sc., **16:** 73 – 99.

RAMPINO, M. R. & STOTHERS, R. B. (1987): The records of terrestrial impact cratering and basaltic volcanism in the last 250 million years: are they related? XIX General Assembly IUGG, Vancouver, **U 10-30:** 97.

REFFAY, A. (1990): Réflexion sur l'originalité physique des montagnes volcaniques. In: La Terre et les Hommes. Association des publications de la Faculté des Lettres de Clermont: 237 – 248.

RINGWOOD, A. E. (1966): The chemical composition and origin of the earth. In: HURLEY, P. M. (Ed.): Advances in earth science. Boston (MIT Press): 287 – 356.

RINGWOOD, A. E. (1982): Phase transformation and differentiation in subducted lithosphere: implications for mantle dynamics, basalt petrogenesis and crustal evolution. J. Geol., **90:** 611 – 643.

RITTMANN, A. (1962): Erklärungsversuch zum Mechanismus der Ignimbritausbrüche. Geol. Rundschau, **52:** 853 – 861.

RITTMANN, A. (1963): Les volcans et leur activité. Paris (Masson).

ROBIN, C., CANTAGREL, J.-M. & VINCENT, P.-M. (1983): Les nuées ardentes de type Saint-Vincent, épisodes remarquables de l'évolution récente du Pico de Orizaba (Mexique). Bull. Soc. Géol. France, **7,** (XXV): 727 – 736.

ROBIN, E., FROGET, L., JEHANNO, C. & ROCCHIA, R. (1993): Evidence for a K/T impact event in the Pacific Ocean. Nature, **363:** 615 – 617.

ROBSON, G. R. (1965): The pyroclastic deposits of the 1902 and 1903 eruptions of the Soufrière of St. Vincent. Trans 4e Caribbean Geol. Conf., Trinidad.

ROBSON, G. R. & TOMBLIN, J. F. (1966): Catalogue of the active volcanoes of the world including solfatara fields, Part 20, West Indies. Int. Assoc. Volcan. Italy: 1 – 56.

ROEDDER, E. (1951): Low temperature liquid immiscibility in the system K_2O-FeO-Al_2O_3-SiO_2. Amer. Mineral., **36:** 282 – 286.

ROEDER, P. L. (1974): Activity of iron and olivine solubility in basaltic liquids. Earth Planet. Sc. Let., **23:** 397 – 410.

ROEDER, P. L. & EMSLIE, R. F. (1970): Olivine-liquid equilibrium. Contr. Mineral. Petrol., **29:** 275 – 289.

ROMANO, R., CALTABIANO, T., CARVENI, P. & GRASSO, M. F. (1992): Etna. Bull. Global Volcanism Network, Smithsonian Institution, **17** (4).

ROSCOE, R. (1953): Suspensions. In: HERMANS, J. J. (Ed.): Flow properties of disperse systems. Amsterdam (North Holland Pub.): 1 – 38.

ROSE, W. I. & CHESNER, C. A. (1987): Dispersal of ash in the great Toba eruption, 75 ka. Geology, **15:** 913 – 917.

ROWE, G. L. JR., OHSAWA, S., TAKANO, B., BRANTLEY, S. L., FERNANDEZ, J. F. & BARQUERO, J. (1992): Using crater lake chemistry to predict volcanic activity at Poas volcano, Costa Rica. Bull. Volc., **54:** 494 – 503.

ROWLAND, S. K. & WALKER, G. P. L. (1990): Pahoehoe and aa in Hawaii: volumetric flow rate controls the lava structure. Bull. Volc., **52:** 615 – 628.

ROWLEY, K. (1978a): Late pleistocene pyroclastic deposits of Soufrière volcano, St. Vincent, West Indies. Geol. Soc. Am. Bull., **89:** 825 – 835.

ROWLEY, K. (1978b): Stratigraphy and geochemistry of the Soufrière volcano, St. Vincent, West Indies. Ph. D. Thesis, University of the West Indies.

RYMER, H. (1994): Microgravity change as a precursor to volcanic activity. J. Volc. Geoth. Res., **61:** 311 – 328.

SABROUX, J.-C. (1983): Volcano energetics: volcanic gases and vapours as geothermometers and geobarometers. In: TAZIEFF, H. & SABROUX, J.-C. (Eds.): Forecasting volcanic events. Amsterdam (Elsevier): 17 – 25.

SAKUYAMA, M. (1979): Evidence of magma mixing: petrological study of Shirouma-Oike calc-alkaline andesite volcano, Japan. J. Volc. Geoth. Res., **5:** 179 – 202.

SAKUYAMA, M. & KOYAGUCHI, T. (1984): Magma mixing in mantle xenolith bearing calc-alkaline ejecta, Ichinomegata volcano, northeastern Japan. J. Volc. Geoth. Res., **22:** 199 – 224.

SARNA-WOJCICKI, A., SHIPLEY, S., WAITT, R. B., DZURIZIN, D. & WOOD, S. H. (1981): Areal distribution, thickness, mass, volume and grain-size of airfall ash from the six major eruptions of 1980. US Geol. Surv. Prof. Paper, **1250:** 577 – 600.

SATO, H. (1995): Textural difference between pahoehoe and aa lavas of Zu-Oshima, Japan – an experimental study on population density of plagioclase. J. Volc. Geoth. Res., **66:** 101 – 113.

SCARPA, R. & TILLING, R. I. (Eds.) (1996): Monitoring and mitigation of volcano hazards. Berlin (Springer).

SCHILLING, J. G. (1973): Icelandic mantle plume: geochemical study of Reykjanes ridge. Nature, **242,** (5400): 565 – 571.

SCHMID, R. (1981): Descriptive nomenclature and classification of pyroclastic deposits and fragments: recommendations of the IUGS Subcommission on the Systematics of igneous rocks. Geology, **9:** 41 – 43.

SCHMINCKE H. U. (1982): Vulkane und ihre Wurzeln. Rhein. Westf. Akad. Wiss., Westdeutscher Verlag, Opladen, Vorträge, **N 315:** 35 – 78.

SCHMINCKE H. U. (1986): Vulkanismus. Wissenschaftliche Buchgesellschaft Darmstadt.

SCHMINCKE H. U., BOGAARD P. V. D. & FREUNDT A. (1990): Quaternary Eifel volcanism. Excursion guide, workshop on explosive volcanism, IAVCEI Internat. Volcanol. Congress Mainz, Pluto Press, Witten.

SCHMINCKE H. U. & MERTES H. (1979): Pliocene and Quatemary volcanic phase of the Eifel volcanic fields. Naturwissenschaften, **66**, 614.

SCHMIDT, P. & JANLE, P. (1994): Classification of hot spots. IAVCEI, Internat. Volcanol. Congress, theme 8, Ankara, Turkei, 12. – 16. September.

SCHUHMACHER R. & SCHMINCKE H. U. (1990): The lateral facies of ignimbrites at Laacher See volcano. Bull. Volc., **52:** 271 – 285.

SCOTT, W. E., HOBLITT, R. P., TORRES, R. C., SELF, S., MARTINEZ, M. M. L. & NILLOS, T. JR. (1997): Pyroclastic flows of the June 15, 1991, climatic eruption of Mount Pinatubo. In: NEWHALL, C. & PUNONGBAYAN, R. S. (Eds.): Fire and mud: eruptions and lahars of Mount Pinatubo, Philippines. Washington State Univ. Press, 545 – 570.

SEEN, A. (1946): A geological investigation at the Soufrière volcano. British Union Oil Co. Ltd., Barbados, West Indies.

SELF, S. (1992): Krakatau revisited: The course of events and interpretation of the 1883 eruption. GeoJournal, **28-2:** 109 – 121.

SELF, S. & RAMPINO, M. R. (1981): The 1883 eruption of Krakatau. Nature, **294:** 699 – 704.

SELF, S., RAMPINO, M. R. & BARBERA, J. J. (1981): The possible effects of large 19th and 20th century volcanic eruptions on zonal and hemispheric surface temperatures. J. Volc. Geoth. Res., **11:** 41 – 60.

SELF, S., RAMPINO, M. R., NEWTON, M. S. & WOLFF, J. A. (1984): Volcanological study of the great Tambora eruption of 1815. Geology, **12:** 659 – 663.

SEMET, M., VATIN-PERIGNON, N., VINCENT, P. M. & JORON, J. L. (1982): Magma mixing once more: its involvement in triggering the 16th century volcanic activity at La Soufrière, Guadeloupe (F.W.I.). Bull. PIRPSEV-CNRS, **60:** 63.

SENUT, B., PICKFORD, M. & POUPEAU, G. (1991): Un désastre volcanique au Tertiaire. La Recherche, **237,** 1368 – 1370.

SHANKLIN, E. (1989): Exploding lakes and maleficient water in Grassfields legends and myth. J. Volc. Geoth. Res., **39:** 233 – 246.

SHAW, H. R. (1972): Viscosities of magmatic silicate liquids: an empirical method of prediction. Amer. J. Sc., **272:** 870 – 893.

SHEPHERD, J. B., ASPINALL, W. P., ROWLEY, K. C., PEREIRA, J. A., SIGURDSSON, H., FISKE, R. S. & TOMBLIN, J. F. (1979): The eruption of Soufrière volcano, St. Vincent, april – june 1979. Nature, **282,** (5734): 24 – 28.

SHEPHERD, J. B. & SIGURDSSON, H. (1978): The Soufrière Crater Lake as a calorimeter. Nature, **271:** 344 – 345.

SHEPHERD, J. B. & SIGURDSSON, H. (1982a): Mechanism of the 1979 explosive eruption of Soufrière volcano, St. Vincent. J. Volc. Geoth. Res., **13:** 119 – 130.

SHEPHERD, J. B. & SIGURDSSON, H. (1982b): Seismological studies of the Soufrière of St. Vincent, 1953 – 1979: implication for volcanic surveillance in the Lesser Antilles. J. Volc. Geoth. Res., **12:** 37 – 55.

SHERIDAN, M. F. (1971): Particule size characteristics of pyroclastic tuffs. J. Geophys. Res., **76:** 5627 – 5634.

SHERIDAN, M. F. (1979): Emplacement of pyroclastic flows: a review. Geol. Soc. Am. Sp. Paper, **180:** 125 – 136.

SHERIDAN, M. F. & MARSHALL, J. R. (1983): Interpretation of pyroclast surface features using SEM images. J. Volc. Geoth. Res., **16:** 153 – 159.

SHERIDAN, M. F. & WOHLETZ, K. H. (1981): Hydrovolcanic explosions: the systematics of water-pyroclast equilibration. Science, **212:** 1387 – 1389.

SHERIDAN, M. F. & WOHLETZ, K. H. (1983): Hydrovolcanism: basic considerations and review. J. Volc. Geoth. Res., **17:** 1 – 29.

SHIMADA, S., FUJINAWAY, Y., SEKIGUCHI, S., OHMI, S., EGUCHI, T. & OKADA, Y. (1990): Detection of a volcanic fracture opening in Japan using Global Positioning System measurements. Nature, **343:** 631 – 633.

SIEBERT, L. (1984): Large volcanic debris avalanches: characteristics of source areas, deposits, and associated eruptions. J. Volc. Geoth. Res., **22:** 163 – 197.

SIEBERT, L., GLICKEN, H. & KIENLE, J. (1989): Debris avalanches and lateral blasts at Mount St. Augustine volcano, Alaska. Nat. Geographic. Res., **5,** (2): 232 – 249.

SIEBERT, L., GLICKEN, H. & UI, T. (1987): Volcanic hazards from Bezymianny- and Bandai-type eruptions. Bull. Volc., **49:** 435 – 459.

SIGURDSSON, H. (1977a): Generation of Icelandic rhyolites by melting of plagiogranites in the oceanic layer. Nature, **269:** 25 – 28.

SIGURDSSON, H. (1977b): Chemistry of the crater lake during the 1971 – 1972 Soufrière eruption. J. Volc. Geoth. Res., **2:** 165 – 186.

SIGURDSSON, H. (1981): Geologic observations in the crater of Soufrière volcano, St. Vincent. University of the West Indies, Seismic Research Unit, special publication **1:** 1 – 25.

SIGURDSSON, H. (1982): Tephra from the 1979 Soufrière explosive eruption. Science, **216:** 1106 – 1108.

SIGURDSSON, H. (1987a): Lethal gas bursts from Cameroon crater lakes. EOS, **68,** (23): 570 – 573.

SIGURDSSON, H. (1987b): Volcanoes and climate: estimation of volatile yield to the atmosphere from major volcanic eruptions. XIX General Assembly IUGG, Vancouver, **U 15 – 3**: 131.

SIGURDSSON, H. & CAREY, S. (1989): Plinian and co-ignimbrite tephra fall from the 1815 eruption of Tambora volcano. Bull. Volc., **51:** 243 – 270.

SIGURDSSON, H., CAREY, S., CORNELL, W. & PESCATORE, T. (1985): The eruption of Vesuvius in A. D. 79. Nat. Geogr. Res., **1** (3): 332 – 387.

SIGURDSSON, H., DEVINE, J. D., TCHOUA, F. M., PRESSER, T. S., PRINGLE, M. K. W. & EVANS, W. C. (1987): Origin of the lethal gas burst from lake Monoun, Cameroun. J. Volc. Geoth. Res., **31:** 1 – 16.

SIGURDSSON, H. & SPARKS, R. S. J. (1981): Petrology of rhyolite and mixed magma ejecta from the 1875 eruption of Askja, Iceland. J. Petrol., **22-1:** 41 – 84.

SIGVALDASON, G. E. (1989): International Conference on lake Nyos disaster, Yaoundé, Cameroon, 16 – 20 March 1987: conclusions and recommendations. J. Volc. Geoth. Res., **39:** 97 – 107.

SIMKIN, T. & SIEBERT, L. (1994): Volcanoes of the world, Smithsonian Institution, Missoula, Montana (Geoscience Press).

SMELLIE, J. L. (Ed.) (1994): Volcanism associated with extension at consuming plate margins. Geol. Soc. Sp. Pub., London, **81.**

SMITH, D. K. (1996): Comparison of the shapes and sizes of seafloor volcanoes on Earth and „pancake" domes on Venus. J. Volc. Geoth. Res., **73:** 47 – 64.

SMITH, R. B. & BRAILE, L. W. (1960): The Yellowstone hotspot. J. Volc. Geoth. Res., **61:** 121 – 187.

SMITH, R. L. (1960): Ash-flow. Geol. Soc. Am. Bull., **71:** 795 – 842.

SMITH, R. L., FRIEDMAN, I. I. & LONG, W. D. (1958): Welded tuffs, expt. 1. Amer. Geophys. Union Trans., **39:** 352 – 353

SOBOLEV, V. S., BAZAROVA, T. Y. & BAKUMENKO, I. T. (1972): Crystallization temperature and gaz phase composition of alkaline effusives indicated by primary melt inclusions in phenocrysts. Bull. Volc., **35:** 479 – 496.

SOMMER, M. A. & SCHRAMM, L. S. (1983): An analysis of the water concentrations in silicate melt inclusions in quartz phenocrysts from the Bandelier Tuff, Jemez mountains, New Mexico. Bull. Volc., **46:** 299 – 320.

SORBY, H. C. (1858): On the microscopical structures of crystals, indicating the origin of minerals and rocks. Geol. Soc. London Quatern. Journ., **14,** (I): 453 – 500.

SØRENSEN, H. (Ed.) (1974): The alkaline rocks. New York (John Wiley & Sons).

SPARKS, R. S. J. (1976): Grain size variations in ignimbrites and implications for the transport of pyroclastic flows. Sedimentology, **23:** 147 – 188.

SPARKS, R. S. J. (1978): The dynamics of bubble formation and growth in magma: a review and analysis. J. Volc. Geoth. Res., **3:** 1 – 37.

SPARKS, R. S. J. (1986): The dimensions and dynamics of volcanic eruption columns. Bull. Volc., **48:** 3 – 15.

SPARKS, R. S. J. BURSIK, M. I., CAREY, S. N., GILBERT, J. S., GLAZE, L. S., SIGURDSSON, H. & WOODS, A. W. (1997): Volcanic plumes. Chichester (John Wiley & Sons).

SPARKS, R. S. J. & HUPPERT, H. E. (1984): Density changes during the fractional crystallization of basaltic magmas: fluid dynamic implications. Contr. Mineral. Petrol., **85:** 300 – 309.

SPARKS, R. S. J., SELF, S. & WALKER, G. P. L. (1973): Products of ignimbrite eruptions. Geology, **1-3:** 115 – 118.

SPARKS, R. S. J., SIGURDSSON, H. & WILSON, L. (1977): Magma mixing: a mechanism for triggering acid explosive eruptions. Nature, **267,** (5609): 315 – 318.

SPARKS, R. S. J. & WALKER, G. P. L. (1973): The ground surge deposit; a third type of pyroclastic rock. Nat. Phys. Sc., **241:** 62 – 64.

SPARKS, R. S. J. & WILSON, L. (1976): A model for the transformation of ignimbrite by gravitational column collapse. J. Geol. Soc., London, **132:** 441 – 451.

SPENCER, K. J. & LINDSLEY, D. H. (1981): A solution model for coexisting irontitanium oxides. Am. Mineral., **66:** 1189 – 1201.

SPERA, F. J. (1980): Aspects of magma transport. In: HARGRAVES, R. B. (Ed.): Physics of magmatic processes. Princeton, New Jersey (Princeton University Press): 265 – 323.

SPULBER, S. D. & RUTHERFORD, M. J. (1983): The origin of rhyolite and plagiogranite in oceanic crust: an experimental study. J. Petrol., **24:** 1 – 25.

STOLPER, E. & WALKER, D. (1980): Melt density and the average composition of basalt. Contr. Mineral. Petrol., **74:** 7 – 12.

STOREY, B. C., ALABASTER, T. & PANKHURST, R. F. (Eds.) (1992): Magmatism and the causes of continental break – up. Geol. Soc. Sp. Publ., London, **68.**

STOWE, L. (1993): Atmospheric effects. Bull. Global Volcanism Network, Smithsonian Institution, **18:** 9.

STRECKEISEN, A. (1979): Classification and nomenclature of volcanic rocks, lamprophyres, carbonatites, and melilitic rocks: recommendations and suggestions of the IUGS subcommission on the systematics of igneous rocks. Geology, **7:** 331 – 335.

SUKANDAR, K. (1993): Monitoring Mt. Kelut eruption in 1990 and hazard assessment. IAVCEI General assembly. Canberra, 25 September – 1 October: **109.**

SVG (Société de volcanologie de Genève). Monatliches Bulletin.

SWANSON, D. A. et al. (1987): Growth of the lava dome at Mount St. Helens, Washington, (États-Unis.), 1981 – 1983. Geol. Soc. Am. Sp. Paper, **212:** 1 – 16.

SZAKACS, A. (1994): Redefining active volcanoes: a discussion. Bull. Volc., **56:** 321 – 325.

TAIT, S., JAUPART, C. & VERGNIOLE, S. (1989a): Pressure, gas content and eruption periodicity of a shallow, crystallizing magma chamber. Earth Planet. Sc. Let., **92:** 107 – 123.

TAIT, S., WÖRNER, G., VAN DEN BOGAARD, P. & SCHMINCKE, H. U. (1989b): Cumulates nodules as evidence for convective fractionation in a phonolite magma chamber. J. Volc. Geoth. Res., **37:** 21 – 37.

TALANDIER, J. & OKAL, E. A. (1984a): The volcanoseismic swarms of 1981 – 1983 in the Tahiti-Mehetia area, French Polynesia. J. Geophys. Res., **89:** 11216 – 11234.

TALANDIER, J. & OKAL, E. A. (1984b): New surveys of Macdonald seamount, southcentral Pacific, following volcanoseismic activity, 1977, 1983. Geophys. Res. Let., **11:** 813 – 816.

TANAKA, Y. (1993): Eruption mechanism as inferred from geomagnetic changes with special attention to the 1989 – 1990 activity of Aso volcano. J. Volc. Geoth. Res., **56:** 519 – 538.

TAZIEFF, H. (1972): About deep-sea volcanism. Geol. Rundschau, **61:** 470 – 480.

TAZIEFF, H. (1977): An exceptional eruption: Mt. Niragongo, Jan. 10th 1977. Bull. Volc., **40:** 189 – 200

TAZIEFF, H. (1982): Dômes de magmas et dômes de laves. C. R. Acad. Sc. Paris, **294,** II: 151 – 153.

TAZIEFF, H. (1984): Mt. Niragongo: renewed activity of the lava lake. J. Volc. Geoth. Res., **20:** 267 – 280.

TAZIEFF, H. (1994): Permanent lava lakes: observed facts and induced mechanisms. J. Volc. Geoth. Res., **63:** 3 – 11.

TAZIEFF, H. & DERRUAU, M. (1990): Le volcanisme et sa prévention. Paris (Masson).

TAZIEFF, H., MARINELLI, G., BARBERI, F. & VARET, J. (1969): Géologie de l'Afar septentrional, première expédition du CNRS-France et du CNR-Italie (décembre 67 – février 68). Bull. Volc., **33:** 1039 – 1072.

TAZIEFF, H. & SABROUX, J.-C. (Hrsg.) (1983): Forecasting volcanic events. Amsterdam (Elsevier).

THOMAS, R. M. E. & SPARKS, R. S. J. (1992): Cooling of tephra during fallout from eruption columns. Bull. Volc., **54:** 542 – 553.

THOMPSON, R. A. & DUNGAN, M. A. (1985): The petrology and geochemistry of the Handkerchief Mesa mixed magma, San Juan Mountains, Colorado. J. Volc. Geoth. Res., **26:** 251 – 274.

THORARINSSON, S. & SIGVALDASON, G. E. (1962): The eruption in Askja, 1961, a preliminary report. Am. J. Sci., **260:** 641 – 651.

THORARINSSON, S. & SIGVALDASON, G. E. (1972): The Hekla eruption of 1970. Bull. Volc., **36:** 269 – 288.

THORDARSON, T. & SELF, S. (1993): The Laki (Skaftar Fires) and Grimsvötn eruptions in 1783 – 1785. Bull. Volc., **55:** 233 – 263.

THORDARSON, T. & SELF, S. (1996): Sulfur, chlorine and fluorine degassing and atmospheric loading by the Roza eruption. Columbia River Basalt Group, Washington, États-Univs. J. Volc. Geoth. Res., **74:** 49 – 73.

THORDARSON, T., SELF, S., OSKARSSON, N. & HULSEBOSCH, T. (1996): Sulfur, chlorine and fluorine degassing and atmospheric loading by the 1783 – 1784 AD Laki (Skaftar Fires) eruption in Iceland. Bull. Volc., **58:** 205 – 225.

THORNTON, C. P. & TUTTLE, O. F. (1960): Chemistry of the igneous rocks. Part I Differentiation Index. Amer. J. Sci., **258:** 664 – 684.

THORPE, R. S. (Ed.) (1982): Andesites: orogenic andesites and related rocks. Chichester (John Wiley & Sons).

THOURET, J.-C. (1990): Effects of the November 13, 1985 eruption on the snow pack and ice cap of Nevado del Ruiz volcano, Colombia. J. Volc. Geoth. Res., **41:** 177 – 201.

THOURET, J.-C., CANTAGREL, J.-M., SALINAS, R. & MURCIA, A. (1990): Quaternary eruptive history of Nevado del Ruiz (Colombia). J. Volc. Geoth. Res., **41:** 225 – 251.

TOMBLIN, J. F. (1979): Une crise volcanique sans désastre. Le Monde, 27. Juni 1979.

TOMBLIN, J. F., SIGURDSSON, H. & ASPINALL, W. (1972): Activity at the Soufrière volcano, St. Vincent, West Indies, between October 31 – November 15, 1971. Nature, **235,** (5334): 157 – 158.

TOULOUKIAN, Y. S., JUDD, W. R. & ROY, R. F. (1981): Physical properties of rock and minerals. Data series on material properties, **1 – 2**, New York (McGraw-Hill).

TRAINEAU, H. (1982): Contribution à l'étude géologique de la montagne Pelée (Martinique). Thèse 3e cycle, Université Paris-Sud, Orsay.

TRAINEAU, H., WESTERCAMP, D., BARDINTZEFF, J.-M. & MISKOVSKY, J.-C. (1989): The recent pumice eruptions of Mt. Pelée volcano, Martinique. Part I: Depositional sequences, description of pumiceous deposits. J. Volc. Geoth. Res., **38:** 17 – 33.

TRAINEAU, H., WESTERCAMP, D. & COULON, C. (1983): Mélange magmatique à la montagne Pelée (Martinique): origine des éruptions de type Saint-Vincent. Bull. Volc., **46-3:** 243 – 269.

TREUIL, M. & VARET, J. (1973): Critères volcanologiques, pétrologiques et géochemiques de la genèse et de la différenciation des magmas basaltiques: exemple de l'Afar. Bull. Soc. Géol. France, **7,** XV, (5 – 6): 506 – 540.

TRIBBLE, G. W. (1991): Underwater observations of active lava flows from Kilauea volcano, Hawaii. Geology, **19:** 633 – 636.

TSUYA, H. (1955): Geological and petrological studies of volcano Fuji. 5. Tokyo Daigaku Jishin Kenkyusho Iho, **33:** 341 – 382.

UI, T. (1983): Volcanic dry avalanche deposits identification and comparison with non-volcanic debris stream deposits. J. Volc. Geoth. Res., **18:** 135 – 150.

UI, T., YAMAMOTO, H. & SUZUKI-KAMATA, K. (1986): Characterization of debris avalanche deposits in Japan. J. Volc. Geoth. Res., **29:** 231 – 243.

VANDEMEULEBROUCK, J., THOURET, J.-C. & DEDIEU, J.-P. (1993): Reconnaissance par télédétection des produits éruptifs et des lahars sur et autour de la calotte glaciaire du Nevado del Ruiz, Colombie. Bull. Soc. Géol. France, 164, **6:** 795 – 806.

VARET, J. & DEMANGE, J. (1980): Autoclastic submarine breccias in hole 410, leg 49, and other DSDP sites. Initial reports of the DSDP, **XLIX**: 749 – 760.

VERHOOGEN, J. (1951): Mechanism of ash formation. Am. J. Soc., **249:** 729 – 739.

VIDAL, P., CHAUVEL, C. & BROUSSE, R. (1984): Large mantle heterogeneity beneath French Polynesia. Nature, **307:** 536 – 538.

VIDAL, P., ROCABOY, A. & DUPUY, C. (1989): Composition du manteau: le réservoir HIMU. C. R. Acad. Sc. Paris, **308,** II: 635 – 639.

VILLEMANT, B., JORON, J. L., JAFFREZIC, H., TREUIL, M., MAURY, R.-C. & BROUSSE, R. (1980): Cristallisation fractionnée d'un magma basaltique alcalin: la série de la chaîne des Puys (Massif Central, France). II. Géochimie. Bull. Minéral., **103:** 267 – 286.

VOIGHT, B. (1990): The 1985 Nevado del Ruiz volcano catastrophe: anatomy and retrospection. J. Volc. Geoth. Res., **44:** 349 – 386.

VOIGHT, B., GLICKEN, H., JANDA, R. J. & DOUGLAS, P. M. (1981): Catastrophic rockslide avalance of May 18. In: LIPMAN, P. W. & MULLINEAUX, D. R. (Eds.): The 1980 eruptions of Mount St. Helens, Washington, US Geol. Survey Prof. Paper, **1250:** 347 – 378.

VUAGNAT, M. (1975): Pillow lava flows: isolated sacks or connected tubes? Bull. Volc., **39:** 581 – 589.

WADGE, G. (1981): The variations of magma discharge during basaltic eruptions. J. Volc. Geoth. Res., **11:** 139 – 168.

WADGE, G. (1984): Comparison of volcanic production rates and subduction rates in the Lesser Antilles and Central America. Geology, **12:** 555 – 558.

WADGE, G. & LOPES, R. M. C. (1991): The lobes of lava flows on Earth and Olympus mons, Mars. Bull. Volc., **54:** 10 – 24.

WAGER, L. R. & BROWN, G. M. (1967): Layered igneous rocks. San Francisco (Freeman).

WAGER, L. R. & DEER, W. A. (1939): Geological investigations in East Greenland: part III. The petrology of the Skaergaard intrusion, Kangerdlugssuaq, East Greenland. Medd. Grönland, **105** (4): 1 – 352.

WAGER, L. R. & WADSWORTH, W. J. (1960): Types of igneous cumulates. J. Petrol., **1:** 73 – 85.

WAITT, R. B. JR. (1981): Devastating pyroclastic density flow and attendant air fall of May 18. Stratigraphy and sedimentology of deposits. In: LIPMAN, P. W. & MULLINEAUX, D. R. (Eds.): The 1980 eruptions of Mount St. Helens, Washington. US Geol. Survey Prof. Paper, **1250:** 439 – 458.

WALKER, G. P. L. (1966): Acid volcanic rock in Iceland. Bull. Volc., **29:** 375 – 402.

WALKER, G. P. L. (1971): Grain size characteristics of pyroclastic deposits. J. Geol., **79:** 696 – 714.

WALKER, G. P. L. (1973): Explosive volcanic eruptions: a new classification scheme. Geol. Rundschau, **62:** 431 – 446.

WALKER, G. P. L. (1980): The Taupo pumice: product of the most powerful known (ultraplinian) eruption? J. Volc. Geoth. Res., **8:** 69 – 94.

WALKER, G. P. L. (1981): Plinian eruptions and their products. Bull. Volc., **44-2:** 223 – 240.

WALKER, G. P. L. (1983): Ignimbrite types and ignimbrite problems. J. Volc. Geoth. Res., **17:** 65 – 88.

WALKER, G. P. L. (1991): Structure, and origin by injection of lava under surface crusts, of tumuli, „lava rises", „lava-rise pits", and „lava-inflation clefts" in Hawaii. Bull. Volc., **53:** 546 – 558.

WALKER, G. P. L. & CROASDALE, R. (1971): Two plinian-type eruptions in the Azores. J. Geol. Soc., **127:** 17 – 55.

WALLACE, P. J., ANDERSON, A. T. JR. & DAVIS, A. M. (1995): Quantification of pre-eruptive exsolved gas contents in silicic magmas. Nature, **377:** 612 – 616.

WATKINS, N. D., SPARKS, R. S. J., SIGURDSSON, H., HUANG, T. C., FEDERMAN, A., CAREY, S. & NINKOVICH, C. (1978): Volume and extent of the Minoan tephra from Santorini volcano: new evidence from deep-sea sediment cores. Nature, **271:** 122 – 126.

WESTERCAMP, D. (1980): Une méthode d'évaluation et de zonation des risques volcaniques à la Soufrière de Guadeloupe, Antilles Françaises. Bull. Volc., **43-2:** 431 – 452.

WESTERCAMP, D. & TAZIEFF, H. (1980): Martinique, Guadeloupe, Saint-Martin, la Désirade. Guides géologiques régionaux. Paris (Masson).

WESTERCAMP, D. & TRAINEAU, H. (1983a): The past 5000 years of volcanic activity at Mont Pelée, Martinique (F.W.I.): implications for assessment of volcanic hazards. J. Volc. Geoth. Res., **17:** 159 – 185.

WESTERCAMP, D. & TRAINEAU, H. (1983b): Carte géologique de la montagne Pelée au 1/20 000, édition BRGM, Ortéans.

WHITE, A. F., CHUMA, N. J. & GOFF, F. (1992): Mass transfer constraints on the chemical evolution of an active hydrothermal system, Valles caldera, New Mexico. J. Volc. Geoth. Res., **49:** 233 – 253.

WHITE, R. & MCKENZIE, D. (1989): Le volcanisme de rift. Pour la Science, **143:** 80 – 89.

WICKMAN, F. E. (1966): Repose-period patterns of volcanoes as random phenomena. Arkiv fûr Mineralogi och Geologi, **4:** 291 – 335, 351 – 367.

WILLIAMS, H. & MCBIRNEY, A. R. (1979): Volcanology. San Francisco (Freeman, Cooper & Co).

WILLIAMS, S. N. (1990): Nevado del Ruiz volcano, Colombia: an example of the state-of-the-art of volcanology four years after the tragic November 13, 1985 eruption. J. Volc. Geoth. Res., **41:** 1 – 5.

WILLIAMS, S. N., SCHAFFER, S. J., CALVACHE, M. L. & LOPEZ, D. (1992): Global carbon dioxide emission to the atmosphere by volcanoes. Geoch. Cosm. Acta, **56:** 1765 – 1770.

WILSON, C. J. N. (1991): Ignimbrite morphology and the effects of erosion: a New Zealand case study. Bull. Volc., **53:** 635 – 644.

WILSON, L. (1976): Explosive volcanic eruptions. III. Plinian eruptions columns. Geophys. J. R. Astron. Soc., **45:** 543 – 556.

WILSON, L. (1980): Relationships between pressure, volatile content and ejecta velocity in three types of volcanic explosion. J. Volc. Geoth. Res., **8:** 297 – 313.

WILSON, L. & PARFITT, E. A. (1993): The formation of perched lava pond on basaltic volcanoes: the influence of flow geometry on cooling-limited lava flow lengths. J. Volc. Geoth. Res., **56:** 113 – 123.

WILSON, L., SPARKS, R. S. J. & WALKER, G. P. L. (1980): Explosive volcanic eruptions. IV. The Control of magma properties and conduit geometry on eruption column behaviour. Geophys. J. R. Astron. Soc., **63:** 117 – 148.

WILSON, M. (1989): Igneous petrogenesis, a global tectonic approach. London (Unwin Hyman).

WILSON, M. & DOWNES, H. (1991): Tertiary-Quaternary extension related alkaline magmatism in western and central Europe. J. Petrol., **32:** 811 – 849.

WILSON, M. & DOWNES, H. (1992): Mafic alkaline magmatism associated with the European Cenozoic rift system. Tectonophysics, **208:** 173 – 182.

WIMMENAUER W. (1963): Beiträge zur Petrographie des Kaiserstuhls, Teile VI – VII, Neues Jahrb. Mineral., Abh., **99:** 231 – 276.

WOHLETZ, K. H. & HEIKEN, G. (1992): Volcanology and geothermal energy. Berkeley, Kalifornien (Univ. California Press).

WOHLETZ, H. K. & MCQUEEN, R. G. (1984): Experimental studies of hydromagmatic volcanism. In: Studies in Geophysics. Explosive volcanism: Inception, Evolution, and Hazards. Washington (National Academy Press): 158 – 169.

WOHLETZ, K. H. & SHERIDAN, M. F. (1983): Hydrovolcanic explosions II. Evolution of basaltic tuff rings and tuff cones. Am. J. Sc., **283:** 385 – 413

WOLFE, C. J., BJARNASON, I. T., VANDECAR, J. C. & SOLOMON, S. C. (1997): Seismic structure of the Iceland mantle plume. Nature, **385:** 245 – 247.

WOODS, A. W. (1988): The fluid dynamics and thermodynamics of eruption columns. Bull. Volc., **50:** 169 – 193.

WÖRNER G. & SCHMINCKE H. U. (1984a): Mineralogical and chemical zonation of the Laacher See tephra sequence (East Eifel, W. Germany). J. Petrol., **25, 4:** 805 – 835.

WÖRNER G. & SCHMINCKE H. U. (1984b): Petrogenesis of the zoned Laacher See tephra, J. Petrol., **25, 4:** 836 – 851.

WRIGHT, J. B. (1973): Continental drift, magmatic provinces and mantle plumes. Nature, **244:** 565 – 567.

WRIGHT, J. V., SMITH, A. L. & SELF, S. (1980): A working terminology of pyroclastic deposits. J. Volc. Geoth. Res., **8:** 315 – 336.

WRIGHT, T. L. & DOHERTY, P. C. (1970): A linear programming and least squares computer method for solving petrologic mixing problems. Geol. Soc. Am. Bull., **81:** 1995 – 2008.

YAMAMOTO, T., SOYA, T., SUTO, S., UTO, K., TAKADA, A., SAKAGUCHI, K. & ONO, K. (1991): The 1989 submarine eruption of eastern Izu peninsula, Japan: ejecta and eruption mechanisms. Bull. Volc., **53:** 301 – 308.

YAMAMOTO, T., TAKARADA, S. & SUTO, S. (1993): Pyroclastic flows from the 1991 eruption of Unzen volcano, Japan. Bull. Volc., **55:** 166 – 175.

YANEV, Y. & BARDINTZEFF, J.-M. (1997): Petrology, volcanology and metallogeny of Palaeogene collision-related volcanism of the Eastern Rhodopes (Bulgaria). Terra Nova, **9:** 1 – 8.

YANEV, Y., MAVROUDCHIEV, B. & NEDYALKOV, R. (1989): Paleogene collision-related basalts and basaltic andesites in the Eastern Rhodopes, Bulgaria. J. Volc. Geoth. Res., **37:** 187 – 202.

YILMAZ, Y. (1990): Comparison of young volcanic associations of western and eastern Anatolia formed under a compressional regime: a review. J. Volc. Geoth. Res., **44:** 69 – 87.

YOKOYAMA, I. (1956 – 57): Energetics in active volcanoes. Bull. Earthquake Res. Inst., **34:** 185 – 195 und **35:** 75 – 107.

YOKOYAMA, I. (1987): A scenario of the 1883 Krakatau tsunami. J. Volc. Geoth. Res., **34:** 123 – 132.

YOKOYAMA, S. (1974): Flow and emplacement mechanism of the Ito pyroclastic flow in Southern Shusku, Japan. Sci. Rep. Tokyo Kyoiku Daigaku, Section C, **12:** 17 – 62.

ZIEGLER, P. A. (1992): European Cenozoic rift system. Tectonophysics, **208:** 91 – 111.

ZIMANOWSKI, B., FRÖHLICH, G. & LORENZ, V. (1991): Quantitative experiments on phreatomagmatic eruptions. J. Volc. Geoth. Res., **48:** 341 – 358.

ZINDLER, A. & HART, S. R. (1986): Chemical geodynamics. Ann. Rev. Earth Planet. Sci., **86,** (14): 493 – 571.

ZLOTNICKI, J. & LE MOUEL, J.-L. (1988): Volcanomagnetic effects observed on Piton de la Fournaise volcano (Reunion island) 1985 – 1987. J. Geophys. Res., **93,** B8: 9157 – 9171.

ZLOTNICKI, J., LE MOUEL, J.-L., DELMOND, J.-C., PAMBRUN, C. & DELORME, H. (1993): Magnetic variations on Piton de la Fournaise volcano. Volcanomagnetic signals associated with the November 6 and 30, 1987, eruptions. J. Volc. Geoth. Res., **56:** 281 – 296.

ZLOTNICKI, J., POZZI, J.-P., BOUDON, G. & MOREAU, M.-G. (1984): A new method for the determination of the setting temperature of pyroclastic deposits (example of Guadeloupe, French West Indies). J. Volc. Geoth. Res., **21:** 297 – 312.

ZOBIN, V. (1979): Variations of volcanic earthquake source parameters before volcanic eruptions. J. Volc. Geoth. Res., **6:** 279 – 293.

ZOBIN, V. (1988): Discrimination between volcanic earthquakes associated with central and lateral eruptions. J. Volc. Geoth. Res., **34:** 307 – 315.

Sachregister